明清時期
寧波海洋文獻研讀

唐燮軍　周莉萍　白斌 ——— 編著

封面圖片由水銀提供

寧波大學研究生教材建設項目資助

九州出版社
JIUZHOUPRESS

圖書在版編目（CIP）數據

明清時期寧波海洋文獻研讀 ／ 唐燮軍，周莉萍，白
斌編著. -- 北京 ：九州出版社，2021.12
　　ISBN 978-7-5108-7935-7

　　Ⅰ．①明… Ⅱ．①唐… ②周… ③白… Ⅲ．①海洋學
－古籍研究－中國－明清時代 Ⅳ．①P7-092②G256.22

　　中國版本圖書館CIP數據核字(2022)第014230號

明清時期寧波海洋文獻研讀

作　　者	唐燮軍　周莉萍　白斌　編著
責任編輯	王海燕
出版發行	九州出版社
地　　址	北京市西城區阜外大街甲 35 號（100037）
發行電話	(010)68992190/3/5/6
網　　址	www.jiuzhoupress.com
印　　刷	北京九州迅馳傳媒文化有限公司
開　　本	720 毫米 ×1020 毫米　16 開
印　　張	28.5
字　　數	400 千字
版　　次	2022 年 7 月第 1 版
印　　次	2022 年 7 月第 1 次印刷
書　　號	ISBN 978-7-5108-7935-7
定　　價	88.00 圓

目　录

史料·史識·史論與海洋史研究

王萬盈

唐燮軍教授等編著的《明清時期寧波海洋文獻研讀》(下文皆簡稱《研讀》)即將付梓,囑我寫篇序言。作為曾為寧波大學歷史系研究生最先開設"海洋史文獻資料研讀"一課的教師和海洋社會經濟史研究者,不論是對燮軍教授等人的學術研究能力還是對浙江海洋史研究方面的瞭解,我自覺還是有點發言權的。

一

如所周知,浙江是海洋大省,也是海洋強省,歷史時期從最早的跨湖橋文化到河姆渡文化,均可視為浙江海洋文明的發端,而河姆渡文化又是早期寧波海洋文化的肇始。河姆渡遺址因瀕臨姚江,距東海沿岸僅數十公里,這就為河姆渡人向海洋進軍提供了極為便利的條件,河姆渡遺址發現的一件陶舟模型也能說明河姆渡人早期的海洋生活。考古發掘證明,河姆渡人不僅以捕撈淡水魚為主,而且也捕撈海水魚,如鯨魚、鯊魚等海洋魚類,這說明當時人們的捕撈範圍已從內河深入到海洋,也表明河姆渡先民已掌握了遠海航行的能力,並越海到達更為遙遠的地區。1982年,考古工作者在渤海灣海底發現一件侈口陶釜,這種陶釜在山東半島、遼東半島一帶的史前文化中均未發現,但與河姆渡遺址發掘出的陶釜類同，這意味著寧波先民可能曾到達過渤海灣，其遠航能力稱當時之最。春秋戰國時期，句踐築句章城，適宜出海的句章港開始出現，並成為春秋戰國時期中國九大港口之一，這一切都奠定了早期寧波海洋文化的基礎。

從秦漢開始，寧波就成為"海上絲綢之路"的重要始發地，不僅以句章港為出入口的中外貿易開始發端，規模性的海外移民也從這一時期開始，如秦代的徐福東渡就頗有代表性。雖然徐福東渡地點有多種說法，但從寧波東渡日本也并非不可能，因此，有人就認為徐福是從今天的寧波慈溪達蓬山出發東渡日本，如明天啟《慈溪縣志》記載："秦始皇登此山，謂可以達蓬萊而東眺滄海，方士徐福之徒，所謂跨溟濛泛煙濤，求仙藥而不返者也。"今天的達蓬山上也有"秦渡庵"遺址，相傳徐福曾安營紮寨於此，命人砍柴、搭篷，開掘飲水池。至唐初，徐氏後人在此建造東渡庵一座，以作紀念。至此，寧波成為與東北亞地區經濟文化交流與貿易往來重要港口地位已經確立。隋唐時期的寧波更是日本"遣唐使"入華重要口岸，宋代明州又成為高麗與日本入貢貿易中國的法定港口。到明代，無論是日本的對華朝貢貿易還是嘉靖大"倭亂"，抑或葡萄牙對華走私貿易等更是與寧波直接相關，尤其是歷時數十年的"倭亂"更是從寧波發軔。明末清初，福建鄭芝龍、鄭成功海商集團崛起後，浙江沿海又成為鄭氏集團重要商貿區域，鄭氏海商集團將浙江海洋貿易納入了自己的勢力範圍，杭州成為其重要經貿據點。如崇禎元年鄭芝龍歸附明廷後，鄭芝龍假借明廷政治勢力徹底壟斷了東南沿海貿易，"自就撫後，海船不得鄭氏令旗，不能往來，每一船例入三千金，歲入千萬計，芝龍以此富敵國"。崇禎十二年（1639），鄭芝龍、鄭成功父子在杭州設立金、木、水、火、土五家商號，與設在廈門的仁、義、禮、智、信五家商號共同經營絲綢等外貿商品，有海船百餘艘，水手上千人，販銷日本、印度等國家和地區。完全壟斷了福建、浙江的海上貿易。甚至明鄭政權退居臺灣後，仍不斷派遣艦隊前往舟山、寧波、鎮江、南京等地，直接影響到清初浙江乃至整個東南沿海海洋戰略的決策。到清代，浙江的乍浦港、寧波港又成為清朝對日銅料貿易的專有港口。如是等等，都說明浙江海洋社會經濟史內容精彩紛呈，需要探賾索隱內容甚多。

遺憾的是，面對精彩紛呈的海洋史研究內容，不論是浙江還是其中的寧波，都有研究起步較晚之憾，尤其對於寧波這樣的一個海洋大市，更應該產生一批海洋社會經濟史研究的力作和名家。但骨感的現實卻讓人們往往面臨更多尷尬，許多問題尚未觸及，深層次研究也是剛剛起步，略舉幾例證明之。

海洋史是浙東歷史或者寧波歷史文化最為重要內容之一，不論是海洋社會經濟史、海防史、海洋文化史還是中外交流史，需要研究問題甚多。如浙江海洋社會形成問題就是一個典型，對這個問題，我雖曾經有過涉獵，[①] 我的一個研究生也寫過這一方面的畢業論文。[②] 一致認為在明清時期浙江海洋社會不僅完全形成，而且趨於成熟。但何謂海洋社會？海洋社會形成的標誌是什麼？目前學界尚無統一認知，研究的學者也不多，目前除廈門大學楊國楨先生有專門研究外，學界涉獵此問題者屈指可數。我個人曾提出過明清浙江海洋社會形成的六大要素，即"以海為生"的經濟生活方式、外向型生產（海洋貿易）的繁榮、海神信仰的出現、海洋走私與反走私的利益博弈、移民海外的人口增速加快以及海洋群體意識的形成等。在這六大標誌性因素中，既有經濟層面因素，更有精神層面因素，最終上升到"海洋意識"這一最高層面。也就是說，區域海洋意識的形成是海洋社會形成的重要標誌之一。但海洋意識屬於群體意識範疇，也是精神層面的東西，難以準確把握。如果要把握好這一概念，史料的搜求與探賾就顯得格外重要。如史書對明清浙江海洋意識的記載就相對較少，但並非索隱不得，而需仔細把梳史料。如在明代，浙江沿海尤其是寧波地區在明代海洋貿易中甚至出現"三尺童子，亦視

---

① 《東南孔道：明清浙江海洋貿易與商品經濟研究》，王萬盈著，海洋出版社 2009 年。
② 《明清浙江海洋社會研究》，魏亭著，寧波大學碩士學位論文，2011 年。

海賊如衣食父母"的現象，^①當地民眾把海上貿易視為生活重要來源，正如朱紈所論："有等嗜利無恥之徒，交通接濟，有力者自出貨本，無力者轉展稱貸，有謀者誆領官銀，無謀者質當人口，有勢者揚旗出入，無勢者投托假借，雙桅三桅連檣往來，愚下之民，一葉之艇，送一瓜，運一罈，率得厚利，馴致三尺童子，亦知雙嶼之為衣食父母。"^②同樣在《研讀》一書中，作者也搜集到極為重要的資料，如"鄞民衣食於海，慎守于望洋向若之間，猶之菽粟桑麻之政焉"。^③這種"以海為田""以海為生"的生活方式也影響到許多地方官員的政策主張，如萬曆二年，浙江巡撫龐尚鵬就奏請開海禁，海鹽縣人王文祿也曾提出："若欲海寇悉平，必須憲臣奏請沿海凡泊船處所多設市舶司，有貨稅貨，無貨稅船。船出地方，給以票證。人皆好生而嗜利，化寇而為善良，且因以裕國用矣。"^④王文祿的意見並非代表少數官員，而是對沿海民眾生活依靠的瞭解而得出的符合實際的觀點，"近海之民，以海為命"更是直接道出海洋在民眾生活中的決定性作用。^⑤因此明人王士性就說，寧、紹、台、溫海濱之民，"餐風宿水，百死一生，以有海利為生不甚窮，以不通商販不甚富"。這個觀點正是浙江沿海民眾海洋意識的強烈反映，這也就是為什麼明清時期海禁愈嚴，浙江沿海民眾走私愈烈，海洋走私貿易屢禁不止的原因所在。浙江沿海民眾生存環境的現實狀況決定了必然擁有高漲的海洋意識。

海洋意識的另一反映也體現在對外來商品的認知上。明清時期，當

---

① 《甓餘雜集》卷 3《海洋賊船出沒事》，[明] 朱紈撰，《四庫全書存目叢書·集部七八》，齊魯書社 1997 年版，第 66 頁。

② 《甓餘雜集》卷 4《雙嶼填港工完事》，[明] 朱紈撰，《四庫全書存目叢書·集部七八》，第 94 頁。

③ 《敬止錄（點校本）》卷 19《海防考》，[明] 高宇泰著，沈建國點校，寧波出版社 2019 年版，第 415 頁。

④ 《文昌旅語》，[明] 王文祿撰，見《中華野史》明朝卷 1，泰山出版社 2000 年版，第 5 頁。

⑤ 《皇朝經世文編》卷 83《兵政十四·海防上》，[清] 賀長齡輯，臺灣世界書局 1964 年版，第 1556 頁。

大量海外商品流入浙江後，濱海民眾對舶來品的優劣已經形成共識，從而又構成海洋意識中的海洋生活意識。如日本的銅器、漆器、倭刀等品質精良，琉球物品往往品質低劣，所以明清浙江沿海居民就將一切品質低劣的物品稱為"琉球貨"。之所以將琉球商品作為品質低劣和廉價的代名詞，其中的原因在清代地理學家、浙江仁和人郁永河所著《海上紀略》一書中已有指出。郁永和認為，由於琉球國小民貧，因此沿海"商舶從無貿易琉球者，以其貧且陋也"。而琉球進入國內的商品"所貢硫黃、皮紙而已。其所攜財貨，惟螺與蚌殼。螺可為粔籹吹，即城頭曉角是；蚌殼斷之可以鑲帶。外此則有紙扇、煙筒"。由於琉球商品"其製陋劣，傭兒所不顧"，因此當地民眾就將品質低劣且不堪用的物品統稱為"琉球貨"，"憶吾鄉俗語謂厭憎之物，輒曰'琉球貨'"。這種民間社會中對特定商品專門稱謂的出現，正是在長期海洋貿易之中所形成的海洋生活意識的典型體現。

在明清許多浙江學者的著作中，也透露出明顯的海洋意識。如明代浙江臨海人王士性就言："吾台少所出，然近海，海物尚多錯聚，乃不能以一最佳者擅名。"浙東學者徐時棟在《煙嶼樓筆記》卷六中也說"吾鄉海國"。[①] 尤其是徐時棟的"吾鄉海國"一語，與福建泉州泉港圭峰塔上的一副對聯有異曲同工之妙，泉州泉港圭峰塔上的對聯是"作東南巨鎮，起海國文明"。圭峰塔始建于元，重修於清，從其對聯上的"海國文明"四字就能清楚看出當地民眾海洋意識的高漲。如是等等，多不勝舉。因此，以海為生，以洋為市，"每獲重利而歸，窮洋竟同閙市"的海洋生活意識，[②] 以海致富、以海破家的生存意識，祈求海神的恐懼意識，不畏高壓冒死下海的進取意識，以及流落他鄉時"多有歸國立功之志"

① 《煙嶼樓筆記》卷6，[清]徐時棟撰，《續修四庫全書》子部第1162冊，上海古籍出版社1996年版，第635頁。

② 《明季北略》卷5，[清]計六奇撰，魏得良、任道斌點校，中華書局1984年版，第70頁。

的祖國意識,①都構成明清浙江海洋意識的重要內容。但這些內容能否全面反映明清浙江海洋社會現狀，我覺得還有進一步研究的空間。如果把這個問題再縮小到明清寧波海洋社會研究，區域範圍雖然變小了，但對資料的要求難度卻增加了。如何從相關史料中解讀明清寧波海洋社會諸問題，《研讀》這本書編纂的意義就顯示出來了。

再如海神信仰也是海洋文化史研究的重要內容，歷史時期尤其是明清時期寧波民眾海神信仰的主流是什麼？是媽祖信仰？龍王信仰？魚師娘娘信仰還是如意信仰抑或觀音信仰？媽祖信仰直到南宋才由福建商人傳到寧波，但媽祖信仰傳到浙江之前，浙江沿海民眾的海神信仰是什麼？媽祖信仰傳到浙江後，明清時期浙江沿海民眾雖然信仰媽祖者甚多，但同時也信仰其他海神。這種海神信仰多元化現象出現的原因是什麼？其演變脈絡如何？迄今還未見有浙江本土學者進行系統研究。究其原因，除問題意識這個所謂"悟性"問題之外，史料搜集的困難和不願因做系統的田野調查應該是另一重要原因。

上述所舉兩例僅僅是海洋社會經濟史研究中的基本問題之一，所謂基本問題，就是我們的研究者必須解答的問題，至少應該有一個"說法"。事實上，寧波海洋史需要研究的問題非常多，如海洋貿易、海洋移民、海洋航線、海洋文化傳播、海盜河盜、海洋政策、海防、港口及港口文化等等都值得深入研究。而這些問題的研究想要獲得突破，首先就要在史料上下功夫。

二

浙江海洋史研究目前落後於其他沿海地區是多種原因影響的結果，研究隊伍的良莠不齊、研究視野的狹窄、研究方法的缺陷、專門人才培養的缺失、資料積澱不夠等等都會導致研究的落伍，尤其是在高水準研

---

① 《東西洋考》卷11《藝文考》，[明]張燮撰，中外交通史籍叢刊本，中華書局2000年版，第229頁。

究和高層次人才培養上，與福建、廣東、山東等地相較，還有較大差距。但海洋史研究水準的提升、高水準人才培養並非一蹴而就，需要扎扎實實的海洋文獻功底，更需要有解讀海洋文獻的特殊能力。

所謂解讀海洋文獻的特殊能力，就是如何從繁雜或看似簡單的海洋文獻中發現問題，這是高層次人才能力培養的關鍵，也是鑒定研究者"史識"能力高低的一面鏡子，尤其對剛步入研究領域的研究者而言，顯得尤為重要。如果從這一層面講，就能明瞭唐燮軍教授等編纂《研讀》一書的用心良苦和卓識遠見。下面就從該書中隨意抽幾條材料分析一下。

《明太祖實錄》卷70記載，洪武四年十二月丙戌（1372.1.13），朱元璋"詔吳王左相、靖海侯吳禎籍方國珍所部溫、台、慶元三府軍士及蘭秀山無田糧之民嘗充船戶者，凡十一萬一千七百三十人，隸各衛為軍。仍禁瀕海民不得私出海"。

同樣一條材料，《明實錄·太祖實錄》的記載就與《明史·兵志》略有差別。《明史·兵志三》載曰："洪武四年十二月命靖海侯吳禎籍方國珍所部溫、台、慶元三府軍士及蘭秀山無田糧之民，凡十一萬餘人，隸各衛為軍。且禁沿海民私出海。時國珍及張士誠餘眾多竄島嶼間，勾倭為寇。"

這是兩條內容基本相近的資料，從其中能看出什麼信息？發現什麼樣的研究問題？如所周知，方國珍是元末浙東地區著名反元領袖，早年以浮海販鹽為生，後揚帆乘舟，竄入海島，"劫掠漕運"，成為反元最早的義軍領袖之一，後因與朱元璋爭霸失敗，其餘部入海為寇。如果僅從這兩條材料就能看出很多值得注意的資訊：第一，元末明初張士誠、方國珍與朱元璋爭霸的經過、失敗原因是什麼？第二，為什麼張士誠、方國珍餘部最終會"多竄島嶼間"？第三，張士誠、方國珍餘部"勾倭為寇"，明初倭寇構成情況如何？第四，明代的"船戶"是一個較為特殊的階層，船戶的來源、身份以及社會地位怎樣？如是等等，這些都值得研究。更為重要的是，這兩條材料中還有一條更重要的資訊，而這條資訊也是被許多明史研究者視而不見，即明初朱明政權對元末義軍餘部的安置舉措與成效。尤其對倭寇來源研究，過去學界多認為日本浪人、武士占倭寇大部分，但事實並非如此，對於明代倭寇尤其是嘉靖大倭亂時期倭寇的成分，明人論述就很多，並有清醒認識。如鄭曉論及嘉靖倭亂根源時就說："正德中，華人通倭，而閩浙大官豪傑寔為禍首。""中國近年寵賂公行，官邪政亂，小民迫於貪酷，苦於役賦，困於饑寒，相率入海為盜。蓋不獨潮、惠、漳、泉、寧、紹、徽、歙奸商而已，凶徒、逸賊、罷吏、黠僧及衣冠、失職、書生、不得志群、不逞者皆從之，為鄉道（嚮導），為奸細。"① 浙江學者茅坤曾舉例說："近聞裡中一男子，自昆山為海寇所獲，凡沒於賊五十日而出，歸語海寇，大約艘凡二百人，其諸酋長及從，並閩及吾溫台寧波人，間亦有徽人，而閩所當者什之六七。所謂倭而椎髻者特丁數人焉而已，此可見諸寇特挾倭以為號而已，而其實皆中州之人也。"② 徐獻忠也言："嘉靖甲辰以來，海上負販之徒，誘致倭夷，聚於寧波境內，潛與豪民為市，因行刼，陸梁不可制，辛亥，遂破台之黃岩，浙中騷動。"③ 屠仲律也說："夫海賊稱亂，起於負海奸民通番互市，夷人十一，流人十二，寧、紹十五，漳、泉、福人十九。雖概稱倭夷，其實多編戶之齊民也。臣聞海上豪勢，為賊腹心，標立旗幟，勾引深入，陰相窩藏，輾轉貿易，此所謂亂源也"。④ 明人郎瑛在《七修續稿》中也講到：嘉靖倭亂的主要成分還是華人，"為首之賊，實多出於華人"。⑤ 張瀚也說："自後閩、浙、江、粵之人，皆從倭奴，然大抵

---

① 《皇明經世文編》卷 218《鄭端簡公文集二》，[明] 陳子龍等選輯，中華書局 1962 年版，第 2276 頁。

② 《皇明經世文編》卷 256《茅鹿門文集·條上李汲泉中丞海寇事宜》，[明] 陳子龍等選輯，第 2700 頁。

③ 《皇明經世文編》卷 268《徐長谷文集·韓都閫平寇記》，[明] 陳子龍等選輯，第 2839 頁。

④ 《皇明經世文編》卷 282《屠侍御奏疏·禦倭五事疏》，[明] 陳子龍等選輯，第 2979 頁。

⑤ 《七修續稿》卷 2《國事類·浙省倭寇始末略》，[明] 郎瑛撰，上海古籍出版社 1995 年版，第 353 頁。

多華人，倭奴直僅十之一二"。① 《明史》所謂的倭寇之中，"大抵真倭十之三，從倭者十之七"也可和上述諸家所論相覆核。② 這裡所謂的"從倭者"其實就是"海中巨盜，遂襲倭服飾旗號，並分艘掠内地，大抵真倭十之三，假倭十之七"，③ 就是"假倭"。"近日東南倭寇類多中國之人，間有膂力膽氣謀略可用者，往往為賊。……倭奴藉華人為耳目，華人藉倭奴為爪牙，彼此依附，出沒海島，倏忽千里，莫可蹤跡"。④ 從這些論述我們可以初步判斷出在嘉靖倭亂中，真正的日本倭寇所占比例也就是百分之二十到百分之三十左右，而中國人則占倭寇總數的百分之七十以上。關於這一點也能從我們上述倭寇成分的分析上得出相同結論，在眾多中國"倭寇"的地域分佈上，福建人最多，浙江者次之。

從明代倭寇的來源和構成成分上可以清晰看出，嘉靖倭亂不論其爆發的原因還是其本質，都是閩、浙一帶的沿海商人及海商集團對明廷海禁政策的反動。"倭寇"問題亦是有明一代始終存在的嚴重問題，只不過在嘉靖時期達到高峰而已，不論從何種角度看，嘉靖大倭亂的導火線卻與日本密切相關。

再如書中選錄《明神宗實錄》中的一則材料：萬曆十七年六月甲申，"浙江颶風大發，海水沸湧。杭州、嘉興、寧波、紹興、台州等屬縣，廨宇廬舍傾圮者，縣以數百計。碎官民船及戰舸壓溺者二百餘人，桑麻田禾皆沒於鹵。父老謂萬曆十五年後又一變也"。

這是一條 1589 年 7 月 20 日浙江沿海遭遇颶風襲擊後慘狀的記載。通過對這段材料的研讀，至少應該有如下幾方面思考：第一，基本研究。萬曆十七年浙江遭遇颶風災害後，浙江颶風災害基本情況以及對地方政府和民間的影響如何？第二，拓展研究。如明代浙江颱風災害及其政府

---

① 《松窗夢語》卷 3《東倭紀》，[明] 張瀚撰，中華書局 1985 年版，第 13 頁。
② 《明史》卷 322《日本傳》，中華書局 1974 年版，第 8353 頁。
③ 光緒《平湖縣志》卷 5《武備》引《明史》，《中國地方志集成·浙江府縣志輯 20》，上海書店 1993 年版，第 142 頁。
④ 《今言》卷 3，[明] 鄭曉撰，李致忠點校，中華書局 1984 年版，第 382—383 頁。

應對研究。這應該屬於碩士研究生畢業論文可以寫作的範疇；第三，比較研究。如明清浙江海洋災害比較研究。通過對明清兩代浙江海洋災害的頻率、危害、中央和地方以及民間的應對舉措進行較為全面比較，梳理出明清兩代政府應對海洋災害的不同舉措，評價其效能。這甚至都可以作為博士論文選題。

再如，因漂風失道而導致的漂風流民問題是歷代涉海地區普遍存在的問題，古代行駛於海上的許多漁船、商船或政務船遇到颱風這樣不可抗拒的自然災害時，絕大部分都會葬身海底，一部分"幸存"船隻就被吹刮到其他沿海地區，成為"幸存"的遇難者，這些"幸存者"就被稱為"漂流民"或"漂風民"（當然也有許多走私船舶或間諜船隻被發現後"托言漂流"者），因而在東亞地區就形成了救助"漂風民"的制度，在中、日、韓三國對漂風民救助舉措中，以明清政府的救助措施最完善，也最值得深入研究。

明清時期對漂風民的救助，是明清時期頗具人道主義的行為，清政府在對待日本、朝鮮、暹羅諸地區漂風難民問題上的處理方式非常人性化。嘉靖二十四年七月丁亥，"朝鮮國夷人金砧等十一人以航海遭風漂泊上海縣界，有司以聞譯實恤而遣之"。[1]康熙三十二年，廣東總統督石琳奏，"日本船避風至陽江縣。詔資以衣食，送浙江，具舟遣歸"。[2]這實際上就成為乾隆時期指定安置漂風船民法的參照案例。如乾隆二年六月丙戌（1737.7.26），"琉球所屬之小琉球國有粟米、棉花二船遭風飄至浙江象山，浙閩總督嵇曾筠資給衣糧遣還。事聞，帝諭：嗣後被風漂泊之船，令督撫等加意撫恤。動用存公銀兩，資給衣糧，修理舟楫，查還貨物，遣歸本國。著為令"。[3]乾隆二年九月十五日又下詔規定："沿海地方，常有外國船隻遭風飄至境內者，朕胞與為懷，內外並無歧視，外邦

① 《明實錄·世宗實錄》卷301，嘉靖二十四年七月丁亥條，台北"中央研究院"历史语言研究所1960年版，第5730頁。
② 《清史稿》卷158《邦交志六》，中華書局1976年版，第4617頁。
③ 《清史稿》卷526《琉球傳》，第14621頁。

民人既到中華，豈可令一夫之失所？嗣後如有被風飄泊之人，著該督撫督率有司加意撫恤，動用存公銀兩，賞給衣糧，修理舟楫，並將貨物查還遣歸本國，以示朕懷柔遠人之至意，將此永著為例。"①對乾隆的這個指示，清代各級地方官均在堅定不移地執行。如果拋開明清政府"懷柔遠人"的狹隘心理，單就針對漂風失道船民救助實際效果而言，這種做法既體現著華夏民族禮儀之邦的優秀傳統，也能進一步增進中外民間的友好往來，這種頗具人道主義的做法很值得發揚光大。在《研讀》一書中，也收集了一些與寧波有關的漂風民的資料。作者顯然已經注意到這一問題，因此可以成為明清海難救援史研究的重要資料。

三

《研讀》最大特色之一就是資料集中，這不僅給相關研究者提供了諸多難得的區域海洋文獻史料，也給剛入門的後學指明了史料搜集的方法和研究方向，同時，該書也具有較高的海洋史料價值。

第一，是研究明清寧波海洋政治史的重要資料。該書對明清時期有關浙江的海禁舉措、海防建設、海洋安全、社會治安、海外交往等資料都有較為詳瞻的搜集，史料價值極高。如明初對方國珍及其餘部的打擊、分化以及招撫政策就頗為典型，在此摘錄幾例：

1. 吳元年十月癸丑，朱元璋"命御史大夫湯和為征南將軍，僉大都督府事吳禎為副將軍，帥常州、長興、宜興、江陰諸軍討方國珍於慶元"。②

2. 吳元年十月甲寅，朱明政權再次遣使諭溫、台、慶元之民曰："慶元方國珍始由海上細民，因元失政，首倡禍亂，盜據三郡，兄弟子侄偽列官曹，肆其貪虐，為民巨害。昔嘗遣人納降，吾念爾民之故，幾許之不疑，彼懷奸匿詐，旋即背叛，交構閩寇，犯我邊疆，故命師往討，罪

---

① 《清代中琉關係檔案選編》，中國第一歷史檔案館編，中華書局 1993 年版，第 2 頁。
② 《明太祖實錄》卷 26，吳元年十月癸丑條，第 387 頁。

止方氏，其他士民有詿誤者，皆非本情，毋妄致疑，各歸本業。有能仗義擒斬魁黨來歸者，吾爵賞之"。①

3. 朱元璋命湯和"討方國珍。渡曹娥江，下餘姚、上虞，取慶元。國珍走入海，追擊敗之，獲其大帥二人、海舟二十五艘，斬馘無算，還定諸屬城。遣使招國珍，國珍詣軍門降，得卒二萬四千，海舟四百餘艘。浙東悉定"。②

4. 吳元年十一月辛巳，"湯和克慶元。先是，和兵自紹興渡曹娥江，進次餘姚，降其知州李樞及上虞縣尹沈煜，遂進兵慶元城下，攻其四門。府判徐善等率官屬耆老自西門出降，方國珍驅部下乘海舟遁去，和率兵追之，國珍以眾逆戰，我師擊敗之，斬首及溺死者甚眾。擒其偽副樞方惟益、元帥戴廷芳等，獲海舟二十五艘、馬四十一匹。國珍率餘眾入海。和還師慶元，徇下定海、慈谿等縣，得軍士二千人、戰艦六十三艘、馬二百餘疋、銀印三、銅印十六、金牌二、錢六千九百餘錠、糧三十五萬四千六百石"。③

5. 吳元年十一月己丑，"湯和等既下溫、台、慶元，方國珍遁入海島。上乃命中書平章廖永忠為征南副將軍，帥師自海道會和，討之。祭海上諸神曰：'近命御史大夫湯和為征南將軍，領兵取慶元、溫、台等郡，今復遣中書平章廖永忠為之副，往慶元招撫軍民，惟茲軍士未嘗涉海，茲經海上，惟神鑒之'"④。

這五條資料不僅時間上有連貫性，更重要的是把明政府擊滅方國珍及其餘部的詳情完整呈現給研究者，不僅能夠引發研究者的進一步思考，而且也便利了研究者對相關史料來源的瞭解。

第二，是研究明清寧波海洋文化史的重要資料。如對"寧波"地名的來歷，《明史·地理志》有："寧波府。太祖吳元年十二月為明州府。

---

① 《明太祖實錄》卷26，吳元年十月甲寅條，第388頁。
② 《明史》卷126《湯和傳》，第3752頁。
③ 《明太祖實錄》卷27，吳元年十一月辛巳條，第410頁。
④ 《明太祖實錄》卷27，吳元年十一月己丑條，第412—413頁。

洪武十四年二月改寧波"。^① 以往研究者也都會說因為朱元璋一句"海定則波寧"成為"明州"改名"寧波"的緣由，但朱元璋為什麼要改"明州"為"寧波"？許多人都是知其然而不知其所以然，但在《研讀》卻能找到答案："單仲友，明州人。寓居昌國之萬壽寺西。洪武六年，征至京師，獻詩稱旨。因奏'本府明州，名同國號，請改之'。上喜曰：'彼處有定海縣今鎮海，海定則波寧。'因改明州為寧波府，時洪武十四年也。"^②

再如，明朝時期許多日本僧人來華學習，這些日本僧人有隨朝貢貿易使臣入華者，有趁倭亂入華者。對來華日本僧侶如何安置，明政府是有明確政策規定的。如書中有這樣一條材料："詔發倭僧清授於四川寺院安置。初，清授隨侍郎楊宜所遣鄭舜功至寧波。未幾，總督胡宗憲所遣生員蔣洲復以僧德陽至，俱上書求貢市。朝議未允，令量賞遣歸。未行間，而王直就擒。岑港所泊諸夷遂結艦拒我師，焚德陽舟山所居道隆觀，合勢開洋去。清授原不與諸舟同來，又居定海七塔寺，諸夷亦不索之。至是，尚羈留未遣。宗憲疏上倭情已可見，清授不必遣還，然留之浙西非宜，請用洪武年間故事，發四川各寺安插。兵部議覆，從之。"^③這是一條研究明代中日關係史的重要資料，尤其是明政府對待來華日本僧人的處置舉措，好像學界鮮有關注者。明政府為什麼不允許入華日本僧人滯留浙江沿海，而是要把其安置在陝西、四川等內陸寺院？其前因後果如何？都值得深入研究。至於其中的"用洪武年間故事，發四川各寺安插"的洪武年間舉措為何？查閱史料我們可以在《明經世文編》中收錄的王世貞所撰《倭志》中找到答案："高帝初，遣使臣趙秩諭降之，僧祖朝來貢方物。十三年，丞相胡惟庸謀叛，令伏精兵貢舶中，計以表裏挾上；即不遂，掠庫物乘風而遁。會事露，悉誅其卒，而發僧使於陝

① 《明史》卷44《地理志五》，第1108頁。
② 光緒《定海廳志》卷12《寓賢》，《中國地方志集成·浙江府縣志輯38》，上海書店1993年版，第122頁。
③ 《明世宗實錄》卷471，嘉靖三十八年四月乙卯條，第470—471頁。

西、四川各寺中。著訓示後世，絕不與通。"① 如果把這兩條材料結合使用，相關問題的研究也將會有斬獲。僅從這點就能看出《研讀》海洋文化史研究方面的史料價值。

第三，是研究明清寧波海洋經濟史的重要資料。明清時期浙江沿海尤其是寧波海鹽生產比較發達，這種發達不僅體現在有研究者認為的明清時期寧波海鹽生產技術由以前的煎鹽發展為曬鹽，更重要的是明清寧波的鹽場及生產規模較以前有明顯擴大，除奉化外，明清時期的寧波其他縣都有鹽業生產，而且鹽場規模不小。如慈溪鹽場主要在大古塘以北潮塘以南，鎮海的鹽場在與慈溪縣交界的松浦到今鎮海穿山的沿海海濱及大、小浹江沿岸一帶；明鄞縣大嵩鹽場在今大嵩港兩岸及沿海的地域；明代玉泉鹽場主要散佈在今象山縣南北相距百里的沿海諸鄉；岱山鹽場產地遍及岱山、秀山、長塗等三島；寧海長亭鹽場地處的三門灣沿岸；餘姚石堰鹽場位於大古塘以北一帶。尤其是餘姚石堰鹽場到清初已發展成為當時兩浙最大的鹽場。因此，寧波鹽業史研究應該成為寧波海洋社會經濟史研究重要內容之一。關於這一點，唐燮軍教授等人所編《研讀》已有較多關注。如該書所引用的幾條有關寧波鹽業史的材料就很有價值：

1. 吳元年二月癸丑，"置兩浙都轉運鹽使司於杭州。設……鳴鶴……昌國正監、清泉、大嵩、穿山……等三十六場。歲辦鹽二十二萬二千三百八十四引有畸（奇），每引重四百斤。其法：浙東以竹篾織盤，用石灰、柴灰塗抹，注鹵煎燒。每田八畝，辦鹽一引。田入鹽籍，謂之贍鹽田土"。②

2. 乾隆三十五年十二月，戶部為遵旨議奏事："臣等伏查，浙江定海縣舟山地方，孤懸海外，曠衍五百餘里，統計三十七澳，居民數千戶，素以煎鹽為業，歲納正課銀四十餘兩，除自食外，所有餘鹽向係本地自

---

① 《皇明經世文編》卷332《王弇州文集一·倭志》，[明]陳子龍等選輯，第3554—3555頁。

② 《明太祖實錄》卷22，吳元年正月癸丑条，第318—319頁。

行售賣。……請將該處三十七澳餘鹽通行收買，議列六款，繪圖具奏。"①

3.宣統元年，度支部尚書載澤疏言："兩浙產鹽之旺，首推餘姚、岱山，次則松江之袁浦、青村、橫浦等場，皆板曬之鹽也。而杭、嘉、寧、紹所屬煎鹽各場，滷料亦購自餘姚。近年滷貴薪昂，成本加重，商家既舍煎而取曬，竈戶亦廢竈而停煎。煎數日微，故龍頭、長亭、長林等場久缺，而注重轉在餘、岱。餘姚海灘距場遠，岱山孤懸海外，向不設場，雖經立局建廠，而官收有限，私曬無窮。此產鹽各處之情形也。"②

4.乾隆四十三年閏六月，戶部奏："浙鹽引地共計十七府二州，……該省場竈餘鹽，原有發帑官收之例，自應儘數收買，以杜其私賣之源。應令該撫隨時酌看旺產情形，悉心經理，據實核辦，並嚴飭文武員弁督率兵役人等，於私鹽出沒處所，不時實力查緝，勿致懈弛可也。"③

從這幾條材料中明顯看出，最遲在宣統以前，寧波地區鹽業生產主要還是採取"煎鹽"而非技術更為先進的"曬鹽"，這就否定了清代寧波鹽業生產採取"曬鹽"的傳統說法，顯現出較為重要的史料價值。

同樣，明清寧波地區鹽業生產如何管理？鹽稅收入多少？這些都是值得關注的問題。如《研讀》中有這樣兩條材料：

1.英宗正統二年十一月壬子，"革浙江寧波府岱山、蘆花二鹽課司"。④

2.英宗正統五年正月庚午，"革昌國正鹽場鹽課司，從都察院右副都御史朱與言奏請也"。⑤

這兩條材料是關於明英宗時期寧波鹽業管理機構廢置的重要資料，同時也是研究寧波鹽業史的第一手材料，值得重視。

當然，明清時期寧波各地鹽場範圍的變遷也應該引起相關研究者的

---

① 《欽定重修兩浙鹽法志》卷 12《奏議三》，[清]延豐等纂修，《續修四庫全書》第 841 冊，上海古籍出版社 2002 年版，第 218 頁。

② 《清史稿》卷 123《食貨志四》，第 3637—3638 頁。

③ 《欽定重修兩浙鹽法志》卷 12，《續修四庫全書》第 841 冊，第 227—229 頁。

④ 《明英宗實錄》卷 36，正統二年十一月壬子條，第 707 頁。

⑤ 《明英宗實錄》卷 63，正統五年正月庚午條，第 1214 頁。

重視，這一點，《研讀》也收集了一些重要資料。如乾隆四十年四月庚辰，浙江巡撫兼管鹽政三寶疏報："乾隆三十八年，寧波府慈溪縣鳴鶴場報升沙塗五百畝。"①乾隆四十二年三月丙子，浙江巡撫三寶疏報："慈溪縣鳴鶴場墾復沙塗五百五十五畝有奇。"②

　　寧波鹽業史研究不僅僅只局限於生產技術、鹽稅、鹽場以及鹽業管理機構這幾方面，諸如鹽的走私以及治理也是值得研究的課題，這一方面的相關史料，在《研讀》一書中同樣不少，毋須再一一引證。值得注意的是，明清時期寧波私鹽盛行，即便頻繁處置"失察私鹽"官員，仍無法完全禁絕"私鹽充斥"現象，其中原因值得進一步探究。

　　因浙東瀕海，時常遭遇颶風海潮之患，沿海民眾生活受到極大影響，因此，海塘海堤加固修建就成為值得研究的重要問題之一，這也是寧波海洋社會經濟史研究的重要問題。需要指出的是，《研讀》一書也收集了許多與明清時期海塘修建有關的資料，對明清寧波海塘史研究也頗有助益。如洪武二十四年三月辛巳，明政府"修築浙江寧海、奉化二縣海堤成。寧海築堤三千九百餘丈，用工凡七萬六千；奉化築堤四百四十丈，用工凡五千六百"；③洪武二十四年"修臨海橫山嶺水閘，寧海、奉化海堤四千三百餘丈。築上虞海堤四千丈，改建石閘。濬定海、鄞二縣東錢湖，灌田數萬頃"；④永樂五年正月丁丑"修浙江餘姚縣南湖埧及錢塘、仁和、嘉興、蘇州、吳江、長洲、昆山、松江、華亭堤岸"；⑤雍正三年三月丙辰，工部遵旨議覆："吏部尚書朱軾疏言：浙江杭州等府，全賴海塘捍禦潮汐。查紹興餘姚縣，自滸山鎮西至臨山衛六十里，舊有土塘三道。內一道為老塘，距海三四十里或十餘里，係百姓自築；其二道為外塘，詢據土人雲，潮水從不到塘，若加高三四尺、厚五六尺，即遇

① 《清高宗實錄》卷980，乾隆四十年四月庚辰條，中華書局1986年版，第21冊，第83頁。

② 《清高宗實錄》卷1028，乾隆四十二年三月丙子條，第21冊，第788頁。

③ 《明太祖實錄》卷208，洪武二十四年三月辛巳條，第3102頁。

④ 《明史》卷88《河渠志六》，第2146頁。

⑤ 《明太宗實錄》卷63，永樂五年正月丁丑條，第907頁。

風潮，亦不致沖溢。係民間灶戶修築。今被災之後，民灶無力，應令地方官動用公帑興修"；① 乾隆十四年十一月，署浙江巡撫永貴奏："浙江海塘各處工程，西自蕭山縣起，東至鎮海縣招寶山止，逐加勘視，無亟需興舉之工。惟鎮海縣城年久傾圮，經前撫臣常安請修，又經方觀承奏准，先修北城一面，與塘工並力兼修。舊城即在塘上，勢重難撼，工程愈固。今塘工告竣，城可隨辦。面飭乘此冬餘興修"；② 乾隆二十三年五月辛亥，浙江巡撫楊廷璋疏稱："鎮海縣石塘，請一律增高，遵照成規興築"；③ 乾隆二十三年，"增築鎮海縣海塘"；④ 道光十四年四月甲寅，"修浙江鎮海及念里亭汛海塘，從巡撫富呢揚阿請也"；⑤ 道光十四年，宗室敬徵偕侍郎吳椿勘浙江海塘，上書曰："念里亭至尖山柴工尚資禦溜，石塘仍當修整，鎮海及戴家橋汛議改竹簍，塊石不如條石坦水舊法為堅實。烏龍廟以東，冬工暫緩"。⑥《研讀》一書將這些有關明清時期寧波海塘修建的史料搜錄在一起，不僅便於研究者按圖索驥，而且給相關問題研究提供了資料上的便利。

以上我們從史料搜集、史料運用和史料價值等方面簡要論證了《研讀》一書刊佈的必要性，也提出了自己閱讀《研讀》一書的一點感想，認為該書對海洋史尤其是寧波海洋史研究者而言具有重要參考價值。如耐心閱讀《研讀》一書，定會起到披沙揀金之效果，較之自行漁獵，獺祭群書，省時撙力頗多。當然，瑕不掩瑜，《研讀》一書也有不足之處，一些比較重要的海洋史資料沒有收錄或收錄較少。如寧波海洋信仰方面的資料就是典型。如所周知，海洋信仰是海洋文化史研究重要內容，尤其是媽祖信仰自南宋時期由福建船商傳入寧波後，其影響力日漸擴大，《研讀》一書雖然也注意到這一點，如書中收錄的雍正七年三月癸酉，

① 《清世宗實錄》卷30，雍正三年三月丙辰條，第7冊，第458—459頁。
② 《清高宗實錄》卷353，乾隆十四年十一月條，第13冊，第879頁。
③ 《清高宗實錄》卷563，乾隆二十三年五月辛亥條，第16冊，第142頁。
④ 《清史稿》卷128《河渠志三·海塘》，第3818頁。
⑤ 《清宣宗實錄》卷251，道光十四年四月甲寅條，第36冊，第800頁。
⑥ 《清史稿》卷365《宗室敬徵傳》，第11434頁。

清廷"敕封浙江鎮海縣蛟門山龍神為涵元昭泰鎮海龍王之神";[①]嘉慶八年五月癸亥,"封浙江慈溪縣北雪山龍神為寧民普惠鎮海龍神"。[②] 但有關媽祖信仰及其傳播的相關內容卻收錄較少,实际上,在清光緒《定海廳志》、光绪《鄞縣誌》、民國《鄞縣通志》及《钦定大清会典事例》等地方志書、文献以及碑铭中有關天后宮修建與媽祖信仰的資料為之不少,如能進一步搜集收錄,必將臻于完美。

2021 年秋於泉州

---

① 《清世宗實錄》卷79,雍正七年三月癸酉條,第 8 冊,第 44 頁。
② 《清仁宗實錄》卷 113,嘉慶八年五月癸亥條,第 29 冊,第 510 頁。

一、政治類史料編年

（一）明代

◎吳元年十月癸丑（1366.11.7）

命御史大夫湯和為征南將軍，僉大都督府事吳禎為副將軍，帥常州、長興、宜興、江陰諸軍討方國珍于慶元。上諭之曰："爾等奉辭討罪，毋縱殺戮，當如徐達下姑蘇，平定安輯，乃副吾所望也。"《明太祖實錄》卷26①

◎吳元年十月甲寅（1366.11.8）

甲寅，復遣使檄諭溫、台、慶元之民曰："慶元方國珍始由海上細民，因元失政，首倡禍亂，盜據三郡，兄弟子侄偽列官曹，肆其貪虐，為民巨害。昔常遣人納降，吾念爾民之故，即許之不疑，彼懷奸匿詐，旋即背叛，交構閩寇，犯我邊疆，故命師往討，罪止方氏，其他士民有詿誤者，皆非本情，毋妄致疑，各歸本業。有能仗義擒斬魁黨來歸者，吾爵賞之。"《明太祖實錄》卷26（頁0388）

◎吳元年十一月辛巳（1366.12.5）

辛巳，征南將軍湯和克慶元。先是，和兵自紹興渡曹娥江，進次餘

---

① 《明實錄（附校勘記）》，"中央研究院"歷史語言研究所，1962年，第0387頁。以下僅列某皇帝實錄及其頁碼于文內。

姚，降其知州李樞及上虞縣尹沈煜，遂進兵慶元城下，攻其四門。府判徐善等率官屬、耆舊自西門出降，方國珍驅部下乘海舟遁去，和率兵追之，國珍以眾逆戰，我師擊敗之，斬首及溺死者甚眾。擒其偽副樞方惟益、元帥戴廷芳等，獲海舟二十五艘、馬四十一匹。國珍率餘眾入海。和還師慶元，徇下定海、慈溪等縣，得軍士二千人、戰艦六十三艘、馬二百餘匹、銀印三、銅印十六、金牌二、錢六千九百餘錠、糧三十五萬四千六百石。《明太祖實錄》卷27（頁0410）

尋拜征南將軍，……討方國珍。渡曹娥江，下餘姚、上虞，取慶元。國珍走入海，追擊敗之，獲其大帥二人、海舟二十五艘，斬馘無算，還定諸屬城。遣使招國珍，國珍詣軍門降，得卒二萬四千，海舟四百餘艘。浙東悉定。《明史》卷126《湯和傳》（頁3752）

◎吳元年十一月己丑（1366.12.13）

己丑，湯和等既下溫、台、慶元，方國珍遁入海島。上乃命中書平章廖永忠為征南副將軍，帥師自海道會和，討之。祭海上諸神曰：「近命御史大夫湯和為征南將軍，領兵取慶元、溫、台等郡，今復遣中書平章廖永忠為之副，往慶元招撫軍民，惟茲軍士未嘗涉海，茲經海上，惟神鑒之。」《明太祖實錄》卷27（頁0412—0413）

◎吳元年十二月乙卯（1367.1.8）

乙卯，改慶元路為明州府。《明太祖實錄》卷28上（頁0430）

寧波府元慶元路，屬浙東道宣慰司。太祖吳元年十二月為明州府。《明史》卷44《地理志五》（頁1108）

◎太祖洪武元年五月庚午（1368.5.17）

昌國州蘭秀山盜入象山縣作亂。縣民蔣公直等集鄉兵擊破之。初，方國珍遁入海島，亡其所受行樞密院印，蘭秀山民得之，因聚眾為盜，至是入象山縣，執縣官，劫掠居民，公直與王剛甫率縣民數百人欲擊之，適知縣孔立自府計事還，公直等走告，立遂駐兵東禪山。盜來攻，公直乃先伏兵兩山間，自領數十人迎戰，佯敗走，盜追之，伏發，盡禽殺之。① 事聞，遣大理卿周禎至縣賞其功，賜公直、剛甫白金人百二十兩。《明太祖實錄》卷32（頁0559）

◎洪武三年六月乙酉（1370.7.21）

是月，倭夷寇山東，轉掠溫、台、明州傍海之民，遂寇福建沿海郡縣。福州衛出軍捕之，獲倭船一十三艘，擒三百餘人。《明太祖實錄》卷53（頁1056）

明興，……諸豪亡命，往往糾島人入寇山東濱海州縣。洪武二年三月，帝遣行人楊載詔諭其國，……日本王良懷不奉命，復寇山東，轉掠溫、台、明州旁海民，遂寇福建沿海郡。《明史》卷322《外國傳三》（頁8341—8342）

◎洪武四年十月癸巳（1371.11.21）

癸巳，日本國王良懷，遣其臣僧祖來進表箋、貢馬及方物，并僧九人來朝，又送至明州、台州被虜男女七十餘口。先是，趙秩等往其國宣諭，……諭以中國威德，而詔旨有責讓其不臣中國語。……至是，奉表箋稱臣，遣祖來，隨秩入貢。詔賜祖來等文綺、帛及僧衣。比辭，遣僧祖、闡克勤等八人護送還國，仍賜良懷《大統曆》及文綺、紗羅。《明太祖實錄》卷68（頁1280—1282）

三年三月又遣萊州府同知趙秩責讓之，泛海至析木崖，入其境，守關者拒弗納。秩以書抵良懷，良懷延秩入。諭以中國威德，而詔書有責其不臣語。良懷……遣其僧祖來奉表稱臣，貢馬及方物，且送還明、台二郡被掠人口七十餘，以四月十月至京。太祖嘉之，宴賚其使者，念其俗佞佛，可以西方教誘之也，乃命僧祖闡、克勤等八人送使者還國，賜

----

① 《明史》卷131《吳禎傳》云："洪武元年，進兵破延平，擒陳友定。閩海悉平。還次昌國。會海寇劫蘭秀山，剿平之。兼率府副使，尋為吳王左相兼僉大都督府事。"

良懷《大統曆》及文綺、紗羅。《明史》卷322《外國傳三》（頁8342）

太祖統一寰宇，薄海之外罔不臣僕，唯倭奴未至。洪武二年，遣使臣趙秩招之，泛海至析木崖，入其國。倭王良懷……乃更禮秩，遣夷僧十人，隨秩入貢。國初，雖屢貢而入寇不絕，直至成化年，猶多倭警。太祖謂廷臣曰："東夷固非北胡腹心之患，亦猶蚊虻警瘤自覺不寧。"……與誠意伯劉基等議，其俗尚禪教，宜遣高僧說之歸順。乃選明州天寧寺僧祖闡、南京瓦罐寺僧無逸，往使日本，宣諭敕旨。隨遣夷僧來獻馬匹、盔鎧、槍刀、瑪瑙、硫黃、帖金扇諸物。《敬止錄》卷21[1]

◎洪武四年十二月丙戌（1372.1.13）

詔吳王左相、靖海侯吳禎籍方國珍所部溫、台、慶元三府軍士及蘭秀山無田糧之民嘗充船戶者，凡十一萬一千七百三十人，隸各衛為軍。仍禁瀕海民不得私出海。《明太祖實錄》卷70（頁1300）

洪武四年十二月命靖海侯吳禎籍方國珍所部溫、台、慶元三府軍士及蘭秀山無田糧之民，凡十一萬餘人，隸各衛為軍。且禁沿海民私出海。時國珍及張士誠餘眾多竄島嶼間，勾倭為寇。《明史》卷91《兵志三》（頁2243）

◎洪武五年八月壬寅（1372.9.25）

壬寅，明州衛指揮僉事張億率兵討倭寇，中流矢卒。上聞而悼之，遣使致祭。其文曰："爾以英勇之姿，來自潼關，委身事朕，遂擢佐武衛，俾守鄞城，克盡其職。近因倭寇侵犯海隅，爾身先士卒，偶為流矢所中，醫治莫瘥，竟殞其身，深可痛惜！然丈夫身能奉職，死能盡忠，名垂竹帛，復何憾焉！"仍詔恤其家。《明太祖實錄》卷75（頁1393）

◎洪武五年九月己未（1372.10.12）

上諭戶部臣曰："石硊、定海舊設宣課司，以有漁舟出海故也。今既

---

① 《敬止錄（點校本）》卷21《貢市考下》，[明]高宇泰著，沈建國點校，第362頁。

有禁，宜罷之，無為民患。"《明太祖實錄》卷 76（頁 1397）

◎洪武七年九月辛未（1374.10.14）

辛未，罷福建泉州、浙江明州、廣東廣州三市舶司。《明太祖實錄》卷 93（頁 1620—1621）

◎洪武七年十二月庚申（1375.1.31）

遣靖海侯吳禎往浙東收籍方氏台、溫、明三郡故兵。禎既至，三郡亡賴惡少挾私逞怨，蔓引平民富家為兵，瀕海大擾。寧海知縣王士弘曰："誣良民為兵，此不可也。吾寧獲罪死，不可以誣民。"即上封事言狀，辭甚懇切。上嘉士弘言，即日詔罷之。三郡之民，賴以復安。士弘，潞州人，由是擢南雄府通判。《明太祖實錄》卷 95（頁 1646—1647）

◎洪武十二年閏五月辛丑（1379.6.20）

辛丑，置台州府寧海縣巡檢司。《明太祖實錄》卷 125（頁 1997）

◎洪武十二年十月丁亥（1379.12.3）

丁亥，置浙江昌國守禦千戶所。《明太祖實錄》卷 126（頁 2019）

象山……西南有昌國衛，本昌國守禦千戶所，洪武十二年十月置於舟山，十七年九月改為衛。二十年來徙縣南天門山，二十七年遷縣西南後門山。《明史》卷 44《地理志五》（頁 1110）

◎洪武十四年二月庚辰（1381.3.20）

改明州府為寧波府，衛為寧波衛。《明太祖實錄》卷 135（頁 2148）

寧波府元慶元路，屬浙東道宣慰司。太祖吳元年十二月為明州府。洪武十四年二月改寧波。《明史》卷 44《地理志五》（頁 1108）

單仲友，明州人。寓居昌國之萬壽寺西。洪武六年，征至京師，獻詩稱旨。因奏"本府明州，名同國號，請改之"。上喜曰："彼處有定海縣今鎮海，海定則波寧。"因改明州為寧波府，時洪武十四年也。《定海廳

志》卷12[1]

◎洪武十四年四月乙亥（1381.5.14）

置定海守禦千戶所。《明太祖實錄》卷137（頁2163）

定海……東北有定海衛，本定海守禦千戶所，洪武十四年四月置，二十年二月升為衛。《明史》卷44《地理志五》（頁1109）

◎洪武十七年五月丁巳（1384.6.9）

丁巳，詔發岷州衛所獲番寇二百四十一人戌昌國。《明太祖實錄》卷162（頁2513）

◎洪武十七年九月丁未（1384.9.27）

置昌國衛于寧波之象山縣。《明太祖實錄》卷165（頁2542）

◎洪武十七年閏十月乙巳（1384.11.24）

乙巳，浙江定海千戶所總旗王信等九人擒殺倭賊，并獲其器仗。事聞，上命擒殺賊者陞職，獲器仗者賞之。《明太祖實錄》卷167（頁2558）

◎洪武十九年十一月己卯（1386.12.18）

置觀海衛指揮使司于寧波府慈溪縣。《明太祖實錄》卷179（頁2714）

鄞……北有龍山守禦千戶所，洪武十九年十一月置。……慈谿……元曰慈溪。永樂十六年改"溪"為"谿"。……又觀海衛亦在西北，洪武十九年十一月置。……定海……又有霩衢守禦千戶所，大嵩守禦千戶所，俱洪武十九年十一月置。《明史》卷44《地理志五》（頁1109）

◎洪武十九年十二月癸未（1386.12.22）

寧波、溫、台、昌國等府縣瀕海之地置千戶所八，曰平陽、三江、龍山、廓衢、大嵩、錢倉、新河、松門，皆屯兵以備海寇。《明太祖實錄》

---

[1]《定海廳志》卷12《寓賢傳》，[清]史致訓、黃以周等編纂，柳和勇、詹亞園校點，上海古籍出版社2011年版，第230頁。

卷 179（頁 2714）

象山……西北有錢倉守禦千戶所，洪武十九年十一月置。《明史》卷 44《地理志五》（頁 1110）

◎洪武二十年二月甲辰（1387.3.13）

置定海、盤石、金鄉、海門四衛指揮使司於浙江並海之地，以防倭寇。《明太祖實錄》卷 180（頁 2728）

十七年命信國公湯和巡視海上，築山東、江南北、浙東西沿海諸城。後三年命江夏侯周德興抽福建福、興、漳、泉四府三丁之一，為沿海戍兵，得萬五千人。移置衛所於要害處，築城十六。復置定海、盤石、金鄉、海門四衛於浙，……又置臨山衛於紹興，……而寧波、溫、台並海地，先已置八千戶所，曰平陽、三江、龍山、霩、大松、錢倉、新河、松門，皆屯兵設守。《明史》卷 91《兵志三》（頁 2243—2244）

餘姚……西北有臨山衛，洪武二十年二月置。東北有三山守禦千戶所，一名滸山，亦洪武二十年二月置。《明史》卷 44《地理志五》（頁 1108）

◎洪武二十年五月癸丑（1387.5.21）

癸丑，置龍山千戶所。《明太祖實錄》卷 182（頁 2739）

◎洪武二十年閏六月丁巳 ①（1387.7.24）

丁亥，廢寧波府昌國縣，（徒）[徙]其民為寧波衛卒。以昌國瀕海，民嘗從倭為寇，故徙之。《明太祖實錄》卷 182（頁 2745）

定海……又有舟山中中千戶所，舟山中左千戶所，本元昌國州，洪武二年降為縣，二十年六月，縣廢，改置。《明史》卷 44《地理志五》（頁 1110）

---

① 丁巳，原作"丁亥"。考是月己酉朔，無丁亥，而下文又有"壬戌"，故疑"丁亥"乃"丁巳"之誤。茲逕改。

象山……西南有石浦守禦前、後二千戶所，俱洪武二十年置。《明史》卷 44《地理志五》（頁 1110）

◎洪武二十年閏六月壬戌（1387.7.29）

壬戌，命凡指揮千百戶鎮撫謫戍昌國衛者，咸出海捕倭，以功贖罪。《明太祖實錄》卷 182（頁 2752—2753）

◎洪武二十年八月戊辰（1387.10.3）

戊辰，命觀海衛指揮同知王真宰署寧波衛事，指揮僉事張顯署金鄉衛事。《明太祖實錄》卷 184（頁 2768）

◎洪武二十年九月丁未（1387.11.11）之前

寧海……南有健跳千戶所，洪武二十年九月置。《明史》卷 44《地理志五》（頁 1111）

◎洪武二十年十一月己丑（1387.12.23）

十一月……己丑，湯和還，凡築寧海、臨山等五十九城。《明史》卷 3《太祖紀三》（頁 45）

◎洪武二十二年十一月己巳（1389.11.22）

己巳，紹興府餘姚縣民有妄訴其族長私下海商販，當抵罪。上召諭之曰：“人由祖宗積德，是至子孫蕃衍。今倉顏皓首者，爾族之長也，而妄訴之，是干名犯義，不知有祖宗矣。自古帝王之治天下，必先明綱常之道。今爾傷風敗俗，所訴得實，猶為不可，況虛詐乎！”命置于法。《明太祖實錄》卷 198（頁 2967—2968）

◎洪武二十四年四月辛巳（1391.5.28）

辛巳，修築浙江寧海、奉化二縣海堤成。寧海築堤三千九百餘丈，用工凡七萬六千；奉化築堤四百四十丈，用工凡五千六百。《明太祖實錄》卷 208（頁 3102）

二十四年修臨海橫山嶺水閘，寧海、奉化海堤四千三百餘丈。築上虞海堤四千丈，改建石閘。濬定海、鄞二縣東錢湖，灌田數萬頃。《明史》卷 88《河渠志六》(頁 2146)

◎洪武二十五年七月丙申（1392.8.5）

丙申，賜浙江觀海等衛造海船士卒萬二千餘人鈔各一錠，胡椒人一斤。《明太祖實錄》卷 219（頁 3217）

◎洪武二十七年九月戊午（1394.10.16）

戊午，浙江定海衛奏所屬廓衢等千戶所皆瀕海地方，陸路一百二十里，水路則風濤險遠，遇警急，卒難應援。請於穿山築城置千戶所，分調官軍守禦。從之。《明太祖實錄》卷 234（頁 3423）

定海……東南有穿山後千戶所，洪武二十七年九月置。《明史》卷 44《地理志五》(頁 1109)

◎洪武二十八年八月戊辰（1395.8.22）

信國公湯和卒。和，字鼎臣，鳳陽人……（丁未）十月，命為征南將軍，討慶元方國珍。國珍乘巨舟出沒海島，和宣諭朝廷威德，國珍率子弟詣軍門降。得海舟千餘，貲貨無算，遂命和由海道取福州，師至而平。洪武元年二月，取延平、漳、泉等府，元參政文殊海牙等降。執平章陳友定，送京師。召還，督造海舟于慶元。《明太祖實錄》卷 240（頁 3487—3489）

◎洪武二十九年二月庚寅（1396.3.11）

二月己丑朔，緬國復遣使來，訴百夷以兵侵其境土。庚寅，遣行人李思聰、錢古訓①使緬國及百夷。……思聰等還，具奏其事，且著《百夷傳》紀述其山川、人物、風俗、道路之詳以進。上以其奉使不失職，謂其才可用，甚喜之，各賜衣一襲。《明太祖實錄》卷 244（頁 3540—3543）

---

① 錢古訓，餘姚人，以奉使有稱，升任湖廣布政使司左參議。

◎洪武三十年十二月丁未（1398.1.17）

丁未，置爵溪千戶所，屬昌國衛。移爵溪巡檢司於薑嶼渡。先是，散騎舍人王璘言："臨山衛及餘姚千戶所軍士，正伍之外，餘軍尚五百餘人，宜分補沿海衛所守禦。"《明太祖實錄》卷255（頁3692）

象山……西有爵溪守禦千戶所，洪武三十年十二月置。《明史》卷44《地理志五》（頁1110）

◎洪武三十一年二月乙酉（1398.2.24）

三十一年春正月壬戌，大祀天地於南郊。乙丑，遣使之山東、河南課耕。二月乙酉，倭寇寧海，指揮陶鐸擊敗之。《明史》卷3《太祖紀三》（頁55）

◎洪武三十一年十二月辛未（1399.2.5）之前

海防非止捍寇以鞏圉也。鄞民衣食於海，慎□□守于望洋向若之間，猶之菽粟桑麻之政焉。國朝祖宗之制，于邊海郡縣經營控制為備，蓋至嚴也。首澉、乍而逮蒲、壯，吾郡南達台、溫，北連淀、渤，並海幾六百里。起慈溪縣向頭巡檢司，止象山縣石浦巡檢司。置衛者四：曰觀海，曰定海，曰昌國，而寧波衛則附於郡城。衛之隙，置所者十：曰龍山，曰穿山，曰霩衢，曰大嵩，曰錢倉，曰爵溪，曰石浦前、後所，舟山則懸峙海中，而中中、中左二所在焉。所之隙，置巡檢司一十有九……莫不因山塹谷，崇其垣墉，陳列兵山，以禦非常，復于津陸要衝置為關隘……凡二十有五，皆屯兵置艦，以為防守。其中若定海關、舟山關、湖頭渡寨、沈家門水寨、遊仙寨、南堡寨、小浹港隘，最為要害，自昔至今，尤致嚴焉。定海置烽堠一十三，穿山烽堠十，霩衢烽堠六，大嵩烽堠六，舟山烽堠二十五，觀海烽堠六，龍山烽堠六，昌國烽垢三，石浦烽堠二，錢倉烽堠五，爵溪烽堠四，咸設旗軍以瞭望聲息，晝煙夜火，互相接應。若霩衢之三塔山，舟山之朱家尖，蠱峙最高，所望獨遠，故設總台，多撥旗軍，戒嚴尤至，分方備禦，各有攸司。海上諸山，分別三界：黃牛山、在慈溪縣北大海中，與海鹽縣海洋為界。馬墓、長塗、冊子、金塘、大樹、蘭秀、劍山、雙嶼、雙塘、六橫、韭山、壇頭等山為上界；灘山、滸山、羊山、馬跡、兩頭洞、漁山、三姑、鶴山、徐公、黃澤、大小衢、大佛頭等山為中界；花腦、求芝、絡華、彈丸、東庫、陳錢、壁下等山為下界。率皆潮汐所通，倭夷貢寇必由之道也。

沿邊衛所置造戰船，以定、臨、觀三衛九屬所計之，五百料、止定海港一隻。四百料、二百料尖舟等船一百四十有三。昌國衛四屬所四百料等船六十有七，量船大小，分給兵杖、火器，調撥旗軍駕使，而督領以指揮千百戶。每值風汛，把總統領定、臨、觀戰船哨于沈家門。初哨以三月三日，二哨以四月中旬，三哨以五月五日。由東南而哨，歷分水礁、石牛港、崎頭洋、孝順洋、烏沙門、橫山洋、雙塘、六橫、雙嶼、亂礁洋，抵錢倉而止。凡韭山、積固、大佛頭、花腦等處，為賊舟之所經行者，可一望而盡。由西北而哨，歷長白、馬墓、龜鱉洋、小春洋、兩頭洞、東西霍，抵洋山而止。凡哨所至，取海物為驗。凡大小衢灘、滸山、丁興、馬跡、車庫、陳錢、壁下等處，為賊舟之所經行者，可一望而盡。即由此南通於甌越，北涉于江淮，皆以南北兩洋為要會。而南北之哨，則以舟山為根柢。昌國戰船，南哨則抵於松門，北哨則抵大嵩。分哨之期，有同于三衛，而與松海哨船別統於把總。至六月哨畢，臨、觀戰船則泊于岑港，定海戰船則泊于黃崎港，昌國戰船則泊于石浦關，海中至六月十二日為彭祖忌，颶風大作，身必避之。仍用小船巡邏防守，備至密也。賊過霍山洋、五嶼、烈港、表登、掘泥、烏山、平石，則薄觀海、龍山、慈溪；登邱家洋、官莊、龍頭，則犯定海之西北界；過岱山、長塗、蘭秀山、劍山，登干覽、大小展，則東北一面可入於舟山；過烏沙門，順母塗，登沈家門、謝浦，則東南一面可入於舟山；過大小干山、十六門、嶴山、盤嶼，登關山、螺頭，則西南一面可入於舟山；過東西肯、長白礁、馬墓港、冊子山，登岑江、碇齒，則西北一面可入於舟山。由舟山之南，經大貓洋，入金塘、蛟門，則竟趨於定海城下；過穿鼻港，入黃崎港，則犯穿山；過崎頭洋、雙嶼，入梅山港，則犯霩衢；過青龍洋，入大嵩港，則犯大嵩；由東西廚入湖頭渡，則犯奉化縣及象山縣之東界；過韭山、海闆門、亂礁洋，登浦門，則犯錢倉所；過青門關，登白沙灣、遊仙寨，則犯爵溪、象山之南界；入石浦關，則逼石浦城與昌國衛。宋時嘗於招寶山抵陳錢、壁下置十二水鋪，以瞭望聲息。在當時已病海氣瞑蒙，風雨晦冥，難於接應。今浙船南哨至鎮下門、南麂、玉環、烏沙門、普陀等山，北哨則交於直海、陳錢，為浙直交界分路之始，復交相會哨。賊或流突中界，則沈家門、馬墓兵船迤北截，過長塗、霍山洋、三姑與浙西兵船為犄角，而吾郡之北境可以無虞；迤南截，過普陀、青龍洋、韭山、青門關，與昌國石浦兵船為犄角，而吾郡之南境可以無虞。賊或流突上界，則總兵官自烈港督發舟師，北截於七里嶼、觀海洋面，參將自臨山洋督兵船為之應援，南截于金塘、大貓洋、崎頭洋，而石浦、梅山港兵船為之應援，則沿海可以無虞。萬一疏虞，而賊得登陸，由掘泥歷烏山、鳴鶴場，逾杜湖嶺，入慈溪，由平石歷沈思橋，逾孔家嶺入慈溪，渡丈亭，走車廄、稠嶺寨、石塘灣，涉鄞之西鄉，可達於郡城，則觀海、向頭、松浦之守不可以不嚴，而慈溪新城之建，實所以扼其沖。由邱家洋越雁門嶺，由官生越桃花嶺，由龍頭越鳳浦嶺，渡青林、李溪可達於郡城，則龍山、管界之備與嶺口把截之兵不可以不嚴，而邱洋、金礐石牆之築，實所以扼其沖。由定海港可直走寧波，則西渡東津、梅墟、桃花渡之備不可以不嚴，而招寶山築城設險，實所以扼其沖。由夏蓋山走梁湖、通明壩，入四明梁弄，出樟村、小溪、櫟社，可達於郡城，則臨山、瀝海、廟山之防不可以不嚴。由四門、石堰渡姚江，入樟村，以達於郡城，則三山之防不可以不嚴。由小浹港循長山橋、鄞山橋、七里店，走甬東，可達於郡城，則港口置兵船防守與甬東巡司之備不可以不嚴。由穿山、碶頭逾育王嶺，歷寶幢、盛店，可以走甬東，則穿山、橫港水陸之備不可以不嚴。由尖埼逾韓嶺，涉東湖，可以走甬東，則霩衢、大嵩、霞嶼、太平之備不可以不嚴。由趙嶴、白沙灣走象山，渡黃溪，歷仇村、道陳嶺，入乾坑、橫溪、桃江，可以走甬東，則錢倉、爵溪諸濱海之備不可以不嚴。由昌國、石浦、桃渚、健跳、黃岩、寧海、經鐵場、缸窯、黃溪、青嶺入奉化，渡蔣家浦，越鄞江橋，達郡城之西南，則缸窯、黃溪口與諸險隘之防不可以不嚴，近設浦門、青門、鋸門、金井頭等隘。凡此皆洋寇所經之故道，為郡城根本之慮也。

寧郡東近島夷，南通漳寇，雖台、溫沿海俱有邊鎮，而定海、翁山一帶尤不可不備也。是以國家既已分置衛所矣，又有守備、把總以統領之。初設把總分而為五，各有分地。金鄉、磐石唯一人，松門、海門惟一人，臨、觀、定惟一人，浙西、海寧一人。若臨、觀、定三衛指揮三江、瀝海、三山、龍山、穿山、大嵩、霩衢、舟山，中左、中中九所出海，千百戶皆由軍政考定風汛時月，駕哨船至舟山六十里外水寨，謂之沈家門。把總駐紮於此，聽其分撥海島巡哨，使賊船不得出沒，以故海道寧謐。且不離定海，時常往來巡視，如此則軍職率多警畏，戍卒亦無放休之弊矣。今朱總憲疑是朱紈。改分六總，臨、觀居後，定獨當其衝突，勢孤而權輕，何以能禦？以致夷寇橫騖，如入無人之境。愚謂必復臨、觀、定之把總，而後可以言備。選練官軍，必可戰而後可守也。再考舊制三月至九月，以備倭夷；十月至明年二月，以備漳寇。金盤、松海之守，在黃花等寨，所以遏其始。臨、觀、定之守在沈家門，所以折其沖。既定三衛九所官軍，則有以厚集其勢而權不分，聯屬其心而事易集，備而能守，戰而可克。古之大臣為國家邊防之慮，周且密如此，其尚遵祖宗之成憲，為海徼之長策，以利其寧人哉！《敬止錄》卷19[①]

◎惠帝建文四年十月丁卯（1402.11.12）

復設餘姚千戶所。《明太宗實錄》卷13（頁0241）

◎成祖永樂元年五月壬辰（1403.6.5）

鎮海衛軍張琬……乞令蘇州、鎮海二衛原選虎賁士以其半守護倉廠，

---

① 《敬止錄（點校本）》卷19《海防考》，[明]高宇泰著，沈建國點校，第339—342頁。

其半與能幹官員管領，增添舟船，鎮守海口衝要之處，庶（凡）［幾］寇至無虞。從之。《明太宗實錄》卷20下（頁0367）

◎永樂元年九月辛丑（1403.10.12）

辛丑，命浙江觀海衛造捕倭海船三十六艘。《明太宗實錄》卷23（頁0428）

◎永樂元年十一月癸未（1403.11.23）

癸未，以寧波海寇出沒，命浙江都指揮僉事程鵬率兵鎮禦。《明太宗實錄》卷25（頁0452）

◎永樂元年閏十一月丁未（1403.12.17）

鎮守寧波浙江都指揮僉事程鵬奏：“寧波邊海，日本諸國番船進貢往來不絕，而各衛提備之舟率不相屬，卒有警急，輒用飛報，然無符驗，難以給驛。”命兵部以符驗給之。《明太宗實錄》卷25（頁0461）

◎永樂元年十二月壬寅（1404.2.10）之前

安遠驛在寧波衛後，今海道司，為方國珍遺屋。永樂元年設市舶司於此，四年復改為驛。……鄭曉《今言》：“洪武初，設太倉、黃渡市舶所司，今稱為六國馬頭。尋以海夷點，勿令近京，司遂罷之。已復設於寧波、泉州、廣州。七年九月，又罷。後乃復設提舉一人，副提舉二人，屬吏目一人，驛丞一人，三提舉司皆然。”《敬止錄》卷20[①]

◎永樂二年正月己酉（1404.2.17）

己酉，命都指揮呂毅鎮守寧波，賜鈔六十錠。《明太宗實錄》卷27（頁0493）

◎永樂二年十二月丁酉（1405.1.30）之前

永樂二年，上命太監鄭和統督樓船水軍十萬，招諭海外諸番。日本

---

① 《敬止錄（點校本）》卷20《貢市考上》，［明］高宇泰著，沈建國點校，第347—348頁。

首先納款，擒獻犯邊倭賊二十餘人。倭賊即治以彼國之法，盡蒸殺之。時銅甑猶存，爐灶遺址在盧頭堰。降敕褒獎，給勘合百道，定以十年一貢，船止二隻，人止二百，違例則以寇論。制限進貢方物：馬、鎧、硫黃、貼金扇、牛皮、槍盔蘇木、塗金裝彩屏風、劍、灑金廚子、灑金手箱、灑金木銚角盤、刀、灑金文台、描金粉匣、描金筆匣、水晶數珠、抹金提銅銚、瑪瑙。隨命俞士吉充都御史，齎金印、錦，誥賜倭王，敕其國鎮山為壽安山，御制碑文，勒石其上。《敬止錄》卷21①

◎永樂三年三月丙午（1405.4.9）

守寧波浙江都指揮僉事程鵬奏指揮龐義、喬英備倭失機。命斬之以徇；其千百戶同罪者，宥死，降職。《明太宗實錄》卷40（頁0664）

◎永樂三年十二月辛卯（1406.1.19）之前

東庫，靈橋門內，今海倉廳址。……宋名市舶務，淳化元年初置於定海縣，後乃移州治，在行春坊，縣學之西。後又徙子城東南，其左倚羅城。嘉定十三年火，通判王楗重建，久而圯。寶慶守胡榘屬通判蔡範撤新之，比舊加高大，……元改為庫，名市舶庫。……方氏改為慶豐倉。皇明洪武初因之，為廣盈東倉。永樂三年復為市舶司庫，名"東庫"。商舶到，官為抽分其物。皆貯於此。《敬止錄》卷20②

◎永樂七年三月壬申（1409.4.14）

壬申，總兵官、安遠伯柳升奏率兵至青州海中靈山，遇倭賊，交戰，賊大敗，斬及溺死者無算，遂夜遁。即同平江伯陳瑄追至金州白山島等處，浙江定海衛百戶唐鑑等亦追至東洋朝鮮國義州界，悉無所見。上敕升等還師。《明太宗實錄》卷89（頁1184）

---

① 《敬止錄（點校本）》卷21《貢市考下》，[明]高宇泰著，沈建國點校，第362—363頁。
② 《敬止錄（點校本）》卷20《貢市考上》，[明]高宇泰著，沈建國點校，第348頁。

◎永樂十一年正月辛丑（1413.2.21）

倭賊三千餘人寇昌（衛）國衛爵溪千戶所。攻城，城上矢石擊之，賊死傷者眾，遂退走至楚門千戶所。備倭指揮僉事周榮率兵追之，賊被殺及溺死者無算。於是浙江都司盡以所獲器械送京師。《明太宗實錄》卷 136（頁 1658）

◎永樂十五年十二月辛亥（1418.2.5）

是月，浙江海寧、金鄉、松門、海門、昌國、定海各衛增置烽（修）候、燎高臺七十二所。《明太宗實錄》卷 195（頁 2051）

◎永樂十六年十二月辛丑（1419.1.21）

增置浙江觀海衛烽候、瞭望台十一所，盤石衛及龍山千戶所烽候二所。《明太宗實錄》卷 207（頁 2116）

◎永樂二十年閏十二月壬午（1423.2.10）之前

二十年，倭寇象山。《明史》卷 322《外國傳三》（頁 8346）

◎仁宗洪熙元年七月乙酉（1425.8.1）

巡撫浙江右布政使周幹言："嘉興府海鹽縣地臨大海，數被倭寇。洪武中，設海寧衛及澉浦、乍浦二千戶所，陸置煙墩，水置海舡，官軍往來巡警，晝夜有備，盜賊屏息，百姓安堵。永樂七年，革去煙墩，移置海舡于沈家門水寨，相去一千餘里，卒有寇至，消息難通，及官軍至，賊舡已退，官軍既回，賊舡復入，軍無休期，民無安枕。若舊仍各守地方，及量發附近官軍助守，每歲差廉幹都指揮一人總督操備，庶幾倭賊知懼，軍民兩便。"上曰："前更改時，自以為是矣。今復欲改，亦未可輕率。古語：'利不十，不變法。'其令都督府遣官，與浙江、福建三司官及捕倭總兵熟議，便利以聞。"《明宣宗實錄》卷 4（頁 099—0100）

◎宣宗宣德三年二月己巳（1428.3.2）

移置浙江平陽縣井門巡檢司於龜峰，白沙灣巡檢司於肥艚斗門，黃巖縣溫嶺巡檢司於三山，鄞縣大嵩巡檢司於太平嶼，定海縣崎頭巡檢司於霞嶼嶼。初建各司皆傍海，後緣海居民盡入內地，而巡檢司皆孤立。奏請移置，上命浙江三司覆勘。至是，三司奏移置為宜，從之。《明宣宗實錄》卷37（頁0909—0910）

◎宣德三年七月辛酉（1428.8.21）

辛酉，行在兵部奏：「昨巡撫官布政使周幹言浙江海鹽縣地臨海岸，每有倭寇。洪武中，設海寧衛及澉浦、乍浦二千戶所，陸置煙墩，水備戰船，瞭望巡守，因得無虞。永樂七年，盡拘軍船赴沈家門，立水寨防守，撤去煙墩，倭寇乘虛，連年縱掠。水寨相去海鹽千里，不能救援，民甚苦之，請如洪武中防守，今累覆勘，皆以為便。」上曰：「古人云：『利不十，不變法。』凡謀事須為永久之計。其再令巡撫、大理卿胡概與三司計議，果孰為便，然後處置。」《明宣宗實錄》卷45（頁1102—1103）

◎宣德十年三月己卯（1435.4.5）

罷浙江水寨海船守備。時有吏周頌言：「浙江沿海地方，洪武間設立衛所，置造哨船，令各守分地，有警遞相應援，倭賊不敢犯。永樂間，因內官王鎮奉使日本國，回奏，調諸衛官軍駕使海船，於懸海、沈家門等處建立水寨守備。後屢有倭賊登岸殺掠，皆因城守乏人。及水寨海船重大，非得順風便潮，卒難駕使，不能赴援。宜照洪武時例，各依衛所守備，改海船作快船，於港口哨瞭，彼此應援，則倭賊畏懾，民人奠安矣。」至是，會官議，當從其言，故罷之。《明英宗實錄》卷3（頁0066—0067）

◎宣德十年十二月丙寅（1436.1.17）之前

宣宗朝，（倭國）入貢逾額，復增定格，例船毋過三隻，人毋過三

百，刀劍毋過三千把。八年，倭王源道義卒，遣使弔祭。十年，嗣王上表謝恩。《敬止錄》卷21①

◎英宗正統二年二月癸未（1437.3.29）

巡撫浙江戶部右侍郎王淪等奏："浙江沿海等處，洪武間量其險易，建立衛所，備禦倭寇。陸置烽堠，水設哨船，無事則各守地方，有警則互相策應，是以海道寧息，人民奠安。永樂間，因調官軍於沈家門等處設立水寨，既而松門等處累被倭寇登岸劫掠，衛所官軍不敷，水寨策應不及，致彼得以乘虛，而我軍莫能制勝。乞照洪武事例，悉免轉輸，俾專捍禦。仍令都司每歲令都指揮一員嚴加提督。"從之。《明英宗實錄》卷27（頁0546）

◎正統四年五月丙子（1439.7.10）之前

四年五月，倭船四十艘連破台州桃渚、寧波大嵩二千戶所，又陷昌國衛，大肆殺掠。《明史》卷322《外國傳三》（頁8346）

◎正統七年二月壬寅（1442.3.22）

巡按浙江監察御史趙忠等奏："臣會同總督備倭署都指揮僉事陳暹等，看得海寧衛百戶羅賢所言，欲將沿海衛所撥海船一艘、官軍百人出海巡哨。誠恐假此為由，出境媒利，反誘倭寇入境侵掠。臣等議得觀海、定海、臨山、寧海四衛雖皆近海，然多漲沙，倭寇卒難登岸。惟定海所屬烈港、沈家門、黃溪港，正衝要之所。乞將四衛并所屬官軍海船各分其半，每三月一交代，俱赴烈港停泊，往來於沈家門、黃溪港及本境海道巡哨。并其他衛所調哨官軍，每年俱正月終出海，七月終各還本衛所屯守。庶勞逸相均，防守不誤。"上從其議。《明英宗實錄》卷89（頁1788）

◎正統七年五月丁亥（1442.7.5）

巡按（浙）[浙]江監察御史李璽等奏："倭寇二千餘徒犯大嵩城，

① 《敬止錄（點校本）》卷21《貢市考下》，[明]高宇泰著，沈建國點校，第363頁。

殺官軍百人，虜三百人，糧四千四百餘石，軍器無算。守禦指揮蔣鏞等兵備不嚴，以致失機。總督備倭署都指揮僉事陳暹、委官都指揮僉事李貴，統船四十艘圍賊於中，乃按兵不動，縱之逸去。按察司僉事陳耘分巡海道，朋比不劾。請俱正其罪。"上曰："鏞罪應死，姑貸之。暹、貴，令巡海御史鞠實處置，兵部同靖遠伯王驥選武職代之。耘取死罪狀，住俸。"《明英宗實錄》卷92（頁1872）

◎正統七年六月壬子（1442.7.30）

命戶部侍郎焦宏往浙江整飭備倭。先是，浙江三司奏五月二十二日以後倭寇二千餘人臨爵溪千戶所城，雖被官軍擊卻，尚潛海島，兵部宜遣大臣一員往理其事，故有是命。《明英宗實錄》卷93（頁1884）

◎正統七年九月丙寅（1442.10.12）

先是，倭賊入浙江大嵩千戶所城。總督備倭署都指揮僉事陳暹、委官都指揮僉事李貴及守備、指揮、千百戶，俱下巡海御史高峻鞠問。至是，論以失陷城池，各斬。且言："貴先知有賊，不急報各處為備；指揮沈容因娶妾，潛回原衛；千戶劉濟私採木植，擅離地方，情尤重。"上命斬貴、容、濟三人以徇，暹等俱杖一百，發邊衛充軍。《明英宗實錄》卷96（頁1926—1927）

◎正統七年九月辛巳（1442.10.27）

賞浙江寧波府民鄭道堅五人絹布各一匹、鈔五百貫，以殺倭賊功也。《明英宗實錄》卷96（頁1935）

◎正統八年二月丙午（1443.3.21）

戶部右侍郎焦宏奏："浙江緣海衛所地方廣闊，海道崎嶇。先因備倭都指揮不分守地方，遇警互相推託，以致誤事。臣今會官，議得自乍浦至昌國後千戶所一十九處，令署都指揮僉事金玉領之；自健跳至蒲門千戶所一十七處，令署都指揮僉事蕭華領之。其昌國衛當南北之中，令總督備倭都指揮使李信居中駐劄，往來提督。庶責任有歸，邊境無患。"
從之。《明英宗實錄》卷 101（頁 2045）

◎正統八年七月己未（1443.8.1）

先是，浙江昌國衛軍餘戴弗名等六人被倭賊虜去。至是，自海外歷
朝鮮至京師，備言倭賊將入寇。上命移文南直隸、山東、浙江備倭官，
嚴切隄備，不許怠慢誤事。《明英宗實錄》卷 106（頁 2150）

◎正統八年七月庚申（1443.8.2）

浙江黃巖縣民周來保、福建龍溪縣民鍾普福，洪熙間俱困徭稅，叛
入倭。倭每來寇，輒為嚮導，殺擄桃渚、大嵩諸處，皆與焉。至是，復
道倭千餘徒，欲寇樂清縣，先登岸偵之，既而倭遁去，二人潛留縣境，
往來丐食，為縣官所執，械至京。鞫得實，凌遲處死。上命梟首，于浙
江、福建緣海揭榜圖形以示戒。《明英宗實錄》卷 106（頁 2151）

◎正統八年八月己亥（1443.9.10）

先是，浙江備倭都指揮使李信奏："永樂中，原于沈家門等處立三水
寨，合兵聚船，以備倭寇，海道一向寧息。正統二年，始撤散水寨，各
守地方，自此海盜益多。又況海寧、臨山等衛無港泊船，遇有儆急，拒
敵良難。乞復舊為便。"事下兵部，移文侍郎焦宏審實。至是，宏奏信
言非是，且定濱海衛所泊船港次以聞。從之。《明英宗實錄》卷 107（頁
2174）

◎正統九年六月己卯（1444.6.16）

禮科給事中余忭①、行人劉遜奉使琉球還，以船順帶琉球使臣梁回等
三十名來京，并受黃金、沉香、倭扇之惠。校尉廉其事以聞，下錦衣衛
獄鞫實，上命杖而宥之。《明英宗實錄》卷 117（頁 2357）

---

① 余忭，奉化人，進士出身，曾任禮科給事中。

◎正統十年五月壬辰（1445.6.24）

移置浙江台州府寧海巡檢司于寧波府趙奧村，隸象山縣。《明英宗實錄》卷129（頁2575）

◎正統十四年六月壬戌（1449.7.3）

改浙江昌國衛所倉隸象山縣。《明英宗實錄》卷179（頁3461）

◎景帝景泰元年七月戊申（1450.8.13）

兵科給事中豐慶奏："浙江處州、溫州、金華等府盜賊滋蔓，惟紹興、寧波二府號為粗安。臣寧波府鄞縣被賊劫盡家財，殺傷人口。臣思諸處盜賊初起，未必輒爾恣肆，第因有司不肯緝捕，致使賊眾逞兇張惡，不可撲滅。況今浙江獨二府幸未竊發，若是緩於緝捕，安知他日不流毒如諸府也。乞敕鎮守都御史等官嚴督所屬，密切防閑，并行寧波府衛相機嚴捕，以消未然之患。"從之。《明英宗實錄》卷194（頁4076）

◎景泰六年二月庚寅（1455.3.2）

浙江布政司右參政曹凱言四事："一、近海備倭民夫乞行鎮守等官體勘，若係衝要之處，宜給與盔甲鎗刀，就鄰近巡司時嘗操備，其不係衝要者，革罷；一、沿海備倭船乞於沈家門等處仍立水寨，委廉能都指揮分定地方，往來巡哨。……"帝命鎮守浙江兵部尚書孫原貞等斟酌可否，行之。《明英宗實錄》卷250（頁5413—5414）

◎英宗天順三年八月丙寅（1459.9.13）

丙寅，遣給事中陳嘉猷①為正使、行人彭盛為副使，持節封故滿剌加國王子蘇丹茫速沙為滿剌加國王，……復命嘉猷等諭祭其國王速魯檀

---

① 《明憲宗實錄》卷47成化三年十月癸巳（1467.10.28）云："通政使司右通政陳嘉猷卒。嘉猷，字世用，浙江餘姚縣人，景泰辛未進士。授禮科給事中，改刑科。時朝鮮國王私授建州董山官，命嘉猷齎詔往責之，琛惶恐伏罪。未幾，使滿剌加國封王，航海值風，舟壞，得不死歸，治舟再往，竣事還，陞通政司左參議，尋陞右通政。丁父憂，奪情起復。未幾，卒，年四十七。"（頁0969—0970）

無答佛哪沙，并頒詔告其國人。《明英宗實錄》卷 306（頁 6451—6452）

◎天順五年三月戊午（1461.4.27）

禮部尚書石瑁奏："先是，遣禮科給事中陳嘉猷、行人司行人彭盛為正、副使，往滿剌加國行冊封禮。於廣東布政司造船浮海，行二日至烏猪等洋，遇颶風，船破，漂蕩六日至海南衛清瀾守禦千戶所地方，得船來救。嘉猷等捧詔書、敕書登岸，令水手打撈，得紵絲等物，俱水濕有迹，乞行廣東布政司收買應付，其紵絲羅布，宜於內承運庫換給，遣人齎付，嘉猷仍往行禮。"從之。《明英宗實錄》卷 326（頁 6729—6730）

◎宪宗成化二年十二月丁卯（1467.2.4）之前

成化二年，賊舟偽貢，備倭都指揮張耆帥舟師逐之。《敬止錄》卷 21①

◎成化四年六月戊戌（1468.6.29）

戊戌，日本國通事林從傑等三奏：原係浙江寧波等府衛人，幼被倭賊掠賣與日本，為通事。今隨本國使臣入貢將還，乞容便道省祭。從之，仍禁其勿同使臣至家及私引中國人下番，如違，聽有司治罪。《明憲宗實錄》卷 55（頁 1112）

成化四年夏，乃遣使貢馬謝恩，禮之如制。其通事三人，自言本寧波村民，幼為賊掠，市與日本，今請便道省祭，許之。戒其勿同使臣至家，引中國人下海。《明史》卷 322《外國傳三》（頁 8347）

◎成化五年二月甲午（1469.2.20）

甲午，日本國使臣清启船凡三號，其一號、二號俱已回還，其三號船士官玄樹等奏稱：海上遭風，喪失方物，乞如數給價回國，庶王不見其罪。事下禮部，言："四夷朝貢到京，有物則償，有貢則賞，若徇其請給價，恐來者倣效，捏故希求。查無舊例，難以准給。"上曰："方物喪

---

① 《敬止錄（點校本）》卷 21《貢市考下》，[明] 高宇泰著，沈建國點校，第 363 頁。

失，本難憑信。但其國王效順，可特賜王絹一百匹、彩段十表裏。"既而玄樹又奏乞賜銅錢五千貫。禮部復執奏不與，且欲治其通事閣宗達教誘之罪。宗達，本浙江奉化縣人，先年負義，逃入島，今隨使來朝。上曰："玄樹准再與銅錢五百貫，速遣之去。宗達不必究治。若再反復，族其原籍親屬。"《明憲宗實錄》卷63（頁1281）

◎成化五年五月辛丑（1469.6.27）

浙江定海衛副千戶王鎧言："倭夷奸譎，時來剽掠海邊。見官軍追捕，乃陽為入貢，伺虛則掩襲邊境。往者大嵩嘗被其毒。近見使臣清啓入貢，臣恐使回，容有異謀，或為掩襲之計。乞敕鎮守、總督、巡海等官設策防禦之。"兵部因言："邇者，倭使清啓凌轢館僕，殘殺市人，迹實桀驁。鎧言誠當，宜移文備倭巡海等官，令督緣邊官軍，務振軍容，嚴斥堠以防其奸。"從之。《明憲宗實錄》卷67（頁1347）

◎成化六年正月癸卯（1470.2.24）

日本國使臣入貢，還至寧波府，航海以去。有僧盛訓潛登岸，欲留中國學經。浙江備倭都指揮張勇等奏送至京。禮部以勇等不先聞奏，請治其罪。上令自陳。既而勇等伏罪，宥之。《明憲宗實錄》卷75（頁1450）

◎成化十一年十二月乙巳（1476.1.26）之前

成化十一年，遣使周瑋來貢，敕諭倭王自後宜恪遵宣德中事例。《敬止錄》卷21[①]

◎成化十三年（1477）春

成化初，倭船忽至寧波，知我有備，矯稱進貢。守臣為請於朝，且欲遣之至京。……成化丁酉春，忽報倭船數百犯邊，時海道副使楊瑄駐省城。寮寀驚問，瑄徐曰："彼果來犯，吾將盡誅之。"乃出巡至寧波。府衛已戒嚴，守令集民壯，授甲林立。瑄曰："海上甲兵自足，內地不須

---

① 《敬止錄（點校本）》卷21《貢市考下》，[明]高宇泰著，沈建國點校，第363頁。

虞，安用民壯，今農事方殷，亟散之。"至定海，乃知為倭兩船入貢耳。蓋瑄初至時，振飭軍政，兵餉塢堠、船艦器械，無一不極其備。奏增通判一員，專掌糧務，故寇至不驚也。楊文懿為立史傳。瑄，字廷獻，豐城人，景泰甲戌進士。為御史，曾劾曹石，廷杖，臨死得赦。《敬止錄》卷21[①]

◎成化二十三年正月辛酉（1487.2.13）

命南京右都御史屠滽[②]往廣東諭占城國王古來。……且諭之云："朝廷憫爾委國遠來，勞於跋涉，其勿入朝，恐久暴露於外，占據者漸有固志，客處者各懷異心，不如早歸以安國人。"《明憲宗實錄》卷286（頁4836）

◎成化二十三年十月己卯（1487.10.29）

初，遣給事中李孟暘、行人葉應充正副使往占城冊封，未至而古來為安南侵奪，因棄國航海至廣州。將入，訴於朝。巡撫都御史以聞。遣南京都察院右都御史屠滽往廣東議處其宜。滽至，上奏曰："據古來稱，本國原有八州二十五縣，盡為安南所併。成化中，占城將赴訴於朝，始歸邦都郎、馬那里等四州五縣。其後占城頭目提婆苔判入安南，安南又以一州三縣與之，占城止存三州二縣。今提婆苔判已死，安南復逼取其生身，欲盡以邦都郎等地立提婆苔之子為王，然古來之子蘇麻及頭目萬人方固守以待。古來之意，欲即於廣東受封，請兵護送，併乞移文正其疆界，庶得安全。臣等欲如其請，令孟暘等就此冊封，俟冬遣武臣護歸其國，孟暘等不必親行。仍請敕安南還其侵地。"兵部覆奏，從之。《明孝宗實錄》卷4（頁0080）

◎孝宗弘治十一年十二月庚申（1499.2.9）之前

弘治十一年，倭夷來朝，利與中國關市，久留。鄞守臣趣有司牽海舶行，倭操短兵噪呼，出殺牽夫數人。知鄞縣朱訥馳騎入其曹，語譯者

---

① 《敬止錄（點校本）》卷21《貢市考下》，[明] 高宇泰著，沈建國點校，第363—365頁。
② 屠滽，鄞縣人，歷職監察御史、都察院右僉都御史、都察院右都御史、吏部尚書等。

以禍福，約三日出關，乃定。《敬止錄》卷21[①]

◎武宗正德四年十二月丁巳（1510.2.8）之前

正德己巳年，倭使省佐入貢。時郡守張公津防範甚嚴，來求尚書碧川先生為之申悃。及門，脫屨於戶外，入廳事。或以為外國使臣似宜以客禮待之，先生曰："不可。此外國陪臣耳，中國體面不宜自貶。"處之坐隅。省佐似有不豫色者，乃請紙筆以達，書曰："本國差使臣入貢，府縣遲延簡慢。使臣之辱，何以當之？"先生答書曰："天朝與爾國法制不同，爾輩入貢，有司達之巡按，御史奏聞朝廷。朝廷下之禮部，參議可否，然後施行。往返動經數月，何謂遲慢？此我朝之成憲，非有司可得而專也。何辱之有？"省佐又曰："祖宗以來，頻降詔旨，皆有眷顧本國之意。有司不能克承，故為之簡慢耳。"先生曰："予在史館，得拜睹祖訓條章。外國諸夷皆有朝貢之期，唯爾國臣服不常，絕之。宣德間，表奏乞貢，乃復許之。歷朝所降詔旨，不過招徠遠人之意耳，何眷顧之有？"省佐辭窘面赤，局脊不安。書曰："老大人久坐恐勞。"先生亦辭而入，留省佐飯。書與陪客曰："久聞楊公嚴正，言不妄發。今一見之，人言不誣也。"乃告欲求先生為之方便。先生以語張公，張公信之。諸夷甚感激。《敬止錄》卷21[②]

◎正德五年四月庚子（1510.5.22）

日本國使臣宋素卿，本名朱縞，浙江鄞縣人。弘治間，潛隨日本使臣湯四五郎逃去，國王寵愛之，納為婿，官至綱司，易今名。至是，充正使來貢。族人尚識其狀貌，每伺隙以私語通，素卿輒以金銀饋之，鄉人發其事，守臣以聞，下禮部，議："素卿以中國之民，潛從外夷，法當究治，但既為使臣，若拘留禁制，恐失外夷來貢之心，致生他隙。宜宣諭德威，遣之還國。若素卿在彼，反復生事，當族誅之。仍行鎮巡等官，以後進貢

---

① 《敬止錄（點校本）》卷21《貢市考下》，[明] 高宇泰著，沈建國點校，第363頁。
② 《敬止錄（點校本）》卷21《貢市考下》，[明] 高宇泰著，沈建國點校，第365頁。

夷使，宜詳加譯審，毋致前弊。"從之。《明武宗實錄》卷62（頁1360）

　　五年春，其王源義澄遣使臣宋素卿來貢，時劉瑾竊柄，納其黃金千兩，賜飛魚服，前所未有也。素卿，鄞縣朱氏子，名縞，幼習歌唱。倭使見，悅之，而縞叔澄負其直，因以縞償。至是，充正使，至蘇州，澄與相見。後事覺，法當死，劉瑾庇之，謂澄已自首，並獲免。《明史》卷322《外國傳三》（頁8348）

　　◎正德五年十二月辛亥（1511.1.28）之前

　　正德庚午，倭使入貢。夷至千人，主市舶者求索無厭，里甲費用不可勝計，四境騷然。太守張公津捕市舶生事者，撲殺之。然後人心稍安，而夷酋亦不敢縱橫矣。尚書碧川先生知張公有風力，乃貽以書曰："主上明聖，四夷來王，固我朝之盛事，萬世之國體也。聞之諸夷國俱有朝貢之期，獨日本心性狡滑，臣服不常，非信義可結。得間則殘害地方、荼毒生靈，鹵掠財物，捆載而歸；若中國有備，則張旗稱貢，海道莫之禁，有司不能阻。縱其入城，所貢方物不過數百金之值，而供億浩繁，何啻數十百倍。以一郡生靈之膏血，為豺狼之魚肉，況其貪暴之心無有紀極，為民上者，可不為之動心一裁處耶？切惟外夷入貢，本為朝廷，非因有事於寧波而來，豈應獨累一郡百姓。浙江十一府，雖非倭奴停泊之所，獨非朝廷之臣子乎？何寧波一府獨受其禍？搶擄則地方遭殺戮之慘，進貢則百姓受供億之難。各府晏然，無毫髮之累，是豈肘臂相維繫之義哉？恭惟執事，風裁著於內台，聲名溢於外服，憂民之心動見顏色，雖常節制，何補萬一？為今之計，莫若請斂各郡帑藏之餘，為外國供餉之費，依數類解總司收貯。如倭夷入貢，則取自公家供給，不得偏累一府。庶惠均而澤遠，事濟而民安。無事之日，則動支官錢修理戰艦，雇募驍勇以時訓練。風帆時月，則巡視海道以備不虞。摽掠則逐而去之，入貢則衛而進之。春秋則疏放歸農，庶百姓無偏累之苦，而外夷有警畏之心。雖不為萬全之計，亦可以救一時之弊，而紓一方之困也。其間處置通變之宜，執事固有定見矣，不知以為可不可乎？如其可行，乞速為申請，或即為具奏以為永規，則執事之恩澤與天地相為悠久矣，豈直一郡生靈之幸哉！"張公見書，欣然曰："楊公愛我至矣。"即具由允十一府均派解納總司。《敬止錄》卷21①

◎正德六年三月乙丑（1511.4.12）

朝鮮國夷人安孫等十七人，航海遭風，漂至浙江定海縣境，為巡海者所獲。守臣送赴京師，命給衣糧，遣人伴還本國。《明武宗實錄》卷73（頁1612）

◎正德六年十二月丙午（1512.1.18）之前

正德六年，宋素卿、源永壽來貢，求祀孔子儀注，不許。鄞人宋澄告言：素卿本澄從子，原名宋縞，叛附夷人。守臣以聞，主客以素卿正使，釋之。羅欽順撰《主客郎中陸淞墓誌》云："日本使者宋素卿，本華人，賄劉瑾，求數入貢。淞力言速夷來去無常，非中國利，因請執素卿以正國法。事遂寢。瑾因不悅。"《敬止錄》卷21②

◎正德十年十二月丙辰（1516.1.7）

先是，浙江市舶太監崔瑤，以貢奉為名，遣人於寧波府採取茶芽蜂密，又縱海船載貨入港。民有附之為惡者，知府翟唐執而笞之，尋病死。其家訴於瑤，奏唐阻截貢奉，笞殺所遣人，遂命官校逮繫鎮撫司掠治。時巡按御史趙春等交章論救，給事中范㺷亦言唐得民心，被逮之日，遮道涕泣，宜宥唐而還其任。唐復奏辯，鎮撫司以其辭未服，請下鎮守官以按實以聞。詔唐降三級調遠方，乃調為雲南嵩明州知州。《明武宗實錄》卷132（頁2621）

① 《敬止錄（點校本）》卷21《貢市考下》，[明]高宇泰著，沈建國點校，第365—366頁。
② 《敬止錄（點校本）》卷21《貢市考下》，[明]高宇泰著，沈建國點校，第366頁。

◎正德十三年八月庚辰（1518.9.17）

建信國公湯和廟於浙江定海縣。巡按御史成英言："和在國初，守備寧波，築城增戍，經理周悉，至今倭不敢犯，民物奠安，皆其功也。乞立廟致祭。"禮部議覆，故有是命。《明武宗實錄》卷 165（頁 3197）

◎正德十四年五月乙巳（1519.6.9）

浙江定海縣獲朝鮮國夷人玄繼亨等十四人于舟山島中，守臣送至京師。詔給以衣糧，遣還國。《明武宗實錄》卷 174（頁 3366—3367）

◎正德十六年九月甲寅（1521.10.5）

甲寅，朝鮮國夷人高哲山等十六人，以航海失風，漂及山東鼇山衛界；山東巡按御史王應鵬①譯送之京。上詔付其國貢使李惟清攜之以歸，仍人給與衣糧。《明世宗實錄》卷 6（頁 0243）

◎世宗嘉靖二年六月甲寅（1523.7.27）

甲寅，日本國夷人宗設、謙導等齎方物來，已而瑞佐、宋素卿等後至，俱泊浙之寧波，互爭真偽，佐被設等殺死，素卿竄慈谿，縱火大掠，殺指揮劉錦、袁璡，蹂躪寧、紹間，遂奪舡出海去。巡按御史以聞。得旨："切責巡視、守巡等官。先是不能預防，臨事不能擒剿，姑奪俸。令鎮巡官即督所屬，調兵追捕，并核失事情罪以聞。其入貢當否事宜，下禮部議報。"《明世宗實錄》卷 28（頁 0771）

嘉靖二年五月，其貢使宗設抵寧波。未幾，素卿偕瑞佐復至，互爭真偽。素卿賄市舶太監賴恩，宴時坐素卿於宗設上，船後至又先為驗發。宗設怒，與之鬬，殺瑞佐，焚其舟，追素卿至紹興城下，素卿竄匿他所免。凶黨還寧波，所過焚掠，執指揮袁璡，奪船出海。都指揮劉錦追至海上，戰沒。《明史》卷 322《外國傳三》（頁 8348—8349）

---

① 王鵬程，鄞縣人，歷職巡撫福建御史、河南按察司副使、山東按察使、巡撫保定都御史、都察院右副都御史。

◎嘉靖二年六月戊辰（1523.8.10）

禮部覆："日本夷人宋素卿來朝勘合，乃孝廟時所降。其武廟時勘合，稱為宗設奪去，恐其言未可信，不宜容其入朝。但二夷相殺，釁起宗設，而宋素卿之黨被殺眾。雖素卿以華從夷，事在幼年，而長知效順，已蒙武宗宥免，毋容再問。惟令鎮巡等官，省諭宋素卿回國。移咨國王，令其查明勘合，自行究治，待當貢之年，奏請議處。"既而，給事中張翀、御史熊蘭等言："各夷懷奸讎殺，事干犯順，乞明其罪。"上命："繫宋素卿及宗設夷黨於獄，待報論決。仍令鎮巡官詳鞫各夷情偽以聞。"《明世宗實錄》卷28（頁0779）

巡按御史歐珠以聞，且言："據素卿狀，西海路多羅氏義興者，向屬日本統轄，無入貢例。因貢道必經西海，正德朝勘合為所奪。我不得已，以弘治朝勘合，由南海路起程，比至寧波，因詰其偽，致啓釁。"章下禮部，部議："素卿言未可信，不宜聽入朝。但釁起宗設，素卿之黨被殺者多，其前雖有投番罪，已經先朝宥赦，毋容問。惟宜諭素卿還國，移咨其王，令察勘合有無，行究治。"帝已報可，御史熊蘭、給事張翀交章言："素卿罪重不可貸，請並治賴恩及海道副使張芹、分守參政朱鳴陽、分巡副使許完、都指揮張浩。閉關絕貢，振中國之威，寢狡寇之計。"《明史》卷322《外國傳三》（頁8349）

◎嘉靖二年十一月癸巳（1524.1.2）

兵科給事中夏言等言："頃倭夷入貢，肆行叛逆，地方各官先事不能防禦，臨變不能剿捕，而前後章奏，言辭多遁，功罪未明，該部按據來文，遷就議擬，雖云行勘，亦主故常，乞敕風力近臣重行覆勘。且寧波係倭夷入貢之路，法制具存，尚且敗事，其諸沿海備倭衙門廢弛可知。宜令所遣官，由山東循維、揚歷浙、閩以極于廣，會同巡撫，逐一按視，預為區畫。其倭夷應否通貢絕約事宜，乞下廷臣集議。"得旨："差風力給事中一員往，其餘事宜，兵部議處以聞。"乃遣給事中劉穆往按其事。

《明世宗實錄》卷 33（頁 0858—0859）

事方議行，會宗設黨中林、望古多羅逸出之舟，為暴風飄至朝鮮。朝鮮人擊斬三十級，生擒二賊以獻。給事中夏言因請逮赴浙江，會所司與素卿雜治，因遣給事中劉穆、御史王道往。《明史》卷 322《外國傳三》（頁 8349）

嘉靖二年五月，日本諸道爭貢，大掠寧波沿海諸郡邑。蓋其主源義植幼暗不能制命，群臣爭貢，各強執符驗。左京兆大夫內藝興遣僧宗設，右京兆大夫高貢遣僧瑞佐及宋素卿，先後至寧波，爭貢不相下。番貨至市舶司，閱貨及宴坐，並以先後為序。時瑞佐後，而素卿狡，賄市舶太監賴恩，先閱佐貨，宴又坐設上。設不平，遂殺佐，縱火大掠，毀所寓境清寺，劫東庫，殺指揮劉錦、袁璡，奪船出海去。素卿走匿慈溪。巡按以聞素卿來朝勘合，乃孝廟時所降，其武廟時勘合，稱為宗設奪去。禮部因言素卿入夷，事在幼年，已蒙武宗赦免，毋庸再問，惟論其回國。因移諮國王，令其查明勘合，自行究治，待當貢之年奏請定奪。已而給事中熊蘭等言各夷懷奸犯順，乞明正典刑，乃係素卿及設夷黨於獄。特遣給事中劉穆、御史王道鞫之。素卿伏誅，夷使俱論死。夏給事疏云：“臣等旁考載籍，日本在東海之中，古稱‘倭奴’。漢魏以來，已通中國。其地度與會稽臨海相望。在勝國時，許其互市，乃至四明。沿海而來，艨艟數十，戈矛森具，出其重貨與中國人貿易。即不滿所欲，則燔炳城郭，抄掠居民，往往為海邊州郡之害。我祖宗灼見其情，故痛絕之。當開國之初，八荒向風，四夷賓服。雖西北勁虜，亦皆款塞；唯是倭奴，時或犯我海道。用是于山東、淮浙、閩廣沿海去處多設衛所，以為備禦。後復委都指揮一員，統其屬衛，摘發官軍以備倭為名，操習戰船，時出海道，嚴加堤備。近年又增設海道兵備副使一員專督，可謂防範周且密矣。是以數十年來，彼知我有備，不敢犯邊。奈何邇來事久而弊、法玩而弛，前次備倭衙門官員徒擁虛名，略無實效。寧波係倭奴常年入貢之路，法制尚存，猶且敗事。其諸沿海去處因襲日久，廢弛尤甚。乃者宗設作亂，大肆叛逆，竟得揚帆入海而去。……伏乞特敕兵部，議擬合無，選差官員，領敕前去，由山東循淮揚，歷浙達閩以極于廣，會同巡撫官員按部備倭衙門，親歷海道地方，查點原設官軍，閱視舊額墩堡，查盤現在軍器。官軍缺之者，即與撥補；墩堡圮壞者，即與修築；兵器朽鈍者，即與換給；官員之不才者，即時易置；法度之未備者，即時區畫。庶使海防嚴謹，中土奠安，可以防海壖不測之虞，可以壯國家全盛之勢矣！再照海外諸夷，國名載在《皇明祖訓》者，凡十有五，而日本與焉。其下注曰：'日本雖朝貢，暗通奸臣，謀為不軌，故絕之。'及嘗觀本朝吏部侍郎楊守陳家藏文集，亦復惓惓以'倭夷變詐凶虐，時以刀、扇小物褻瀆天朝，規牟大利，不當與之通好'。當於今日之事，則皇祖貽謀，萬代如見，而儒臣論事，後世足徵。其應否通貢絕約事宜，關係甚大，臣等未敢擅議。"《敬止錄》卷21[①]

◎嘉靖四年四月癸卯（1525.5.6）

初，浙江鄞縣民宋縞潛入日本，更名宋素卿，謀貢射利後，復與倭夷宗設等，爭貢相仇殺，寧、（詔）[紹]騷動，守臣以聞。查勘久未明，遣給事中劉穆、監察御史王道往鞠之。至是，以獄上刑部覆奏，得旨："素卿謀叛夷人中，林望古、多羅等故殺素卿夷伴，俱宜論死。其防禦失事官員，各謫戍、奪俸有差。素卿家屬、財產，應否緣坐沒入，再查議報奪。"《明世宗實錄》卷50（頁1255）

至四年，獄成，素卿及中林、望古多羅並論死，繫獄。久之，皆瘐死。《明史》卷322《外國傳三》（頁8349）

◎嘉靖五年十二月戊寅（1527.1.31）之前

嘉靖五年，市舶太監鄧文請換敕書，兼管地方，許之。後大學士費宏，以人言咎其不能，力止，請仍舊，取回新敕。《敬止錄》卷21[②]

---

① 《敬止錄（點校本）》卷21《貢市考下》，[明]高宇泰著，沈建國點校，第366—367頁。
② 《敬止錄（點校本）》卷21《貢市考下》，[明]高宇泰著，沈建國點校，第368。

◎嘉靖六年三月癸巳（1527.4.16）

浙江定海衛得朝鮮國遭風夷人李根等十七人，守臣以聞。詔送遼東，遣歸國。《明世宗實錄》卷 74（頁 1664）

◎嘉靖九年三月甲辰（1530.4.11）

琉球國王世子尚清，遣陪臣蔡瀚齎方物、馬進貢。先是，國王尚真於五年薨。六年，其世子尚清遣長史鄭繩等請封。繩等回，至海中溺死。至是，復遣瀚等來貢，因申其請。并請原送監讀書官生蔡廷美等四人，還本國婚娶。禮臣以為："襲封重事，當命福建鎮巡官查訪申報。其欲廷美等歸國，宜聽其請。"上從之，命給賞彩叚、布鈔有差。瀚來，經日本。日本國王源義晴因託瀚表文，言："向為本國多虞，干戈梗路，正德勘合，不達東都，以故宋素卿捧弘治勘合而來，乞恕其罪，遣還歸國，并乞新勘合、金印，復修常貢。"禮部驗其文，俱無印篆，言："夷情譎詐，不可遽信。乞敕琉球國王，遣人傳諭日本，令其擒獻宗設，送回攎去指揮袁璡，然後參酌，奏請裁奪。"上從之。《明世宗實錄》卷 111（頁 2636—2637）

九年，琉球使臣蔡瀚者，道經日本，其王源義晴附表言："向因本國多事，干戈梗道。正德勘合不達東都，以故素卿捧弘治勘合行，乞貸遣。望並賜新勘合、金印，修貢如常。"禮官驗其文，無印篆，言："倭譎詐難信，宜敕琉球王傳諭，仍遵前命。"《明史》卷 322《外國傳三》（頁 8349）

◎嘉靖十一年五月癸亥（1532.6.18）

遣吏科左給事中陳侃為正使、行人司行人高澄為副使，往琉球，封故中山王尚真子清為中山王。①《明世宗實錄》卷 138（頁 3245—3246）

---

① 陳侃，鄞縣人，歷職吏科左給事中、光祿寺少卿、南京太僕寺少卿等。又，《明世宗實錄》卷 177 嘉靖十四年七月甲子（1535.8.3）云："陞吏科左給事中陳侃為光祿寺少卿，行人高澄為尚寶司司丞，俱奉使琉球還也。"（頁 3811—3812）

◎嘉靖十二年五月癸卯（1533.5.24）

嘉靖十二年五月朔日，戴鼇《答知縣趙民順書》云："昨承以海寇時宜，猥加諮度。顧自多病，棄斥以來，過從寡鮮，知識荒陋，不足以仰塞謙虛之盛。竊伏循念，愧忸可言。然芻蕘之慮，明者之所欲急聞，不敢終自鄙外，聊陳其愚焉。惟執事裁之。吾郡東濱巨海，自漢以來，寇盜屢發。近歲乃有一種漳船，竊市海外番貨，如胡椒、蘇木、名香、玳瑁之屬，潛入島徼。而僥倖射利者，私其什百之贏，為之根柢橐冗。其始則猶虞觸法綱，畏縮掩覆，俟其來而為之市，而今則湍趨川瀆，公行效尤，闌出外境，而導之入矣。夫居奇貨以取厚殖者，數人之利也；延大盜以窺堂奧者，一郡之虞也。故君子睹微而知著，眾人悅近而忽遠。今以言其事，則亦著矣；以言其害，則亦近矣。何者？漳船之入吾海徼，才十五六年而止耳，捆載而來，固未嘗垂橐而返，海上劫奪，至及漁樵。辛卯之秋，入我青嶼，掠我子女。高檣大舶，輕使倭邊覘，蔑視我官軍。列城之將，防哨之兵，不敢向風而誰何，此其齎貨而私市則然矣。假令包藏禍心，弄兵竊發於鯨波之上，則不知將又如何也。議者或曰不如遂通之。胡椒、蘇木之屬，民之所資也，我得其資，彼獲其售，至而如歸，可以免禍。噫嘻！是不獨忽於禍變之虞，亦且戾於國家之法矣。我國家宅有四海，重譯貢琛者不絕於道，然制馭之方、科條之設，甚明且肅也。故市舶之設以來，番夷之舶來貢者，許之互市有無。故中國之資，多取之四夷，如西北之馬、東南之胡椒、蘇木之屬是也，皆有官司提舉其事，而分屬諸番，如廣東則占城、交趾諸番矣，福建則大小琉球，而吾郡則日本也。今使應入閩、廣之夷而改入吾郡，已不可矣，況使中國之民挾戎器，駕巨舶，決海防，私出外境，市奇貨以圖厚利哉？又況使郡之民，為之根柢橐冗，延盜入室，啓之途而借之便哉？夫中國之民出外境，市禁物，擅駕海舟，皆律例之所深治者，而尚冒為之。若遂決其堤防，而聽其所為，則異日之禍可噬臍乎？故曰私以番貨市於吾境者，宜一切禁之便。若失禁之，則有道矣。彼以巨舶出沒海上，而欲以一二不教之兵、世胄之子撲之，此無異使童子搏虎也。凡去禍必自其本，誅惡必先其黨與。除惡者，必傾其所匿害，宜求其所謂根柢橐宂者，鋤而窒之，則番物將無所為而來矣。故禁之則有四利：嚴固海防，一也；無啓盜塗，二也；不以利死民，三也；善奉成法，四也。吾海上之虞，庶其可少息乎！又海上諸城防守之策，鹵莽玩愒，無可言者，獨有各巡司之兵，尚須有所更張耳。蓋巡司弓兵，大率取於鄞、慈等縣徭役，而巡司則處定海，隔越滄溟。往年類為鄞城無賴包當，一人至兼數役，賄市官吏，固未嘗出城也。今宜令定海之民居海外近諸司者，盡以充之。而他役之應徵銀與隸府省者以鄞代焉，則雖不足以禦侮，而官吏與兵，庶可責其分地以守矣。區區淺昧之見，無足以備採擇之萬一，而就正之私有，不自知其不可者，唯照亮之，幸甚！”《敬止錄》卷21[①]

◎嘉靖十四年十二月丁酉（1536.1.3）

琉球國中山王尚清，以受封，遣王舅長史毛貫等進表謝恩，獻方物，宴賚如例，仍以錦幣褚物賜其王。先是，光祿寺少卿陳侃、尚寶司司丞高澄奉使琉球，其國以黃金四十兩為贈，侃等卻不受；至是，國王尚（情）〔清〕遣使謝恩，以金奏進。上命侃受之，不必辭。《明世宗實錄》卷182（頁3877）

◎嘉靖十七年十二月己巳（1539.1.19）之前

高士《上龍山沈邑候書》：“古之制禦夷狄，其道講之素矣，大抵以不治之治治之。來則柔之，去則弗追。不恃其去來，而惟藉吾有備。蓋狄焉思靡，夷狄之常。是以謹陲固圉、慎斥堠、豐儲積、練兵旅、選將帥、明賞罰、一號令，使威惠並行，則內實無釁、外侮潛消，固前哲之深慮。然北虜、東夷，強弱有間，唯其策馬控弦、朝發夕至，而中國之所以制禦者周；風帆航海逾紀始至，而海壖之所以制禦者略。夫防周，則強者可制；備略，則弱者難支。故北胡強，而得志之日少；倭夷弱，

① 《敬止錄（點校本）》卷21《貢市考下》，[明]高宇泰著，沈建國點校，第368—369頁。

而浙東之被患深。豈不以卑邾、莒而忽江、黃，雖魯、楚之大，無以禦之也耶！夫蜂蠆有毒，古人善喻，困獸猶鬥，矧倭夷之狙詐狼貪者乎？其為中國之疥癬，自唐宋而已著。元時燹掠，吾鄞幾無噍類。國初洪武間，入貢不恪，正其罪而絕其使，著之為訓。永樂壬寅，寇我象山，殺教諭蔡海，旋寇錢倉，殺千戶易某。既而復許通使，益狎邊鄙，遂啓戎心。得間則侵，不得間則貢。侵則卷民財，貢則霑國賜。間有得不得，而利無不得。先達文懿楊公，已發其狡于《張主客之書》矣。正統間，入我桃渚，犯我大嵩。賊殺官民，剞剔孕婦，驅婦女以為撓，而運劗掠之貨以登舟，縛嬰兒于柱，沃之沸湯，而視啼號為笑樂，其殘賊若此。而近時之慘變，又楊公弗及見者也。使公見之，其嘅又當何如哉！於戲，至是而知我太祖高皇帝貽謀遠矣。夫夷狄豺狼，其蓄異心，固其性也。而中國之待之也，當豫為弭變之具，使四散而消，其黨則必無嘯聚之患。而前者皆失之，又況厝注之乖方，綏懷之未盡，左右前後貪其貨利，而不顧公家之大體。法度既無以服彼之心而安彼之志，則其勢必輕吾之備而戕吾之民。蓋自侮伐而後人從之，其勢然也。請陳已往之弊而及將來之備，可乎？夫囊者，夷舶之至也，有先後焉。宋素卿者，本中國朱氏子，幼為夷人挾往者，故吾鄞稱為朱倭。正德間，逆瑾用事。一嘗來貢，與之通謀，故逆瑾不正其叛逆之罪，而假以冠帶之榮，其撓法虧體已甚矣。嘉靖癸未，夷人宗設、謙導等先到，舶舟江滸者逾半月，有司申請明示未下也。已而叛賊素卿舟甫入港，首詢逆瑾，知正典刑，愀然變色，益知其為通謀矣。當道適命移貨入庫，為有司者先至先閱、後者後之，俾先後不失其序以示至公可也。顧乃輕聽譯人受賕反復之詭詞，先後易置，不能不起先至者之疑。況素卿狡獪，安知其無矜誇之詞？熟識譯人必有高下其手於其間者，遂使疑隙一開，狡謀蝟發，據入庫之兵持管鑰之柄，卒至流血於無辜之民，縛指揮袁鎮表、總督劉錦，使吾郡士民星散，老幼創殘。寇客商之舟，掠村落之資，鋒鏑四出，無敢誰何。嗚呼！激宗設之變者，素卿也；誤有司，使不能弭其變者，譯人也。夫是非久而後定素卿之誅，王法無赦矣。失今不誅，幸而自斃，是法終不伸而謀叛者無罪也。通逆之辜不討也，非惟無以示遠夷，且無以警中國也，而可乎哉？或曰使素卿先誅，則異日無以質證，示曲直，詰來使。夫君子謀事，先觀大體，政使須辯，亦必以背中國為首惡，得罪于夷在所輕矣，直當斷以大義，示以至公，而諭以當誅，將彼心服之不暇。又況餘醜猶存，亦不待一叛逆而後明也。今舍其大，詰其細，其於國是何如？大體何如？夫兵所以衛民也，將所以馭軍也，食所以守國也，器所以禦敵也。今也卒不素練，將不擇精，食無夙儲。向者夷舶之入，武衛之司，抽兵以守堞，沿江以聚屯，拔一刀於夷前，挽以數人，始脫一鞘，夷人粲然而笑。夫器之不利若此，豈不來夷情之輕，而欲陸剚犀兕，水截蛟黿，搴旗斬將，敵愾成功，難矣。至其變起倉卒，坐視吾民之斬艾而為之將者，恐失官軍以獲罪戾，未嘗一戰。夫兵以衛民，食民膏血而不為之救，惡用養兵為哉？然非兵之罪也，將之者，非其人也。夫世祿之家，宜閑弓馬、習韜略，臨難忘身。今也夷人時至，漫不知防，變故倏生，倉皇失措。聞鼙音而膽碎，見鋒鏑以遁藏，雖或巡城，首鼠前卻，狸牲之喻，由來尚矣。故擇將之道，在乎慎選，假以禮貌，寬以歲月，馭以紀律。假以禮貌，則下情得以上通，而士卒畏其威；寬以歲月，則才否得詳察，而匪才不容以倖任；馭以紀律，則無意外之患。而近時之擇之也，便捷趨承，工於媚悅，苟中一箭，則能事畢矣。上視之也甚輕，則下待之也不肅，欲其威之揚、卒之服也，難矣。矧智、仁、勇、信、嚴之道，未嘗有一於此，指世弁而概以將目之，宜乎變生而民受其斃也。夫塞下徙粟，慮久持也。倭夷越海而來，雖非久持之勢，而公私之蓄，初無厚藏，倘變生須臾，關城一閉，公私吾見其日急。而今之有司，未嘗留意，視倉廒為虛具，雖或贖罰輸粟備民，亦徒焉耳矣，則倉廩之寒心方殷也。夫國之大事在戎，而食尤戎之要務。有食則器可精，國可守，將卒可勇。是故器不利也，將之匪人也，食儲之未豐也，皆今日所當講者也。至於措注之方，如可得之於上，罷此夷貢，則他方長久之福也。否則，竊以為彼既詭名進貢，夷情叵測，勢不容於不防。宜令定海泊舟，閱其方物。官具小舟數十艘，先收兵器，分寓各府，然後禮接其使，俾處賓館，籍其餘貨，分散各邑，與其夷商隨貨以居。俟移文至日，許其進京。則一時抽聚，以兵護送，而所在之貨，務使公平，俾下無乾沒、漁獵之患。苟有犯法，繩以中國典刑，毋姑息也。抑嘗聞前守張公之待夷也，官閱其貨，係進奉者，役夫供勞，挾帶私貨，夷商自運，少有犯法，痛加繩治。其出入接見有度，必先己而後夷，使所以尊中國也，而又待之以誠，慰之以禮。夷人畏之若神，毋敢違者。蓋恩威並行，宜其心服也。近者，縱夷人於弗檢，弊吾赤子而奉叛逆，勢愈忽而誠不著，則彼之肆志，我招之也。是故綏懷之道，恩與威而已矣。其番舶俟貨畢卸，駕之幽遠。俾之閣淺，撥人守之。還期既卜，禮使亟遣。貨或未盡，官償其直，而猶不盡者，俾返貨可也。蓋欲速驅出境以免患，非貪利以濟私也。至於平時，雖寸鐵不許佩身。起程之際，量給器械可也。夫如是，則黨散而謀消，左右無侵漁，而公家之大體不失，是亦不治之治而狃焉思蠢之心，庶其少釋乎！嗟夫，海內洊豐仍泰，百度漸以玩弛，而兵備為尤甚。天子軫念東南，遴選吾儒文武兼資者，以當一方長城之寄。恭惟執事，以人望攸歸、帝心簡在，其為重審矣。方今海墺，時月風汛，安知其不詭名進貢，如昔人所謂乘間謀利者？雖至與不至在彼，而備之當預者在此。夫天下之事，有備無患，害未形而備之，固保邦之長策，亦兵家以逸待勞之勝算也。患方及而謀之，譬猶渴而鑿井，鬥而鑄兵，不亦晚哉！雖然，內治修，然後遠人服，今遠人旦夕之憂，尚為四支之患。夫民者，國之元氣也。鞭樸日加，賦斂日急，由是不已，必至欺妄，欺妄不已，至於盜賊，盜賊不已，至於殺害。夫盜賊、殺害，蕭牆之變也。故譚子曰："欺妄非民愛，而哀斂者教之；殺害非民願，而鞭撻者訓之。"方今字民之職，知守譚子之誠者，寡矣。一旦有急，欲如古者子弟衛父兄，難矣。故今日深可慮者，愷悌之風日微，萬姓生意日索。執事居得制之地，將必有袵席之道，以福斯民。夫既修內治，遠人自安，坐鎮海壖，潛消夷裔之變，使百年無東顧之憂，有非區區草茅之士所窺者。然日月雖明，螢爝不廢；河海固大，溝澮趨之。抱微誠而伏謁，安知非大君子之所樂聞也。謹以舊文聯綴為贄以獻，伏惟矜愚宥罪而賜覽焉，不勝幸甚。在嘉靖十七年。"《敬止錄》卷21[①]

◎嘉靖十八年閏七月甲辰（1539.8.22）

日本國王源義晴復遣使來貢。先是，嘉靖二年，日本使臣宗設等入貢，比歸，肆掠虜中國吏民以去，自此絕不通貢者十有七年。至是復修貢，浙江鎮巡官以聞。上曰："夷性多譎，不可輕信。所在巡按御史，督同三司官，嚴加譯審。果係效順，如例起送。仍嚴禁所在居民，無私與交通，以滋禍亂。餘如所擬。"《明世宗實錄》卷227（頁4708）

嘉靖十八年閏七月，日本國王源義復遣使來貢，自二年宗設之亂，不通貢者十七年，至是復修貢。浙江撫按以聞。上曰："夷性多譎，不可輕信。所在巡按御史督同三司官嚴加譯審。果係效順，如例起送。仍嚴禁所在居民，無私與交通，以滋禍亂。"《敬止錄》卷21[②]

十八年七月，義晴貢使至寧波，守臣以聞。時不通貢者已十七年，敕巡按御史督同三司官覈，果誠心效順，如制遣送，否則却回，且嚴居民交通之禁。《明史》卷322《外國傳三》（頁8349—8350）

◎嘉靖十九年十二月丁亥（1540.1.26）之前

嘉靖十九年，福建繫囚李七、許二等百餘人逸獄下海，同徽歙奸民王直（即王五峰）、徐惟學（即徐碧溪）、葉宗滿、謝和、方廷助等勾引番倭，結巢於霩衢之雙嶼，出沒為患。巡視都御史朱紈調發福建，都指揮盧鏜統督舟師，搗其巢穴，俘斬溺死者數百（有蟹眉須黑番鬼、倭奴，俱在獲中）。餘黨遁至福建之浯嶼，復帥鏜剿平之。紈仍躬督指揮李興帥兵，發木石塞雙嶼港，賊舟不得復入。諸奸豪通番貿易者，各以失利，

---

① 《敬止錄（點校本）》卷21《貢市考下》，[明] 高宇泰著，沈建國點校，第368—372頁。
② 《敬止錄（點校本）》卷21《貢市考下》，[明] 高宇泰著，沈建國點校，第372頁。

口語籍籍，紒解官去。東南自此多事矣。《嘉靖浙江通志》卷 60[①]

十九年，庚子，賊李光頭、許棟引倭聚雙嶼港為巢，分掠福建、浙江。光頭者，閩人。許棟者，歙人許二也。皆以罪繫福建獄，逸入海，勾引倭眾聚雙嶼港。其黨王直、徐惟學、葉宗滿、謝和、方廷助等出沒諸番，分䑸劘掠，而海上始多事矣。《霞浦縣志》卷 3[②]

◎嘉靖二十一年六月己丑（1542.7.22）

浙江定海官兵於普陀山哨獲朝鮮夷人梁孝根等二十二人。言是歲正月入貢，遭風漂流。守臣以聞，詔給傳護送歸國。《明世宗實錄》卷 263（頁 5219）

◎嘉靖二十四年十二月壬寅（1545.1.15）

治浙江海洋失事罪。昌國衛指揮僉事等官馬光等以失守發戍；備倭署都指揮僉事李釜以詐報降級；海門衛指揮使朱恩以貪縱提究；台州衛指揮同知裴祖貽以議功量罰。從巡按御史高懋奏也。《明世宗實錄》卷 306（頁 5777）

◎嘉靖二十六年六月癸卯（1547.7.10）

癸卯，巡按御史楊几澤言："浙江寧、紹、台、溫皆枕山瀕海，連延福建福興、泉、漳諸郡，時有倭患。沿海雖設衛所城池控制要害，及巡海副使、備倭都司督兵捍禦，但海寇出沒無常，兩省官僚不相統攝，制禦之法，終難畫一。往歲從言官請，特命重臣巡視，數年安堵。近因廢格，寇復滋蔓。抑且浙之處州與福之建寧，連歲礦寇流毒，每徵兵追捕，二府護委，事與海寇略同。臣謂巡視重臣亟宜復設，然須轄福建、浙江，兼制廣東潮州，專駐漳州，南可防禦廣東，北可控制浙江，庶威令易行，

① 《嘉靖浙江通志》卷 60，[明] 胡宗憲修，薛應旂纂，中華書局 2001 年版，第 625—626 頁。

② 《霞浦縣志》卷 3，[民國] 羅汝澤修，[民國] 徐友梧纂，《中國方志叢書·華中地方第 102 號》，臺灣成文出版社 1967 年版，第 9 頁。

事權歸一。"事下兵部集諸司覆，如其言。第廣東潮、惠二府仍隸兩廣提督，有事則協心議處。上曰："浙江天下首省，又當倭夷入貢之路。如議，設巡撫兼轄福建福興、建寧、漳、泉等處提督軍務，著為例。"《明世宗實錄》卷 324（頁 6013—6014）

二十六年六月，巡按御史楊九澤言："浙江寧、紹、台、溫皆濱海，界連福建福、興、漳、泉諸郡，有倭患，雖設衛所城池及巡海副使、備倭都指揮，但海寇出沒無常，兩地官弁不能通攝，制禦為難。請如往例，特遣巡視重臣，盡統海濱諸郡，庶事權歸一，威令易行。"廷議稱善，乃命副都御史朱紈巡撫浙江兼制福、興、漳、泉、建寧五府軍事。《明史》卷 322《外國傳三》（頁 8350）

◎嘉靖二十六年十二月乙亥（1548.2.7）

海寇突犯浙江寧波、台州，大肆殺掠，官軍莫有禦者。巡按御史裴紳等以聞，并劾分守參議鄭世威、分巡副使沈翰、備倭都指揮梁鳳罪。上命巡按官逮世威等勘明奏處，且令嚴為禁備。《明世宗實錄》卷 331（頁6085—6086）

十二月……乙亥，海寇犯寧波、台州。《明史》卷 18《世宗紀二》（頁238）

十二月，倭賊犯寧、台二郡，大肆殺掠，二郡將吏並獲罪。《明史》卷 322《外國傳三》（頁 8350）

◎嘉靖二十六年十二月丁丑（1548.2.9）之前

市舶既罷，日本海賈往來自如，海上姦豪與之交通，法禁無所施，轉為寇賊。二十六年，倭寇百艘久泊寧、台，數千人登岸焚劫。浙江巡撫朱紈訪知舶主皆貴官大姓，市番貨皆以虛直，轉鬻牟利，而直不時給，以是構亂。乃嚴海禁，毀餘皇，奏請鐫諭戒大姓，不報。《明史》卷 81《食貨志五》（頁 1981）

◎嘉靖二十七年四月辛亥（1548.5.13）

嘉靖二十七年二月二十八日，據浙江按察司巡視海道副使沈瀚呈：據把總定海指揮潘鼎呈報，外洋朱家尖於本月十五日午時瞭見蓮花海洋有異樣大船一隻、小船一隻，望東北行使，哨探消息另報，等因。至三月初七日，又據浙江總督備倭署都指揮僉事朱恩呈，同前事，內開：前船遁散，等因。本日，又據副使沈瀚呈報相同，及稱海中地名大麥坑與雙嶼港，兩山對峙，番賊盤據二十餘年，率難輕動；近據原差串網船戶沃三十七等哨探，雙嶼賊船見移泊大麥坑山，躲避風寒等因，陸續呈報到。臣據此照得，臣嘉靖二十六年閏九月二十二日自江西贛州府交代奏繳之後，即趨福建漳州府，講求海防，剿除流賊。本年十二月初八日欽奉敕諭之後，即趨泉州等府沿海閱視，及將請給旗牌、請給符驗、請明職掌、請或勢豪之船隻、嚴地方之保甲、貴已就約束之民各項事宜陸續題請外，臣在福建地方首尾三月有餘，仰仗陛下德威，海洋警報無聞。訪得賊船俱在廣東潮州並浙江寧波等處海島潛住，節准兵部並都察院咨，及見邸報，一為沿海奸民私通日本，教與統砲事；一為哨報夷船事；一為海寇久肆猖獗，專職憲臣漫不省理，乞並賜查究以飭官常以靖民患事；一為番寇連年慘殺，地方非常大變，乞恩急處邊防以弭國患事。臣訪得浙兵素弱，海賊素驕，已於嘉靖二十七年二月內指以防範倭夷為名，通行福建巡視海道副使柯喬，選取福清慣戰兵夫一千餘名、船三十只，由海道專備海戰；又行浙江溫處兵備副使曹汴，選取松陽等縣慣戰鄉兵一千名，由陸路專備海防。俱委福建都司掌印署都指揮盧鏜統領，約在浙江海門屯劄。臣於二月二十六日至溫州，二十八等日方據各官呈報，前因臣申明，勑命行副使沈瀚住劄寧波，副使曹汴住劄溫州，僉事顧問住劄台州，僉事謝體升住劄海寧，福建建寧兵備副使翁學淵住劄福寧州，福寧兵備僉事余爌住劄泉州，副使柯喬住劄漳州，總督備倭以都指揮體統行事，指揮僉事黎秀住劄金門，千戶所烽火門把總指揮孫敖住劄流江，各督率沿海守哨官兵、地方保甲搜邏接濟奸人，遇有海賊奔逸，即便邀截勦捕去後，續據署都指揮盧鐣呈報，委官指揮等官張漢等督領福清兵船共該一千七十九員名，俱於三月十五日至海門灣泊。又據副使沈瀚呈報，溫處道調到松陽、景寧、遂昌、宣平、青田、慶元、龍泉七縣鄉兵共一千名，逐一挑選堪用，分頓各處，聽候盧鐣調用，等因，回報到臣。其餘分委前項各官，勤惰不齊，從違不一。盧鐣誠恐師老無功，賊生別計，聽臣調度，於本月二十六日督發福清兵船開洋，前往雙嶼賊巢，相機勦捕。間副使沈瀚，奉旨提問回司。臣於四月初一日，會同巡按御史裴紳，改委副使魏一恭接管，星馳前去，會同各道，務與盧鐣協心共謀，主客兵船、水陸地方，互相策應；中間不用命官員另行查參外，緣係瞭報海洋船隻動調官兵勦捕事理，為此謹具題知。嘉靖二十七年四月初六日。《甓餘雜集》卷2[①]

◎嘉靖二十七年四月庚午（1548.6.1）

浙江海道呈紀驗功罪緣由批：賊徒盤踞雙嶼二十餘年，流劫地方，荼毒日甚，未聞浙中官兵運一臂力窺視港口。今福兵取捷，雙嶼巢空，圖惟立營戍守之計，亦未聞浙中官兵肯贊一詞、效寸忠，徒鼓浮言，造巧謗，恐嚇當事之人。故違軍門不許浙兵爭功之戒，統兵官以福部讓功，巡海官以福產引嫌，賞罰是非，一失其真，萬事瓦裂矣。除本院親自泛海達觀定計外，仰紀功官從實紀驗，以服人心。先推雙嶼新營堪委把總、哨守職名，以定勇怯。具由回繳。嘉靖二十七年四月二十五日。《甓餘雜集》卷8[②]

◎嘉靖二十七年四月癸酉（1548.6.4）

癸酉，給巡撫浙江兼福建海道右副都御史朱紈符幟。初，漢人豔諸番貨，私與市。嘉靖十七年，閩人金子老為番舶主，據寧波之雙嶼港。

---

　　① 《甓餘雜集》卷2《瞭報海洋船隻事》，[明] 朱紈撰，《四庫全書存目叢書·集部七八》，齊魯書社1997年版，第37—38頁。

　　② 《甓餘雜集》卷8《軍務事》，《四庫全書存目叢書·集部七八》，第213—214頁。

後，閩人李□□①、歙人許棟繼起。負金錢，多不償，則推豪貴聞於官，逐之。番大恨，出沒島嶼，東南之難自此始。朱紈搗雙嶼，盛兵集港口，挑之。夜風雨，賊逸，我火攻，破之。擒二酋，餘趨浯嶼。副使柯喬、參將盧鏜又破之。獨許棟逸。紈渡海至港，議留屯。眾難其險絕，築塞而返。歙人王直，收許棟之黨，巢烈港。陳思盼亦聚百舫，巢橫港。別部王丹，有舫五十，思盼迎入橫港，夜焚之，奪其舟。部人不平，潛通於直，而烈港出沒，必經橫港，屢邀劫。直伺思盼生辰方宴，襲殺之。由是，海上寇悉受直節制。朱紈督分巡副使柯喬出海，搗靈官澳，大破之，擒渠帥三，真夷六十。漳人大恐，往聚觀，偶語籍籍。紈益排根窮治，豪右惡之於朝。《國榷》卷59②

倭寇事，欽《志》頗略，胡《志》較詳，近《同治上海志》殊明，備足訂欽、胡兩志之誤。特取關於邑治者，合廳志彙參之。前志：倭寇皆薩摩州人，而導之者徽人汪直、杭虎龜寺僧徐海也。直據薩摩之松潘津，引寇入雙嶼港，肆擾海濱。海領其叔碧漢之眾，而陳東輔之。浙撫朱紈破雙嶼，追擊於南麂洋，幾擒直。會紈被劾、死，寇亂益甚，東南糜爛矣。直黨有王汝賢、葉宗滿。海黨為蕭顯、葉麻、三③辛五郎。《光緒南匯縣志》卷22④

◎嘉靖二十七年五月甲申（1548.6.15）

節據軍門統兵官福建都司掌印署都指揮僉事盧鏜呈報，寧波雙嶼等處海洋捷音到院，隨據浙江按察司帶管巡視海道副使魏一恭呈報官兵功次前來。該本院看得，雙嶼賊船盤踞二十餘年，四散流劫，海道漁運俱絕。一旦巢穴蕩平，擒斬數多，非統兵官謀勇素備，龍溪、福清各兵兼

---

① 原文空缺的這兩個字，似為"光頭"，詳參下文所錄《萬曆紹興府志》。

② 《國榷》卷59"嘉靖二十七年四月"條，[清]談遷撰，中華書局1958年版，第4冊，第3717頁。

③ 此"三"字，顯係衍文。

④ 《光緒南匯縣志》卷22《雜志》，[清]金福曾修，[清]張文虎等纂，台灣成文出版社1970年版，第1491頁。

制爭先，何以及此？軍門賞格，眾所諗聞。若計首功施行，則奮勇衝鋒者無功可紀。因人成事，非獵取虛名，不厭眾心，必成解體。且副使沈翰，不受節制，棄軍輒回。魏一恭倉卒承委，星馳策應，設法擒獲窩主巨奸，海道永賴。又有一等府縣各官，一聞軍門調度，陸續各效勤勞，比之平時養亂、臨事玩違者，賢否不同，勸懲宜別。連日公同統兵、巡海、分守、軍衛有司各官，參伍勘酌，已得其概。利口莫昧是非之鑑，群心已無顧忌之嫌。所據軍門賞罰不可偏廢，甘苦不可異施。且各道胥會合賞清平，共行宴勞之禮，以作委靡之氣。為此，除班師飲至紀功行賞，自有職掌衙門議擬外，仰抄案行定海縣動支無礙官銀，備辦宴勞禮物，擇取寬廠去處，陳設完備，盛張鼓樂，聽候本院親臨舉行，以彰聖朝開創軍門盛事。其見剿雙嶼有功兵船，賞需隨候本院臨被分給。縣庫官銀不敷，徑申寧波府查支完日具，動支過項數，備辦過品物，通行申報查考，毋得遲誤不便……嘉靖二十七年五月初十日。《甓餘雜集》卷8①

◎嘉靖二十七年五月丙戌（1548.6.17）

浙江海道呈詳犯人胡紋等招由批：海上用兵，見獲番賊，俱有倭夷，恐有別情，仰將本犯解審，近犯趙榮臣亦得館內銀兩，蓋不止此二犯矣。衛、府、縣巡捕并市舶提舉，枉法故縱，謂不得賊，不敢信也。本院三月初十日，面示夷使周良等云："但有買賣交易，明給印信官票、填寫合同，使奸人不得誑騙，財本不致坑陷，有言即便回答，不必疑忌，切勿聽人哄弄。"周良答云："謹逐一聞尊命矣，決不乖違鈞諭，感戴親筆見存。緣何又與奸人私通？有何情故？見獲稽天新四郎是否該國同屬？緣何一面求貢，一面占據雙嶼，肆行劫掠？何人誘引？令通判唐時雍親審端的，取本使親筆回詞繳報。"嘉靖二十七年五月十二日。《甓餘雜集》卷8②

---

① 《甓餘雜集》卷8《擒斬巨寇蕩平巢穴以靖海道事》，《四庫全書存目叢書·集部七八》，第216—218頁。

② 《甓餘雜集》卷8《違禁私通夷情事》，《四庫全書存目叢書·集部七八》，第218—219頁。

◎嘉靖二十七年五月戊子（1548.6.19）

寧波府申解藏匿軍門批文犯人蔣尚本等緣由批：大寇在雙嶼，夷人在外洋，本院行令進港安泊，自由深機。吏書匿案，幾敗乃事，使夷人知吏書作弊，必笑本院罷軟無為；不知吏書作弊，必謂本院變詐反覆。不惟關係軍機呼吸，抑具關係國體重輕，各道不得視為細故。仰追究情弊從重問，擬具招解詳先批呈同繳。嘉靖二十七年五月十四日。《甓餘雜集》卷8①

◎嘉靖二十七年五月甲午（1548.6.25）

浙江海道回報雙嶼緣由批：先據該道呈稱，雙嶼不可戍守，止可砌塞港門。今本院親臨會視，其將謂何本院能料敵制勝於數月之前、千里之外，而不能收渙定疑於身到之地。面語之時，稍持前議，則執拗任情之誚起矣。蓋濟大事，以人心為本，論地利以人和為先，人心如此，人和可卜。姑從無策，贊成下策，仰會同守巡、備倭等官、倭官，度量二港深廣各若干，合用裝石沉水船若干，護船大樁若干，出辦何處。若為堅久之計，須多用樁木，滿港密釘。仍采山石，亂填樁內，使樁石相制，衝激不動。潮至則淤泥漸積，賊至則拔掘為難，庶不託之空言耳。合用樁木若干，採石夫匠若干，作速開詳，不恤財力，俯就此舉，亦本院之所能也。乘此兵船聚集之時，限一月內完工。本院尚須督視，不憚艱險。若惑浮言，轉成觀望；或築塞不堅，致賊再據，不知誰任其咎也。仍將當日不奉進止、擅主海船出港沮撓情由明白開報，抄牌依准先繳。嘉靖二十七年五月二十日。《甓餘雜集》卷8②

◎嘉靖二十七年五月丁酉（1548.6.28）

浙江海道呈追原呈夷書緣由批：陳傑藏匿夷書，故懷二心，仰提問解審，一面行寧波衛、府，省諭各夷遵守原約，以候明旨，乃外國修貢

---

① 《甓餘雜集》卷8《哨報夷船事》，《四庫全書存目叢書·集部七八》，第219頁。
② 《甓餘雜集》卷8《軍務事》，《四庫全書存目叢書·集部七八》，第219—220頁。

之禮。三月初十日，本院親審明示，以有言即便回答，不必疑忌。周良親筆回稱"決不乖違鈞諭"等語，隨已奏聞。今日決不可變，如挾前日奸人之書，必欲變者，則巡撫之頭任其取去，再無他言。具由回繳。嘉靖二十七年五月二十三日。《甓餘雜集》卷 8[①]

◎嘉靖二十七年五月戊戌（1548.6.29）

寧波府申抄夷使周良等書，乞示撫諭緣由批：據申不開夷使周良等呈書，日期所稱昨夜，不知的係何日。胡紋驅銀一百兩，趙榮臣驅銀十三兩，已遣通判唐時雍到館親審，正恐奸人哄弄爾，唐時雍不行，此申必不達也。三月初十日，本院親自審慰，甚明甚信，何勞今日再示撫諭！禮部原行明開，嚴為防守，約束居人，不許私相貿易，泄漏事情。三司、各道會呈，明開夷使人等盡數送入嘉賓館，船隻拖閣上塢，晝夜嚴加防守，聽候奏請。本院開創之初，明法度，正紀綱，自今日始，有何別項事體，提舉、巡捕等官故違故縱，即已拏問，有何人情假借？使臣在館安心候命。又許官票交易，各官倘肯用命，有何浮言可乘？此乃奸人哄弄無門，故造此釁，以圖脅制軍門，廢壞紀綱，沮撓法度。彼自以為甚巧，不知其拙甚矣。仰巡海道併行唐時雍審明，一一回報。仍委府衛堂上官一員，嚴督地方居民，看守船隻，勿令損壞，日後夷使回還，聽其自驗。小有損壞，即責官民一一陪補。若欲乘機出入，決不可也。具行，過日時先繳。嘉靖二十七年五月十四日。《甓餘雜集》卷 8[②]

◎嘉靖二十七年五月己亥（1548.6.30）

節據委官福建都指揮使司軍政掌印署都指揮僉事盧鐺呈稱：案照嘉靖二十七年二月初一日，奉欽差巡撫浙江兼管福建福興建寧漳泉等處海道地方提督軍務都察院右副都御史朱紈，案驗仰職統督見調福清兵船速趨溫寧地方聽候軍門進止，等因，依奉統督委官指揮張漢、千戶劉定、

---

① 《甓餘雜集》卷 8《違禁私通夷情事》，《四庫全書存目叢書·集部七八》，第 220 頁。
② 《甓餘雜集》卷 8《夷情事》，《四庫全書存目叢書·集部七八》，第 219 頁。

夏綱、百戶張鏵、福清縣縣丞廖日恒，管領福州府福清兵船三十只，漳州府龍溪縣報效義勇唐弘臣、劉大員、趙光器、林長貳、余儀、廖景茂等，於本月十八日督發開洋前來。三月初一日未時，又奉都御史朱紈案開，海中雙嶼等島賊船負固蟠結，仰督指揮張漢等兵船，指以防夷為名，俱到溫州、松門、海門處所灣泊，會同浙江巡視海道副使沈瀚查選沿海堪用官兵，默定約束，聽候軍門進取等因，依奉督發兵船於本月初三日前至溫州府港及磐石衛，給領行糧、兵火、器械。於本月十三日未時，又奉都御史朱紈，案仰多方爪探前項賊船下落，即督兵船，或圍困，或邀擊，或出不意，為搗穴焚巢等計，緩急相機行事，務期萬全等因，依奉於本月十五日齊至海門衛港內灣泊，選拔蒼山船戶林望、戴景等，松門等衛所并臨海縣船共三十隻，劄委把總指揮俞亨，管領隨綜，與福建兵船俱於本月二十六日督發開洋追剿。四月初二日至爵谿所，瞭見伍罩山有大賊船一隻，頭向東南行使，本職慮恐兩省人心不齊，分撥義勇唐弘臣、徐儀、王宗善、唐弘奇、劉大員、余奇、陳孔成、陳志、林國斌等二十名，坐駕林望等船，薛佑、李光守、余文等二十名，坐駕戴景等船各一隻，追至九山大洋，與賊對敵。間，百戶張鏵奮勇當先，督領福清王伯達、鄭一顯、陳大紀、王輝七、林豪二、魏德平，兵船六隻齊到，指揮張漢、俞亨、千戶劉定、夏綱、縣丞廖日恒並本職家丁盧宗舜等，各船繼到攻殺，番賊落水不計數。斬獲首級二顆，生擒日本倭夷稽天、新四郎二名，賊犯林爛四等五十三名。奪獲本船一隻，今量長九丈，濶二丈四尺，高深一丈七尺；大佛狼機銅銃二架，一架重一百八十五斤，一架重一百四十七斤；銅銃三箇，重八十四斤；鐵銃一箇，重二十一斤；藤牌二十面；大小倭刀十四把；大小長槍三十五根；番鼓二面；皮鼓三面；銅鑼一面；青叚旗一面；賊牌一面，藤盔一頂。陣亡兵夫王文貴、魏管四、魏來助、葉王毛四名，殺傷兵夫魏興八、張尾六等二十五名。

本月初五日，又據把總指揮潘鼎、張四維擒獲雙嶼港賊首李光頭，船內接濟酒米賊徒徐鵬、徐錦，并在身番銀七錢，空米袋七隻，隨該接管巡視海道副使魏一恭、總督備倭署指揮僉事朱恩，各督兵船火器等項前來策應。本月初六日巳時，本職督兵俱至雙嶼賊巢，賊放草撇哨馬船二隻前來誘敵。李光守用鳥銃打死賊徒一人，賊船收入港內，後任挑戰，不出。本夜風雨昏黑，次日寅時，雙嶼賊船突駕出港，指揮張漢、縣丞廖日恒等兵船追敵。間，本職一面督委定海衛縣千戶王守元、典史張賢帶兵入港搜邏，將雙嶼賊建天妃宮十餘間、寮屋二十餘間、遺棄大小船二十七隻，俱各焚燒盡絕，止留閣塢未完大船，一隻長十丈、闊二丈七尺、高深二丈二尺，一隻長七丈、闊一丈三尺、高深二丈一尺。一面親督指揮張四維、潘鼎、劉隆、馬奎、義勇葉光等，及各隨徵家丁盧宗舜、潘昂、盧豹、劉勇益、盧鹿、盧麒等吏，余鉞等分撥張四維、原調蒼山等船，追至海閘門糊泥頭外洋及橫大洋二處，齊放銃砲，打破大賊船二隻，沉水賊徒死者不計其數。隨有賊徒草撇船一隻、叭喇唬船二隻前來迎敵，張四維兵船奮勇當先，鬥敵數合，賊船被箭傷，落水爬山亦不計數。得獲草撇船一隻，長五丈，闊一丈四尺；銅佛狼機一架，連銃一箇，重一百九斤；鐵佛狼機一架，連銃二箇，重一百四十六斤；鐵拴五條；番弓七張；番箭十八枝；鐵箭十九枝；大小鉛彈十八箇；火藥斗一箇；藤牌六面；番帽三頂；倭衣二件。隨有潘鼎、劉隆等兵船各獲叭喇唬船一隻，斬獲賊封姚大總首級一顆。本職家丁盧宗舜、潘昂、盧豹、盧麒與潘鼎、劉隆等兵船併力，生擒哈眉須國黑番一名、法哩須滿咖喇國黑番一名、沙哩馬喇加呋哩國極黑番一名、嘛哩丁牛喇噠許六、賊封直庫一名陳四、千戶一名楊文輝、香公一名李陸、押綱一名蘇鵬、賊夥四名邵四一、周文老、張三、張滿。陣亡福清、蒼山船兵夫二名翁天九、楊核，火瓶燒傷五名沈華、姜黯、婁潮、蕭浦、沈槐。彼時月落天昏，賊船三隻脫駕外洋去。訖兵船收集，團泊洋中。次日四散，搜邏無蹤，回至霽衢所。審據見獲賊犯陳四等報，獲賊犯張八、祝八瞎、陳仁三、曹保、陳十一即周十一，解送副使魏一恭處收審。及據魏一恭呈稱，賊首許六等報，獲積年造意分贓大窩主倪良貴、奚通世、劉奇十四、顧良玉，并通賊分贼襲十五等。推官張德熹報獲通番蔣虎、余通世、章養陸、蔣十一、陳天貴、王萬里、王廷玉、王順夫、邵湖責與許六、陳四，面認真的。

又據帶管總督備倭署指揮僉事劉恩至，幷把總金鄉等處指揮同知楊和報稱，南麂山等嶴有大賊船十隻，又至女兒礁、洞①門、青嶴門等處流泊；審據邏獲賊徒陳瑞言稱，俱是小琉球國開洋而來，不知雙嶼已被官兵攻破，今去下八山躲泊；即今出沒外洋，往來不定，報請兵船前來追剿，等因。行據盧鏜、魏一恭回稱，雙嶼相去南麂山，北風順便則十日可到；下八山係外境遠洋，逼近日本。及將原審見獲日本稽天口詞稱，係見獲林爛四等糾集多人，發船往至本國，朝見國主，說我大明買賣甚好。雙嶼港係通番賊穴，向來無有倭人過上國，至今船船俱各帶有本國之人前來販番，尚有百數倭人在後來船內未到，等因。又據溫處兵備副使曹汴幷溫州府各報稱，磐石衛寧村所港次捕獲雙桅草撇賊船一隻，斬獲首級一顆，生擒賊犯王交、雷御等一十三名，藤牌一十一面，砍刀四把，飛槍一十七根，佛狼機銃三箇，火藥五斤，鉛子五十箇，鼓一面。又據指揮俞亨報，有大賊船一隻、草撇船三隻，在矛頭洋行使。又據定海縣知縣金九成報稱，賊哨船二隻、賊徒四十餘人，在舟山長白港奪船逃去，等因。

又據盧鏜呈稱：五月初七日，親督兵船追賊至大茅洋，陟遇龍起颶風猛作，震雷激烈，本職□□□頭篷、二篷被風捲揭，跪伏雨中，籲天陳告，移時方息。至晚收集舟山港內，各該官兵俱無損失。止是蒼山漁船打損一隻，沉水人各爬山得命。賊亦不知下落。連日督兵前去馬墓、長白、岑港等處海洋哨邏，賊船無蹤。即今海洋寧靖，地方無事。及稱前項賊船蟠據雙嶼港二十餘年，招引各國番夷，聚集四方強寇，焚劫鄉村，殺虜官軍，荼毒生靈，至廑聖慮提究巡海守巡備倭以下失事各官。今一旦擒斬元兇，蕩平巢穴，其餘奔頭鼠竄，漂泊外洋。雖前後我兵陣

---

① 此字原本漫漶難辨，考鄭若曾《籌海圖編》有云："翌日，賊船有泊南麂山、女兒礁、洞門、青嶴者，知巢窟已破，無所歸去，之下八山潛泊。"故疑係"洞"字。

亡六名，被傷三十名，俱係召募義勇，原非衛所軍丁；亡者已蒙厚恤，傷者亦俱乎復，誠數十年之所未有，等因。陸續捷報到，臣據此，案照先為瞭報海洋船隻事，已於本年四月初七日將先期密計劻調官兵剿捕雙嶼賊巢緣由具本，差千戶單銓齋奉題，一面行盧鏜、魏一恭相機進剿，就於雙嶼分兵屯據，為立營戍守之規，共圖一勞永逸之計，及申明"賊據雙嶼則賊處其逸，我據雙嶼則賊當其勞"之說。未據回報。一聞九山之捷，平時以海為家之徒，邪議蜂起，搖惑人心，沮喪士氣。催據魏一恭回稱，福兵俱不願留雙嶼，四面大洋，勢甚孤危，難以立營戍守，只塞港口為當，等因。臣亦扶病至定海縣，督察軍中事情，慰勞將卒，眾復感奮，願留報效。

五月十六日，臣自霩衢所親渡大海，入雙嶼港，登陸洪山，督同魏一恭、劉恩至并指揮等官馬奎等，達觀形勢，就留指揮張漢、千戶劉定、夏綱、百戶張鏵，原領兵船在彼分定中軍，并南北二哨，各添官兵相兼防守。惟立營之說，眾以為非。因念濟大事以人心為本，論地利以人和為先，姑從眾議，行令動支錢糧，聚椿採石，填塞雙港。所獲賊犯，聽巡按御史裴紳、委官僉事黃福、陳善紀驗審問。所獲賊船、番銃、兵仗等項，行該道修整，隨軍領用。其溫州、金鄉等處所報賊船出沒，往來不定，即今正係風迅時月，未宜一日安枕，另議防捕，并不盡事宜陸續題請外，惟照福建都指揮使司軍政掌印署都指揮僉事盧鏜，智勇俱備，艱險不辭，提素無紀律之客兵，整入他人之境，承臨期指麾之片紙，深探不測之區，先破九山巨艘，以褫群兇之膽。次追雙嶼逋賊，以傾久據之巢。身先出入大洋，真有為國捐軀之志。賊盡披靡外島，不負折衝禦侮之威。又體得各船，當交戰之時，或有至親呼應，先事有相制之計，悉皆奉法成擒。及聞不逞之徒，妄鼓不情之舌，則又分功退讓，將以避謗求全，此豈尋常之戰功，其實東南之名將。福州左衛指揮使張漢、鎮東衛萬安所正千戶夏綱、中所副千戶劉定福、寧衛定海所百戶張鏵，浮連艘於兩月之險，紀律既明，出一生於萬死之餘，俘功各奏，而九山之戰，奮勇當先，則張鏵尤當首論。浙江都指揮使司定海衛指揮使劉隆、臨山衛指揮同知馬奎、觀海衛指揮僉事張四維、潘鼎、海門衛指揮僉事俞亨，雖先參失事之罪，輕重有無不同，而今收助陣之功，協力同心則一，然橫大洋之戰，奮勇當先，則張四維尤當首論。福州府福清縣縣丞廖日恒，本承選兵散銀之委，原非披堅執銳之流，乃與指揮張漢各官，並犯矢石風濤之險，首剿九山倭夷諸賊，兼收執俘獻馘之功。此皆有用之材，實非因人之比。再照漳州府龍溪縣唐弘臣，先充海道捕盜之役，向當海防久廢之餘，隨眾招賊，已定建寧衛充軍之罪，乘時報效，曾收佛狼機出境之功；漳州府有贖罪之申，巡海道有使過之薦，今日試之海戰，大彰衝鋒破鏑之能，連日扣以軍機，臘有出奇制勝之策，此非可編行伍之材，其實能屈群力之望也。已上諸臣，貴賤雖云異等，功罪亦自殊科，然臣首膺陛下之簡命，首馳海上之捷音，仰惟陛下聖神文武、廟算不遺，而諸臣之力亦不可誣也。如蒙聖明，不棄芻蕘，俯矜芹曝，乞勑兵部議擬上請定立賞格，行臣遵守；仍候巡按御史覈實奏報之日，將盧鎧、張漢、劉定、夏綱、張鏵、廖日恒論功陞賞；張四維、俞亨、潘鼎、劉隆等，量其先犯輕重，或准贖，或末減；唐弘臣所犯終身軍罪，特與宥免；其餘人役，行臣優賞，以為後來報效之勸，地方幸甚，臣等幸甚。嘉靖二十七年五月二十五日。《甓餘雜集》卷2①

◎嘉靖二十七年五月庚子（1548.7.1）

據浙江按察司帶管巡視海道副使魏一恭呈，據寧波府通判唐時雍呈，嘉靖二十七年五月十四等日，帶同通事盧錦等，親詣嘉賓館，譯審日本求貢使臣周良等，親筆回詞，內開"占據雙嶼港事，進貢使臣非所敢知；想大邦海寇之所誘，近年大邦眾人來日本者，不知其幾多，大邦亦何從知之"等語。又據副使魏一恭呈抄原審見獲倭賊稽天口詞，內開"稽天、

---

① 《甓餘雜集》卷2《捷報擒斬元兇蕩平巢穴以靖海道事》，《四庫全書存目叢書·集部七八》，第38—43頁。

新四郎二名，同已斬首芝潤等三名，俱係日本國東鄉人，為因嘉靖二十五年福建福清等縣通番喇噠、見獲林爛四等，糾集多人，發船往至本國，朝見國王，說我大明買賣甚好。國王借與稽天等銀子五貫，計五百兩，造船一隻，給與番銃二架，番弓、番箭、倭刀、藤牌、長槍、鏢槍等項利械，自三月內在本國開洋，到浙江九山海島，思得雙嶼港係日本等國通番巢穴，欲投未獲徽州賊許二等做地主，被官兵來攻，傷落溺死，餘亂刀鎗狼殺，擒獲稽天等大船一隻，并林爛四等五十三人見在。日本向來無有倭人過上國，至今船船俱各帶有本①國之人前來販番，尚有百數倭人在後來船內未到"等語。

又據紹興府知府沈啟申稱，審據稽天手書來歷，詞多支漫，恐係詐偽；訪有附近民人周富一，能諳夷語，拘伊前來，委於嘉靖二十六年六月內，在雙嶼港識認稽天，當令打話，審抄口詞，內開"稽天、新四郎係日本國薩摩州人，因福州人已殺死林陸觀，舊年到日本，大風破了舟，無一物，三年居住日本，旦暮悲多，我主君看之哀哉，借用采錢，其外銀子五貫，自造舟回還，故我五子攜來，取其貨物，我五子之間，銀子六貫二百六十目；今歲天文二十六年丁未六月內，有倭船一隻到雙嶼港往來；二十七年戊申三月二十日，京泊港出船，風惡；四月二日，被風打舟，遇兵，三子殺死，船主陸觀殺死，其外，福州人六子殺死；天在頭上，公道，公道"等語。又據上虞縣知縣陳大賓申抄黑鬼番三名口詞，內開"一名沙哩馬喇，年三十五歲，地名滿咖喇人，善能使船觀星象，被佛郎機番每年將銀八兩雇用駕船；一名法哩須，年二十六歲，地名哈眉須人，十歲時，被佛郎機番買來，在海上長大；一名嘛哩丁牛，年三十歲，咖呋哩人，被佛郎機番自幼買來。同口稱，佛郎機十人，與伊一十三人，共漳州、寧波大小七十餘人，駕船在海，將胡椒、銀子換來米、布、紬、段買賣，往來日本、漳州、寧波之間，乘機在海上打劫；今失

---

① "帶有本"三字，原本模糊不清，茲據上文"捷報擒斬元兇蕩平巢穴以靖海道事"加以補入。

記的日，在雙嶼被不知名客人撐小南船載麵一石，送入番船，說有綿布、綿紬、湖絲，騙去銀三百兩，坐等不來；又，寧波客人林老魁，先與番人將銀二百兩買段子、綿布、綿紬，後將伊男留在番船，騙去銀一十八兩；又有不知名寧波客人，哄稱有湖絲十擔，欲賣與番人，騙去銀七百兩；六擔，欲賣與日本人，騙去銀三百兩；今在雙嶼被獲六七十人內，有漳州一人，南京一人，寧波三人，及漳州一人斬首，一人溺水身死，其餘遞散"等語。

又據副使魏一恭呈稱，據賊首許陸等報，獲寧紹積年通番造意分贓倪良貴、奚通世、顧良玉、劉奇十四，并番徒龔十五等。寧波府推官張德熹申報，依奉拏獲通番蔣虎、余通世、章養六、蔣十一、陳天貴、王萬里、王廷玉、王順夫、邵湖賣，與賊首許陸、陳四，面認真的，等因。又據副使魏一恭呈抄，續獲海賊陳瑞口詞，內稱：嘉靖二十五年，同山陰筆飛坊趙柒、金世傑，紹興白指揮舍人永安，四人俱於七月內到雙嶼港，下徽州人方三橋船主船上，去年十二月過日本，遇風潮打破，修理不起。今年，方三橋雇得日本國中船一隻，四月初八日起程，十九日徑到烏沙門。二十一日孝順洋拏得王家塘船一隻，烏沙河條船一隻，使至毛頭洋大佛頭。二十三日，船上水手王文益駕王家塘船，上岸尋接濟王三，寧海地方糴米十石，買酒五罈，回下船內。五月初二日，陳瑞上山，被哨船人拏住。其日本船中止有倭夷二十人，有倭刀、倭弓、火藥二壇，小鐵佛郎機四五座，鳥嘴銃四五箇，俱是番人先年下日本國相鬥奪下的。內有唐人五十人，廣東人六七人，漳州人三四人，徽州人十餘人，寧波人十餘人，紹興人四人。途中不曾相遇許二船隻。其趙七所領本銀，山陰縣住倉橋朱近山銀一百兩，白舍人銀一百兩。其大船打探得有官兵船，藏躲下八山嶴內，不敢進雙嶼港。若再有官兵追剿，要到蘇州、淮河等處逃躲，等因。又據僉事陳善呈□□□獲番賊招由，內擬許陸、陳四、沙哩馬喇等九名，俱強盜得財；稽天、林爛四等三十五名，俱罪人拒捕，各斬罪；顧良玉、倪良貴等八名，俱比依出境下海；施捌俊等一十六名，俱越度邊塞出外境，各絞罪；曹保等四名，俱越度邊塞，徒罪；李陸，不應杖罪；陳文等三名，俱供明，等因，各申呈到臣。

案照先為"哨報夷船事"內將勘處日本使臣周良等求貢緣由，又為"瞭報海洋船隻事"內將動調官兵進剿雙嶼賊巢緣由，各具本於四月初七日謹題外，續據統兵都指揮盧鏜呈"為捷報擒斬元兇蕩平巢穴以靖海道事"。該臣看得，前後獲功數內，生擒日本倭賊二名，哈眉須、滿咖喇、咖咲哩各黑番一名，斬獲倭賊首級三顆。竊詳日本倭夷一面遣使入貢，一面縱賊入寇，寧、紹等府連年苦於殺虜，至厪皇上南顧之憂，追問各官失事之罪。今多寧、紹奸人叛出謀聚，嚮導劫掠。城中有力之家，素得通番之利，一聞剿寇之捷，如失所恃，眾口沸騰，危言相恐。統兵官以福部讓功，巡海道以福產引嫌，臣見幾知慎，已將稽天等發紹興府，法哩須等發上虞縣，各監候。分行密切譯審餘賊，聽巡按御史裴紳、委官僉事陳善紀，問去後今該前因。

竊照攘外斯可安內、治近斯可服遠，古稱夷狄不可以中國之治治之。入貢，則懷之以恩；入寇，則震之以威，謂之化外。至於中華之人，動以禮法繩束，固不以夷狄之治治之矣。我朝立法垂訓，尤嚴夷夏之防，至今海濱父老相傳，國初寸板不許下海，歷代承平，蓋有由也。伏睹《大明律》內一款：凡謀叛，但共謀者，不分首從，皆斬；妻妾子女給付功臣之家為奴；財產立入官；父母、祖孫、兄弟、不限籍之同異，皆流二千里安置；知情、故縱隱藏者，絞；知而不首者，杖一百，流三千里。若謀而未行，為首者絞，為從者皆杖一百，流三千里；知而不首者，杖一百，徒三年。又一款，若將人口、軍器出境及下海者，絞；因而走泄事情者，斬；通同故縱者，與犯人同罪。又見《行事例》一條：官民人等，擅造二檣以上違式大船，將帶違禁貨物下海，前往番國買賣，潛通海賊，同謀結聚，及為向道劫掠良民者，正犯處以極刑，全家發邊衛充軍，通行遵守。今照各犯潛從他國，朝見國王，皆犯謀叛之律；潛通海賊，嚮導劫掠，皆違下海之例。使臣向日舉事稍有不密，都指揮盧鏜用兵稍有不慎，則求貢諸夷在外洋，交通諸奸在城中，東南生靈懸於一線，臣自不知所終矣！仰仗天威，擒斬各賊，皆在海島之外、戰陣之中。其交通諸奸，副使魏一恭亦稱，憑賊當時口報、次日報者，一切不准。至於所獲黑番，其面如漆，見者為之驚怖，往往能為中國人語。而失怙之徒，背公私黨，藉口脅從被虜之說，問官執持不堅，泛引強盜罪人之律，不究謀叛嚮導之由。眾證無詞者，則從比附；以為他日之地稍能展轉者，則擬徒杖供明，徑欲釋放，參詳脅從被虜皆指良民。今禁海界限分明，不知何由被虜？何由脅從？若謂登岸脅虜，不知何人知證？何人保勘？若以入番導寇為強盜，海洋對敵為拒捕，不知強盜者何失主？拒捕者何罪人？皆臣之所未解也。且臨陣之際，生死呼吸，非彼即此。陣獲之賊輕縱，陣亡之兵何辜？連年殺戮之慘，何以懲創？凡此海戰非比陸戰，可以貪功妄報。當時一一斬首，歸而獻馘，誰復議之？臣非計功陞級之官，惟此議一搖，乃泰阿倒持之漸，餘燼復燃，誰任其咎？故臣愚以治近斯可服遠，而倭賊亦有"天在頭上"之詞，朝鮮國先有沿海亦將有事之奏，良可察也。蓋中國無叛人，則外夷無寇患；本地無窩主，則客賊無來蹤。今入貢者既稱使臣，不知入寇者又稱哄騙貲本。臣愚以為遠夷畏服，在此一舉；召釁速禍，亦在此一舉。臣既欽奉提督軍務之命，乞敕兵部議照臣先任南贛軍門事體，候駁行三司，從公會問，將眾證顯著；林爛四、許陸、陳四、倪良貴、奚通世、顧良玉、劉奇十四等，容臣於軍門梟首示眾；餘賊監候轉詳處決；其周良等乞敕禮部議照臣先奏事宜，仍容入貢，一面移文日本，詰問前賊入寇、國王有無知情，稽天等係何族屬？凡中國人到彼哄騙誘引者，俱係叛賊，徑許彼國一一行誅，具名奏聞；欲買中國貨物，亦許入貢之期，報官交易。稽天等姑容緩死，以俟日本回奏。如此施行，則恩威並著。稽天等苟存一日，足為奇貨一日，而通番之賊，城社之徒，亦漸消沮；久弛法紀，久廢海防，

亦漸修舉矣。嘉靖二十七年五月二十六日。《甓餘雜集》卷2[①]

◎嘉靖二十七年六月戊申（1548.7.9）

戊申，日本國貢使周良等六百餘人，駕海舟百餘艘入浙江界，求詣闕朝貢。巡撫朱紈以聞。禮部言："倭夷入貢，舊例以十年為期，來者無得踰百人，舟無得三艘。乃良等先期求貢，舟人皆數倍于前，蟠結海濱，情實叵測。但其表詞恭順，且去貢期不遠，若概加拒絕，則航海重譯之勞可憫。若狥務含容，則宗設、宋素卿之事可鑒。宜令紈循十八年例，起送五十人赴京，餘者留嘉賓館，量加賞犒，省令回國。至于互市、防守事宜，俱聽斟酌處置。務期上遵國法，下得夷情，以永弭邊釁。"報可。《明世宗實錄》卷337（頁6154—6155）

戊申，日本貢使周良等六百餘人駕海舟百餘艘入浙江界，求請詣闕朝貢。巡撫朱紈以聞。禮部議：舊例，貢以十年為期，來者無得逾百人，舟無得過三艘；今舟數、人數皆數倍於前，宜令仍循十八年例，起送五十人赴京，余留嘉賓館，量加犒賞，諭令歸國；若互市防守事宜，在紈善處之。報可。秋七月甲戌，詔改巡撫浙閩等處為巡視，從御史周亮、給事中葉鏜之請也。初，明祖定制，片板不許入海。承平久，奸民闌出入，勾倭人及佛郎機諸國入互市。閩人李光頭、歙人許棟踞寧波之雙嶼，為之主，司其質契，勢家護持之。漳、泉為多，或與通婚姻，假濟渡為名，造雙桅大船，運載違禁物，將吏不敢詰也。或負其直，棟等即誘之攻剽。負直者脅將吏捕逐之，泄師期令去，期他日償。他日至，負如初。倭大怨恨，益與棟等合。而浙閩海防久隳，戰船哨船十存一二。漳、泉巡檢司弓兵舊額二千五百餘，僅存千人。倭剽掠輒得志，益無所忌，來者接踵。紈巡海道，采僉事項高及士民言，謂不革渡船則海道不可清，不嚴保甲則海防不可復。上疏具列其狀。於是，革渡船，嚴保甲，搜捕

---

① 《甓餘雜集》卷2《議處夷賊以明典刑以消禍患事》，《四庫全書存目叢書·集部七八》，第43—47頁。

奸民。閩人資衣食於海，驟失重利，雖士大夫家亦不便也，欲沮壞之。紈既至，平覆鼎山賊。踰年，將進攻雙嶼。使副使柯喬、都指揮盧鏜會兵，由海門進。而倭使周良已先期至。紈度不可卻，錄其船，延良入寧波賓館，防範之，計不得行。是年夏四月，鏜遇賊於九山洋，俘日本國人稽天等，許棟亦就禽。棟黨汪直等收餘眾，遁。鏜築塞雙嶼而還。番舶後至者不得入，分泊南麂、礁門、青山諸島。勢家既失利，言被禽者皆良民，因脅有司引輕比律。紈上疏，請悉以便宜行戮。執法既堅，勢家益懼。會周良安插已定，閩人林懋和為主客司，宣言宜發回其使。紈力爭之，且曰："去外國盜易，去中國盜難；去中國瀕海之盜猶易；去中國衣冠之盜尤難。"閩、浙人鹹惡之，而閩尤甚。亮，閩產也。至是，與鏜上言："紈以一人兼轄二省，遙駐福建，而倭夷入貢者艤舟浙江海口，紈一身奔命，已不能及。今閩、浙設有海道專司，苟得其人，不必更用都御史。"部議竟從之。乃復巡視舊例。自是，事權不一，紈遂不得行其志，卒以此得罪。*考異：朱紈授浙江巡撫，在二十六年七月。平覆鼎山賊，即在是年。雙嶼之役，在二十七年四月。改巡視即在其後。《明史》紈傳所載年月皆與《實錄》合。諸書記倭事前後參錯，今悉據《明史》朱紈、日本兩傳，參《實錄》書之。*夏燮《明通鑒》卷59[①]

◎嘉靖二十七年六月辛亥（1548.7.12）

照得福建都司掌印都指揮盧鏜征剿浙海雙嶼二十餘年盤踞之賊，海道肅清，厥功非細，即今班師回閩，合行境上迎勞。為此，除捷音奏聞外，案仰建寧府即於軍餉銀內動支三十兩，備辦銀花一對，重二兩；金段一對，定價一十兩；席面十張，定價六兩；彩旗十對，定價二兩；家兵十名，每名花紅酒食定價一兩。掌印官率領僚屬師生，盛張鼓樂，以禮迎勞，以旌功能。仍備云案驗連發去。另案公文呈送本官知會，具動支過項

---

① 《明通鑒》卷59, [清] 夏燮纂，《續修四庫全書》第365冊，上海古籍出版社2002年版，第644—645頁。

數奉行，過日期申來。嘉靖二十七年六月初八日。《甓餘雜集》卷8①

◎嘉靖二十七年六月壬子（1548.7.13）

寧波府申議夷使嘉賓館并繳夷書緣由批。既查節年舊事，並無奉有明旨，誰敢稱例。本院新創衙門，止准吏部咨開：求貢夷人，嚴為防守，約束居人，不許私相貿易，販賣人口，泄漏事情。此百夷入貢定例，豈為日本一國？又據都、布、按三司呈開，使臣人等盡數送入嘉賓館，船隻拖閣上塢，晝夜嚴加防守。此各官會議公法，豈為寧波數豪？今不奉聖旨，誰敢私縱出入。近年貪官污吏，盜匪奸宄，肆行無忌，聖朝特設本院掃除舊弊，豈特防守。夷館一事，夷使初無異心，皆此輩教誘脅制，以圖沮壞行事耳。五月二十三日批行海道轉行各官省諭各夷之言盡之矣！背公私黨，國有常憲，通將前後批語申呈兩司該道各知會，具由回繳。嘉靖二十七年六月初九日。《甓餘雜集》卷8②

案照前事，已行定海縣動支官銀備辦禮物，於五月十三日本院親臨宴勞有功將士、效勞官員，以彰聖朝開創軍門盛事外，惟照福兵用命，豈可忘筌？所據原調兵船措處糧賞，各官相應分宴，以昭所□。擬合再行。為此，案仰定海縣動支官銀二十一兩，依後開職名分作三封，印鈐完備，備具福州府申一道，給與差人齎送。該府逕自開宴，其賞清平，通將先今案內動支過項數開申查考，毋得遲錯不便。福建巡海道副使柯喬、福州府知府吳應奎、福清縣知縣陸從大三員每員銀花二朵，共重二兩；宴席一具，定銀五兩。嘉靖二十七年六月初九日。《甓餘雜集》卷8③

◎嘉靖二十七年六月癸丑（1548.7.14）

寧波府申日本夷使尚政病故緣由批。二十日前，已見館中天熱不便，

---

① 《甓餘雜集》卷8《擒斬元兇蕩平巢穴以靖海道事》，《四庫全書存目叢書·集部七八》，第220頁。

② 《甓餘雜集》卷8《夷人病故事》，《四庫全書存目叢書·集部七八》，第221頁。

③ 《甓餘雜集》卷8《擒斬巨寇蕩平巢穴以靖海道事》，《四庫全書存目叢書·集部七八》，第220—221頁。

行令分散各處。昨既回稱不願，今又告稱潦暑相攻，此奸人乘機教誘，必縱出入各奸之家，以遂交通之計耳。寧波敢抗朝命，蓋自此始。仰巡海道行令府、衛掌印官，省諭各夷，令自分撥杭州府館一百五十名，嘉興府一百名，湖州府一百名，紹興府一百名，各擬伴送官員赴院領牌，各自穩便安插，各帶隨身貨物，就彼給票交易，以絕寧波奸人之念。其餘且從應貢人數，俱存寧波館內，候旨起送施行。張德熹能為奸人作說客，不能為國家處一事否？具行過日時回繳。嘉靖二十七年六月初十日。《甓餘雜集》卷 8[1]

◎嘉靖二十七年六月庚午（1548.7.31）

臣惟海防積廢，皆由於因循，海寇養成，皆由於壅蔽。臣奉命之初，即行所部，期於達群情、廣聞見。自今年三月初旬，方入浙境。四月初旬，襲破雙嶼賊巢。所至講求利弊，所司尚有相戒越申，及謂瞞上不瞞下者。蓋歷年海上之禍，達於朝廷者，百之一二耳。臣乃散給軍門飛報小票，不問大小官司，使各填寫，互相傳報。先報得實者，縱有失事，明許末減。除福建稍遠，從違未定外，節據浙江沿海溫台寧紹等衛所、府縣巡司等衙門、指揮等官楊和等報，五月初三日，樂清縣瞭大嵓頭雙桅大賊船二隻，快馬船四隻。初四日，北監巡檢司瞭大小賊船六隻，俱在海洋往來行使。……惟照前項海船大小俱二桅以上，草撇則使檣如飛，攻劫最利。此皆內地叛賊常年於南風迅發時月，糾引日本諸島、佛郎機、彭亨、暹羅諸夷，前來寧波雙嶼港內停泊，內地奸人交通接濟，習以為常，因而四散流劫，年甚一年，日甚一日，沿海荼毒不可勝言。臣仰承聖謨成算，克破雙嶼，分兵固守，外夷尚未傳聞，突如其來，已失巢穴，故各船漂泊外洋，往來行使，乘空則劫，警報勞午。且臣草創之初，凡遇臣者，率多裁抑侮弄，肯於有過中求無過，設以身處其地而察其心耶？臣誠寢食不遑，兼觸炎海瘴毒，外切憂危，內負痛楚，且夕不

---

[1] 《甓餘雜集》卷 8《夷人病故事》，《四庫全書存目叢書·集本七八》，第 221 頁。

知死所，別無謀畫可陳。惟沿海官兵、保甲嚴加防範，使賊船不得近港灣泊，小船不得出港接濟。賊船在海，久當自困，相機追擊，乃勝算耳。但以海為家之徒，安居城郭，既無剝膚之災，桌出海洋，且有同舟之濟。三尺童子，亦視海賊如衣食父母，視軍門如世代仇讎，往往倡為樵采漁獵之說，動稱小民失利，或虞激變，鼓惑群聽。加以浮誕之詞，雖賢者深信不疑矣。夫談虎色變，舉坐一人，秦越相逢，不驚肥瘠。今海洋日報有如此之船隻，則連年劫虜人家，豈止此數而已哉！自臣觀之，海濱之利何限，小民之計自存。近處捕取魚蝦，采打柴木，明例人情，原自相體。但如臣近奏犯人魏盛之詞，不以見獲雙桅旗號為彼之非，乃以黃魚自古無禁為臣之罪，此可具之狀詞，孰不可騰之口說耶！夫雙桅旗號，利不在于小民；連年劫虜，害實流于比屋。臣叨巡撫一方，則陸寇海寇皆責在臣，未敢因噎廢食也。惟此出洋不禁，是止沸而不去薪，澄流而不清源。臣與海道等官雖接踵受罪，固無濟矣。近准兵部咨開，巡按浙江御史裴紳條陳海防六事，內一事所謂"小民雖失山澤之利，地方實免殺戮之苦"。此議在臣未曾入浙之先，彼老成練達之臣，豈漫言者哉！蓋除惡務本之論，不得不然也。臣不暇旁求，自福建漳泉以至山東登萊，皆有備倭海道等官，沿海衛所星羅棋布。國初之制，非徒設也。今山東海防已廢，海警絕聞，豈真無捕取魚蝦、采打柴木者哉？山東無內叛通番之人耳！使有此輩播弄其間，其為雙嶼、為石澳等洋者，又不知幾何矣！伏惟陛下明見萬里，垂念連艘之可畏、漏卮之宜戒，察臣累奏情詞，乞敕兵部覆議，惟以除惡務本之義主斷於上，更不為他說所搖，使臣別無顧忌，所司別無觀望，同心所在，良圖自出，海道或有清寧之時。不然，小民未見有利，臣且不日有禍。臣不足惜，陛下東南之顧未已也。臣不勝激切恐懼之至。嘉靖二十七年六月二十七日。《甓餘雜集》卷3①

----

① 《甓餘雜集》卷3《海洋賊船出没事》，《四庫全書存目叢書·集部七八》，第60—61、65—67頁。

◎嘉靖二十七年七月壬寅（1548.9.1）之前

秋七月，倭寇浙東。初，倭雖通貢，而瀕海州縣數被侵掠。倭自永樂末貢使不至，宣德中命琉球國王轉諭之，使復至。倭性黠，時載方物、戎器出沒海濱。得間，則張戎器而肆攻掠。不得，則陳方物而稱朝貢。然利中國互市，每貢所攜私物逾貢數十倍。舊制，於浙江設市舶提舉司，駐寧波海。舶至，則平其直，制馭之權在官。及帝初年，廢市舶不設市舶司，舊以中官主之。會倭使宋素卿、宗設數輩至，互爭①真偽。素卿本中國人，逃入倭。太監賴恩納其金右之，宗設怒，遂相鬥殺，大肆焚掠而去。事聞，詔逮素卿及恩，並治，遂撤市舶。議者謂：當罷者中官，非市舶也。然卒罷之。瀕海奸人遂闌出中國財物，與倭交易。居寧波之雙嶼為之主，屢負倭直。已而嚴通番之禁倭使互市，往往留海濱不去，內地諸奸多為之囊橐。巡按御史高節請嚴禁奸豪交通，得旨允行。遂移之。貴官勢家負直愈甚，倭糧匱，不得返，大怨恨。奸民勾之，遂煽為亂。朝議設重臣巡撫浙江，兼統福建沿海諸府，以都御史朱紈字子純，長洲人為之。紈至，嚴為申禁，獲交通者，不俟命輒以便宜斬之。由是，浙、閩大姓素為倭內主者失利而怨。紈又數騰疏於朝，顯言大姓通倭狀。閩、浙人鹹惡之，而閩尤甚。巡按御史周亮，閩人也，上疏詆紈，請改巡撫為巡視，以殺其權。其黨在朝者左右之，竟如其請。御史陳九德復劾紈擅殺賊賊渠閩人黎光頭數為倭主，已復引佛郎機行劫，紈擒而戮之，遂為九德所劾。遣官按問，罷紈職。紈仰藥死。自是，海禁復弛，亂益滋甚時海上承平日久，民不知兵，聞倭至，竄走一空。終帝之世，迄無寧歲。《御批歷代通鑑輯覽》卷109②

秋七月，倭寇浙東。倭自永樂末貢使不至，宣德中命琉球國王轉諭之，使復至。倭性黠，時載方物、戎器出沒海濱，得間則張戎器而肆攻掠；不得，則陳方物而稱朝貢。是以倭雖通貢，而瀕海州縣數被侵掠。然利中國互市，每貢所攜私物逾貢數十倍。舊制，於浙江設市舶提舉司，

①　爭，原本誤作“事”，茲據《明史》卷322（中華書局點校本，第8348頁）改正。
②　《御批歷代通鑑輯覽》卷109，[清]傅恒纂，影印文淵閣《四庫全書》第339冊，台灣商務印書館1982年版，第490—491頁。

駐寧波。海舶至，則平其直，制馭之權在官。及帝初年，廢市舶不設，濱海奸人遂闌出中國財物與倭交易。居寧波之雙嶼為之主，屢負倭直。倭使互市者，往往留海濱不去，內地諸奸民復為之囊橐。巡按御史高節請嚴禁奸豪交通，詔允行之。自是，嚴通番之禁。遂移之。貴官勢家負直愈甚，倭糧匱，不得返，大怨恨。奸民勾之，遂煽為亂。朝議設重臣巡撫浙江，兼統福建沿海諸府。以都御史朱紈為之。紈至，嚴為申禁，獲交通者，不俟命，輒以便宜斬之。由是，浙、閩大姓素為倭內主者失利而怨。紈又數騰疏於朝，顯言大姓通倭狀。閩、浙人咸惡之，而閩尤甚。巡按御史周亮，閩人也，上疏詆紈，請改巡撫為巡視，以殺其權。其黨在朝者左右之，竟如其請。御史陳九德復劾紈擅殺。遣官按問，罷紈職。紈仰藥死。自是，海禁復弛，亂益滋甚。時，海上承平日久，民不知兵，聞倭至，竄走一空。終帝之世，迄無寧歲矣。質實：雙嶼，《浙江通志》：寧波府海防，設中營外洋汛，轄洋面六，有雙嶼山、雙嶼港。朱紈，字子純，長洲人。高節，大興左衛官籍，永清人。陳九德，欒城人。《御定通鑑綱目三編》卷23[1]

◎嘉靖二十七年八月庚申（1548.9.19）

休問愁腸日幾回，江聲如訴復如哀。但存砥柱中流在，任汝排山倒海來。飛羽遠從京口驛，時海賊逸出鎮江者三四艘，一時震動。捷音先起浪頭雷。近陸洪。舟人指點文山路，慎莫輕傳起眾猜。朱紈《八月十八日，浙江候潮不至，望鱉子門，用前韻》[2]

◎嘉靖二十七年九月辛丑（1548.10.30）

辛丑，賞巡視海道都御史朱紈銀幣。初，海賊久據雙嶼島，招引番寇剽掠。二月中，紈密檄福建都司都指揮盧鏜等，以輕舟直趨溫州

---

① 《御定通鑑綱目三編》卷23，[清]張廷玉等纂，影印文淵閣《四庫全書》第340冊，台灣商務印書館1982年版，第442—443頁。
② 《甓餘雜集》卷10《海道紀言》，《四庫全書存目叢書·集部七八》，第262頁。

海門衛，伺賊至，與浙兵夾擊，敗之，賊遁入島。捷聞，兵部謂紐功宜先錄，其餘功罪，令御史再勘以聞。從之。《明世宗實錄》卷340①（頁6199—6200）

◎嘉靖二十七年十月壬寅（1548.10.31）

福建都指揮盧鏜呈請銅匠竇光鑄銃緣由批：仰浙江都司行取海上，近獲銅、鐵佛郎機銃并工匠竇光等到杭，委官監督鑄造足用，方行福建一體鑄造，仍行按察司查取見監黑鬼番駕馭興工，此番最得妙訣，工料議處回繳。七月十一日，浙江都司呈議工料緣由批：仰候原樣至日，對同黑鬼番置造合用料價，先行布政司議支繳。十五日，據浙江巡海道回呈批：仰再查驗，果係原物，將三架發金盤等處統兵指揮梁鳳收用，一架留定海縣，備急候撤兵，俱送軍門驗發都司鑄造，取各收管回繳。八月初四日，浙江都司呈報鑄驗緣由批：仰布政司試驗，如果堪用，動支堪動官銀，給發鑄造；一面催行海道，取數回繳。續據浙江布政司呈詳堪動官銀數目，委官知事周時美等鑄造緣由批，屢見各處鑄造佛郎機銃，俱不得法；今多得之賊中，蓋天厭禍亂耳。依擬作速動支催造，每架鑄"嘉靖戊申軍門取發某衛所"字樣，以防交通作弊。每完十架，掌印官驗報一次。其法，煉銅為第一要訣。原估不足行，令逕自呈詳，不可愛惜小費，行過日期回繳。嘉靖二十七年十月初一日。《甓餘雜集》卷9②

◎嘉靖二十七年十月甲辰（1548.11.2）

審得陳文榮等積年通番，夥合外夷，先由雙嶼，繼來漳泉，後因官兵追逐，遂於福寧地方沿村打劫，殺人如艾，擄掠子女，燒毀房屋，濱海為之繹騷，遠近被其荼毒，神人共憤，罪不容誅。及審諸番各賊，俱

---

① 佚名《嘉靖倭亂備抄》（《續修四庫全書》第434冊，第1頁）所載，與此大同小異，其詞云："九月，賞巡視海道都御史朱紈銀幣。初，海賊久據雙嶼島，招引番寇漂掠。二月中，紈密檄福建都司都指揮盧鏜等，以輕舟直趨溫州海門衛，伺賊至，與浙兵夾擊，敗之。賊道入島。捷聞。"

② 《甓餘雜集》卷9《乞發匠作鑄造利器以備應用事》，《四庫全書存目叢書·集部七八》，第237頁。

凹目黑膚，不類華人。其餘賊徒，各精壯便捷。……嘉靖二十七年十月初三日。《罾餘雜集》卷9[①]

◎嘉靖二十七年十月辛亥（1548.11.9）

案照嘉靖二十七年五月二十五日為"捷報擒斬元兇蕩平巢穴以靖海道事"，七月二十八日又為"海洋報捷事"，俱該臣具題，并陸續擒斬賊數不敢瀆陳外，本年八月初九等日，據浙江浙東守巡二道副使曹汴、右參議譚榮會呈，內稱：六月二十二日，金鄉衛指揮吳川等拏獲賊首許二即許棟、許社武、倭夷連壽和尚、賊從浦進旺、徐二、賊婦梁亞溪六名口，斬獲首級三顆；溫州府通判黃必賢拏獲賊首謝洪盛，等因。又據浙江都司戴罪委官署都指揮梁鳳呈稱：牛頭大番船、賊哨船俱在溫州地名大門海洋，於八月初三日分督軍門，調到福建福州左衛指揮使陳言所統福兵馬宗勝、唐弘臣等合勢夾攻，賊眾傷死、下水不計，衝破沉水哨番船一隻，生擒黑番鬼共帥羅放司、佛德全比利司、鼻昔吊、安朵二、不禮舍識、畢哆囉、哆彌、來奴八名，暹羅夷利引、利舍、利璽三名，海賊千種、吳如慶、車再一、譚明才四名，共一十五名；斬獲番賊首級五顆，奪獲哨船一隻，叭喇唬船一隻，飛槍二根；陣亡兵梢魏□明、葉二四、黃文教三名，陣傷林貴顯一名。行□副使曹汴勘報相同。

又據福建署都指揮僉事盧鏜、分守建寧道左參政汪大受會呈，內稱：八月初八日，督率烽火門把總指揮同知孫敖、百戶劉欽、朱清、齊山、張勳并家丁盧阿三等兵船，由福寧州地名流江追賊至浙江金鄉衛浦壯二所地方，與賊對敵數合，孫敖放火箭中燒賊篷，引入火藥桶內，一時火發燒，沉水死者約有三十餘名；生擒在海積年為患、先該道懸賞五百兩賊首一名，山狗老的，名陳伍倫，係龍溪縣人。賊封大總頭目三名，五新三，係南安縣人；許子義，龍溪縣人；張大，潮州人。二總二名，馬添，係同

---

① 《罾餘雜集》卷9《犒賞有功官兵以勵人心事》，《四庫全書存目叢書·集部七八》，第238頁。

安縣人；汪阿三，潮州人。千戶一名，孫烏壽，玄鍾所餘丁。頭矴二名，王爵福，福清縣人；陳春，莆田縣人。直庫二名，徐仕春，莆田縣人；曾福，連江縣人。總鋪一名，葉四，樂清縣人。三總二名，陳二，龍溪縣人；阿真，海南人。押班二名，阿貴，寧波人；李尾仔，萬安所餘丁。斬獲首級七顆，奪回本年六月二十日被擄男婦包養、包四、包阿五、陳氏、包金、姚蓮、包小弟七名口，俱平陽縣地名上魁寄住餘丁包昌等家人。又獲叭喇唬船一隻，衝礁打碎賊船一隻，鐵佛狼機銃二架，小腳銃一箇，銅喇叭一把，棟榔鏢十五根，藤牌六面，竹釘槍二十根，鐵槍六根，大白旗一面，上寫"奮揚"二字。陣傷兵梢李三仔、李正二名。餘賊爬山登岸，該溫州府通判黃必賢擒獲五名：黃良、邢應魁，俱龍溪縣人；王京四、魏尾郎，俱福清縣人；溫阿長，廣東人。斬獲賊首新老首級一顆。平陽縣典史何鏓擒獲一名：張阿慘，樂清縣人。本月十六日，又督指揮陳言、閔溶等兵船前進，與浙江都指揮梁鳳會合舊城大小濩地方，適遇風阻，連日不能前進。九月初六日，至地名鎮下門海澳，擒獲草撇船二隻，林受保、陳榮、陳四郎、朱全、鄭二、陳志安、陳根、江乞養、陳十郎、楊希宗、江讚、江克序、陳仲機、江永逢、江克章、朱繼祿、江永迷、陳安，共一十八名，俱閩縣人。餘船四隻，駕脫外洋無獲。復至鳳凰海洋，追逐雙桅大賊船二隻，草撇船三隻，被各奔駕外洋，脫邁去遠，止有在後小草撇船一隻，衝礁沉水，撈獲一名，陳四，係瑞安所餘丁。賊封直庫一名，武莊，係樂清縣人。賊封艫頭千戶一名，賈小三，瑞安縣人。供與未獲賈弘慶、弘昭、弘愛、弘一、賈尚烈、尚籌、潘瑤、林伯鵬等，將人口潘二、潘四、林伯廣、林四等質當銀兩，并修船釘、油、苧麻、飯米、段疋、布絹等物，接濟林老賊船，往彭亨國去訖。會同梁鳳審報前情，將林受保等帶回福州府追問，另詳。今照賊船乘風遠邁過南，浙海漸次寧靖，前項兵船遵奉軍門牌面，掣回大擔嶼，攻捕佛狼機夷船，等因。隨據梁鳳、黃必賢各呈報相同。又據梁鳳呈稱：九月二十二日，把總指揮楊和督領指揮等官夏光、劉堂、李勇、何鵬、陳爵、秦杭、曹剛、王科，義勇林國斌、唐弘奇等兵船，哨至鳳凰洋，擒獲大船一隻，陳仕濟、林亨、楊秀春、陳三郎、陳華、陳紳、李用、陳仕禮、胡光陰、陳仕漢、陳進、陳孟仁、陳綏、陳八、陳十、陳晚成、鄭十、鄭海，共一十八名，俱連江、羅源、龍溪等縣人，并鐵頭竹槍二十三根，砍刀一把，藤牌五面，銅鑼一面，鼓一面，紅衣二領，鐵提銃一箇，火藥一桶，長竹牌一面，鐵鏢槍十根，望斗衣一件，青靛四百斤，烏藤四萬三千一百二十斤，等因，陸續呈報到臣，通行勘問。

　　節該浙江按察司呈，問得賊犯胡勝，年六十一歲，直隸徽州府歙縣十九都四圖民，狀招：勝祖父母、父母并二兄俱故，娶未到妻潘氏，生未到男胡成，年幼，未曾娶妻；在官族姪胡珏，祖父母亦故，伊故父胡佐娶未到母李氏，生胡珏；娶未到妻蔡氏，生未到幼男胡觀。又有見獲廣東潮州府揭陽縣圖江都吳瞎目即吳如慶，祖父母俱故，未到父吳光明，母林氏，生伊，娶已故妻王氏，生未到男二仔。又有見獲浙江紹興府上虞縣二十二都十里車再一，伊祖父母亦故，未到父車欒一，母陳氏，生未到車傑一，并車再一，娶未到妻比氏，無子。又有見獲福建漳州府龍溪縣月港八都七圖譚明才，伊祖父母亦故，未到父譚舜亮，故母高氏，生伊，未娶妻。勝與吳珏、吳如慶、車再一、譚明才，同未獲賊首許棟、伊姪許十五即許社武另案，先獲監故弟許六見監紹興府，族弟許四，各不合，與先獲監故林爛四等，故違擅造二桅以上違式大船，將帶違禁貨物下海，前往番國買賣，潛通海賊，同謀結聚，及為嚮導劫掠良民者，正犯處以極刑，全家發邊衛充軍事例。各造三桅大船，節年結夥，收買絲、綿、紬、段、磁器等貨，并帶軍器越往佛狼機、滿咖喇等國，叛投彼處；番王別琭佛哩、類伐司別哩、西牟不得羅、西牟陀密囉等，加稱許棟名號，領彼胡椒、蘇木、象牙、香料等物，并大小火銃槍、刀等器械，及陸續引帶見獲番夷共帥羅放司、佛德全比利司、鼻昔吊、安朵二、不禮舍識、畢哆囉、哆彌、來奴、連壽和尚、利引、利舍、利璽，先獲見監沙哩馬喇等，倭夷稽天等，俱隨同下船。勝與許棟等陸續招集先獲陳四、胡霖等，今獲謝洪盛、徐二、浦進旺、干種等，并不記姓名千餘人，各不合；與已斬首來童、陳明安、朵二放司、琉箇哆連、滿渡喇等，已死囉畢利啞司等，故違強盜積至百人以上，不分曾否傷人，俱梟首示眾事例，盤據浙江霸衢大海雙嶼港內，時常調撥快馬哨船，出港劫擄浙江、福建沿海居民，勒要贖銀，殺人放火，不計起數。嘉靖二十二年間，蒙去任海道張副使，督調官軍船隻出海攻剿，勝與許棟等各不合，用大小鉛子、火銃拒打本道官船，傷殘官軍，不計名數。嘉靖二十五年間，又將已問結把總指揮白濬、千戶周聚，擄回港內，勒要銀六百兩、鑼一面、銅鼓一副，并白濬關防私記一顆，稱作印信，當銀一百兩贖回，仍殺死伊家人白進助，并軍舍吳琥、周正、施貴等二十七名。財物陸續花費，近年愈肆荼毒。蒙科道衙門將失事海道守巡、備倭等官參究。又蒙九卿衙門建議，欽差提督軍務朱都御史於嘉靖二十七年四月內，調委福建盧都司兵船，擒獲林爛四、許六、沙哩馬喇、稽天等。勝與許棟等不能抵敵，於本月初六日五更時分，從雙嶼港突出，逃到南麂、大擔嶼等處，往來停泊。本年六月內，勝與許棟等又不合，糾合漳州未獲李老賊等三百餘人，各不合，故違前項梟首事例，乘空登劫福寧州七等都不在官王德瑜等二十餘家財穀，將青灣巡檢司弓兵鄉夫殺傷不知數。又至平陽縣界停泊，至二十一日早，遇風，飄壞各船，囉畢利啞司等四十餘人俱溺死。勝與胡珏、連壽和尚、徐二、浦進旺，并勝先擄占潮州迷籍、今在官婦女梁亞溪，各爬山逃遁，陸續被金鄉衛吳指揮等官兵擒獲。及將潯水不辨姓名賊斬首三顆，回寨令連壽和尚、徐二識認。勝平素稱呼老朝奉，勝又不合，妄認是許二。胡珏亦不合，認是許社武。致蒙準信，飛報合干上司，及溫州府巡捕黃通判擒獲謝洪盛，俱解兵備曹副使，發該府審供。勝等仍前妄認許棟、許社武姓名；解審徐二、浦進旺、謝洪盛，各不合；扶同具招間，許棟與胡霖等，吳如慶、乾種、車再一、譚明才、共帥羅放司等，各又不合；結夥於七月初四日，打劫福建黃崎等澳地方，被福建官兵擒獲，胡霖等去訖，許棟與吳如慶等各船俱逃至浙江海名大門停泊，間蒙兵備道會同分守道將勝擬作許棟謀叛、胡珏擬作許社武，與謝洪盛、徐二、浦進旺、連壽和尚，俱強盜得財各斬罪，梁亞溪供明從官嫁賣，招解軍門參詳。福州府近審七月初四日獲賊胡霖等招稱許棟同夥行劫，今六月二十二日所獲許棟，尚似非真，發浙江按察司再問，間本年八月初三日，蒙浙江梁都司督委福建陳指揮等兵船，追至大門，分哨夾攻許棟等船，傷死賊眾不計，許棟與吳如慶、乾種、車再一、譚明才、共帥羅放司等，各又不合，與安朵二、放司等拒敵，殺傷兵梢四名，許棟等脫走，當被官兵斬獲安朵二放司、琉箇哆連、滿渡喇、來童、陳安明首級五顆，生擒吳如慶、車再一、譚明才、共帥羅放司、佛德全比利司、鼻昔吊、安朵二、不禮舍識、畢哆囉、哆彌、來奴、利引、利舍、利璽、乾種一十五名，并哨船、叭喇唬船各一隻，飛槍二根，解發溫州府。解蒙曹副使審出，先招許棟不係的名，並將吳如慶等人招呈解軍門批，發按察司查取見監陳四、沙哩馬喇等覿面認出勝等的名，與吳如慶等隔別研審各情明白。又蒙審得許社武係是勝佢婿，與許棟見今尚在海洋未獲。及審勝有山三十畝、魚塘三畝、房屋二間，俱坐落本圖；胡珏有屋一間，田三畝，亦在本圖；又有屋一間，在廣東番禺縣高地街；吳如慶有瓦屋二間，坐落地名許丁；車再一有房屋三間，田一十六畝，俱坐落地名車坂；譚明才瓦屋二間，坐落月港八都，各是實。取問罪犯二十名，胡珏，年三十六歲，係胡勝族佢；吳如慶，年四十歲，揭陽縣圖江都民；車再一，年二十七歲，上虞縣二十二都十里人；譚明才，年二十九歲，龍溪縣月港八都七圖軍籍；謝洪盛，年五十六歲，福建泉州府晉江縣一都一圖人；徐二，年六十三歲，浙江寧波府定海縣三都一圖人；浦進旺，年一十八歲，直隸蘇州府吳縣迷籍人；乾種，年一十八歲，廣東廣州府新會縣人；連壽和尚，年一十九歲，日本國大隅州人。共帥羅放司，年三十二歲；佛德全比利司，年三十三歲；鼻昔吊，年二十歲；安朵二，年三十二歲；不禮舍識，年二十四歲；畢哆囉，年二十五歲；哆彌，年二十一歲；來奴，年二十七歲；俱佛狼機國人，利引，年五十歲，利舍，年三十二歲；利璽，年五十二歲；俱暹羅國人。各招同一口。梁亞溪，年一十五歲，廣東潮州失迷名籍人，供同。

議得：……除梁亞溪依擬當官嫁賣外，緣胡勝、胡珏、吳如慶、車再一、譚明才俱叛賊，連壽和尚係日本夷賊，共帥羅放司、佛德全比利司、鼻昔吊、安朵二、不禮舍識、畢哆囉、哆彌、來奴俱佛狼機夷賊，利引、利舍、利璽俱暹羅夷賊，謝洪盛等俱梟首巨賊，罪犯非常，應該奏請發落。

及照東南大海，四通八達，今年五月、六月，浙中瞭報賊船一千二百九十四艘。臣責重憂深，所賴者，各官用命而已。臣五月渡海，殆成病廢。幸而警備無矢，氛祲漸銷，止有蘇州洋馬蹟潭逋船、福建大擔嶼夷船二處未報盡絕，但以海為家之徒，眾怒群猜，訛言日甚，謂臣旦不謀夕。臣所募兵船，固皆平日泛海之徒，聞此風聲，人懷二志。各官亦且疑信瞻回。正在驅策之際，茲雖報功，未敢列名推薦。內先任烽火門把總指揮同知孫敖，聞臣論劾，方效勤勞。其擒獲賊犯陳五倫、伍新三等，黃良等、林受保等、陳四等、陳仕濟等，各起共六十一名，未據各該衙門問報，有礙定擬。伏望皇上軫念連年海患重大，敕下兵部議復，將問完叛賊胡勝等、夷賊連壽和尚等、巨賊謝洪盛等，共二十一名，即賜處決，與先斬賊首一十六顆，一體梟示，以警群奸。未問各起賊犯六十一名，并各官功次俱行各該巡按御史覈實，覆奏施行，以勵群志。惟復別有定奪。嘉靖二十七年十月初十日。《甓餘雜集》卷4[①]

◎嘉靖二十七年十二月己酉（1549.1.6）

據寧波府呈稱，日本夷使周良等船四隻、人伴六百有零，先蒙軍門欽奉□□從宜處置，諭令進港安插，聽候明旨，各夷悅服。今蒙禮部題稱明例有違、行令過多人船省令回國一節，該本府并署市舶提舉司印事本府同知顧彥夫、本府通判唐時雍、寧波衛指揮臧應驥，會查嘉靖十八

---

① 《甓餘雜集》卷4《三報海洋捷音事》，《四庫全書存目叢書·集部七八》，第79—85頁。

年卷冊，倭夷碩鼎等進貢，正副使二十四員名，從人水手三百五十八名，自始至終，俱支廩給口糧，即今天道向寒，風氣峻厲，遽遣歸國，彼必難從。蓋夷國遠居東北，非有西南順風，實不可行。秋冬之際，非其風候。夷性無知，飽其嗜欲，出入頗馴，絕其飲食，獷戾難制。今賓館不容，則百姓恐不能安堵，而有司官吏獲罪者多矣。伏惟從長善處，使情法並行，華夷胥悅可也。又據夷使周良等具揭開，稱"三隻船之外附軍船之一舉，乃小邦王別幅內開事理也。近年海寇紛擾，霧塞雲屯，生等奉使，齎將勘合底薄而來，但恐中道遭難，萬一有失，何以為符？加之進貢方物，載在船內，如被掠奪，何以朝京？附軍船之計，非敢違明例也。且弘治年間進貢人員七百餘名，正德年間六百六十餘名，去歲纔以數月之差誤，肅遵題准事例，苦覊外島，以待貢期。今年三月內蒙撫臺哀憐遠來之情，容令進港面審，親筆稟答，別無虛詐，遂安心於本館，圖報無地。今蒙再查餘多人船之事，迷惑何可勝言？夫以大恤小者，仁也；以小事大者，義也。大國小邦，君臣之道也。伏希轉達天朝，以賜寬恤，寵莫寵焉，慶莫慶焉，恐懼不宣"等情。據此，參看得夷使周良等欲候貢畢，一併還國，緣干夷情、關係非輕，未敢擅便等因，備呈到道。為查前事，在國體固不可以毫髮僭差，而司地方者又不可不深長思也。今各夷覊旅館中，守候經年，頗循禮法。該府會同衛、舶各官議稱："即今天道問寒，風氣峻厲，遽遣歸國，彼必難從；蓋夷國遠居東北，非有西南順風，實不可行；及吊該府正德六年起送夷人文卷前來，查得該年夷使桂悟等六百六十八員名，除病故之外，起送五十員名赴京，存留六百一十一員名於境清寺等處安插，候各夷貢畢歸國，在卷與周良等揭稱相同。況今風候不便，遽遣歸國，情委弗堪，煩請再議，俯念遠來，容候周良等貢畢，春汛風順之期，着令歸國，或另有別處希議從長呈奪。"……議得：日本夷使，奉有明例，不過百名，今周良等人至六百有餘，起送五十名赴京，止該存留五十名，其餘五百餘人係越數夷伴，俱應省令回還。但今風候不便，委難先遣歸國。況查有正德六年、嘉靖十八年安插舊規，合行巡海、守巡等道及寧波府、衛、市舶提舉等衙門，遵照起送應貢夷使周良等五十人，及將存留越數夷伴，姑容賓館暫住，比照上年供給，候風便諭遣歸國，等因。又據副使魏一恭回稱，入貢夷使遵守約束，並無往年沿途驚擾；存留夷伴安心在館，竝無往年出外交通，等因，各呈到。臣案照前事，該臣看得，海寇久肆猖獗，見調兵船會剿雙嶼賊巢，似此求貢夷船，不可再令外泊，遵奉敕命，從宜處置。一面宣諭朝廷①威德，取具“後不援例”等詞，收入寧波府城賓館安插，聽候明旨入貢，一面於嘉靖二十七年四月初六日具本題請外，續為“捷報擒斬元兇蕩平巢穴以靖海道事”，將剿除雙嶼賊巢緣由，又為“議處夷賊以明典刑以消禍患事”，將審過賓館夷使周良等執稱“占據雙港，使臣非所敢知”、見獲夷賊稽天等執稱“叛賊朝見國王，哄騙貨本，遠夷畏服，在此一舉，召釁速禍，亦在此一舉”，合行議處緣由。又為“不職官員背公私黨廢壞紀綱事”，將寧波奸人投書夷館，扇惑夷心，教誘為亂，已經省諭安息，合行跟究緣由，俱於本年五月二十五等日具本題請外，續准督察院諮，准禮部咨開覆議。臣四月初六日具題前事，內稱：本夷自嘉靖十九年，本部申明約束，移咨國王知會去後，及今始一再來，而周良先期求入，人至六百有餘，船復加以副軍名色，是彼於我明例，未嘗一一遵行。況彼東夷素稱狡獪，又安知其不故為是，以覘我中國守法之疏密，以為彼之敬忽耶？其嘉靖十八年入貢，夷使數逾百人，原非曲縱，緣念②該國自新之初，姑崇寬大以示招懷。今則事體已定，約束已明，止宜畫一守之，不可少有踰越，以啓其驕縱之習。苟今復事姑容，不行裁沮，則不惟廩錫有縻費之煩，地方罹騷擾之患，亦恐夷使將來指為口實，後之驗放難以持循，是中國一定之法，不信於異域矣！所據本夷過多人船，實與明例有違，難以別議，合無候命下之日，本部

① “朝廷”兩字原本漫漶不清，茲據陳子龍《明經世文編》卷205（中華書局1962年版，第3冊，第2162頁）補入。
② “念”字原本漫漶不清，茲據陳子龍《明經世文編》卷205（第3冊，第2162頁）補入。

移咨督察院，轉行彼處巡撫衙門，將本夷方物、船隻、人數查照節年題准舊制，分別去留停當，然後容其進港，起送五十人到京，餘者存留聽賞，其過多人船省令回國，仍量加犒賞，以慰其心，務使懷柔有制，馴擾不苛，則上不違朝廷之法守，下不失遠人之歡心，邊釁永消，而海防有賴矣，等因，題奉聖旨准議行，欽此欽遵，轉諮到臣。備行該司將應貢人數一面起送、應回人船一面會議去後。今據前因，為照海寇勾引各夷占據雙嶼相傳二十餘年，劫擄人財無慮數千百家，臣舉事之初，求貢夷人，數踰六百，外泊經年，城府群奸，聲勢相倚，軍機所係，間不容髮，地方安危、國體輕重，俱在一時。臣開創軍門，責任至重，業已遵奉專敕從宜處置之命，宣諭安插矣。剿除賊巢之後，夷館私通出入，又嚴為禁制矣。是臣之宣諭，即朝廷之大信也；臣之剿除、禁制，即中國之大法也。奸人之扇惑、教誘，臣之不敢姑容也。彼之狡獪，所以覘我守法之疏密者，正在於此。彼之驕縱，所以雖有扇惑、教誘之奸而不能終違面審親筆之信者，亦在於此。彼之遵守約束，安心在館，不敢如往年沿途驚擾、出外交通者，亦在於此。向使機事不密，處置失宜，雙嶼之巢難傾，而眾夷之亂先作。於時師老無功，官民荼毒，不知糜費何極、騷擾何狀也！今撫慰既定，乃欲執詞發回，則眾夷必以臣為不足信，其後"不援例"之詞亦將反覆，而奸人扇惑之計遂行，教誘之言遂動，臣且不免誤事之罪。雖有畫一之法，亦無所施矣。且中華人物，尚有通番通賊、背公私黨、不守畫一之法，如臣所參林希元、許福、張德熹者，殉外夷犬羊，欲以中國之治治之，臣雖粉骨碎身無濟也。何也？六百人之死命易制，百餘年之夷釁難開爾。臣奉命剿除海寇，禁制夷館，而群奸聚囂，百計①構陷，臣累經奏聞，至今不知忌憚禮部駁回之意，若藉嘉靖十九年申明知會之咨，堅其今日後不為例之約，是正所謂懷柔有制、馴擾不苛之道。萬一搖奪於聚囂、構陷之口，邊釁決不可消，海防決不可賴。且安插已久，無港可進，無從奉行。臣節該今奉敕命："地方未盡

---

① "計"字原本漫漶不清，茲據陳子龍《明經世文編》卷205（第3冊，第2163頁）補入。

事宜，亦聽爾便宜處置。"欽此欽遵。今據三司各道衛、府、提舉司合辭，交稱發回夷伴不便，臣謹以便宜處置，一面催督委官寧波衛副千戶周世賢、寧波府照磨蔣文萃、知事李實、通事周文苑，管送夷使周良等五十員名起程，一面依擬容留賓館暫住、候風便諭遣歸國外，緣係哨報夷船，該禮部題奉欽依，及臣遵奉敕命便宜處置事理，為此具本，謹具題知。嘉靖二十七年十二月初八日。《罨餘雜集》卷4①

◎嘉靖二十七年十二月甲寅（1549.1.11）

案照先為"三報海洋捷音事"，已於本年十月初十日具題，并陸續擒斬零賊不敢潰陳外，本年十二月初八日，據兵部咨送軍門聽用帶管浙江總督備倭署都指揮僉事劉恩至呈稱，准巡視海道副使魏一恭手本，奉欽差巡視浙江提督軍務督察院右副都御史朱紈案驗，為飛報賊情事，准直隸巡撫衙門咨稱，漳、泉、徽州等處賊人，見駕大番船四隻，遯泊馬蹟潭，煩行驅捕，以靖海洋；備咨案仰查訪馬蹟潭所在地方，患在肘腋，不宜輕視，行職督率福建官兵張漢等兵船，星夜前去會剿；其雙嶼工完，量留彼處官兵哨守，等因。准此，查訪得衢山地方聯絡兩頭洞，有大賊船停泊。因見南北發兵，不敢遠出。但恐資糧缺少，奸徒接濟，先遣哨捕交通，陸續擒獲大小船隻、賊人贓仗，及發指揮張漢、千戶劉定、百戶張鏵等兵船，出西北海洋，泊岱山，去兩頭洞一潮水程。其馬蹟潭尚有三四潮，係老北大洋。本職整備哨船，委千戶鮑遷等於東北蓮花洋等處應援，張漢等搜捕兩頭洞、馬蹟潭，已平二巢，俱經呈報外，又為"查究地方失事官員事"，准魏一恭手本，奉軍門案驗，行職分哨定海、昌國二總地方，進探海寧、秦駐山、大步門賊船，相機截捕，等因。准此，分布定海一總，該指揮魏英等領兵船六隻，專管中中、中左二所地方，南哨沈家門、蓮花洋，北哨兩頭洞、馬墓港、碇礦等處；指揮李

① 《罨餘雜集》卷4《哨報夷船事》，《四庫全書存目叢書·集部七八》，第86—89頁。其主要內容又為《明經世文編》卷205所節錄（第2162—2164頁）。

興領兵船八隻，專管後千戶所地方，南哨雙嶼、庚頭、湖頭，北哨金塘山；指揮耿義領兵船六隻，專管定海關，南哨橫水洋、金塘，北哨金家嶴；俱聽指揮王明把總。其昌國一總，該指揮朱恩領兵船六隻，劄守石浦，南哨健跳界，北哨錢爵、湖頭，俱聽指揮張四維把總。本職親至三江、臨山等處，督集張漢等兵船前進。及據軍門，先差漳州義勇林國斌、唐弘奇、林志等前去秦駐山一帶，海賊聞風，先由大洋往東南遯去無蹤，取具海鹽縣并澉乍二所地方寧息緣由結狀，呈奉軍門掣回，并將節次擒獲功次開報到。臣隨據該道回報相同。據此，除劉恩至勞勩已於“雙嶼填港工完事”本內旌舉，浙江指揮等官魏英、王守元等，兵快陳孟一等，亦已分別等第犒賞外，惟照浙海劇寇橫行，浙兵累年退怯，雙嶼分明在望，官軍曾莫敢窺，乃今直搗遠洋，窮搜深穴，破竹之勢，所向無前，實惟福兵是賴。福兵固皆平時泛海之徒，而駕馭得宜，頤指用命，經年在海，寒暑共之，則福建都司福州左衛指揮使張漢、鎮東衛中所副千戶劉定、福寧衛定海所百戶張鏵之力不可誣也！……今據各官收此全功，相應通論□□俯賜昭鑒，下兵部一并行勘，以優獨賢，以彰殊典，不勝慶倖之至！……嘉靖二十七年十二月十三日。《甓餘雜集》卷4①

案照前事，該臣初破雙嶼，眾口沸騰，搖奪職掌，看得倭夷一面遣使周良等入貢，一面縱賊稽天等入寇；林爛四等潛從他國，朝見國王，皆犯謀叛之律；潛通海賊，嚮導劫掠，皆違下海之例；其積年通番大窩主倪良貴、奚通世等，皆與各賊面認真的，議以“中國無叛人，則外夷無寇患；本地無窩主，則客賊無來蹤。今入貢者既稱使臣，不知入寇者又稱哄騙貲本。遠夷畏服，在此一舉；召釁速禍，亦在此一舉”等因，於嘉靖二十七年五月二十六日題請。誠因法度廢弛之久，人心反側之多，曰明典刑，欲以振廢弛之法，曰消禍患，欲以定反側之心，本為開設軍門持循之地耳。及照臣先為“閱視海防事”議稱，如許臣革鄉官之渡船、

---

① 《甓餘雜集》卷4《四報搗平浙海賊巢事》，《四庫全書存目叢書·集部七八》，第100—104頁。

嚴地方之保甲，仍乞天恩肆赦，凡在約束中者即為良民，舊犯過惡一切
不問，許其自新，庶竭駑駘以靖海道。如臣所陳，乖方逆眾，有損無益，
亦就參究罷黜，別選賢能，另立善法緣由，先於嘉靖二十六年十二月二
十六日具題。又僣申前議以為是為之兆緣由，於嘉靖二十七年五月二十
六日具題。及行各該衙門，謂此議臣以去就決之等語。不意福建沿海奸
民，訛言"我鄉官在京，已沮前議"。由是所司觀望，事每停格，而鄉
官御史周亮，果有"各官趨附、擾害生民"之奏。邸報謄傳，皆寫"御
史周亮劾都御史朱紈"字樣。是時，聖意誠不可測，而海防正急，警報
無虛。臣恐沿海各官怠職誤事，通行慎守，移文內有"本院一日未去，
不敢輒懷貳心；各官一處疏虞，不可推辭重責。遇事存同舟共濟之心，
胸中必有數萬甲兵之出；待人持死者復生之念，部下必無五日京兆之譏"
等語。既而兵科給事中葉鏜申奏，謂"牽制以為利，掣肘以為安"。閩
中縉紳多不喜撫臣之建立，及撫按軒輊，互相嫌隙，又將來之隱憂。該
吏部覆議，謂臣先由福建，後到浙江，閱視海道一應防禦事宜，不避嫌
怨，銳意修舉，足見盡心職務，可望成功，擬照原議題請。仰賴聖仁如
天，明立日月，非惟不罪及臣，乃改巡視提督軍務，地方未盡事宜，亦
聽便宜處置。陛下待臣如此之寬，任臣如此之重，臣不思所以稱塞，明
有國法，幽有鬼神，不可逃也！但訛言既動，人心已搖。初行保甲之法，
不復遵守，海道副使等官柯喬等謂："五澳頑民，重利輕生，公然泛海交
通，接濟夷船矣。"已獲勢豪之船不復檢束，經年查催，柯喬乃謂："其
船何在？"分巡僉事等官余爌等，參呈指揮等官盧忠等，將船賣放矣。
已獲大窩主奚通世等百計延脫，行催半年之上，該帶管海道副使魏一恭
問招起解，今且一門不知下落。浙江按察司亦報稽天等陸續監故矣。伏
念臣初議既已見沮，今議又待事完之日逕自具奏施行，則臣在地方，典
刑無所持循，人心無所警戒，率以傳舍視臣。有等士夫相見，往往問臣
何日復命者。蓋部中論議，固皆成於閩人。然一言重輕，千里響應，尚
望臣折衝禦侮、肅清海道耶？臣未奉改命之先，自陳被人裁抑侮弄，兼

觸炎海瘴毒，外切憂危，內負痛楚，旦夕不知死所緣由，於六月二十七日奏聞。然不敢求退者，以防海正殷，恐重推避之罪耳。延至十一月初三日，勉支出巡，至紹興府復病，步履且艱，耳目俱損。及今浙海報功之時，部文既下之後，臣不求退，將來必有論臣久病廢事、貪戀擾害者矣。臣近蒙陛下憫念，特有任事效勞之褒，帑金、彩段之賜，雖粉骨碎身，何以圖報！但此垂死之軀，眾掣之肘，匐匐不前。人多按劍，或再有言，陛下亦不能不為之動也。伏願聖明，察臣孤立違眾，乞敕吏部早賜罷黜，苟全骸骨，不為積毀之銷。不惟臣銜結一念，不泯于枯槁之餘，而陛下保全之恩覃，敷於鼓舞群動之下矣！嘉靖二十七年十二月十三日。《甓餘雜集》卷4①

◎嘉靖二十七年十二月丁巳（1549.1.14）

節該浙江按察司帶管海邊副使魏一恭呈稱，嘉靖二十七年五月十八日奉欽差巡撫浙江提督軍務都察院右副都御史朱紈牌內開“先據巡海道”，回稱“雙嶼不可戍守，止可填塞港門”。今本院親臨會視，人心可卜，仰會同守巡、備倭等官，委官度量深廣，工料多用椿木，滿港密釘，仍採山石亂填椿內，使椿石相制，衝激不動；潮至則淤泥漸積，賊至則拔掘為難，庶不託之空言。乘此兵船聚集之時，限一月內完報，等因。奉此，會同帶管備倭署都指揮僉事劉恩至、定海把總臨山衛指揮同知馬奎等踏看，議派竹木、鐵器、船隻、夫匠等項，呈允起工。節據馬奎告難，求哀中止，本道不勝驚駭，於六月二十六日與劉恩至同到雙嶼。看得北港已築未完，南港尚未興築。本道住居港中三日，親自督委指揮王明、定海縣典史張賢先打木椿，將大松木做成木欄，內貯石簍，安置水底為基，上壘船石，填塞兩港俱完。即今潮長，淤泥漸積，前工完固，等因。及稱定海縣給由知縣金九成實心綜理，協助工料，事每不勞而辦；

---

① 《甓餘雜集》卷4《議處夷賊以明典刑以消禍患事》，《四庫全書存目叢書·集部七八》，第104—106頁。

劉恩至亦多方措處，共濟前工。先估合用工料約費千兩，今除福建兵船自有日給填港之費，該本道呈允給發賊船贓米一百二十石外，實用官銀二百二十五兩，等因。又稱本道近自昌國沿海回還，居民爭獻茶果，齊稱今年安家樂業，不似往年劫虜焚燒、流離困苦，言甚淒惋，等因。又據兵部咨送軍門聽用帶管總督備倭署都指揮僉事劉恩至呈報雙嶼工完，依奉督發官兵張漢等由金塘海洋至舟山甬東，出嶴山、蓮花磁、礁羅嶼、黃大等洋，捕獲賊徒，進攻兩頭洞，直搗馬蹟潭，各賊知風奔潰，蕩平巢穴，回至高亭、馬墓、崎頭、橫水等洋，捕獲人船陸續解報。又至三江所，督發兵船，策應海寧大步門等處，賊亦遁散無蹤，即今海洋寧謐，等因。又據戴罪統兵署都指揮僉事梁鳳呈報，見統兵船於溫州大小黃坎門等處總要海島伏截，分投找探，其各該把總等官俱無警報，等因。又據紹興府推官王遴稟稱，指揮馬奎先該糧儲道查伊擅扣倉糧二百九十五石，乘貴耀銀，每石侵銀二錢八分，一向埋沒未結，見今查究，等因，陸續呈稟到臣。案照先為“捷報擒斬元兇蕩平巢穴以靖海道事”，該臣題開，本年四月初七日，先將密計動調官兵剿捕雙嶼賊巢緣由，一面具本題知，一面行福建都指揮盧鎧會同魏一恭相機進剿，就於雙嶼分兵屯據，為立營戍守之規，共圖一勞永逸之計，及申明“賊據雙嶼則賊處其逸，我據雙嶼則賊當其勞”之說。未據回報。一聞九山之捷，平時以海為家之徒，邪議蜂起，搖惑人心，沮喪士氣。催據魏一恭回稱，福兵俱不願留，雙嶼四面大洋，勢甚孤危，難以立營戍守，只塞港口為當。臣亦扶病至定海縣，督察軍中事情，慰勞將卒。眾復感奮，願留報效。

五月十六日，臣自霩衢所親渡大海，入雙嶼港，登陸洪山，督同魏一恭、劉恩至并指揮等官馬奎等，達觀形勢，就留福建指揮張漢、千戶劉定、夏綱、百戶張鏵，原領兵船在彼分定中軍，并南北二哨，各添官兵相兼防守。惟立寨之說，眾以為非。因念濟大事以人心為本，論地利以人和為先，姑從眾議，行令動支錢糧，聚椿採石，填塞雙港等，因於五月二十五日具題外，本月二十八日，准兵部咨該巡按浙江監察御史裴紳“題為條陳海防事宜以備採擇以安地方事”內一件防賊巢，訪得賊首許二等糾集黨類甚眾，連年盤據雙嶼以為巢穴，每歲秋高風老之時，南來之寇悉皆解散，惟此中賊黨不散，用哨馬為遊兵，脅居民為嚮導，體知某處單弱、某家殷富，或冒夜竊發，或乘間突至，肆行劫虜，略無忌憚。彼進有必獲之利，退有可依之險，正門庭之寇也。此賊不去，則寧波一帶永無安枕之期。但前項地方，懸居海洋之中，去定海縣不六十餘里，雖係國家驅遣棄地，久無人煙住集，然訪其形勢，東西兩山對峙，南北俱有水口相通，亦有小山如門障蔽，中間空闊約二十餘里，藏風聚氣，巢穴頗寬，各水口賊人晝夜把守，我兵單弱，莫敢窺視。臣以為必須合閩、浙二省之兵，協力夾攻，待時而動，然後可以驅逐之去，永絕禍本。賊除之後，即將此地立為水寨，屯軍聚守，勿令空閒，復為賊人所據，庶外足以拒賊，內足以藩屏。伏乞敕下巡撫都御史查勘議處施行。該本部看得蕩覆巢穴，永除禍本，事干兵機，必須周慮，方出萬全，合無咨行都御史朱紈，會同提督南贛汀漳都御史龔輝再行計議，作何用兵攻逐，及添立水寨各事，宜逐一具奏施行，等因。題奉欽依，備咨到臣。又准巡撫應天等府右副都御史周延咨，為飛報賊情事，內稱：賊船三隻，沿江劫掠，敵傷官軍。行據太倉州申解生擒海賊俞細奇、林成等到院。審據各賊，見解大番船四隻，灣泊馬蹟潭，查係浙江地方，咨煩調兵逐捕等因。又為海洋船隻事，節據海寧把總指揮等官陳鳳等報稱，十月二十七等日，大步門、惹山寨等處船賊行劫，等因。各咨報到。臣通行催督去後，今據前因，為照浙江定海雙嶼港乃海洋天險，叛賊糾引外夷，深結巢穴。名則市販，實則劫虜。有等嗜利無恥之徒，交通接濟。有力者自出貲本，無力者轉展稱貸；有謀者誆領官銀，無謀者質當人口；有勢者揚旗出入，無勢者投託假借。雙桅、三桅連檣往來，愚下之民，一葉之艇，送一瓜、運一罈，率得厚利，馴致三尺童子，亦知雙嶼之為衣食父母。遠近同風，不復知華俗之變於夷矣。雖有沿海官兵之設，如臣先奏所謂“奉公法必見怒於私黨，犯私怒必難逃於公案，隨俗則有利而無害，犯法亦遠害而近利"，非漫言也。不然，何近日雙嶼一傾，怨讟四起？防閑夷館之禁少嚴，謀殺撫臣之書遂出，此中華何等地耶？人心內險，雙嶼外險，非一朝一夕之故矣。先該前巡按御史裴紳議合閩、浙二省之兵協力夾攻，待時驅逐，立寨戍守。該兵部覆議行，臣會同南贛都御史龔輝計議，此誠兵機重務、地方至計也。本年四月初七日，雙嶼既破，臣五月十七日渡海達觀，入港登山，凡踰三嶺，直見東洋中有寬平古路，四十餘日寸草不生，賊徒占據之久、人貨往來之多，不言可見。官兵屯守既嚴，五月、六月，[①] 浙海瞭報賊船外洋往來一千二百九十餘艘，已經奏報。其流入南直隸地方，僅三四艘，便成震動。是雙嶼之為要害甚大，而浮言之為讒間甚明矣。夫蠻夷猾夏，寇賊奸宄，堯舜之世，在所不免。茲蓋伏遇，聖明在上，海嶽效靈，不煩會兵待時、立寨戍守之勞，而掃穴塞源，沿海安堵，往年塗炭之民，頗有壺漿迎師、耆老垂涕之風，特窮廬荒遠，無勢無力，有情不能上達耳。

今臣獨蒙聖恩優賞，所據各官勞勣，不敢泯沒。除御史裴紳先事決機、見有明禁不敢推譽，指揮王明、典史張賢管工效勤，臣已犒賞。先把總、今陞任指揮馬奎，平素作奸，臨機沮撓；海寧把總指揮等官陳鳳等玩寇失事，俱另行查參。官兵張漢等節次出洋有功，另行查報。外惟照浙江按察司帶管海道副使魏一恭，五月渡海，共成濟險之圖，六月再徂，三宿危疑之窟，工完而費省，豈徒一事之勞？寇遠而民安，實去歷年之患。浙江布政司寧波府定海縣給由知縣金九成，綜理有方，軍民不擾，目前之功既集，保障足占任內之惠，尤多去思未已。再照兵部咨送軍門聽用帶管總督備倭署都指揮僉事劉恩至，協力完工，事不辭於任怨，督兵禦侮，志尤銳於有為，賊徒遠為之驅，士卒樂為之用。已上各官，品秩雖有不同，皆稗益海防，所當旌舉者也。如蒙皇上擴恩推愛，乞敕兵部再行查議。如果臣言不謬，將各官一體優賞。內劉恩至係帶管總督

---

① 見錄于《明經世文編》卷205（第3冊，第2165頁）的朱紈《雙嶼填港工完事》，誤將"五月、六月"寫作"五月十日"。

備倭，如先擬梁鳳有礙，即將本官列銜都司，更代厥任。魏一恭、金九成咨行吏部，查其年資，特加顯擢。則各官撫躬奮發，將來必有甚焉，而沿海觀感之下，庶或潛消默奪矣。嘉靖二十七年十二月十六日。《甓餘雜集》卷4①

◎嘉靖二十八年三月壬申（1549.3.30）

巡視浙福右副都御史朱紈奏："二十七年三月，日本使臣周良等至寧波賓館，有為匿名書投館中，稱天子命都御史起兵誅使臣，可先發，夜殺都御史。署府事推官張德熹知之，不以告臣。臣嘗斬賊張珠。珠，德熹叔，凡報福賊死者，德熹皆與殯之。御史周亮奏革臣巡撫浙福之命者。又德熹鄉人疑德熹搆其事，且臣整頓海防稍有次第，而周亮乃欲侵削臣權，謂一御史按之有餘，以致屬吏遂不用命。願陛下察臣先後奏詞非有私挾，追究德熹等窩賊倡亂，背公黨私，廢壞紀綱，詐傳詔旨，扇惑夷情，謀殺撫臣事情，明正其罪。"奏入，詔下巡按御史，會同三司，驗實奏聞。《明世宗實錄》卷346（頁6253—6254）

◎嘉靖二十八年五月丁丑（1549.6.3）

先調兵船破九山、平雙嶼，有大功于浙。時海洋之報正殷，防守之謀多奪，故每船議加口糧，人定五分，以慰其久戍思歸之心。該統兵官盧鐺，議稱各船有主、有梢，概給五分似重，而修船月費無資，即於人該五分數內扣出一分五厘，總給船主為修船費。蓋船有大小，人有多寡，故給有輕重耳。禱張之幻動人，雙嶼之工曠日，故兵船之嚴不解，留木船所以節勞佚、別公私也。而遊說之徒以不願領價為詞，坐索高價。……嘉靖二十八年五月初八日。《甓餘雜集》卷9②

---

① 《甓餘雜集》卷4《雙嶼填港工完事》，《四庫全書存目叢書·集部七八》，第91—95頁。又，《明經世文編》卷205（第2164—2165頁），節錄了本文的主要内容。
② 《甓餘雜集》卷9《為修整兵船以便徵調事》，《四庫全書存目叢書·集部七八》，第260—261頁。

◎嘉靖二十八年七月壬申（1549.7.28）

初，巡視浙福右副都御史朱紈既報浯嶼擒獲夷王之捷，隨奏夷患率中國並海居民為之："前後勾引，則有若長嶼喇韃林恭等，往來接濟，則有若大擔嶼奸民姚光瑞等，無慮百十餘人。今欲遏止將來之患，必須引繩排根，永絕禍本。乞下法司議，所以正典憲、威奸慝者。"紈尋去任。都察院議下巡按福建御史，轉行巡視海道都司等官，緝捕前項奸徒并土豪為淵藪者，悉正以法。至于見獲佛郎機國王三人，亦宜審其情犯，大彰國法。仍移檄各處有能告捕魁惡者重賞，首改自新者聽免本罪。且浙福海患相沿，出此入彼，宜令兩省諸臣一體會議施行。報可。按：海上之事，初起于內地奸商王直、徐海等，常闌出中國財物與番客市易，皆主于餘姚謝氏。久之，謝氏頗抑勒其值，諸奸索之急，謝氏度負多不能償，則以言恐之曰："吾將首汝于官。"諸奸既恨且懼，乃糾合徒黨番客，夜劫謝氏，火其居，殺男女數人，大掠而去。縣官倉惶申聞上司，云倭賊入寇。巡撫紈下令捕賊甚急，又令並海居民有素與番人通者，皆得自首及相告言。于是人心洶洶，轉相告引，或誣良善，而諸奸畏官兵搜捕，亦遂勾引島夷及海中巨盜，所在劫掠，乘汛登岸，動以倭寇為名，其實真倭無幾。是時海上承平日久，人不知兵，一聞賊至，即各鳥獸竄，室廬為空。官兵禦之，望風奔潰，蔓延及于閩海浙直之間。調兵增餉，海內騷動，朝廷為之旰食。如此者六七年，至于竭東南之力，僅乃勝之，蓋患之所從起者微矣。《明世宗實錄》卷350（頁6325—6327）

◎嘉靖二十八年十二月乙丑（1550.1.17）之前

嘉靖二十八年，日本國王源義請差正使周良等朝貢方物，宴賚有差，以白金、錦幣報賜其王及妃。初，日本入貢，率以十年為期，載在《會典》。嘉靖二年，宗設、宋素卿爭貢相仇殺，因閉關，不與通。十八年，復來求貢，納之。因與約：以後入貢，舟無過三艘，夷使無過百人，送五十人京師。至是，良等不及貢期，以六百人至，凡駕四艘。部議：非正額者，皆罷遣之。浙撫朱紈力陳不便，禮部欲賞其百人如例，非正額者勿賞。良因自陳："貢舟高大，勢須五百人。中國商舶入夷中，往往歲匿海島為寇，故增一艘，護貢舟也，非敢故違明制。"禮部不得已，請百人之外，各量加賞犒。百人之制，彼國勢難遵行，請相其貢舟斟酌。又，日本故有弘治、正德入貢勘合，幾二百道。夷使前入貢時，奏乞嘉靖勘合，朝廷令以故勘合納還，始予新者。至是，良等持弘治勘合十五道，言其餘七十五道為素卿子宋一所盜，捕之不得。正德勘合留五十道為信，以待新者，而以四十道來還。禮部核："其簿籍脫落，故勘合多未繳，請勿予新者。令異時入貢，持所留正德合四十道，但存十道為信，始以新者予之。而宋一所盜，責令捕索以獻。"報可。《敬止錄》卷21《貢市考下》[①]

◎嘉靖三十一年四月丙子（1552.5.17）

漳、泉海賊勾引倭奴萬餘人，駕船千餘艘，自浙江舟山、象山等處登岸，流劫台、溫、寧、（召）[紹]間，攻陷城塞，殺虜居民無數。《明世宗實錄》卷384（頁6789）

◎嘉靖三十一年八月辛亥（1552.8.20）

八月辛亥朔，巡按浙江御史林應基奏報海賊攻破黃巖縣治，并參論失事所由曰："浙江寧、紹、台、溫地濱大海，（宴）[實]倭夷入貢之涂、盜賊出沒之藪。國初建衛所四十有一，設戰船四百三十有九，董以總督備倭都司、巡視海道副使等官，控制番夷，至為周密。後以海波不驚，（或僃）戒備漸弛，伍籍日虛，樓櫓朽弊。遇警輒借漁船應敵，號曰私哨，而官船廢矣。前都御史朱紈議招福清捕盜船隻，剿治有效，因量留福船四十餘隻，給予行糧，使分泊海濱、常川防守。"《明世宗實錄》卷388（頁6821）

---

① 《敬止錄（點校本）》卷21《貢市考下》，[明]高宇泰著，沈建國點校，第372頁。

◎嘉靖三十一年九月辛丑（1552.10.9）

辛丑，浙江巡按御史林應箕以海寇勿靖，奏免寧、台、溫三府及象山、定海等縣正官入覲。許之。《明世宗實錄》卷389（頁6845）

◎嘉靖三十二年五月壬戌（1553.6.27）

壬戌，倭賊攻浙江乍浦所，陷之。知縣羅拱辰督兵來援，賊引去，流劫奉化、寧化等處，參將湯克寬追圍于獨山民家，以火燅之，賊半死，餘眾奪路走，遯于海。《明世宗實錄》卷398（頁6992）

◎嘉靖三十二年七月戊申（1553.8.12）

巡撫應天都御史彭黯、巡視浙江都御史王忬各以倭寇出境浮海東遯來聞。倭自閏三月中登岸，至六月中始旋，留内地凡三月。若太倉、海鹽、嘉定諸州縣，金山、青山、錢倉諸衛所，皆被焚掠。上海縣、昌國衛、南匯、吳淞江、乍浦、嵊嶼諸所皆為所攻陷。崇明、華亭、青浦、象山、嘉興、平湖、海鹽、臨海、黃巖、慈谿、山陰、會稽、餘姚等縣、鄉、鎮焚蕩略盡。向來所稱江南繁盛安樂之區，騷然多故矣。《明世宗實錄》卷400（頁7014）

◎嘉靖三十二年八月壬寅（1553.10.5）

壬寅，南直隸巡撫都御史彭黯、巡按御史孫慎、給事中王國楨、南京給事中張承憲、南京御史趙宸、宋賢先後各上禦倭方略。……國楨言七事：“……一、議添設杭、嘉二府守備一員，屬金山副總兵節制。備倭都司駐劄定海，兼轄定海、海寧二把總，屯兵控禦。”《明世宗實錄》卷401（頁7031—7032）

◎嘉靖三十三年三月庚午（1554.5.1）

參將俞大猷督兵剿普陀山倭寇。我軍半登，賊突出乘之，殺武舉火斌等三百餘人。《明世宗實錄》卷408（頁7130）

◎嘉靖三十三年四月乙亥（1554.5.6）

浙江倭寇自海鹽趨嘉興，參將盧鏜等帥兵禦之，稍卻，次日復戰於孟宗堰，官軍敗績，亡卒千人，都司周應楨，指揮李元律，千戶薛綱、宋應瀾等俱死之。賊乘勝入據石敦山，分兵四掠。《明世宗實錄》卷409（頁7134）

◎嘉靖三十三年五月甲子（1554.6.24）

巡按浙江御史趙炳然奏三月三十日以後官軍禦倭失事狀。部覆："參將俞大猷一敗于普陀山，參將盧鏜及把總丁經等再敗于孟家堰，宜重治。其嘉、湖諸處失事，當坐參將張淙、知縣鄧植及知府劉愨、副使陳宗夔、李文進、謝少南、李廷松、姜廷頤等罪。而督撫王忬調度失策，亦宜並罰。陣亡指揮李元律等宜陞級贈官，立祠如例。"《明世宗實錄》卷410（頁7153—7154）

◎嘉靖三十三年九月丁未（1554.10.5）

巡按浙江御史趙炳然勘上三十二年倭賊攻陷昌國、臨山等衛及乍浦所城各官功罪。兵部覆議，以把總指揮王應麟等五員守備不設論斬，張四維策應後期及未朝臣等八員不能協守罪發遣。而四維後有斬獲，宜令立功自贖。陣亡指揮陳善道、千戶李茂等宜陞襲。有功參將俞大猷、副使李文進、都指揮張鐵等宜錄用。詔俱如擬。《明世宗實錄》卷414（頁7197—7198）

◎嘉靖三十四年二月庚辰（1555.3.7）

庚辰，先是，工部右侍郎趙文華[①]疏陳備倭七事："一祀海神。……一降德音。……一增水軍。……一差田賦。……一募餘力。……一遣視師。……一察賊情。……"疏下部覆，謂："祀海神、降德音、增水

---

① 趙文華，慈溪人，歷職刑部郎中、通政使、工部右侍郎、督察浙直軍務侍郎、工部尚書等。

軍、募餘力、察賊情俱有裨軍政，請下督臣酌行。其差田賦恐致擾民，遣視師宜行總督張經獎率諸軍，不必別遣。"《明世宗實錄》卷 419（頁 7269—7270）

◎嘉靖三十四年二月丙戌（1555.3.13）

三十四年……二月丙戌，工部侍郎趙文華祭海，兼區處防倭。《明史》卷 18《世宗紀二》（頁 243）

◎嘉靖三十四年五月壬寅（1555.5.28）

壬寅，南京湖廣道御史屠仲律條上禦倭五事。一、絕亂源。夫海賊稱亂，起於負海奸民通番互市，夷人十一，流人十二，寧、紹十五，漳、泉、福人十九，雖概稱倭夷，其實多編戶之齊民也。臣聞海上豪勢為賊腹心，標立旗幟，勾引深入，陰相窩藏，輾轉貿易，此所謂亂源也。曩歲漳、泉濱海居民各造巨舟，人謂明春倭必大至，臣初未信，既乃果然。故禦盜之標在腹裏防之，彌盜之本當邊海制之。諸處，漳、泉、福為始，而寧、紹次之，其一禁放浮巨艦，其二禁窩藏巨家，其三禁下海奸民，三法者立而亂源塞矣。即使舊賊未盡殄滅，然而後無所繼，其勢自孤。退無所歸，其情知懼。與今日往來自若者，必不同矣。二、防海口。夫海涯涘無際，然賊泛海來犯，放洋則衝濤，入口則起陸，非可絕險而徑渡也，故其往來所由出入，可設險防拒者。姑自浙東西大江以南濱海數郡言之，入平陽港則近金鄉，入黃花澳則近盤石而逼溫州，入海門則越新河而寇台州，入寧海關、入湖頭灣則窺象山、定海而瞰寧波，入三江口則搖尾於紹興，入鱉子門則垂涎於杭州，入乍浦硤則流毒於嘉興，入吳松江則犯松江，入劉家河、入七了港則扣蘇州，此其大勢也。中間經行，或潛行於馬蹟山，或遁跡於大七洋及大小衢、上下川，則其要害也。此沿海諸郡之通患也。故守平陽港，拒黃花澳，據海門之險，則不得犯（濫）〔溫〕、台；塞寧海關，絕湖頭灣，遏三江之口，則不得窺寧、紹；把鱉子門，則不得近杭州；防吳松江，備劉家河、七了港、楊威、馬蹟、

103

大七洋、大小衢、上下川諸險，則不得掩蘇、松、嘉興，此地險也。一處失守，蔓延各處，不可以彼此分遠近異也。……兵部覆其議悉是，詔允行之。《明世宗實錄》卷 422（頁 7310—7317）

◎嘉靖三十四年八月壬辰（1555.9.15）

督察軍情侍郎趙文華陳海防五事："一、復更番出洋之制。國初海防之設極善，今乃列船港次，猶之棄門戶而守堂室，浸失初意。宜分乍浦之船以守大衢三山，品峙哨守相聯。更以副總兵屯泊陳、錢諸島，以（柢）[扼] 三路之衝，（便）[使] 賊不得越。二、總兵既屯海上，須籍舟師。今所造福船未辦，所調廣船未集，請以寧、紹、台、溫、蘇、松捕魚船及下捌山捕福倉等船約束分佈，相兼戰守。三、浙直地勢相連，互為唇齒，宜設正副總兵官二員，分駐金山、臨山、會安之地，共守陳、錢，而以參將分守馬蹟等三山，各督信地，則勢成犄角。四、沿海一帶軍伍不充，請籍見募鄉兵萬人，歲給半糧，免其他役，給閒田屯種，倣古寓兵於農之意。五、拒寇海中，功與戰勝內地者異，宜厚其陞賞：斬賊一顆，為首者陞二級，為從者給賞；總兵等官能使賊舡不能 [登] 岸者，以保障論功；若無首級而止獲賊船者，亦以大小論級。"兵部覆其 [議]："俱可行，但鄉兵萬眾，人給半糧，當議所出。恐江南賦已繁重，未免紛擾，事宜寢。"上從部議。《明世宗實錄》卷 425（頁 7362—7363）

◎嘉靖三十四年九月乙未（1555.9.18）

督察軍務侍郎趙文華，……以蘇寇之捷已不得與為恨。見調兵四集，謂陶宅寇乃柘林餘孽，可取。浙江巡撫胡宗憲因大言寇不足平，以悅其意。遂悉簡浙兵精銳，得四千人。文華、宗憲親將之，營于松江之磚橋。固約應天巡撫曹邦輔，以直隸兵會剿。定期，浙兵分三道，直兵分四道，東西並進。賊悉銳衝浙江諸營，皆潰，我兵擠沉於水及自蹂踐死者甚眾，損失軍士凡一千餘人。直兵亦陷賊伏中，死者二百餘人。由是賊勢益熾。《明世宗實錄》卷 426（頁 7365—7366）

九月乙未，趙文華及巡按御史胡宗憲擊倭於陶宅，敗績。《明史》卷18《世宗紀二》（頁 243）

◎嘉靖三十四年九月戊申（1555.10.1）

戊申，倭舟三艘泊台州海洋之螺門。備倭都指揮王沛等引舟師出哨，遇于大陳三嶴，擒賊十七人，斬首九級，餘賊棄舟登山走匿。我兵焚其舟，四面環守。參將盧鏜以大〔兵〕會之，入山搜剿，生擒真倭烏魯美他郎、酉首林碧川等八十四人，斬首三十八級。由是三舟之倭盡殄。《明世宗實錄》卷426（頁 7376）

◎嘉靖三十四年十月壬午（1555.11.4）

巡按直隸御史周如斗[①]言：“方今蘇松流突之寇已殄，屯聚之寇其勢已孤，諸軍宜乘勝併力，滅此餘燼，不宜遷延養寇，使巢成穀登、新倭代至，復致曩者柘林之患。且近日直隸斬獲，悉本地鄉兵之功，其狼、苗二兵自浙江衄敗後一無足用，苗兵前猶有王江涇、婁門之捷，若狼兵則徒擾地方，無纖毫戰守力。至于川兵，雖未見可用與否，第萬里趨調，東西異宜，恐亦未足恃也。近取用原任總兵何卿、沈希儀，以其知兵，令督率川廣調至之卒，展刀取效，顧皆昏眊衰憒，一籌莫惜。近日功捷，二人者，絕無所與，將焉用之？請罷遣二臣，並停徵兵之令，申飭督撫諸臣，督勵鄉勇，亟除殘寇。”上曰：“地方殘寇未靖，令督撫等官速計剿絕。卿及希儀，令革職，回衛閑住。”《明世宗實錄》卷427（頁 7389）

◎嘉靖三十四年十月辛卯（1555.11.13）

倭賊二百餘人自浙江樂清縣岐頭登岸，流劫黃巖、仙居、寧海，所過焚戮，官兵莫能禦。至楓樹嶺，慈谿縣領兵主簿畢清見殺。遂至餘姚，由上虞渡曹娥江，犯會稽。《明世宗實錄》卷427（頁 7392）

冬十月……辛卯，倭掠寧波、台州，犯會稽。《明史》卷18《世宗紀

---

① 周如斗，餘姚人，歷職巡按湖廣監察御史、巡按直隸御史、都察院右副都御史。

二》（頁 243）

十月，倭自樂清登岸，流劫黃巖、仙居、奉化、餘姚、上虞，被殺擄者無算。至嵊縣乃殲之，亦不滿二百人，顧深入三府，歷五十日始平。《明史》卷 322《外國傳三》（頁 8353）

◎嘉靖三十四年十一月戊午（1555.12.10）

倭八十餘人犯舟山，進屯謝浦。參將盧鏜遣兵禦之，不克。指揮閔溶死之。《明世宗實錄》卷 428（頁 7405）

◎嘉靖三十四年閏十一月己丑（1556.1.10）

己丑，督察浙直軍務侍郎趙文華，陳區畫地海防三事，大要言松江宜守、浙江宜攻、福建宜撫，而所謂守與攻者，在籍聞（由）[田]給兵屯種以扼寇，所謂撫者，請增設經略總督專官。兵部覆言：“戰守撫相須為用，均不可廢，三省皆然。其言鄉官領兵，恐督責不便。給兵田百萬畝，未審何所從出？恐滋紛擾。閩中更置專官，亦非其時，俱礙施行。”報罷。《明世宗實錄》卷 429（頁 7422—7423）

◎嘉靖三十四年十二月乙巳（1556.1.26）

督察浙直軍[務]侍郎趙文華疏乞還京，[許]之。文華初奉命至浙，適廣西田州等狼兵調至，其土官婦瓦氏等知倭有厚蓄[①]，銳意請戰。文華惑之，亟趣總督張經進兵，不得，則上書痛詆之。及湖兵至，經進戰王江涇，大捷，竟以文華前讒被逮。代之者，為周珫、楊宜，皆庸駑無遠略，由是各兵漫渙，賊勢益熾。文華激獎瓦氏亟戰，亡其卒十七八，無尺寸功，文華乃大沮。及蘇州殄滅流倭，文華欲攘功，……乃大集浙直水陸兵四面攻之，大敗，兵將傷亡甚眾。復趣浙直再進兵，皆不克，副使劉燾、巡撫曹邦輔僅以身免。文華始知賊未易圖，即有歸志。及十一月，川兵破周浦賊，俞大猷復有海洋之捷，文華遽言：“水陸成

---

① 知倭有厚蓄：原作“如有倭厚蓄”，茲據文意逕改。

功，江南清（宴）［晏］，臣違闕日久，請歸供本職。"是時海洋回倭泊浦東，川沙舊巢及嘉定高橋皆有倭據，而新倭來者日眾，浙東西破軍殺將，羽書遝至，文華乃以寇息聞，其欺誕若此。《明世宗實錄》卷430（頁7430—7431）

◎嘉靖三十五年正月癸亥（1556.2.13）

福建流寇入浙江界，與錢倉寇合。原任留守王倫督容美土司田九霄等兵扼之於曹娥江，賊不得渡，還走。官軍追及之於三江民舍，連戰，斬首二百級。復追至黃家山，盡殲之。《明世宗實錄》卷431（頁7439）

◎嘉靖三十五年正月丁亥（1556.3.8）

論三十四年十月後浙江官軍禦倭功罪。奪參將盧鏜職、副使孫宏軾、許東望俸，各戴罪立功。恤錄死事守備劉隆等，陞襲贈蔭有差。初，十月三十日，倭寇自樂清歧頭登岸。十一月中，流劫黃巖、仙居、奉化、餘姚、上虞諸縣。時宏軾、東望皆按兵不戰。鏜留定海，備舟山新至賊。獨隆及指揮閩溶等與遇於平陽，死之。已而官兵後至者，多陷賊伏中。於是慈谿主簿畢清死大日嶺，領鄉兵監生謝志望死斤嶺，生員胡夢雷死後郭，儒士金應暘死小口渡，紹興知事何常明死杭塢山。《明世宗實錄》卷431（頁7443—7444）

◎嘉靖三十五年二月壬寅（1556.3.23）

革分守福建參將尹鳳、備倭指揮劉炌[①]職，充為事官，戴罪立功。去年冬，倭自白湖江登岸，流劫莆田、福清，攻鎮東衛，千戶戴洪、高懷德被殺。鳳督兵與戰於東嶽洋，大敗，陣亡千戶白仁、丘珍、楊一茂等。已而，鳳復部分泉州，指揮童乾震及炌等為左右翼攻賊，炌逗撓不進，乾震戰死。事聞，兵部參覈，因有是命。《明世宗實錄》卷432（頁7454）

---

① 劉炌，世為寧波衛指揮使。

◎嘉靖三十五年三月丙子（1556.4.26）

丙子，兵部奉旨覆議九卿科道條陳禦倭事宜。……一守要害。防禦之法，守海島為上。宜以太倉、崇明、嘉定、上海沙兵及福、蒼、東莞等船守楊山。馬蹟、寧、紹、溫、台及下八山採捕福、蒼、東莞等船守普陀大衢。……一明職掌。浙江參將俱隨時創設，職守未明，請以杭、嘉、湖為一道，溫、處為一道，寧、（詔）［紹］為一道，各給敕符旗牌。其臨、觀、昌國、金、盤等處把總，一如直隸事例，聽撫按會舉。《明世宗實錄》卷433（頁7470—7472）

◎嘉靖三十五年三月癸未（1556.5.3）

癸未，吏部以工部尚書缺，會推侍郎趙文華。上悅，曰："文華齋誠祭海，受命督察，宜有恩獎，此推甚為得人。其陞工部尚書，仍加太子太保，以賞訐發不臣之功。"《明世宗實錄》卷433（頁7475）

◎嘉靖三十五年四月甲午（1556.5.14）

昨歲浙江巡撫胡宗憲遣使移諭日本國王禁戢島夷，并招還通商番犯，許立功免罪，既奉（俞）［諭］旨，遂以寧波生員陳可願、蔣洲往。及是，可願還，言初自定海開洋，為颶風飄至日本國五島，遇王直、毛海峰等，言："（十）［日］本國亂，王與其相俱死。諸島夷不相統攝，須遍曉諭之，乃（不）［可］杜其入犯。有薩摩洲賊中未奉諭，先已過洋入寇矣。我輩昔坐通番禁嚴，以窮自絕，實非本心。誠令中國貰其前罪，得通貢、互市，願殺賊自效。"遂留蔣洲傳諭各島，而以兵船護可願先還。宗憲以其事聞，且言："洲等奉命出疆，法當徑抵日本，宣諭其王為正。今偶遇海峰等于五島地方，即為所說阻而旋，就中隱情，未可逆睹。以臣憶度，大約有二：或懼傳諭國王，於若輩不便，設難邀阻；或由懷戀故土，擬乘此機會立功自歸。乞令本兵議其制馭所宜，俾臣等奉以從事。"疏下，部覆："東南自有倭患以來，有言悉帆海奸商王直、毛海峰等以近年海禁大嚴，謀利不遂，故勾引島夷為寇者；有言彼國遭荒米貴，各島小夷迫于饑窘，乃糾眾掠食，國王不知者。用兵數歲，捕獲亦多。招報參差，茫無可據。故昨歲禮部從撫臣之請，遣使偵之。今使者未及見王，乃為王直等所說而返。其云禁諭各夷不來入犯，似乎難保。且直等本我編民，既稱效順立功，自當釋兵歸正，乃絕不言及，而第求開市、通貢，隱若夷酋然，此其奸未易量也。宜令宗憲等振揚威武，嚴加隄備。仍移文曉諭直等，俾剿除舟山等處賊巢以自明誠信。果海壖清蕩，朝廷自有非常恩齎。其互市、通貢，姑俟蔣洲回日，夷情保無他變，然後議之。"疏入，報可。《明世宗實錄》卷434（頁7479—7480）

於是宗憲乃請遣使諭日本國王，禁戢島寇，招還通番奸商，許立功免罪。既得旨，遂遣寧波諸生蔣洲、陳可願往。及是，可願還，言至其國五島，遇汪直、毛海峰，謂日本內亂，王與其相俱死，諸島不相統攝，須徧諭乃可杜其入犯。又言，有薩摩洲者，雖已揚帆入寇，非其本心，乞通貢互市，願殺賊自効。乃留洲傳諭各島，而送可願還。宗憲以聞，兵部言："直等本編民，既稱效順，即當釋兵。乃絕不言及，第求開市通貢，隱若屬國然，其奸叵測。宜令督臣振揚國威，嚴加備御。移檄直等，俾剿除舟山諸賊巢以自明。果海疆廓清，自有恩賚。"從之。《明史》卷322《外國傳三》（頁8354）

◎嘉靖三十五年四月戊戌（1556.5.18）

倭船二十餘艘自浙江觀海登岸，攻慈谿縣，破之，殺鄉官、副使王鎔、知府錢煥等，大掠而出。軍民死者數百人。《明世宗實錄》卷434（頁7483）

◎嘉靖三十五年四月丙午（1556.5.26）

倭寇復攻慈谿，入之。時兩浙俱被倭，而浙東則慈谿焚殺獨慘，餘姚次之。浙西柘林、乍浦、烏鎮、皂林間，皆為賊巢，前後至者二萬餘人。巡按御史趙孔昭以聞。詔總督胡宗憲亟圖剿寇方略，各處調兵巡撫官有留滯不發者罪之。《明世宗實錄》卷434（頁7485）

時兩浙皆被倭，而慈谿焚殺獨慘，餘姚次之。浙西柘林、乍浦、烏鎮、皂林間，皆為賊巢，前後至者二萬餘人，命宗憲亟圖方略。《明史》卷 322《外國傳三》（頁 8354）

◎嘉靖三十五年五月甲子（1556.6.13）

命太子太保、工部尚書趙文華兼都察院右副都御史，提督浙直軍務。初，文華言殘倭無幾，旋當清蕩，已而海警屢至，……倭患日甚，浙之東西，江之南北，攻城殺將，羽書日夕數至。於是部議遣大臣督兵往援，業已命兵部侍郎沈良才矣。上復諭大學士嚴嵩，以南地人事物情再問文華，令備細以實對。嵩知上覺其欺詞窮且見譴，乃令文華自以其意，請復視師。……上乃止良才勿行，令文華即往提督軍務，賜敕遣之。《明世宗實錄》卷 435（頁 7492—7493）

五月乙丑，趙文華提督江南、浙江軍務。《明史》卷 18《世宗紀二》（頁 244）

◎嘉靖三十五年五月乙亥（1556.6.24）

乙亥，倭寇自慈谿入海，泊魚山洋聽撫。賊毛海峰等助官軍追擊之，擒斬百八十人。《明世宗實錄》卷 435（頁 7496）

◎嘉靖三十五年七月戊午（1556.8.6）

總督浙直胡宗憲奏："賊首毛海峰自陳可願歸後，嘗一敗倭寇於舟山，再敗之於瀝表。又遣其黨說諭各島，相率效順。中國方賴其力，乞加重賞。"兵部覆："兵法用間用餌，或招或撫，要在隨宜濟變，不從中制。今宗憲所請，當假以便宜，使之自擇利害而行，事寧奏請。"詔可。《明世宗實錄》卷 437（頁 7511—7512）

七月，宗憲言："賊首毛海峯自陳可願還，一敗倭寇於舟山，再敗之瀝表，又遣其黨招諭各島，相率効順，乞加重賞。"部令宗憲以便宜行。《明史》卷 322《外國傳三》（頁 8354）

◎嘉靖三十五年八月己酉（1556.9.26）

己酉，提督直浙軍務尚書趙文華、總督浙直侍郎胡宗憲、巡撫浙江都御史阮鶚以乍浦捷聞，因類奏六月中各哨官兵首功，前後共一千餘級。兵部覆奏：“徐海雖稱效順而擁眾自保，情狀叵測。宜令所司嚴為之備，不得藉口投降，貽患地方。其各處戰功，請行巡按御史覈實行賞。”從之。時浙東仙居、浙西桐鄉二大寇略平，其分掠海門者，把總張成已敗之。江北寇流入常鎮者，總兵徐珏等敗之。及蘇、松、寧、紹諸處相繼告捷，賊勢日衰矣。《明世宗實錄》卷 438（頁 7524—7525）

◎嘉靖三十五年八月辛亥（1556.9.28）

官軍進剿海寇徐海等於梁莊，大破平之。初，海既縛獻陳東等，退屯梁莊聽撫。時索釭索賞，進退未決。其部眾無所得食，稍稍出營（卤）〔擄〕掠。至是，官軍四面俱集，保靖、容美兵自金山至，永順兵自乍浦至。趙文華遂欲乘勢剿海，執海眾劫掠為詞，使人責問之。海知有變，乃阻深塹自守，為迎戰備。信好既絕，我師遂薄賊營。會大風，縱火，諸軍鼓噪從之。海等窮迫，皆闔戶投火中，相枕籍死。於是浙直倭寇悉平。《明世宗實錄》卷 438（頁 7525）

◎嘉靖三十五年九月庚申（1556.10.7）

巡按福建御史吉澄言：三月間，倭寇百餘人流突古田，殺備倭指揮使劉炌、副千戶王月，請治□事參將尹鳳、都指揮王夢麒、黃鎮、來熙、指揮秦經國等及參議吳天壽、僉事袁洪愈、知州鍾一元之罪。詔贈月都指揮同知，並炌立祠致祭；革鳳職，并夢麒等下御史問，天壽等各奪俸三月。《明世宗實錄》卷 439（頁 7531）

◎嘉靖三十五年十月己丑（1556.11.5）

己丑，巡按浙江御史趙孔昭奏：“浙西倭寇雖寧，而浙東丘家洋餘賊四百餘人奔遯山奧，與舟山賊合黨。宜敕守臣嚴為之備。”兵部覆奏，

從之。《明世宗實錄》卷440（頁7542）

◎嘉靖三十五年十二月甲寅（1557.1.29）之前

嘉靖三十五年，倭寇大掠福、浙，南直總制胡宗憲遣生員蔣洲、陳可願二人俱鄞縣人。使倭宣諭，還報倭夷志欲通貢市。兵部力議不可，乃止。

初，奸商汪直、徐海等嘗闌初出中國財物，與番客互市，皆主餘姚謝氏。久之，謝氏頗抑勒其直，諸奸索之急。謝氏度負多不能償，則以言恐之曰：「吾將首汝於官。」諸奸既恨且懼，乃糾合徒黨番客，夜劫謝氏，火其居，殺男女數人，大掠而去。縣官倉皇申聞上司，云倭賊入寇。巡撫朱紈下令捕賊甚急，又令並海居民素與番人通者，皆得自首。人心洶洶，或誣善良，而諸奸畏官兵搜捕，亦遂勾引島夷及海中巨盜，所在劫掠，動以倭賊為名，其實真倭無幾。蔓延四省，調狼兵川卒，海內騷動，至於竭東南之力，僅乃勝之。蓋患之所從起，微矣。

胡宗憲為總督，因謀撫之。人言王直以威信揚海上，苟得誘而使，或可陰攜其黨。而宗憲與直同鄉，亦習知其人。乃迎直母並其子入杭，厚撫之。遣寧波生員蔣洲、陳可願往諭直。直如約遣其養子鄞人毛海峰款定海關。時徐海正圍巡撫阮鶚于桐鄉甚亟，亦往諭之。海亦遣酋謝罪，約解圍去。然海頗黠，反復不可信，使凡數復，而與海共圍桐鄉者陳東及海書記葉麻狡捍難下。麻近與海爭一女子，有微隙，於是遣諜諷海，縛麻以出。麻出而諸酋俱不自安矣。又數遣諜持簪珥、璣翠賂海兩侍女，一名翠翹，一名綠殊，皆歌伎也。日夜說海縛東。東為薩摩王弟故賬下書記，酋海未能殺之。宗憲令麻詐為書於東，令其殺海報己仇，故泄其書於海。海於是日夜謀殺東，出所掠貨物千餘金賂王弟，詐請東代署書記，因得縛東以獻，東黨恨之刻骨。時趙文華視師至浙東，宗憲探知海日夜憂東黨圖己，乃借文華以恐脅之，云文華以海罪重，必欲擒海，不許其款。因約以我艤數十舟海上，令其誘諸賊散逐之。我預伏兵猝出，俾不得還鬥，可俘斬千餘級，以為趙功，而海因得以自完。海許之，如約行之，於乍浦城外海中，殺數百人，沒海者無算。於是海自以有功於我，願與部下諸酋長入款具庭謁。期八月二日，海猶恐，陰設甲士劫之，先期一日，擁酋數百人，陣平湖城外，自帥酋長百餘人，冑而入，厚犒之而出。文華、宗憲等怒其狡，必欲誅之，佯令海自擇便地居之，乃自擇沈家莊。其部下無所得食，稍稍出外鹵掠，遂執之，以為辭。後使陳東作書，恐激其黨。其黨因急圖海，勒兵過海所，罵之，相與鬥，而我官軍四面合進，人各持炬，縱火焚之，海遂沉河死。俘兩侍女，問海屍，指所沉河處，遂獲屍，斬之。

《世廟實錄》云："先是，浙直總督胡宗憲為巡撫時，奏差生員陳可願、蔣州往諭日本，至五島，遇王直、毛海峰。先送可願還。州留，遍諭各島。可願還言：初自定海開洋，為颶風飄至日本國五島，遇直、海峰等，言"日本國亂，王與其相俱死，諸島夷不相統攝，須遍曉諭之，乃可杜其入犯。有薩摩州賊舟未奉諭，先已過洋入寇矣。我輩昔坐通番，禁嚴以窮，自絕實非本心，誠令中國貰其前罪，得通貢互市，願殺賊自效"，遂留州傳諭各島，而以兵船護可願先還。州至豐後阻留，轉令使僧前往山口等島，宣諭禁戢。於是，山口都督源義長具諮送回被擄人口，諮乃用國王印。豐後太守源義鎮遣僧德陽等具方物，奉表謝罪，請頒勘合修貢，護送州還。"及前總督楊宣所遣鄭舜功，出海哨探夷情者，亦行至豐後，豐後島遣僧清授附舟前來謝罪，言前後侵犯皆中國奸商潛引小島夷眾，義鎮等初不知也。於是宗憲疏陳其事，言："州奉使宣諭日本已歷二年，乃所宣諭，止及豐後、山口。豐後雖有進貢使實物，而實無印信、勘合。山口雖有金印、回文而又非國王名稱，是州不諳國體，罪無所逭。但義長等既以進貢為名，又送還被擄人口，真有畏威、乞恩之意，宜量犒其使，以禮遣回，令其傳諭義鎮、義長，轉諭日本國王，將倡亂各倭立法鈐制，勾引內寇一併縛獻，使見忠款，方許請貢。"疏下，禮部言："來使宜優賚遣回，如宋憲議；其宣諭一節，事關國體，未可輕議。"詔仍詳議具奏。部臣乃請令浙江布政司以有司之意移諮風示義鎮等，轉諭其王。報可。

又《實錄》：源義鎮等裝巨舟，遣夷目善妙等四十餘人，隨直等來貢市，以十月初至舟山之岑港。時浙東傷于倭，聞倭船大至，則甚恐，競言其不便。巡按王本固奏："直等意未可測。"於是朝議哄然，謂宗憲且釀東南大禍，浙中文武將吏亦陰持兩可。直至，覺情狀有異，乃先遣激激，原姓王，後改姓名，即毛海峰，鄞人。見宗憲，問曰："吾等奉招而來，將以息兵安邦，謂宜信使遠迓而宴犒交至也。今兵陳儼然，即販蔬小舟，無一近島者。公其詒我乎？"宗憲委曲，諭以國憲乃爾，誓必無他。激以為信。善妙等見副總兵盧鏜于舟山，鏜誘便縛直等。直大疑畏，宗憲百凡說之，直終不信，曰："果不欺，可遣激出，吾當入見。"仍要中國一貴官來質。於是以指揮夏正與激往。直與葉宗滿、王汝賢來見，宗憲好言慰之，令係按察司獄，具以狀聞，請戮直等正國法，准義長等貢市；或曲貸直等死，充沿海戍卒，用係番夷心，俾經營自贖。本固力以為未可，而江南人洶洶，言宗憲入直、妙善等金銀數十萬，為求通市貸死。宗憲大懼，疏既遣追還，盡易其詞，言直罪不赦。而直黨知直下獄，遂支解夏正云。後隨直至岑港諸倭及謝和、毛海峰揚帆出海，至福建浯嶼。宗憲實陰縱之。福建人大噪，謂宗憲嫁禍。經年始遁。海峰復移眾南奧，建屋居之。《敬止錄》卷21①

◎嘉靖三十六年三月戊午（1557.4.3）

江南自乍浦、沈莊捷後，浙直之倭悉靖，唯寧波府定海、舟山倭據險結巢，我兵環守之，不能克。是時，土兵、狼兵及北兵、葫兵悉已遣歸，而川貴所調麻寮、大刺、鎮溪、桑植等兵六千人始至。總督胡宗憲乃留防春汛，分佈浙直要害，而簡麻寮、桑植二司殺（于）[手] 幾百人隸總兵俞大猷，令經營舟山之賊。會十二月二十日夜大雪，大猷乃督兵官及桑、麻兵環巢四面攻之，賊悉銳出敵，殺土官莫翁送，諸軍益怒，

---

① 《敬止錄（點校本）》卷21《貢市考下》，[明] 高宇泰著，沈建國點校，第373—375 頁。

競進。賊大敗歸巢，擁柵自固。我兵積薪草，以棕蓑捲火擲之，賊四散潰出。諸軍共斬首一百四十餘級，餘悉焚死。被掠男婦得出者百餘人，賊遂平。捷聞，上命賞宗憲及巡撫（院鴞）阮鶚銀四十兩、彩段二表裏。陞大猷署都督同知，兵備副使王詢官一級。賞都指揮路良、把總指揮張四維銀十兩。桑植安撫向仕祿、麻寮千戶唐臣各與四品服。贈翁送為安撫，給葬如例。《明世宗實錄》卷445（頁7586—7587）

◎嘉靖三十六年十一月乙卯（1557.11.26）

總督浙直福建右都御史胡宗憲以擒獲海寇王直等來聞。直本徽州大賈，狃於販海，為商夷所信服，號為汪五峰。凡貨賄貿易，直多司其質契。會海禁驟嚴，海壖民乘機局賺倭人貨數多。倭責償於直，直計無所出，且忿海壖民，因教使入寇。倭初難之，比入，則大得利，於是各島相煽誘，爭治兵艦，江南大被其害。已而中國召集四方，致兵禦倭，倭往往遭損傷，有（金）[全]島無一人歸者。其死者親屬亦復（其）咎直，直恐，乃與諸中國商若王㴱、葉宗（潘）[滿]、謝和、王清溪等，共以其眾屯五島洲自保。㴱，寧波人，號毛海峰；宗滿，號碧川；謝和，號謝老，與王清溪皆漳州人，悉節年販海通番為奸利者。宗憲與直同鄉，習知其人，欲招之，則迎直母與其子入杭，厚撫犒之，而奏遣生員蔣洲等持其母與子書，往諭以意。謂直等來，悉釋前罪不問，且寬海禁，許東夷市。直等大喜奉命，即傳諭各島，如山口、豐浚等島主源義鎮等亦喜，即裝巨舟，遣夷目善妙等四十餘人隨直等來貢市。以十月初至舟山之岑港泊焉。是時浙東西傷於倭暴，間直等以倭船大至，則甚懼兢，言其不便。巡按浙江御史王本固奏直等意未可測，納之恐招侮。于是朝（儀）[議]哄然，謂宗憲且釀東南大禍，而浙中文武將吏亦陰持兩可。直既至，覺情狀有異，乃先遣㴱見宗憲，問曰："吾等奉招而來，將以息兵安邦，謂宜信使遠迓而宴犒交至也。今兵陳儼然，即（敗）[販]蔬小舟無一近島者。公其紿我乎？"宗憲委曲，諭以國禁固爾，誓心示無他，激以為信。已而夷目善妙等見副總［兵］盧鏜于舟山，鏜誘使縛直等，直大疑畏，宗憲百方說之，直終不信，曰：“果不欺，可遣激出，吾當入見耳。”宗憲即遣之，直黨仍要中國一官為質，于是以指揮使夏正往。直與宗滿、清溪來見，宗憲好言慰之，令繫按察司獄，具以狀聞，請顯戮直等，正國法，姑准義長等貢市，永銷海患；或曲貸直等死，充沿海戍卒，用繫番夷心，俾經營自贖。御史本固闇於事機，力以為未可。而江南人訩訩，言宗憲入直、善妙等金銀數十萬，為求通市、貸死。宗憲（門）［聞］而大懼，疏既發，追還之，盡易其詞，言直等“實海氛禍首，罪在不赦，今幸自來送死，實藉玄庇，臣等當督率兵將，殄滅餘黨，直等惟廟堂處分之”。時直等三人來，留王激、謝和在舟。本固復言諸奸逆意叵測，請嚴敕宗憲相機審處。《明世宗實錄》卷 453（頁 7676—7678）

汪直之踞海島也，與其黨王激、葉宗滿、謝和、王清溪等，各挾倭寇為雄。朝廷至懸伯爵、萬金之賞以購之，迄不能致。及是，内地官軍頗有備，倭雖橫，亦多被剿戮，有全島無一人歸者，往往怨直，直漸不自安。宗憲與直同郡，館直母與其妻孥於杭州，遣蔣洲齎其家書招之。直知家屬固無恙，頗心動。義鎮等以中國許互市，亦喜。乃裝巨舟，遣其屬善妙等四十餘人隨直等來貢市，於三十六年十月初，抵舟山之岑港。將吏以為入寇也，陳兵備。直乃遣王激入見宗憲，謂：“我以好來，何故陳兵待我？”激即毛海峯，直養子也。宗憲慰勞甚至，指心誓無他。俄善妙等見副將盧鏜於舟山，鏜令擒直以獻。語洩，直益疑。宗憲開諭百方，直終不信，曰：“果爾，可遣激出，吾當入見。”宗憲立遣之。直又邀一貴官為質，即命指揮夏正往。直以為信，遂與宗滿、清溪偕來。宗憲大喜，禮接之甚厚，令謁巡按御史王本固於杭州，本固以屬吏。激等聞，大恨，支解夏正，焚舟登山，據岑港堅守。《明史》卷 322《外國傳三》（頁 8455—8456）

◎嘉靖三十七年四月辛巳（1558.4.21）

新倭大至，犯浙江台、溫等府，樂清、臨海、象山等縣及福建福州、興化、泉州、福清等沿海郡邑，同時登岸焚劫。《明世宗實錄》卷 458（頁 7743—7744）

逾年，新倭大至，屢寇浙東三郡。《明史》卷 322《外國傳三》（頁 8456）

◎嘉靖三十七年七月丙辰（1558.7.25）

以浙江岑港海寇未平，詔奪總兵俞大猷、參將戚繼光、把總劉英職級，期一月內蕩平，如過限無功，各逮繫至京問。併奪兵備副使陳元珂、曹金俸。令侍郎胡宗憲督之剿賊，若失事者連坐。初，宗憲遣還毛海（降）[峰]，誘降王直，及直至，下獄，海（降）[峰]遂絕，與倭目善妙等（例）[列] 柵舟山，阻岑港而守，官軍四面圍之，雖頗有斬獲，然海中數苦毒霧，賊憑高死鬬，我兵莫利登先，多陷沒者。是時新倭大至，朝議，慮其先後合艘①，為害將大。屢下嚴旨，趣宗憲督將及時平賊。宗憲（俱）[懼] 得罪，乃上疏，侈言水陸戰功，謂賊雖未殄滅，兵決可期月而待。于是科部臣極言其欺誕，并劾失事諸臣。乃有是命。《明世宗實錄》卷 461（頁 7788—7789）

◎嘉靖三十七年十月辛亥（1558.11.17）

浙江（嶺）[岑] 港倭徙巢柯梅，總督侍郎胡宗憲屢督兵討之，不能克。于是南京御史李瑚追劾宗憲私誘王直啟釁，巡按浙江御史王本固、南京給事中劉堯誨亦劾其老師縱寇，濫叨功賞，請行追奪。《明世宗實錄》卷 465（頁 7845—7846）

◎嘉靖三十七年十一月丙戌（1558.12.22）

浙江柯梅倭駕舟出海。總兵俞大猷等自沈家門引舟師橫擊之，沉其

---

① 朝議，慮其先後合艘：原本誤作"朝慮，議其先後合艘"。

末艘，稍有斬獲。各賊舟趁洋南去。由是福興、湖廣間紛紛以倭警聞矣。《明世宗實錄》卷 466（頁 7857）

◎嘉靖三十八年三月癸巳（1559.4.28）

倭犯浙東，自象山縣何家礁、金井等處焚舟登岸。海道副使譚綸引兵與賊戰于馬岡，敗之，斬首七十七級。《明世宗實錄》卷 470（頁 7902）

◎嘉靖三十八年三月甲午（1559.4.29）

總督浙直福建都御史胡宗憲言："舟山殘孽移住柯梅，即其焚巢夜徙，力已窮蹙。小船浮海，勢易成擒。而總兵俞大猷、參將黎鵬舉防禦不早，邀擊不力，縱之南奔，播害閩、廣，失機殃民，宜加重治。"上命巡按御史逮繫大猷、鵬舉來京訊治。柯梅倭之出海，宗憲實陰縱之，故不督諸將要擊。及倭既出舟山，即駕帆南泛，泊于浯嶼，焚掠居民，由是福建人大噪，謂宗憲嫁禍。南道御史李瑚遂劾參宗憲，數其三大罪。瑚與大猷皆福建人，宗憲疑大猷漏言于瑚，故諉罪大猷以自掩飾如此。《明世宗實錄》卷 470（頁 7904）

◎嘉靖三十八年四月乙巳（1559.5.10）

先是，倭寇二千餘突犯饒平、海豐，攻破黃岡城。巡撫南贛都御史范欽①等請責成兩廣軍門移駐惠、潮近地，調兵剿禦。事寧議撤，仍留謀勇將官一人領兵戍守。兵部言："兩廣苗情反側，又兼山寇出沒，均宜周防，請命提督兩廣侍郎王鈁、總兵曹松遴委才將，精練土兵三千，馳赴剿賊，并戍守要害。倘倭勢重大，逕自移鎮惠、潮。"從之。《明世宗實錄》卷 471（頁 7910—7911）

◎嘉靖三十八年四月丙午（1559.5.11）

福建新倭大至，且多齎攻具，先攻福寧州城，經旬不克，乃移攻福安縣，破之。其沿海諸邑，若長樂、福清等境，悉有倭舟。是時廣東流

---

① 范欽，鄞縣人，致仕後返鄉創建天一閣藏書樓。

倭往來詔安、漳浦間，前歲浙江舟山倭移舟南來者，尚屯浯嶼，加之新寇，遍福、興、漳、泉諸處，無地非倭矣。《明世宗實錄》卷 471（頁 7911）

◎嘉靖三十八年五月壬申（1559.6.6）

先是，舟山倭遁至舊浯嶼，結劇賊洪澤珍等，棲泊海山，水陸分擾。巡撫福建都御史王詢率兵擊敗之，以捷聞，且言原任參將充為事官王麟、黎鵬翬、把總指揮魏宗瀚等，緣事署都指揮僉事王夢麟逐剿有功，乞命麟、宗瀚等戴罪殺賊，夢麟付兵部紀錄推用。從之。《明世宗實錄》卷 472（頁 7923）

總督浙直福建都御史胡宗憲及巡按御史周斯盛，以倭犯寧、紹、台、溫馳報。下兵部，覆言：“自倭患以來，廷議增設總督、總兵等官，具於選將、練兵、徵調、轉餉，諸凡經略之規，蓋詳具盡矣，而竟未收全效。如往歲舟山之賊，逐剿幾盡，將謂無遺孽矣，而春汛一臨，群然四集。今各路登岸及在洋先後至者，無慮數萬，豈盡皆島夷哉？實沿海頑民，互相構結，或盤據近地，或潛泊海洋，方其煽亂，則謂之來，及其少熄，遂謂之去，乘其少挫，便謂之捷，幸其他往，因謂之安耳。如此不已，恐徵調日繁，催科日擾，將致生他變。乞敕宗憲等仰思重寄，矢盡遠猷，嚴督水陸官兵，刻期剿絕。毋徒紓目前之急，必潛消意外之虞可也。”上可之。《明世宗實錄》卷 472（頁 7923—7924）

◎嘉靖三十八年五月癸未（1559.6.17）

福建浯嶼倭始開洋去。此前舟山寇隨王直至岑港者也，屯浯嶼且經年，至是乃遁。其毛海峰者，復移眾南麌，建屋而居。《明世宗實錄》卷 472（頁 7928）

◎嘉靖三十八年七月戊子（1559.8.21）

先是，巡按浙江御史王本固、南京御史李瑚各參劾總督浙直都御史胡宗憲岑港養寇、溫台失事、掩敗飾功之罪。詔下查盤，科道官羅嘉賓、龐尚鵬從實覈報。至是，嘉賓等奏覆："岑港倭凡五百餘人，於三十六年十一月隨王直至，求市易。及王直被擒，見官兵浸逼，燒船上山，據險屯駐。至三十七年七月間，攜帶桐油鐵釘，移駐柯梅造舟。至十一月舟成，於十三日開洋去訖，今泊福建浯嶼。……其台州之寇亦同，三月間由松門澶湖登岸，流突臨海、黃巖、太平、仙居、寧海、天台等境且遍，府城及太平縣城數被攻圍。觀海衛百戶陳椿、太平縣典史葉宗皆死於賊。至五月十九等日，自第現大青開洋而去天台。有遺倭潛突仙居，臨海知府譚綸督兵夫逐捕，至六月初六日擒斬盡絕。已上岑港、溫、台失事始末，大都如此。"《明世宗實錄》卷474（頁7954—7955）

◎嘉靖三十八年十一月庚寅（1559.12.21）

查勘倭情給事中羅嘉賓等條上海防四事：一、定督撫駐劄。謂總督之權關係甚重，必所處適中，乃可相機調度。請今後總督官如值風汛，或移寧、台，或移嘉、湖，悉心區畫，務收戰勝攻取之績……一、重臨海府分。浙東寧、台、溫三府實居海衝，一遇風汛，首被其害。然寧、溫猶有海道總兵、兵備、參將，而台州一府未嘗設官總理，請行軍門督令分巡僉事駐劄台州，後有銓授，將駐劄地方，分管道分，填注文憑，以示責成。部覆，報可。《明世宗實錄》卷478（頁7997—7998）

◎嘉靖三十九年正月丙子（1560.2.5）

丙子，浙直視師、右通政唐順之既陞淮揚巡撫，乃條上海防善後事宜："一、籞海洋。言禦倭上策必禦於海，而崇明諸沙、舟山諸山各相聯絡，乃海賊入寇之路，尤當禦防。自今每遇春汛，宜令蘇松兵備暫駐崇明，寧紹兵備或海道暫駐舟山，總副將官常居海中，督兵分哨。如有縱賊入港登岸者，以次論罪。并請更立賞格：凡海中迎斬新倭一人，即給銀二十五兩，以示優異。一、固海岸。謂賊至，既不能禦於海，則海岸之守為第二着，而諸將往往相推誤事，以致深入。今宜為約：沿海力戰損兵折將，則坐內地不能策應之罪；內地殘破、沿海幸免，則坐沿海縱賊之罪。又或均之……一、圖海外。沿海逋逃之徒，為賊嚮導者甚眾，宜嚴行守臣多方招徠以消禍本……自蔣洲得罪，而人以使絕域為諱。宜量為賞減，並開日本國通貢之途。若抄犯如故，則命朝鮮、琉球二國承制轉諭之……一、復舊制。國初，海島近區皆設水寨，今雙嶼、烈港、浯嶼諸島，海賊巢據者，即其故地。沿海衛所軍伍素整，屯田亦多，及金塘、玉環諸山，膏腴幾萬頃，皆古來居民置鄉之所，悉可墾種。浙福廣三省原設三市舶使司，所以收其利權而摻之於上，使奸民不得乘其便。今數者俱已廢壞，宜令諸路酌時修舉……"疏入，下所司覆議。令克新聽調，大節閒住，餘俱從之。《明世宗實錄》卷480（頁8017—8020）

三十九年正月丁卯朔。丙子，浙直視師右通政唐順之既升任淮揚巡撫，乃條上海防善後事宜："……復舊制……"佚名《嘉靖倭亂備抄》[①]

◎嘉靖三十九年五月甲午（1560.6.22）

巡按福建御史樊獻科奏："福建山賊、倭夷並起，攻掠平和、詔安等縣，破崇武所城，請敕守臣亟圖平剿。"會巡撫劉燾疏至，言與賊連戰俱捷，地方稍寧，不如獻科言。上以二臣奏報互異，疑之，詔兵部亟檄南贛撫（目）〔臣〕范欽及燾協力平賊，地方失事功罪，令御史詳覈以聞。未幾，獻科復奏崇武失事狀，兵部始知燾奏不實……姑貰勿治，責以平寇自贖。《明世宗實錄》卷484（頁8088—8089）

◎嘉靖三十九年六月甲子（1560.7.22）

招寶山雄據海口，與竹山對峙，為江海之咽喉，郡治之門戶，誠保障要害處也。先是，盧鏜以福建都司督舟師平雙嶼夷寇，尋以參將分守東浙，又進鎮守。都督屢平倭難，備知厄塞，與海道副使譚綸議謂："招寶俯瞰縣城，相隔不數十，武賊一登據，置火炮其上，縣城可不攻而破。

---

① 佚名《嘉靖倭亂備抄》，《續修四庫全書》第434冊，上海古籍出版社2002年版，第73頁。唐順之"復舊制"的內容，與前列《明世宗實錄》卷480（"中央研究院"歷史語言研究所校印，1962年，第8019—8020頁）同。此外，唐順之的"復舊制"，又見錄于章潢《圖書編》第57卷，茲皆省略。

121

即夷船絡繹銜尾入關，我軍亦無以制之矣。故守郡非據險不可，而據險非成城不可。"乃于庚申春，請于總督胡宗憲，於招寶之巔建築城堡。發漁稅千金，十日鳩工，斬隆培圮，甃石成城，不費公帑，不屈民力，三越月而告竣。《嘉靖寧波府志》卷9[①]

◎嘉靖四十年九月甲辰（1561.10.25）

總督浙直福建尚書胡宗憲奏："浙江倭寇自四月以來合謀連椶，屢犯寧、台、溫等境。我師禦之，戰于海者六，戰于陸者十有二，計前後擒斬一千四百二十六人，焚溺死者無算，今已蕩平。其文武效勞諸臣，則參將戚繼光督戰功最，而僉事唐堯臣、義烏知縣趙大河等亦宜并錄。"上嘉諸臣功，詔宗憲加少保，總兵盧鐺陞俸二級，繼光陞都指揮使，各賞銀二十兩、二表裏。大河陞按察司僉事，專理操練土兵。溫處參將牛天賜升秩二級，副［使］凌雲翼、王春澤、僉事唐堯臣、參將呂圻等十九人各陞俸［一］級。布政胡堯臣、胡松、參議唐愛、副使李僑各賞銀幣有差。通判吳成器等行軍門分別犒賞。下失事把總王彥忠、劉震亨、劉用光三人于御史問。《明世宗實錄》卷501（頁8285—8286）

◎嘉靖四十年十二月乙酉（1562.2.3）之前

嘉靖二十九年秋，福建林汝美、李七、許二越獄下海，誘引日本倭奴與沿海無藉結巢雙嶼，橫行水上，東南大震。丁巳、戊午來，陸續殲決。至辛酉年，而浙地安生矣。少又聞謠曰："東海小明王，溫台作戰場，虎頭人受苦，結末在錢塘。"當時不知何指也。至是王，乃王直。虎頭，處字之首。浙惟處州召募死者幾萬矣。王直戮於錢塘，事不彰彰矣乎？桑靈直《字觸補》[②]

---

① 《嘉靖寧波府志》卷9《威遠城》，[明]張時徹纂，周希哲訂正，中國地方志叢書，第915—916頁。

② 《字觸補》卷1《庚部·虎頭人》，[清]桑靈直撰，《四庫未收書輯刊》第6輯，第18冊，北京出版社2000年版，第533頁。

◎嘉靖四十一年十一月丁亥（1561.12.2）

丁亥，南京戶科給事中陸鳳儀劾奏總督胡宗憲欺橫貪淫十大罪。大略言：“宗憲本與賊首王直同鄉，其所任蔡時宜、蔣洲、陳可願等皆賊中奸細。方直挾倭眾突岑港，賊眾無幾，而宗憲按兵玩寇，資以牲牢，蕩廢防檢，交質往來，乃許直海防之任，與為約誓。若非皇上斷以必誅，神人之憤安可雪也？而宗憲乃自立報功廟於吳山，意欲既滿，縱飲長夜，坐視江西、福建之寇，不發一矢，徒日取驛遞官民軍前糧餉，而斬艾之、朘削之，督府積銀如山，聚奸如蝟。如鄉官呂希周、田汝成、茅坤輩，皆遊舌握槊，遞為門客。人且宣淫無度，納鄉官洪槐之女為妾，通事夷來、住健步、徐子明之妻皆出入督府，通宵無忌。至如扣剋上供歲造叚匹銀兩，濫給倡優、市販官職，札付軍器官廠私送鄉官，調發官軍原籍守宅，尤其干紀亂常之甚者。乞加顯斥。”疏下吏部，請下巡按御史勘報。上特命錦衣衛械繫宗憲至京問。於是浙直總督缺，遂罷不補，而以都察院左副都御史趙炳然為兵部右侍郎兼都察院右僉都御史，提督軍務，巡撫浙江。《明世宗實錄》卷515（頁8459—8460）

◎嘉靖四十二年五月庚辰（1563.5.24）

巡撫浙江侍郎趙炳然陳海防八事：“……六、分統轄。浙直將官原設總兵一員，駐浙江定海以統浙直陸兵，而共以一總督節制之。但今總督既革，則浙直已為二鎮，而巡撫浙江者於金山副總兵，不得用之於陸；巡撫直隸者於定海總兵，不得用之於海矣。自今宜畫地分轄，在定海者止屬浙江，在金山者止屬直隸，各兼理水陸兵務，而有警則仍互相策應。……”上皆從之。《明世宗實錄》卷521（頁8528—8529）

◎嘉靖四十四年九月癸亥（1565.10.23）之前

四十四年九月，巡撫浙江劉畿議言：“寧波故設市舶以通貿遷，屬以近海奸民起釁，議裁革。今人情狃於近利，輒欲議復，不知沿海港多兵少，防範為艱，此釁一開，島夷嘯聚，禍不可測。”市舶之議遂寢。《敬

止錄》卷21《貢市考下》①

◎穆宗隆慶元年九月戊辰（1567.10.18）

裁革……寧波府市舶提舉吏目各一員……湖州、寧波二府各稅課司大使一員……奉化縣西店驛驛丞一員……杭州、右前、海寧、紹興、寧波、臨山、觀海、昌國、台州、海門、溫州十三衛各知事一員。《明穆宗實錄》卷12（頁0335）

◎隆慶二年正月己巳（1568.2.16）

兵部覆浙江撫按官趙孔昭等奏：“浙江水陸官兵應革者八千人，歲減兵餉銀一十四萬餘兩，止徵銀二十二萬兩有奇，以給存留官兵。又寧波既設海道副使，兵備事可以兼攝，其紹興兵備可省。令寧紹台分守參議移駐紹興，台州兵備僉事兼分巡三府。至於寧紹台參將，各防禦信地，仍聽總兵官居中調度。”上皆從之。《明穆宗實錄》卷16（頁0440）

◎隆慶三年二月丙子（1569.2.17）

巡撫浙江都御史谷中虛奏：“今浙江有總兵一人、參將四人。總兵專駐定海，止統水兵，而寧波陸兵則屬海道。每遇泛期，總兵出沈家門外洋防禦，而寧紹參將反駐臨山內地，是總兵號令僅行於一隅也。宜移寧紹參將駐舟山，專統水兵，遇警出沈家門外洋，與（加）〔嘉〕台溫參將交哨。總兵則駐定海，居中調度，以寧波陸兵一營充其標兵，各區將領俱聽節制。增紹興陸兵一營，以定海遊兵把總改駐臨山，統練防守。”從之。《明穆宗實錄》卷29（頁0755—0756）

◎神宗萬曆元年十二月戊辰（1574.1.14）

命侍郎汪鏜②宴待琉球國進貢陪臣。《明神宗實錄》卷20（頁0551）

---

① 《敬止錄（點校本）》，[明]高宇泰著，沈建國點校，第375頁。
② 汪鏜，鄞縣人，歷職翰林院編修、國子監祭酒、南京工部右侍郎、南京禮部右侍郎、禮部尚書。

◎萬曆四年二月戊寅（1576.3.14）

巡撫浙江都御史謝鵬舉言："寧波以倭患議設總兵控扼，乃標下陸兵僅八百，而中、正二哨水兵亦止二千二百餘。議增陸兵一千二百，并舊兵為二千，中、正二哨增沙舡及八槳舡各二十隻、叭喇唬舡四十隻，共加民耆、舵隊、兵夫一千四十名，軍隊兵五百二十名，悉聽總兵練守。"上從之，仍命查前撫谷中虛題准募兵，分撥寧波三總及民壯軍兵各一總，該府鄞衢、錢倉二處又協守營兵二總，則自親兵八百外，尚有額兵五總、協守兵二總，乃並不言及，豈各兵仍隸各道，抑或別有停革？倘得兵歸于將，不必增募尤便。即具奏以聞。《明神宗實錄》卷47（頁1068）

◎萬曆五年六月丁巳（1577.6.16）

先是，萬曆四年倭賊連艘突犯韭山、浪岡、漁山等洋，逼近定海。[①]道參督兵截剿，斬級七十三名顆。至是，按臣勘實參聞。命賞原任浙江巡撫謝鵬舉銀幣，原任海道副使劉翾、原任寧波知府周良賓等賞各有差。《明神宗實錄》卷63（頁1403）

◎萬曆九年十二月甲寅（1582.1.18）

先是，戶科給事中葉時新建議罷浙中募兵、併裁總兵、參將等官，兵部下撫按會議。至是，撫按吳善言等題稱："浙兵缺額過半，益以募兵，尚不滿舊。海寇叵測，防禦當周，理難遽罷。定海總兵及嘉湖參將俱不可裁。止裁總兵標下官兵四百八十餘名，定海、海寧把總各一員，歲省餉銀五萬八千餘兩。"部覆，允行。《明神宗實錄》卷119（頁2231）

◎萬曆十一年二月戊戌（1583.3.8）

詔浙江總兵移住省城。先是，以倭變始設總兵于定海。省城兵民兩變，巡撫張佳胤為請，故有是命。《明神宗實錄》卷133（頁2481）

---

① 按，《明史》卷322《外國傳三》云："其後，廣東巨寇曾一本、黃朝太等，無不引倭為助。……萬曆二年犯浙東寧、紹、台、溫四郡，又陷廣東銅鼓石雙魚所。三年犯電白。四年犯定海。"

◎萬曆十九年八月甲午（1591.9.18）

福建巡撫趙參魯①奏稱："琉球貢使預報倭警，法當禦之于水，勿使登岸。奸徒勾引，法當防之于內，勿使乘間。歲解濟邊銀兩，乞為存留。推補水寨將領，宜為慎選。至于增戰艦、募水軍、齊式廓、添陸營，皆為制勝之機，足為先事之備。"部覆從之。《明神宗實錄》卷239（頁4429）

◎萬曆十九年八月甲辰（1591.9.28）

浙江巡撫常居敬以倭奴警息，請備查險要、修理城垣、製造火器、揀選將領。仍將切要事宜列為三款：……一、于臨、觀二衛及定、昌二衛軍役，各選練一營以備協守。至舟山，越在海中，合于金、衢募精兵五百名，汛期調赴。其珠明、炎亭，合于溫處參將標下添設陸兵一總，于金鄉、盤石等衛挑選軍兵一總，以備策應。《明神宗實錄》卷239（頁4434—4435）

◎萬曆十九年十二月辛酉（1592.2.12）之前

萬曆辛卯歲，石星為兵部尚書，議東封復通市貢。遼東總制宋應昌主之，以書通政府，言其利。時沈文恭初入閣，力沮之，事得寢。

應昌書曰："應昌啓首，春聞東封已定，社稷之福。東封既定，必言貢市。昨疏中稍稍及之，乃昌素畫也。往歲擬於降表至後為請，不意表幾到而昌罷去。昌每念倭虜之市判若天淵，蓋虜以疲弱之馬，易吾有用之財。得其馬不得以供驅策，分給軍士，相繼而斃，乃以月餉扣償。虜勢日強，邊備日弱，以有限填無窮，坐困之道也。若倭所市金居強半，海外之貨皆中國所貴。吾民得之利且十倍，而吾民易去貨利又數倍。以故市舶之稅，歲幾百萬，自國初以迄弘正間皆然。總鎮之官特陳兵以威之，未聞有亂者。王值、明山等，俱中國甿隸，其勢窮迫，勾引海中亡命為擾，彼國不知也。邇來沿海之民尚思市舶，而長慮卻顧之士切齒互

－－－－－－－－

① 趙參魯，鄞縣人，隆慶五年進士，歷職戶科給事中、福建提學僉事、通政司左通政、刑部右侍郎、禮部左侍郎、南京刑部尚書、南京兵部尚書等。《明史》卷221有傳。

市，何者？北虜之市在官，害亦歸於官；東夷之市在民，利則官民共之。北虜歲市數百萬，我宜以一歲之需，養兵數十萬以壯邊聲，機有可乘，一大創之。況今民力日疲，年來虜已生心乎？倭則不然，越海而貢，我能制其死命；市稅無算，我可取以養兵。與其馳私通之禁而利歸於民，孰若統之重臣，使市舶之利亦歸於官？昌老矣，無能為用矣，匹夫受恩且猶思報，故不憚出婦之誚，白之台下，異日人言及此，惟台慈主持。"

春初，教及東事，對未詳。茲再承枉語，益加勤。門下東征，渠率四方，奉之進止，而為說乃爾，恐人遂和，敢布腹心。東事起時，言封、言貢、言市。既舉朝謂貢不可，則罷貢與市，而專言封，今門下復言市。夫市，貢之別名也。市如可，何貢而不可？然而必不可，僕請析之。來教言："倭虜之市若天淵，虜市無利倭市利，宜許。"夫中國之與虜市，非欲之也，誠畏之而以羈也。令欲與倭市者，得已乎，不得已乎？謂倭強於虜乎？僕以為倭不能及虜之百一，無畏也。中國之利，利在偃兵，何患乎無貨？而況海外貨，非衣食所急，不足為吾重。蕩蕩寰中，何物不有？詎資於一小島，彼算及秋毫，安肯以利輸我？彼則利吾，貨耳。吾何利於彼，而與之市？

來教又言："市舶之稅，歲幾百萬，自國初迄弘正間皆然。"此語未真也。市舶寧波事，而僕寧波人，未嘗聞向有百萬之利。利至百萬巨矣，充何輸將，作何費用，或入內帑，或留外庫，而寂寂未有聞也。但聞倭來，百姓有供給之苦，有送迎之苦；有司有防閑之苦，有調停之苦。市舶太監之徒，病民而與有司角，則有苦。倭來，館之城中，與民互易，任其出入而民不得高枕，官於此者，常不樂，思避去。尚幸其時國家威靈赫然，倭有犯，即一尉一候得撻之，然猶有嘉靖二年之變，殺一都指揮，縛一指揮以去。地方殘破，室廬焚爇，扶老攜幼，逃於山堅，一月而後定。先此，楊文懿嘗著書謂倭貢不可不絕，家誦之為名言，時不能從，而致此禍，又復不戒，有嘉靖末之禍。今人即不見嘉靖初事，然見嘉靖末時。向使倭不數貢，則彼不知海路之夷險，中國之虛實，武備之修弛，吏治之勤窳。彼不能收吾人為嚮導，不見吾扼塞要害、繁富充牣之所，安能鑿空犯濤而為禍？故歷考往牒，自開闢來，未有倭亂中國二三十年若嘉靖末之亟者，正以從前無貢，即貢未有如此之數，而獨數於今，故禍獨慘於今也。安危所繫，豈惟東南，奈何復言市乎？

來教言："王直、明山，俱中國氓隸，勾引海中亡命為擾，而彼國不知。"公尚謂曩之亂，特中國氓隸，而非倭耶？誰則信之？當是時，王直、明山勾引海中亡命及群倭之不逞者為亂，胡制府遣人責其君臣，而彼君臣謝不能制其國人，非不知也。夫不能制其國人，雖善之何益？然則不必市明矣。來教又謂："沿海之民尚思市舶，而長慮卻顧切齒於北之互市。"夫北市利害自當別論，今且言市舶。公言："倭越海而貢，我能制其死命；市稅無算，我可取以養兵。與其馳私逋之禁而利歸於民，孰若統之重臣，使市舶之利歸於官？"則所談市舶之利此矣。僕請竭吻無讓焉。夫欲制倭之死命，當于其未來，不當於其來。引之來而始制之，曷若禁其來而無待於制之為逸？公之意，本畏之而以為我能制其死命，虛言也。畏之而許，則他日之畏當愈甚，而吾之死命制於彼，持太阿予人而祈其不割難矣。僕以為倭越海而來不足畏也，即畏之，尤不當引其來而乞其無為害。畏虎狼者，必拒之，毋引之，此易喻喻也。且吾所以養兵，為備倭也，倭不來，兵庶乎可減；市倭則兵無減，而且增市倭之費矣。市倭必設市舶，必置重臣，費更無算矣。且公所謂重臣者為誰？文官耶，武官耶，中官耶？何為無故而添此一漏扈耶？凡此皆鄙鄉之所甚苦，嘉靖前苦重臣，嘉靖後苦倭。故禁海三四十年，而莫言市。執事獨謂沿海之民尚思市舶之利，此又虛言。僕海民也，未之前聞，而聞之自執事始，不亦怪乎？公昔在軍中，真贗互收，經權並用，戰亦可，和亦可，不必以一途取捷。即有誤失，人猶相諒。若為國家定萬年之畫，必不可毫釐誤失。僕又請終言之。談於公者，必曰倭貢市二百年，何今而不可？此不知時者也。國家所以致嘉靖之禍，正為許倭貢市二百年故也。僕前已陳矣，而今之時又異於昔。曩倭貢來海上，衛所言之府道，府道言之撫按，輾轉文移，逾一二月而後登涯。比遣酋入京還，寒暑易矣，而後東歸，故常一年在吾土。北邊之市，不過一二日去矣。倭之去，非若虜之易也。又曩時法行，文皇帝嘗獲倭，為銅甑烹之，就令倭烹者死，釁者繼，盡百餘倭，而縱其後一人歸言之。其威如此。自倭為難，刈吾人如草，有輕中國心。曩時倭不為亂，吾民亦不疑倭，自倭為難，吾民仇之刺骨，有疑倭心。曩時倭來，有司得加法，倭亦帖服。自倭為難，吾有司不陳兵不見，有不敢輕彼心。此數事不能如舊，則市不行。倭揚揚從海上來，吾之吏卒，將信其為貢市，縱之入乎？抑奮擊乎？既入，將館之城中，如故事乎？抑置之野外乎？將設兵陳衛、擊柝以守之，盤詰其出入而勿之縱乎？抑慢弛其防如舊時乎？有犯，有司能桎之、楚之如故乎？抑恐激怒啓釁，姑寬假乎？夫必期年然後去，數年之中，必有一年來而不能行吾法，寬假之，縱弛之，勢不能無為亂。即彼不為亂，而吾之民能無疑其為亂？以吾之疑，召彼之疑，疑復生疑，不亂不止。由此言之，無論詐來，即誠來，不可受；無論常來，即暫來，不可受。時也。如有不信，則僕有一言獻於公。公能從僕，僕不敢復言。必欲許倭市者，請毋市于寧波而於杭州。有船數艘，眾數千，留一歲所，賓之以禮不以兵，居之以城不以野。日供之不足，而有司毋以法制，聽之市，意滿乃去。方是時，即公能推誠待物，坦然高臥北窗下，嘯傲自若，恐公之兄弟子侄、親戚朋友、鄰里鄉黨，未必能一一坦然如公也，又恐部院司道下至於府衛州縣，未必一一坦然如公也。借欲令倭不以船數艘、眾數千，市不以歲月計而以日，地不必腹里而以海，則有雙嶼港覆轍在，不可行也。強而行之，當有兵衛之防，是群有司將吏日夜焦勞，得罷去，乃相慶無事。此孰與陳兵而殺之便？故凡言市者，未嘗深思其本末耳。向時倭五十三人橫行勾吳楚越間，至薄南都，莫敢誰何。旬月而後殲之。今縱數千倭入內地而不設備，此輩皆孝子順孫乎？海上兵邀而擊之易耳，舍此不擊，揖而登之堂皇閨闥，而兵則守于封鄙之外，倉卒有變，賊為主，兵為賓，譬之飲鴆于腹而索醫於遠，能及乎？策國者毋以僥倖，以僥倖者假息遊魂無復之之計也，焉有全盛之朝而以僥倖為長算？聖王制禦夷狄，自有常法。倭來以兵相見耳，奈何舍此不言，而言可已不已之語。僕素拙，不好辯，以國家安危不敢不言，幸諦思而慎發，豈直國家之福，亦執事無疆之福。

余發家日，石本兵定計封倭矣。余度封倭亦何害？而唯貢與市甚不可，未到京，先以書言之。在途聞小西飛已至，驅而入，即復言之，皆曰無許者。明年春，宋經略忽於辭恩疏中請貢市，以書通餘，無何，復極言，余曰："再來，非漫語也。今不言，後將噬臍。"乃作此箋。箋止答宋，未嘗泄。而頃之，石尚書來謝不敏矣。然議亦竟從此止。後宋哀其"朝鮮書疏"為《經略復國要編》，計八冊，遍遺三閣而不及餘。蓋憾云余謂其所親曰："吾為宋公造福而猶外我耶！"《敬止錄》卷21《貢市考下》①

◎萬曆二十年五月甲申（1592.7.4）

浙江巡撫常居敬言："浙兵素稱驍勇，去歲倭警，特汰老弱，募精壯，申嚴節制，一時將卒人人有滅賊心。如寧紹參將楊文等，聽用參將葉懂等，俱身經血戰，勇冠一時，願于所練各兵選一千名，令統赴寧鎮，為督臣衝鋒犄角之用。糧餉器械，俱臣措給上，以助兵討逆。"特嘉其忠，着該將官統赴殺賊。《明神宗實錄》卷248（頁4623）

◎萬曆二十一年七月辛酉（1593.8.5）

浙江巡按彭應參題："頃朝鮮用兵，兩師壓境。經略宋應昌令沈惟敬往來如織。及碧蹄一戰，我師長驅之氣已沮，倭奴請貢之詞愈傲，而經略代求之說愈堅。時臺省諸臣爭之甚力，隨奉不得輕許通貢之旨。臣切思倭奴通貢，斷不宜許。皇上可一言而決耳。今旨謂不得輕許，是明示以權宜可許之意也。及得當事手書，稱倭奴'碧蹄館一戰之後，畏威服罪，乞哀通貢，不出五月可了'。夫是役也，大將僅以身免，倭奴何畏

① 《敬止錄（點校本）》，[明]高宇泰著，沈建國點校，第375—378頁。

之有？而固乞哀求貢，豈真有心悔罪耶？不過經略以師出異域，久無成功，陰許通貢，速得倭奴回巢，歸朝敘功耳。臣竊計之，倭奴通貢，勢必自寧波入，而紹興、杭、嘉等處皆必經之地。臣恐地方驚擾，設備勞費。萬一乘便肆螫，則邊海重地、財賦奧區，其受荼毒，當不知何如烈也。此其害之在地方者。又思天下財賦，歲入不過四百萬。北虜款貢浸淫至今，歲費三百六十萬，罄天下之財僅足以當虜貢，所幸東南無事耳。倘倭貢之套再成，則自淮、揚、蘇、松、兩浙、閩、廣間，在在皆可開市，皆當禦備，而喜功黷貨之夫，又復簸弄其間，則東南市費當亦不減西北，此其害之在國家者。臣願皇上斷然不得許貢，不必調停兩可，開諸臣以藉口之隙。願輔臣、本兵各輸忠赤，毋過聽匪人自便之計。仍敕兵部，嚴諭經略諸臣，乘今六師既集、沿海有備之時，極力長驅，務令倭奴片帆不返。”下所司議。《明神宗實錄》卷 262（頁 4853—4855）

◎萬曆二十二年三月壬寅（1594.5.13）

總督顧養謙言東征始末，謂：“今日所難，不獨在倭情，而在朝議。當倭之敗平壤，沈惟敬先以封貢之說與倭媾，倭不為備，我兵出不意拔之。回媾以收其功，乘勝以堅其媾。然經略、提督雖用惟敬以成尚書之志，皆二臣功也。乃諸臣所以罪二臣者，則南北將領分為兩心，彼此媒孽，是以功是功罪淆耳。……”又言：“倭不待入貢而後熟我途徑，窺我殷富。如許之貢，當由寧波故道。若由對馬島通釜山，不獨延寇於朝鮮，而且習海道於天津矣。”又言：“倭果入犯，不必禦之於海而禦於陸，不試吾之所短，而用吾所長。兵可漸消，餉亦隨省，安能歲以九萬金供朝鮮？則劉綎之兵併可不留也。”……上嘉養謙用心，且曰：“倭使若止求封，不必疑慮。否則失信不在朝廷，然亦勿朦朧曲狥。”《明神宗實錄》卷271（頁 5036—5038）

◎萬曆二十二年五月戊寅（1594.6.18）

九卿科道奉旨會議倭事，尚書陳有年、侍郎趙參魯、科道林材、甘士價等則各具疏揭，總之以罷款議守為主，不得已而與款，猶當遵明旨守部議。……上以降敕事大，未可輕擬，還令顧養謙諭眾悉歸，查驗表文，如果皆實，即奏請處分。其一應防禦，督撫官加慎整理，若將吏有款後弛邊備者重處。餘依議。《明神宗實錄》卷273（頁5057—5058）

◎萬曆二十二年六月庚申（1594.7.30）

前是，總督顧養謙議開倭夷貢市於寧波。至是，巡視海道兵備副使吳洪洙歷就其言折之，極陳其害，謂宜亟寢。疏下部。《明神宗實錄》卷274（頁5077）

（萬曆二十二年）八月，養謙奏講貢之說，貢道宜從寧波，關白宜封為日本王，諭行長部倭盡歸，與封貢如約。《明史》卷320《外國傳一·朝鮮》（頁8294）

◎萬曆二十三年正月癸未（1595.2.18）

薊遼總督孫鑛[①]奏言："前臣建議及部覆皆稱'倭眾盡退，然後議封'，而倭將又稱'待使臣到，然後盡撤'。兵部既請旨特准與封，又奉旨令臣鑛整飭兵馬以防他虞。請先調海防營浙兵三千前往朝鮮協防，遣官宣諭倭眾在釜山者盡數退去，然後使臣齎誥冊往封竣，許同使臣具表謝恩。仍行福建巡撫衙門隨宜偵探沿海一帶，選將練兵，積糧治器，以備不虞。"兵部覆請，報可。《明神宗實錄》卷281（頁5190—5191）

◎萬曆二十三年二月乙卯（1595.3.22）

先是，總督孫鑛曾撰榜文，差官葉靖國同部差沈嘉旺等宣諭日本，責以倭眾盡數退還本島、不得因封求貢、又不得侵掠朝鮮三事。……鑛又以日本山城君見在，有文祿曆日可誣，而小西飛稱其已亡，皆種種可疑，即云退兵，焉知不詐伏近島以紿我，乃疏請仍調海防營兵與天津新

---

① 孫鑛，餘姚人，歷職太僕寺少卿、刑部左侍郎、兵部左侍郎、薊遼總督、南京都察院右都御史、南京兵部尚書等。

兵，兼增水兵預隄備，以俟便宜援剿，仍改封平秀吉為順化王。兵部尚書石星覆："冊封日本一事，業因議紛停寢，後因朝鮮國王代懇，荷皇上特旨予封，責臣星擔任，……乞遵成命如前，果倭情反覆，聽督撫便宜援剿。"詔從之。《明神宗實錄》卷282（頁5215—5216）

◎萬曆二十三年五月丙申（1595.7.1）

琉球國使者于灝等為世子尚寧請封。琉球故世奉正朔，自關白擾害欲臣之，世子不為屈，故于灝等來乞封。閩撫臣許孚遠代為請，禮科薛三才①以故事琉球請封必俟世子表請，若秖憑夷使而遽與之，似為大褻。禮臣范謙請遣官班封于福建省城，俟世子具表前來，然後許封，聽使臣面領。從之。《明神宗實錄》卷285（頁5290—5291）

◎萬曆二十三年七月庚子（1595.9.3）

庚子，朝鮮國王李昖以日本謝恩人船取道對馬島，經由本國，恐復起釁端，願依督臣顧養謙所議貢道，仍出寧波。而兵部尚書石星酷信沈惟敬之言，以為關白恪遵三事約束，計日焚柵，卷眾悉歸，不宜示以猜疑之端。詔從之。《明神宗實錄》卷287（頁5331）

◎萬曆二十三年九月庚午（1595.10.3）

朝鮮國王李昖，以……次子光海君李暉……請立為嗣。禮臣范謙……移文止之。至是，復以舉國臣民啟狀上陳，且引永樂年間本國恭定王例以請。事下所司，禮科薛三才參駁其非制，且不宜以播遷之餘，輕率立少，失宗社大計。《明神宗實錄》卷289（頁5347）

◎萬曆二十四年四月己未（1596.5.19）

兵科署科事徐成楚奏："倭之為中國患，久矣。顧今之倭，非昔之倭，則今之備，亦不當僅同于昔日之備。先年倭患多在東南，如永樂有望海

---

① 薛三才，定海人，歷職庶吉士、戶科給事中、兵科給事中、禮科給事中、湖廣按察使、宣府巡撫都御史、冀遼督保定等處兵部右侍郎、戎政尚書等。

塢之役，正統有桃渚、大嵩之犯，嘉靖有浙直閩廣之擾，彼其欲不過子女玉帛，其人不過鼠竊狗偷，我第以一二巖邑委之，然後邀其輜載，擊其墮歸，往往得志。"《明神宗實錄》卷 296（頁 5518）

◎萬曆二十四年閏八月癸酉（1596.9.30）

戶部題覆總督孫鑛議："朝鮮設防，以糧餉為先，欲將東昌五倉米豆共一十萬餘發用，又本部原發防倭銀一十二萬兩，以其半抵年例，餘暫留為朝鮮遇警應援之助。"《明神宗實錄》卷 301（頁 5646—5647）

◎萬曆二十四年十二月丙寅（1597.1.21）

薊遼總督孫鑛奏："朝鮮國王咨稱關白，因朝鮮不遣王子致謝，復欲興兵清正，等今冬過海大兵明年調進，乞要先調浙兵駐劄要害，以為聲援。"章下兵部。《明神宗實錄》卷 305（頁 5706）

◎萬曆二十五年二月戊寅（1597.4.3）

兵部覆總督薊遼都御史孫鑛奏："原議調發薊鎮南兵二千石，但部伍不敷，難以遠發。議照先年戚繼光伍法，共選三千七百八十五員名，以原任副總兵吳惟忠領之；原議遼兵三千名，今議再加挑選，以原任副將楊元領之。遼海參政楊鎬監督二將，刻期前往，以救朝鮮。"得旨允行。《明神宗實錄》卷 307（頁 5744）

◎萬曆二十五年九月壬辰（1597.10.14）

大學士沈一貫①疏陳戰守事宜，言："為天津、登萊計者，但曰催督保定、山東巡撫移駐防守。……臣生長海上，頗知倭情。倭長于陸，吾長于水，與倭戰于水，則得算在吾，其勝十九；與倭戰于陸，則勝負尚未可知。……以臣之愚，使兩巡撫分為之，不如使一巡撫專其事，……請于天津、登萊沿海居中處所設立一巡撫，率總兵、兵備、參游，總轄海道，北接遼東，南接淮安，首尾相應。多調浙直閩廣慣戰舟師，相度

_____

① 沈一貫，鄞縣人，歷職翰林院庶吉士、禮部右侍郎、吏部左侍郎、大學士。

機宜，進剿釜山、閑山及對馬島，救援朝鮮，有五便焉……”疏入，上答曰：“卿言天津、登萊設立巡撫，專管海務，以圖戰守，具見經國遠猷，深合朕意。該部即便議行，并推熟練兵事者以聞。”《明神宗實錄》卷314（頁5867—5870）

◎萬曆二十六年正月庚子（1598.2.19）

庚子，大學士沈一貫條上山東墾荒事宜，大略謂：“該省甫一防海，輒告不足，此豈無土哉，無人故耳！該省大抵地廣民稀，而迤東海上尤多拋荒，宜令巡撫選廉幹官，查覈頃畝地數，多方招致能耕之民，報名承佃，嚴緝土人，毋阻毋爭。拋荒積逋，一切蠲貸。為之編戶，籍分里甲，務令新附之民相安。又為之疏濬溝渠，內接漕流，使四方舟車之利輻輳。不出數年，自稱富庶矣。且聞江北畿南可墾甚多，又不特山東為然也。”疏上，上嘉納。《明神宗實錄》卷318（頁5923）

◎萬曆二十七年正月丁未（1599.2.21）

大學士沈一貫奏：“近日朝鮮贊畫丁應泰有疏詆切東事。臣惟東倭發難，已經七年，一旦蕩平，……十萬將士披堅執鋭，萬里遠征，其勞不可泯也。若據奏賂倭賣國，則將士皆當有罪，不得言功矣。此十萬人者，……一旦失其所望而又加之以罪，竊恐人心忿怨，不可強制，萬一激變為梗，是一倭去而一倭生，……今日之事，似宜務從寬厚，溥加恩澤，以慰士卒久勞之心，以平各官相持之情。若牽連無已，恐致誤國。”不報。《明神宗實錄》卷330（頁6109—6110）

◎萬曆二十七年閏四月丁亥（1599.6.1）

丁亥，大學士沈一貫題：“昨日皇上以平倭詔天下，滿朝臣子莫不舉手而相慶，亦莫不動色而相勖。蓋是役也，關白雖黠，不過一人奴耳；群類雖繁，不能當我一大郡也。蝥僅中於一隅，師遂勦于七首，數百萬之裹糧，六七年之奔命，東功之成，天幸不至之絕耳。痛定思痛，至今思之，不能不為之慄。……今日舉朝忠計，咸謂國家之武功雖若可觀，而文治實多闕失，如礦稅擾民太甚，閭閻民不聊生。盜賊日夜窺伺，而有竊發之虞；守臣竭力補苴，而有難支之勢。……自古蕩析播遷之禍，皆從上下不均、民心好亂而起，可不畏哉！伏望皇上……夙夜慄慄，常如倭患未平之時，而不少怠荒。社稷幸甚。"《明神宗實錄》卷 334（頁 6183—6184）

◎萬曆二十九年十一月己酉（1601.12.9）

浙江巡撫劉元霖上海防事宜："一、重將權。謂浙省總兵駐劄定海，控制杭、嘉、溫、台等處，近來徒擁虛名，各區官兵不復知有大將。議令申明職掌，嚴立約束。一、設遊兵。定海原設遊兵一枝，以都指揮一員統之，近因承平裁革，宜照先年規制，添設遊兵二枝，約計三千，駐治定海，聽撫鎮節制，以備緩急。"兵部覆請，從之。《明神宗實錄》卷 365（頁 6828）

◎萬曆三十七年九月辛卯（1609.10.10）

倭至昌國，參將劉炳文不敢擊，復匿不以報，遂至溫州麥園頭燬兵船，抵蝦飯灣登岸殺我兵。溫處參將王元周一無所防。詔以元周革任聽勘，炳文降調，總兵楊宗業、該道常道立各罰俸。《明神宗實錄》卷 462（頁 8719）

◎萬曆三十七年十月乙亥（1609.11.23）

乙亥，兵科給事中朱一桂以倭之直犯台、溫也，曾經定海，居民惶竄，浙江總兵楊宗業聲言出剿，反酣飲普陀巖上，坐視賊舟被風衝突，以致有此。劾罷之。《明神宗實錄》卷 463（頁 8743）

◎萬曆三十九年十二月庚寅（1612.1.27）

朝鮮國奏獲民人張亨興等十七人，中有洪駝者，即前細嶼島作賊船工，而亨興等似前來往海上、節行細嶼島搶劫之人。且稱水賊之擾，近年滋甚，時或捕獲，皆稱上國人民，不敢擅戮。海洋之警，曾無寧息。接年五次解來漂海人犯，甚為屬國之擾。兵部覆議："亂生有階。如嘉隆間倭寇，因閩浙沿海奸徒與倭為市，而寧紹大姓陰沒陽設為主持，遂使淮揚以南至於廣海靡不殘破。使蚤聽給事中夏言、撫臣朱紈之疏，預防其始，則宋素卿、王直、陳冬、徐一本、許恩之輩，安得以中國之民而挾倭為難哉？今此輩扞罔，即遠屏以禦魑魅，情理俱當，合將張亨興等解發延綏巡撫衙門，填實邊堡安插。庶奸民知儆。"從之。《明神宗實錄》卷 490（頁 9225）

◎萬曆四十年六月戊辰（1612.7.3）

仍增通倭海禁六條。撫臣以盤獲通倭船犯併擒海洋劇盜，奏言："防海以禁通倭為先，而閩、浙寔利倭人重賄，遂至繩繩往來為倭輸款，嘉靖間王直等勾倭之餘烈可鏡也。臣檄行文武官密為緝訪，亡何，金齒門、定海、短沽、普陀等處屢以擒獲報至。杭之慣販、日本渠魁如趙子明輩，亦併捕而置之理。累累多人，贓真證的。但往者通番律輕，人多易犯。乞敕法司將前項走倭者、出本者、造舟與為操舟者、窩買裝運與假冒旗引者，以及鄰里不舉、牙埠不首、關津港口不盤詰而縱放者，併饋獻倭王人等以禮物者。他如沙埕之船當換，普陀之香當禁、船當稽，閩船之入浙者當懲。酌分首從，辟遣徒杖，著為例。"部覆如議以請，上是之，并諭新定條例與舊例並行，永為遵守。仍著撫按官刊榜曉諭，有違犯的，依例重處，不得縱容。《明神宗實錄》卷 496（頁 9340—9341）

◎萬曆四十年七月己亥（1612.8.3）

福建巡撫丁繼嗣[①]奏："琉球國夷使柏壽、陳華等執本國咨文，言王已歸國，特遣修貢。臣等竊見琉球列在藩屬，固已有年，但邇來奄奄不振，被繫日本，即令縱歸，其不足為國明矣。況在人股掌之上，寧保無

---

① 丁繼嗣，鄞縣人，歷職兵部員外郎、湖廣兵備參議、福建左布政使、巡撫福建右僉都御史等。

陰陽其間？且今來船隻，方抵海壇，突然登陸，又聞已入泉境，忽爾揚帆出海，去來倏忽，迹大可疑。今又非入貢年分，據云以歸國報聞，海外遼絕，歸與不歸，誰則知之？使此情果真，而貢之入境有常體，何以不服盤驗，不先報知而突入會城？貢之尚方有常物，何以突增日本等物于硫磺、馬布之外？貢之齎進有常額，何以人伴多至百有餘名？此其情態，已非平日恭順之意，況又有倭夷為之驅哉！但彼所執有詞，不應驟阻以啟疑貳之心，宜除留正使及夷伴數名，候題請處分，餘眾量給廩餼，遣還本國，非常貢物，一併給付帶回，始足以壯天朝之體。"因言閩中奸民視倭為金穴，走死地如鶩絕，興販以杜亂萌，又今日所宜亟圖。《明神宗實錄》卷497（頁9363—9365）

◎萬曆四十年八月丁卯（1612.8.31）

兵部言："倭自釜山遁去十餘年來，海波不沸。然其心未嘗一日忘中國也。三十七年三月，倭入琉球，虜其中山王以歸。四月，入我寧區牛欄，再入溫州麥園頭。五月，入對馬島。……三十八年閏三月，薄我寧區壇頭，又兩遣偽使覘我虛實。……閩乃與浙東寧區、定海、舟山、昌國等耳，我之備倭當又有處矣。……大約倭奴之襲朝鮮、琉球者，乃關白時事。而尋常入寧區牛欄、溫麥園頭等處，皆中國之奸民購倭中之亡賴者。"《明神宗實錄》卷498（頁9385—9388）

◎萬曆四十一年二月丁未（1613.4.8）

巡撫福建右僉都御史丁繼嗣疏陳防海七事："一、擇用水將。……一、督造戰艦。……一、調守要區。……一、移防險塞。……一、改設客兵。……一、團造藥器。……一、建復土堡。……宜檄行各縣，曉諭軍民，多置土堡，倘有外侮，彼此相援，真閩海久長之計也。"下部議可，悉允行之。《明神宗實錄》卷505（頁9598—9600）

◎萬曆四十一年十月乙酉（1613.11.12）

浙江嘉興縣民陳仰川、杭州蕭府楊志學等百餘人，潛通日本，貿易財利，為劉總練、楊國江所獲。巡按直隸御史薛貞覈狀以聞，因請申飭越販之禁：“……一.江南與浙之定海、楚門、石塘、石浦、馬墓等處，江北之通州、如皋、泰州、海門等處，互相往來，是在一體禁戢，使浙江之船不得越定海而抵直隸，江北之船不得越江北而走浙江，則通倭無路，而鄰國不至為壑矣。”下部，議可，從之。《明神宗實錄》卷513（頁9689—9690）

◎萬曆四十二年十一月丙寅（1614.12.18）

兵部題覆：“麥園頭之失事也，賊不過海外失風，偶爾飄至，非必蓄意犯順者，而兵怯將懦。初至昌國，而劉炳文匿不報矣；繼越台海，達溫區，而參將王元周、游哨王明翼、陳夢斗，若罔聞知矣；繼抵麥園頭，而張惟智且率兵，陳耀、林雲、董期等乘舟而遯，陳師武又坐不救矣。問誰統張惟智，則劉鎧也；誰守蝦蚨灣，則陳希道也；誰當禦之于水而不令縱之于陸，則安光世也。先該浙江巡撫高舉等題參本部覆奉依欽，行令，按臣勘問。今據勘問明白，除劉炳文已經參題降用外，合將陳耀、林雲俱以臨陣先逃應斬，劉鎧、安光世、陳希道應戍，王元周等以下永錮。杖贖有差，仍著為令，以重偵探之法。”依擬。《明神宗實錄》卷526（頁9895—9896）

◎萬曆四十四年十一月癸酉（1616.12.14）

兵部署部事左侍郎魏養蒙覆浙江道將禦倭功罪。先是，巡撫浙江右僉都御史劉一焜奏，略謂：倭以大小船二隻犯寧區海洋，一戰乘風而去。其犯大陳山姆嶴亦二船耳，把總董養初領四十餘船，雖互有殺傷而醜類未殲也。及倭自寧、台追逐出洋，畢集于溫，大船六，小船廿餘，夜懸燈鼓吹，以遇南麂。我兵連艟死戰，繼以火攻，而反自焚。即哨官翟有慶焦頭爛額，捕盜王宗岳扶傷割級，何救于失事哉？三盤聞南麂之急，橫海赴援，倭以馬快船直搗其虛。游兵遊擊尹啓易等衝鋒犄角，頗有斬獲，而官軍之陣亡者、重傷者亦略相當，倭船竟遯深洋矣。蓋倭以五月初一日入，以廿一日遯，此三區外洋禦敵之情形，而各總哨功罪之定案也。于是兵部疏言："浙地海濱，所在防倭。溫、台、寧三區俱屬要衝，雞籠、淡水二島正對南麂，尤當日夕戒嚴者。第自麥頭園入犯之後，已踰七載。地方苟幸無事，武備漸懈弛。今倭船分犯，狡謀叵測，賴當事諸臣嚴加策勵。在寧區則夾攻擊于五罩，在台區則攻圍于大陳，在溫區則兩犯南麂。一戰三盤，始而兵夷舟燬，罔能取勝，繼幸鳥驚魚駭，聊且旋師。總之，一倭不入內地，固諸臣籌畫悍禦之多方，而數戰仍縱惰歸，實各將智愚勇怯之異致。松海把總董養初宜罰俸半年，金盤把總李耀祖宜革任回衛。其道將等各官應否敘錄，行巡按御史覈實具奏。"從之。《明神宗實錄》卷551（頁10417—10418）

◎熹宗天啓元年十一月丙辰（1621.12.31）

禮科給事中李精白言："……應少則罪歸于內，求多將害移于國。在在驛騷，處處漁竭。浙兵一嘩定海，再嘩寧波，幾成大釁。"《明熹宗實錄》卷16（頁0804）

◎思宗崇禎元年十月丁酉（1628.11.5）

丁酉，兵部覆浙江撫臣張巡登《海寇情形疏》，言："鄭芝龍雖就撫于閩，而餘黨猶流毒于浙。昌國被其攻圍，官船被其燒毀，猖獗之勢，莫可嚮邇。所幸將士用［命］，勠力協攻，蠢此么麼，兇鋒稍戢。然鍾、閆三賊雖曰遯回，而周三老尚伏台之大陳山，且慾借倭兵而復仇。賊勢既分，賊心必二。若不乘此剿滅，必致滋蔓難圖。撫臣議申嚴氾海之禁，建威銷萌之意也。議復崙山台之守，據險阨要之法也。溫、台、象原係比鄰之地，休戚相共，合三區而調度，所以連率然之勢也。閫外之事，原不可以遙制，況撫臣親在行間，督率將士，履險蹈危，嚴稽核以杜其欺，信賞罰以作其勇，情形洞悉，劈畫皆宜，諸所條陳，如發兵必合三區，防汛須兼六月，賊不用撫而用剿，不用合而用分，機宜悉協，皆當逐一舉行。閩撫亦當嚴諭芝龍，令其擒賊自效。"《崇禎長編》卷 14（頁0776—0777）

◎崇禎五年十一月己亥（1632.12.16）

己亥，浙江巡按蕭奕輔疏報劇賊劉香老糾眾近萬，聯艅二百餘，入犯寧、台、溫一帶，近海地方同時告警。《崇禎長編》卷 65（頁 3758）

◎崇禎五年十一月戊申（1632.12.25）

戊申，蘇松巡按林棟隆上言："閩寇劉香老，百艘萬眾，乘風突犯寧波沿海一帶，殘毀甚慘，且直入內地，攻犯昌國、石浦二城，總哨被戕，戰艦蕩為灰燼，海濱無復居民。所幸北風大作，鹵掠以去。……夫寧波，固兩浙之門戶，而蘇松與浙又信宿可通。臣今奉命按吳，唇齒之邦，隱憂均切。為今之計，協剿宜先。……定海關稅苛刻，使商民交病，生計日蹙，則禁奸恤民又不可不加之意也。若普陀叢林，每為賊窟，嘉靖間嘗火其廬，徙像於招寶，今日久禁弛，大盜仍往來其中，召寇兵而齎盜糧，莫此為甚。即勢或不能盡燬，當如嘉靖故事，復加禁約，不許徑達普陀，庶奸宄無所藏匿，豈非防患至計哉？又有沙船往來於蘇松、兩浙之間，有貨則裝載，無貨則剽劫，名曰沙賊。浙之臨山、觀海，每受其害。臣謂巡鹽之兼轄兩浙者，控制最易。當移檄兩地守巡將領，嚴為防探，并力擒捕，使南北之寇聲息不通，是防越亦以防吳，尤當亟為嚴飭也。"章下所司。《崇禎長編》卷 65（頁 3770—3772）

（二）清代

◎世祖順治二年六月庚辰（1645.7.22）之前

六月，授平南將軍，鎮浙江。遇恩詔，加拖沙喇哈番。明魯王以海及其臣阮進、張名振屯舟山，礦與梅勒額真吳汝玠等率兵自寧波出定海，會總督陳錦破獲進於橫洋，遂克舟山，名振擁以海出走。《清史稿》卷231《金礦傳》（頁9345）

◎順治五年八月甲辰（1648.9.28）

甲辰，解浙江紹興總兵官吳學禮任，以其防禦不嚴，致海寇突犯餘姚故也。《清世祖實錄》卷40（頁318）

◎順治八年十二月壬申（1652.2.8）之前

浙江東南境瀕海者，為杭、嘉、寧、紹、溫、台六郡，凡一千三百餘里。……論防外海，則定海縣與玉環廳皆孤峙大洋。定海為甬郡之屏藩，玉環為溫、台之保障，尤屬浙防重地。定海之東，其遠勢羅列者，首為海中之馬蹟山。……清初平定浙江後，沿明制嚴海防。順治八年，令寧波、溫州、台州三府沿海居民內徙，以絕海盜之蹤。《清史稿》卷138《兵志九·海防》（頁4109）

◎順治十二年十二月己卯（1656.1.25）之前

十二年十二月，命與寧海大將軍伊爾德率師徇浙江，擊斬明魯王將王長樹、王光祚、沈爾序等。與伊爾德自寧波航定海，分三路進攻，敵萬餘，列舟二百，戰敗；逐之，至衡水洋，斬思六禦，獲其將林德等百餘人，遂克舟山。《清史稿》卷233《葉臣傳》（頁9387）

明魯王以海與其將阮進等據舟山，……十二年，上授伊爾德寧海大將軍，率師討之。……自率師攻寧波，乘舟趨定海，分三道並進。……追至衡水洋，斬六禦等，遂取舟山。《清史稿》卷235《伊爾德傳》（頁

9439）

◎順治十三年六月丁酉（1656.8.10）

裁浙江寧波、台州、溫州、紹興、處州、海寧、昌國、松門、海門、金鄉、定海、臨山、觀海、磐石各衛經歷。《清世祖實錄》卷102（頁791）

◎順治十七年十二月丙申（1661.1.15）

山西道御史余緒奏言：“浙省三面環海，寧波一郡尤孤懸海隅。往時以舟山為外藩，設師鎮守，俾賊不敢揚帆直指，策至善也。邇來行間諸臣，忽倡捐棄之議，倘形勝之地，逆賊一旦據而有之，非近犯寧波，則遠窺江左，為慮匪輕。應設一忠勇之將，重其事權，隨機措置，更徙內地之兵，增益營壘，以固疆圉。至杭、紹兩境相對處，地名小門，其間江流狹隘，若於此嚴設防戍，安置砲臺，令賊舟不能溯江入犯，則會城永無風鶴矣。”疏下部議。《清世祖實錄》卷143（頁1101—1102）

◎順治十八年六月乙酉（1661.7.3）

乙酉，浙江總督趙國祚疏言：“科臣姚延啟條奏：沿海之地應照邊俸陞轉。今台屬之臨海、黃巖、太平、寧海，溫屬之永嘉、樂清、平陽、瑞安，寧屬之鄞縣、奉化、定海、象山，俱作邊俸。其三郡之道、府、廳各官，請一體照邊俸陞轉。”從之。《清聖祖實錄》卷3（一，頁70）

◎聖祖康熙三年八月甲戌（1664.10.4）

甲戌，浙江總督趙廷臣疏報：“逆渠張煌言盤踞浙海多年，其下偽官節次招降，獨張煌言抗不就撫。……臣即馳赴定海，會商水陸提督哈爾庫、張傑，分遣將士、配坐船隻，由寧、台、溫三路出洋搜剿，毀其賊巢，殲其餘黨……至七月二十日……知張煌言見在懸山范嶴……乘夜進一小港，從山後覓路。突入帳房，遂擒張煌言及其親信餘黨。……三省出沒之渠逆，一旦生擒；凡經過寧、紹、杭各府百姓，聚觀如堵。從此奸宄絕跡，海宇肅清，共仰天威震疊矣。”《清聖祖實錄》卷13（一，頁196）

◎康熙七年十二月甲午（1669.1.31）之前

范承謨，字覲公，漢軍鑲黃旗人，文程次子……康熙七年，授浙江巡撫。時去開國未久，民流亡未復業，浙東寧波、金華等六府荒田尤多。總督趙廷臣請除賦額，上命承謨履勘。承謨遍歷諸府，請免荒田及水衝田地賦凡三十一萬五千五百餘畝。《清史稿》卷 252《范承謨傳》（頁 9723）

◎康熙三十七年十二月庚午（1699.1.30）之前

英吉利在歐羅巴西北。清康熙三十七年置定海關，英人始來互市，然不能每歲至。《清史稿》卷 154《邦交志二·英吉利》（頁 4515）

◎康熙四十七年正月庚午（1708.2.13）

四十七年戊子春正月庚午，浙江大嵐山賊張念一、朱三等行劫慈溪、上虞、嵊縣，官兵捕平之。《清史稿》卷 8《聖祖紀三》（頁 272）

◎康熙四十九年九月辛亥（1710.11.10）

諭大學士等："奉天將軍嵩祝奏報：錦州邊海之處有洋賊二百餘人上岸搶劫，經防禦官兵殺死洋賊三十六人，擒獲一人，詢知賊首鄭盡心係浙江寧波府人。見今冬季正遇北風，餘賊逃遁者，必乘風自東南方去。……此番之賊，原欲劫糧，因巡哨兵弁奮力殺之，故皆敗走。總之，洋賊惟仗行劫，若地方官實心防禦，使洋賊不得行劫，則船中無糧，必飢餓而死矣。"《清聖祖實錄》卷 243（三，頁 417）

◎康熙五十一年十二月丙寅（1713.1.13）

先是，上命御史陳汝咸[①]出洋招撫海賊陳尚義等。至是，陳汝咸摺奏海賊陳尚義等皆已投順。上傳示諸王、貝勒、貝子、公、大臣等知之。《清聖祖實錄》卷 252（三，頁 500）

---

① 陳汝咸，鄞縣人，康熙三十年（1691）進士，歷職通政使司參議、大理寺少卿等。

◎世宗雍正八年二月甲子（1730.4.12）

甲子，移浙江寧波府同知駐鄞縣之大嵩，定海縣岑港（司巡檢）﹝巡檢司﹞駐岱山，鄞縣四明驛驛丞駐江干；添設定海縣沈家嶼巡檢一員。從浙江總督李衛請也。《清世宗實錄》卷91（二，頁227）

◎高宗乾隆九年二月戊寅（1744.4.12）

浙江巡撫常安奏："查勘寧波府沿海地方，更坐戰船，駕入海洋，抵鎮海縣。復由鎮海抵定海，巡視海面。凡涉外洋之山，最易藏奸，雖膏腴沃衍之區，必須嚴行飭禁，毋許開墾、採捕、煎燒等類，以滋事端。"得旨："所奏俱悉。汝如此勤於王事，衝冒風濤，不無勞頓否？"《清高宗實錄》卷211（三，頁719）

◎乾隆十年十二月丁巳（1746.1.11）

工部議准："閩浙總督馬爾泰等覆奏：查明浙屬除向無城垣及現在堅固並尚可緩修者，無容置議外，其沿海近海之平湖、鄞縣、慈谿、奉化、鎮海、象山、山陰、會稽、臨海、寧海、太平等十一縣，城垣緊要，應即修理。"從之。《清高宗實錄》卷255（四，頁304）

◎乾隆十三年十一月庚辰（1749.1.18）前

閩浙總督喀爾吉善議奏："浙省額設水艍、趕繒、大戰船，應否照閩省例分別裁改，廷議令詳悉具奏。查雙蓬、快哨等船，利於淺水，不能施之大洋；水艍、趕繒等船，利於大洋，不能施之淺水。浙省未若閩省洋面之大，然浙省大號戰船止五十六隻，較之閩省，未及三分之一。定海鎮洋面最大，額設一十七隻，次黃巖八隻，溫州七隻，此三處皆洋艘要道，防守巡徼，非大艦兵眾，難資捍禦。此外，瑞安協四隻，為巡防南麂一帶大洋；玉環營三隻，為三盤大洋；象協昌石汛二隻，為南韭大洋；鎮海營二隻，為蛟門、七姊妹、東霍、西霍大洋；提標左營二隻，為統巡各洋；乍浦綠旗營二隻，為黃盤大洋；皆有因而設。其滿營九隻，係滿洲甲兵操演水師之用,與綠旗所設情形不同。均難裁改。"報聞。
《清高宗實錄》卷329（五,頁473）

◎乾隆十九年十月乙卯（1754.11.23）

建浙江象山縣趙嶴巡檢衙署,從巡撫周人驥請也。《清高宗實錄》卷
474（六,頁1127）

◎乾隆二十年十二月戊辰（1756.1.30）之前

二十年,來寧波互市。時英商船收定海港,運貨寧波,逾年遂增數
舶。旋禁不許入浙,並禁絲觔出洋。《清史稿》卷154《邦交志二‧英吉利》
（頁4515）

◎乾隆二十一年閏九月乙巳（1756.11.2）

又諭:"據楊應琚奏,粵海關自六月以來共到洋船十四隻。向來洋船
至廣東者甚多,今歲特為稀少。查前次喀爾吉善等兩次奏有紅毛船至寧
波收口,曾經降旨飭禁,並令查明勾引之船戶、牙行、通事人等,嚴加
懲治。今思小人惟利是視,廣省海關設有監督專員,而寧波稅額較輕,
稽查亦未能嚴密,恐將來赴浙之洋船日眾,則寧波又多一洋人市集之所,
日久慮生他弊。著喀爾吉善會同楊應琚,照廣省海關現行則例,再為酌
量加重,俾至浙者獲利甚微,庶商船仍俱歸嶴門一帶,而小人不得勾串
滋事,且於稽查亦便。其廣東洋商至浙省勾引夷商者,亦著兩省關會,
嚴加治罪。"《清高宗實錄》卷522（七,頁582）

◎乾隆二十一年十月乙亥（1756.12.2）

兵部議准:"閩浙總督喀爾吉善等奏稱:浙江紹興協,原隸寧波定海
鎮轄,嗣於雍正七年改隸黃巖鎮。查自紹至黃,陸路七百餘里,至寧僅
水路一百餘里。現在杭、嘉、湖三協俱隸寧波提督轄,由寧至杭,必經
紹協,應即歸併提督管轄。"從之。《清高宗實錄》卷524（七,頁607）

◎乾隆二十四年六月丙子（1759.7.21）

諭軍機大臣等："據莊有恭奏'本年五月，有紅毛嗉咭唎夷商船隻，欲開往寧波貿易，現飭文武員弁，嚴諭該商船仍回廣東貿易，不許逗留'等語。番舶向在粤東貿易，不許任意赴浙，屢行申禁。乃夷商既往廣東，藉稱生意平常，復欲赴寧波，為試探之計，自不可不嚴行約束，示之節制。著將原摺鈔寄李侍堯閱看，令其傳集夷商等，申明示禁，庶夷情自肅，而榷政益清。至其中或更有浙省奸牙，潛為勾引，及該商希冀攜帶浙貨情事，應並諭莊有恭委妥員留心察訪，以杜積弊，但不必張皇從事可耳。"《清高宗實錄》卷589（八，頁551）

六月……丙子，英吉利商船赴寧波貿易，莊有恭劾之。諭李侍堯傳集外商，示以禁約。《清史稿》卷12《高宗紀三》（頁448）

二十四年，英商喀喇生、通事洪任輝欲赴寧波開港。既不得請，自海道入天津，仍乞通市寧波，並訐粤海關陋弊。七月，命福州將軍來粤按驗，得其與徽商汪聖儀交結狀，治聖儀罪，而下洪任輝於獄。旋釋之。《清史稿》按154《邦交志二·英吉利》（頁4515—4516）

◎乾隆二十四年八月己丑（1759.10.2）

八月……己丑，申禁英吉利商船逗留寧波。《清史稿》卷12《高宗紀三》（頁448）

◎乾隆三十二年閏七月丙午（1767.9.7）

閩浙總督蘇昌、浙江巡撫熊學鵬奏覆："臣接准兵部咨議，浙省沿海船隻應行嚴密巡防一案。……惟查附近定海縣衢山之倒斗嶴、沙塘、癩頭嶼、小衢山等處，查屬禁地，但每年春冬漁期，有暫時搭披貯鯗貿易。又寧海縣之金漆門、林門二處，每當漁汛時，亦有暫時搭廠貿易之人。海洋關係綦重，自應嚴密巡防，所有搭披貿易漁船，應令各將弁查明執照，於何日搭廠、何日徹回之處，一一造冊稟報，加意巡察，毋使在地滋匪。"《清高宗實錄》卷790（十，頁703）

◎乾隆四十二年八月丁未（1777.9.15）

諭軍機大臣等："……浙省迤東各府，濱臨大海，北接江蘇，南連福建，重洋浩淼，向多匪徒劫奪之案，皆由濱海捕魚船隻，糾夥出洋，本無貲本，遇有貿易商船，因而肆行劫奪。且鎮海、定海二縣洋面，產魚甚多，鄰省漁船雲集，多致逗留滋事。……此等出洋捕魚船戶，皆無籍貧民。或於洋面遇見商船，乘便肆劫，事所常有。但伊等所劫貨物，海面自無從貨售隱匿，必須帶回內地，潛行銷賣。守口官弁，果於漁船進口時，查對冊檔各船所攜物件，此外如有多餘貨物，即嚴為盤詰，其行劫與否，無難立辨。皆由地方文武，不能實力盤察查拏，匪徒遂無所顧忌，此皆員弁等怠玩因循所致。……又閱三寶所奏'自乾隆三十八年到任至今，歷年緝獲盜犯共三十九名，而今歲半年之間，洋面報盜已有五案，似係近時巡緝海洋之武職各員，不及從前之認真'。定海、黃巖、溫州濱海各處俱有總兵，鎮守乃其專責，而浙江提督駐劄寧波，地近海洋，稽查亦易，何以任憑賊船橫行若此？或係該提督及各鎮等不以事為事，所屬將弁遂視巡海為具文，亦未可定。著傳諭鍾音、三寶，查明該提鎮等平日辦理如何，即行據實覆奏，毋得稍為瞻徇。"《清高宗實錄》卷1038（十三，頁914—915）

◎乾隆四十四年六月丙子（1779.8.5）

又諭："據三寶奏：浙江黃巖鎮總兵弓斯發稟稱，有寧波烏艚船與閩船在一江山洋面地方角毆，致斃閩人多命一案。又，蔡葵在臨海縣呈控伊叔蔡普良造有漁船出口，被寧波船斧劈棍毆，致斃一十六命一案。又，把總顏得瓏在洋面巡察，有外洋駛來船隻，載有婦女，前往查問，不意閩民聚集多人，夥同毆辱弁兵，把總顏得瓏被割髮辮，兵丁受傷等情。此案同日亦據王亶望奏到。海洋重地，奸徒膽敢聚搶毆劫，傷斃多命，甚至有不服盤查、聚眾毆傷弁兵之事，不法已極。此等重案，層見疊出，皆係地方文武平時約束不嚴所致。三寶身任總督，統轄兩省文武。著傳諭該督即速飭員，據實確查，將怠玩之文武員弁嚴行參處，以示懲儆。至毆搶抗官三案，俱在浙省地方，即著王亶望就近查拏各犯，嚴行究審，從重定擬，多辦數人，俾凶頑知儆，以靖海疆而肅法紀。"《清高宗實錄》卷 1085（十四，頁 580）

◎乾隆四十七年六月丁丑（1782.7.21）

福建巡撫雅德奏："琉球國難番伊波等二十四人，駕船裝載米布，於上年七月十二日自八重山開行，八月初放洋，遇風吹斷桅篷，漂至浙江寧海縣。經該營救護，照例撫恤，護送來閩。於今年四月初五日進口，當經安插館驛，每人日給米一升，鹽菜銀六釐。回國日，各給行糧一月。並於進貢船內，搭裝原載貨物回國。"《清高宗實錄》卷 1158（十五，頁 511—512）

◎乾隆五十二年十二月癸亥（1788.2.6）之前

覺羅琅玕，隸正藍旗。……乾隆五十年，召授刑部侍郎。逾年，授浙江巡撫。五十二年，大兵剿臺灣林爽文，琅玕儲穀二十萬石於乍浦、寧波、溫州，由海道輸運，高宗嘉之。《清史稿》卷 358《覺羅琅玕傳》（頁 11341）

◎乾隆五十五年十一月丙午（1791.1.4）之前

浙江巡撫福崧、提督陳傑奏："象山洋面拒捕盜匪，日久未獲，臣等不勝焦急。因思溫州一帶捕魚民船，深知水性，於盜船蹤跡，必能一望而知。若妥協雇覓，示以重賞，令弁兵帶往擒拏，可期得力。"批："此亦一辦法，好。"又奏："盜匪在洋，日久食盡，亦須上岸購買，是陸路亦屬緊要。臣等已派員弁前往上大陳、下大陳、石塘等處，凡盜賊出沒之區，實力堵截，以免偷越。"批："更為要緊，宜督令地方官留心。"又奏："嚴諭沿海鋪戶居民，毋許代變贓物、私售米糧，如能拏獲送官，立予重賞。"批："好，勉為之。"《清高宗實錄》卷 1367（十八，頁 345）

◎乾隆五十八年五月庚申（1793.7.6）

諭軍機大臣曰："長麟奏'嘆咭唎國遣官探聽該國貢使曾否抵京，經過浙江洋面，現令暫收海口。長麟即馳赴定海，親為查看'等語，所辦好。啥啵羅嗒由外洋跟尋貢船至浙，既尚未得有信息，若令其由海道探尋，洋面遼闊，勢必仍不能找遇。但外夷素性多疑，若竟令其停泊候信，未免心生猜惑。著長麟即面向啥啵羅嗒……如此逐層詳示，令啥啵羅嗒自行酌定，……總勿使該夷官久駐生疑，方為妥善。"《清高宗實錄》卷1429（十九，頁116—117）

◎乾隆五十八年六月壬戌（1793.7.8）

諭曰："長麟奏'定海鎮總兵馬瑀，於嘆咭唎國探貢船隻收泊海口後，不待該撫咨覆，遽聽開行。請將馬瑀及隨同准令開行之寧波府知府克什納，交部嚴加議處'等語。馬瑀等於該國船隻收口，既報明巡撫，不待咨覆，遽令開行，固有未報該撫應得之咎，尚非大過。馬瑀、克什納，俱著交部察議。"《清高宗實錄》卷1430（十九，頁121）

◎乾隆五十八年六月庚午（1793.7.16）

庚午，諭曰："長麟奏，據定海鎮總兵馬瑀等咨稱，五月二十七日在內洋巡哨，見有夷船一隻自南駛至內洋，並遠望有夷船三隻在外停泊。該總兵等迎上夷船詢問，係嘆咭唎國進貢船隻，據貢使嗎嘎爾呢稱，因大船笨重不能收口，二十九日即欲開行，前赴天津。近日南風甚多，北行極為順利，應令其仍由海道速赴天津等語。前因總兵馬瑀及寧波府知府克什納於該國探貢船隻，收泊海口，既報明巡撫，不待咨覆，遽令開行，經長麟參奏，已降旨將馬瑀等交部察議。今該總兵於巡哨時，見有夷船遠來，即能探詢明確，迅速咨報，尚屬留心，馬瑀著免其察議。其知府克什納，亦著一併寬免。"《清高宗實錄》卷1430（十九，頁125）

諭軍機大臣等："據廓世勳等奏'嘆咭唎國貢船，於五月十二日經過澳門，而二十七日即抵浙江定海'，……看來該貢使前來熱河，已在七月二十以外。維時恰值演劇之際，該貢使正可與蒙古王公及緬甸等處貢使，一體宴賚，甚為省便。……至長麟前奏該國差來探船一隻業已開行北上，……著傳諭吉慶、梁肯堂等，即……將貢船於五月二十七日抵浙、二十九日開行前赴天津之處，明白諭知嘆咭囒嗒，……以副朕體恤懷柔至意。至總兵馬瑀等，前因不待長麟示覆，輒聽探船開行，交部察議。今該貢船經過定海洋面，該鎮等立即問明咨報，尚屬留心，已明降諭旨，免其處分矣。長麟所辦妥協，著賞大荷包一對，小荷包四個，以示獎勵。"《清高宗實錄》卷 1430（十九，頁 125—126）

◎乾隆五十八年六月辛卯（1793.8.6）

辛卯，諭軍機大臣等："據梁肯堂等奏'嘆咭囒國貢單已經貢使譯出漢字，謹將原單進呈'一摺，……閱單內有遣欽差來朝等語，該國遣使入貢，安得謂之欽差？……著徵瑞豫為飭知，無論該國正副使臣，總稱為貢使，以符體制。……該國船隻於起卸貢物後，即欲回至浙江寧波停泊。莫若即於浙省就近倉貯米石內給與，更為省便。並著梁肯堂，即詢明該使臣，由天津回至寧波，需米若干，先行賞給外，其餘米石仍遵照前旨，按其等級覈明數目，飛咨長麟，俟該船回抵寧波後，照數撥給，較為省便。"《清高宗實錄》卷 1431（十九，頁 139—140）

◎乾隆五十八年七月丙申（1793.9.4）

諭軍機大臣等："昨據梁肯堂等奏'嘆咭囒國原來船隻，未能久泊天津洋面，擬先回浙江寧波珠山地方灣泊。該貢使懇求，命浙省地方官指給空地一塊，俾伊等支立帳房，將船內患病之人送至岸上，暫行棲息，並求禁止居民勿上彼船，伊亦禁止船內之人不出指給地界之外'等語。該國貢船，因天津外洋不能久泊，欲先回浙江，亦可聽其自便。除該貢使前至行在瞻覲叩祝，諸事完竣後，即令回浙。貢使一到，原船便可開行。其在寧波珠山地方，不過暫時灣泊。著傳諭長麟，即查照梁肯堂等所奏，妥協辦理。"《清高宗實錄》卷 1432（十九，頁 145）

◎乾隆五十八年八月己卯（1793.9.23）

又敕諭（嘆咭唎國王）曰：“……據爾使臣稱，爾國貨船將來或到浙江寧波珠山及天津、廣東地方收泊交易一節。向來西洋各國，前赴天朝地方貿易，俱在嶴門，設有洋行，收發各貨，由來已久。爾國亦一律遵行多年，並無異語。其浙江寧波、直隸天津等海口，均未設有洋行，爾國船隻到彼，亦無從銷賣貨物。況該處並無通事，不能諳曉爾國語言，諸多未便。除廣東嶴門地方仍准照舊交易外，所有爾使臣懇請向浙江寧波珠山及直隸天津地方泊船貿易之處，皆不可行。……又據爾使臣稱，欲求相近珠山地方小海島一處，商人到彼，即在該處停歇，以便收存貨物一節。……天朝尺土俱歸版籍，疆址森然，即島嶼沙洲亦必劃界分疆，各有專屬。況外夷向化天朝，交易貨物者，亦不僅爾嘆咭唎一國，若別國紛紛效尤，懇請賞給地方居住買賣之人，豈能各應所求，且天朝亦無此體制，此事尤不便准行。”《清高宗實錄》卷 1435（十九，頁 185—187）

五十八年，英國王雅治遣使臣馬戛爾尼等來朝貢，表請派人駐京，及通市浙江寧波、珠山、天津、廣東等地，並求減關稅，不許。《清史稿》卷 154《邦交志二·英吉利》（頁 4516）

◎乾隆五十八年九月辛卯（1793.10.5）

諭軍機大臣等：“……外夷貪狡好利，必性無常。嘆咭唎在西洋諸國中，較為強悍。……今該國有欲撥給近海地方貿易之語，則海疆一帶營汛，不特整飭軍容，併宜豫籌防備。即如寧波之珠山等處海島，及附近嶴門島嶼，皆當相度形勢，先事圖維，毋任嘆咭唎夷人潛行占據。……若該國將來有夷船駛至天津、寧波等處，妄稱貿易，斷不可令其登岸，即行驅逐出洋。倘竟抗違不遵，不妨懾以兵威，使知畏懼。……再嘆咭唎貢使航海來京，雖曾至寧波海口，然祇暫行寄碇，並未耽延多日。所有珠山一帶，何處島嶼可以居住，何處港澳可以停泊，豈能遽悉其詳，諒必有內地漢奸，私行勾引前來，希圖漁利。此等奸民最為可惡。……

從重治罪，以示懲儆。"《清高宗實錄》卷 1436（十九，頁 196—197）

◎乾隆五十八年九月丁酉（1793.10.11）

諭軍機大臣曰："長麟奏：'嘆咭唎夷船五隻，尚令在定海停候，並查出從前該國夷人，曾在浙江貿易。現已密諭鋪戶，嚴行禁止。'所辦甚為周到，可嘉之至。……該夷船五隻，俱未開行，松筠正可護送該貢使，逕由水路赴浙，到定海上船旋國，實為省便。著松筠於途次面諭該貢使，以原船五隻，尚在定海停待，爾等正可仍至定海上船，……但到定海時，想所買茶葉絲觔，不過幾日，即可購辦齊集。松筠務須會同長麟、吉慶，妥協辦理，即令開船回國，勿任藉詞稍有逗留。"《清高宗實錄》卷 1436（十九，頁 199）

◎乾隆五十八年九月壬子（1793.10.26）

諭軍機大臣等："……嘆咭唎船隻到定海時，因患病人多，懇留調治。經長麟准其暫留候旨，今又藉稱病重，忽欲先行，固屬夷性反覆靡常。現據吉慶諭令留船一隻，甚為寬大，足供貢使乘坐之用，亦祇可如此辦理。著傳諭松筠，即向該貢使諭知，仍赴浙乘坐原船歸國。倘或該貢使等藉稱船少，又欲遷延觀望，即應嚴辭斥駁。諭以此係爾等夷官不肯停待，自欲先行，並非浙江地方官飭令開船。今已留大船一隻，足敷乘坐，自應速赴浙江登舟，毋得托故逗留，別生枝節。"《清高宗實錄》卷 1437（十九，頁 207）

◎乾隆五十八年十月癸酉（1793.11.16）

欽差侍郎松筠、兩廣總督覺羅長麟、浙江巡撫覺羅吉慶奏："據嘆咭唎貢使稟稱：'原乘船開赴鼇門，現在定海止存一舟。舟中人多病，同行擁擠，又慮傳染，仍懇由廣東赴鼇門原船。'察其語出至誠，已遵前奉諭旨，俯從所請。臣長麟於初十日，管押貢使赴粵。臣松筠、吉慶，同日督令夷官等，將所撥重載，前抵寧波，候風妥速開洋。並咨浙江提督王彙，赴定海整肅營伍，以昭威重。再前賞噗咕唎國王及貢使御書福字、袍緞、荷包等件，臣等公同商酌，在浙先行傳旨頒賞畢，該貢使等免冠屈膝，歡悅感激倍常。"得旨："諸凡皆妥，欣悅覽之。"《清高宗實錄》卷1438（十九，頁225）

◎乾隆六十年五月己卯（1795.7.15）

福建巡撫浦霖奏："……又准浙江巡撫吉慶咨稱：'琉球國番民比嘉等三人，在洋遭風，漂至象山縣地方。並委員護送來閩，照例撫恤，送回本國。'"報聞。《清高宗實錄》卷1479（十九，頁767）

◎仁宗嘉慶元年二月丁酉（1796.3.29）

軍機大臣、兵部議覆："福州將軍署閩浙總督魁倫等，奏請酌改嶴島海疆營制。……又象山縣之石浦地方，雖設有昌石營千總一員，兵九十八名，而所設千總，例與都司按季分巡洋汛，如遇千總出巡，則石浦無專員駐守。應於象山協所屬內，撥出左營守備一員，外委一員，兵一百名，移駐石浦。均應如所請辦理。"從之。《清仁宗實錄》卷2（一，頁86—87）

◎嘉慶十三年十二月庚申（1809.2.13）之前

十三年，乃至浙，詔責其防海疹寇。秋，蔡牽、朱濆合犯定海，親駐寧波督三鎮擊走之，牽復遁閩洋。《清史稿》卷364《阮元傳》（頁11422）

◎嘉慶二十一年四月己卯（1816.5.26）之前 ①

諭軍機大臣等："董教增等奏：'噗咕唎國遣夷官稟稱，該國遣使進貢，於上年十一月起程，由浙江舟山一路水程入都。從前進貢，即係由此路行走，約本年五六月間可到天津等語。'噗咕唎國遣使進貢，由海洋水程至天津入都，業經准其入貢。第洋面風信靡常，該國貢船現在未

---

① 原本係時於嘉慶二十一年四月戊申，但該年四月庚戌朔，無"戊申"，故作此一處置。

知行抵何處？著福建浙江、江蘇、山東各督撫，各飭知沿海州縣，一體查探該國貢船經過之處。如在洋面安靜行走，即毋庸過問。儻近岸停泊，或欲由彼改道登岸，即以該國遣夷官向兩廣總督具稟後，業經奏明大皇帝，准其由天津登岸。天朝定例綦嚴，不許擅自改道，亦不准私行登岸。"《清仁宗實錄》卷318（五，頁225—226）

◎嘉慶二十一年十月丙子（1816.11.19）

諭軍機大臣等："蔣攸銛等遵旨覆奏'辦理嘆咭唎貢使到粵回國事宜'一摺。……朕又思嘆咭唎國於乾隆五十八年入貢時，懇請在浙江寧波貿易。此次該國貢船來往經過浙洋，並未寄碇，其意似專欲來天津貿易，以遂其壟斷之謀。該督總當設法將伊國來津之意嚴行杜絕，使之不萌此念，即來亦不能徑達，方為妥善。至啵呫等五人，既均係夷商，現在仍准該國在粵貿易，自不必全行驅逐，致啟其疑，即聽從其便可也。"《清仁宗實錄》卷323（五，頁264—265）

◎宣宗道光九年八月壬戌（1829.8.29）

增建浙江餘姚縣勝山地方營房，從總督孫爾准請也。《清宣宗實錄》卷159（三，頁448）

◎道光十二年六月壬午（1832.7.4）

諭軍機大臣等："本日據富呢揚阿奏，嘆咭唎國夷船由閩至浙，飄至鎮海，欲赴寧波海關銷貨，……嘆咭唎夷船，向不准其赴閩浙貿易。今值南風司令，竟敢乘便飄入內洋，希圖獲利，自不可稍任更張，致違定例。雖經該省驅逐出境，難保其不此逐彼竄，著琦善、陶澍、訥爾經額、林則徐嚴飭所屬巡防將弁，認真稽查。儻該夷船闖入內洋，立即驅逐出境，斷不可任其就地銷貨，並嚴禁內地奸民及不肖將弁等圖利交接，務使弊絕風清，以肅洋政。"《清宣宗實錄》卷213（四，頁139）

◎道光十二年六月丙戌（1832.7.8）

諭軍機大臣等："……嘆咭唎夷船，向不准其赴江浙等省貿易。今值南風司令，飄入內洋，希圖獲利。前經閩浙兩省驅逐出境，茲又突入江南洋面，情殊可惡。斷不容任其片刻停泊，稍滋事端。著林則徐嚴飭所屬營弁，嚴密巡防，認真稽察。如有夷船進泊，立即驅逐出境。並責成地方官，一體嚴查。出示曉諭沿海居民，毋許與之交接。如有內地奸民及不肖將弁，冀圖獲利，私與勾結，即嚴行懲辦。"《清宣宗實錄》卷213（四，頁147）

◎道光十二年七月丙午（1832.7.28）

又諭："前因嘆咭唎夷船駛入閩浙各洋，復由浙省鎮海駛至江省大洋邊境，當降旨令各該省督撫嚴飭沿海員弁，將該夷船立行驅逐，並禁內地民人向其圖利勾結。……向來夷船，祇准在廣東貿易，不許闌入內洋，任其就地銷貨。乃該夷人，明知故違，駛經數省洋面。一船如此，儻後此相率效尤，尚復成何事體。……著程祖洛等，悉心妥籌如何防堵章程，不使該夷船再乘南風駛入江浙各洋，以符定制。並著陳化成督率水師將弁兵丁，認真巡邏，隨時稽查。儻有經過閩洋之夷船，即嚴行堵截，毋令北駛。此次押回夷船，該督等嚴飭水師接管，驅逐南行，不許片刻停泊，是為至要。"《清宣宗實錄》卷215（四，頁185—186）

◎道光十五年五月丙寅（1835.6.3）

修浙江象山縣炮臺，從巡撫烏爾恭額請也。《清宣宗實錄》卷266（五，頁82）

◎道光十五年八月丙戌（1835.10.21）

諭軍機大臣等："……浙江糧船水手，內有破面王七及蕭老者，均經屢次殺人犯案未獲。王七現在鎮海幫船上，蕭老現在金衢幫船上，並非毫無蹤跡之犯，而各該省嚴拏無獲者，總緣該犯等同教徒黨眾多，數至千百，一呼麕集，且與各衙門書役聲息相通，一聞查拏，即行逃匿。迨經躧實確蹤，密往掩捕，又恐該匪徒等恃眾拒捕，因而苟安姑息，以致略無畏忌，竟有白晝搶奪、鬥毆殺傷等事等語。糧船水手，容留無藉遊匪，在船藏匿，經過地方、行旅居民，均受其害，不可不嚴行拏究。著兩江漕運各總督、江蘇浙江各巡撫，即行派委妥員，迅將王七、蕭老嚴密查拏，務獲究辦，不得因該匪等徒黨眾多，稍存畏難之見，並不得任令書役人等透漏消息，以致要犯聞風遠颺。"《清宣宗實錄》卷 270（五，頁 165）

◎道光十九年五月丙辰（1839.7.2）

又諭："金應麟奏'水師操演廢弛，請飭查究'一摺。東南各省水師，最關緊要，必須操演精熟，方足以資備豫。若如所奏，近來浙省乍浦地方督臣閱兵，竟以船隻不備為辭；寧波等處報有盜舟，該將弁遲久方出；江南鎮江府屬戰船，每歲祇演一次，遇風即止。演試既未能如法，戰船亦不堪駕駛，轉以需索規費，為害行旅。松江、上海各處，每遇修船，武弁索取陋規，福建廈門亦然，以致文員領帑興修，憚於賠累，推諉稽延。……積習相沿，至於此極，恐尚不止此數省，必應力加整頓。著各直省將軍、督撫及該管大臣等，激發天良，破除積習，每歲操演，必期精勤純熟，毋得視為具文。其所指種種弊端，及將弁等吸食鴉片，尤當嚴密訪查，有犯必懲，毋得稍為回護，務使法令森嚴、緩急可恃，庶足以靖海疆而成勁旅。"《清宣宗實錄》卷 322（五，頁 1057—1058）

◎道光二十年六月壬戌（1840.7.2）

修造浙江溫州、寧波二府巡洋船隻，從巡撫烏爾恭額請也。《清宣宗實錄》卷 335（六，頁 73）

◎道光二十年六月甲申（1840.7.24）

又諭："本日據烏爾恭額等由驛馳奏'定海縣城被嘆夷攻破，該撫等現駐鎮海縣防堵，瞭見夷船多隻，在笠山以外往來游奕，鎮海官兵止有二千餘名，應俟兵集攻擊'等語。著伊里布遴派帶兵大員，揀選水師數千，豫備調遣。江浙相距較近，浙省儻有警報，該督一面奏聞，一面派兵迅速馳往應援，毋稍延誤。至江浙交界洋面，督飭水師認真防堵，毋令竄入。"《清宣宗實錄》卷335（六，頁95）

六月，攻定海，殺知縣姚懷祥等。事聞，特旨命兩江總督伊里布為欽差大臣，赴浙督師。《清史稿》卷154《邦交志二·英吉利》（頁4519—4520）

◎道光二十年八月辛巳（1840.9.19）

又諭："昨因琦善奏，嘆夷聽受訓諭，起碇南旋，當降旨將現辦情形諭知伊里布等，諒已遵照辦理矣。所有調至鎮海防堵兵丁，著伊里布妥為約束，毋許滋擾閭閻；其羸弱無用兵丁，著即酌量撤回，以節糜費。至所奏署寧紹台道覺羅桂菖在署自縊，檢閱所遺親筆家書，並訊據幕友家丁，僉稱委因慮有賠累，憂急自盡等語。該道身為監司大員，何致因日後恐有賠墊，猝萌短見，事屬可疑。著伊里布、宋其沅再行密加訪察，究竟有無別項情節，務得確情，據實具奏。"《清宣宗實錄》卷338（六，頁143）

◎道光二十年九月丁酉（1840.10.5）

丁酉，諭軍機大臣等："……定海城內遺民僅止數十人，其餘或赴鄰郡，或即在郡安插收養。著該大臣督飭地方官妥為經理，果係難民，必應加意撫恤，儻有假捏避難，從中偵探者，即係奸匪，亦應嚴加體察，分別究辦，毋令朦蔽。"《清宣宗實錄》卷339（六，頁152—153）

◎道光二十年九月己亥（1840.10.7）

又諭："寄諭署直隸總督訥爾經額，本日據伊里布馳奏，夷船駛入浙江慈谿、餘姚等縣內洋，直逼口岸，經派委文武員弁分頭剿擊，並生擒夷匪多名，旋據該夷目投遞回文，欲將被獲夷人釋放等語。已有諭旨令伊里布剴切曉諭，一面將所獲夷人收管，俟該夷退兵交地，再將擒獲之人交還，察看情形，妥為辦理矣。"《清宣宗實錄》卷339（五，頁153—154）

己亥，英船入浙江慈溪、餘姚二縣內洋，伊里布等擊走之。《清史稿》卷18《宣宗紀二》（頁679）

◎道光二十年十二月癸亥（1840.12.30）

又諭："……該夷肆求無厭，難以理論，匪特地方不能給與尺寸貿易，即煙價亦不可允給分毫。今絕其冀倖，必生覬覦，定海夷船未退，該夷藉為負嵎，或竟擾及寧波一帶地方，不可不急為防範。著伊里布嚴飭將弁，加意防堵，儻竟怙惡不悛，侵犯口岸，著即痛加攻剿，無稍示弱，特不可與之在洋接仗，致有疏虞。"《清宣宗實錄》卷342（六，頁207）

◎道光二十年十二月甲戌（1841.1.10）

又諭："……此次夷目懿律，雖無回浙之事，而定海城中，於偽知縣加音外，設有偽巡檢、典史等官，桀驁情形灼然可見。……現在定海城中，備防疏懈，著伊里布遵照前旨，確切偵探，遇有可乘之隙，即行剿辦。……現在鎮海一帶，存兵九千八百餘名，自已足敷調遣，所奏多備小船，購買柴草，乘其不備，縱火焚燒一節，亦著該大臣隨時酌辦，並嚴禁沿海居民接濟食物，訪有通夷漢奸，即著嚴密搜拏。"《清宣宗實錄》卷343（六，頁220—221）

◎道光二十年十二月辛巳（1841.1.17）

又諭："……本日又據裕謙奏'審度制勝之謀'一摺。據奏，定海之西境，有嚻名岑港，為定海全境第一險要之地，該夷不識地利，不能併據，應以精兵先據岑港，再行分兵守險，聲東擊西，並言各省皆可議守，浙江必應速戰等語。所奏均不為無見，著伊里布體察情形，按照折內所

指各條，相機妥速辦理。"《清宣宗實錄》卷 343（六，頁 226—227）

◎道光二十一年正月庚寅（1841.1.26）

諭軍機大臣等："……廣東現已開仗，浙江必應進剿，使之首尾不能相顧。現在留駐鎮海之兵幾及萬人，前據該大臣奏，夷船自浙回粵，留屯定海夷兵不過三千，即續有自粵折回夷船，為數諒亦不多。當此北風司令之時，順天時，因地利，用人和，以順討逆，以主逐客，以眾擊寡，不難一鼓作氣，聚而殲旃……朕拭目以待捷音之至也。"《清宣宗實錄》卷 344（六，頁 234—235）

◎道光二十一年二月己巳（1841.3.6）

又諭："……在浙夷目於本月初四將定海城池獻納，即於次日全數撤退，率眾登舟，我兵整旅入城，……定海甫經收復，城隍一切尚未修整，現在逆夷雖已全數起碇，若聞粵中剿辦，難保不走險復來，此時防堵，尤宜格外嚴密，不得稍存大意。"《清宣宗實錄》卷 346（六，頁 276）

◎道光二十一年二月甲申（1841.3.21）

又諭："……據稱夷船二十餘隻停泊定海外洋，現在廣東不准通商，難保不竄回定海，已撥兵四千八百餘名，……惟策應之兵，最為要著，著即會同余步雲先事豫籌，密為調度，毋致臨事周章。"《清宣宗實錄》卷 347（六，頁 289）

劉韻珂，……二十年，擢浙江巡撫。定海已陷，韻珂於寧波收撫難民。沿海設防，欽差大臣伊里布駐鎮海督師，琦善方議以香港易還定海，韻珂疏言："定海為通洋適中之地，英人已築炮臺、開河道，經營一切。彼或餌漁，盜為羽翼，其患非小。浙江為財賦之區，寧波又為浙省菁華所在，宜預杜覬覦。"尋詔斥伊里布附和琦善，罷去，以裕謙代之，命韻珂偕提督余步雲治鎮海防務。《清史稿》卷 371《劉韻珂傳》（頁 11516）

◎道光二十一年閏三月乙卯（1841.4.21）

諭軍機大臣等："本日據裕謙奏'浙江洋面安靖，定海設守完備'一摺。據奏'附近洋面並無夷船帆影，山陬海澨，潛伏居民漁戶，以待邀截夷船。現在定海有兵五千餘名，大小炮七十位，策應均已齊備，路徑亦已探明'等語，覽奏均悉。仍著裕謙嚴加防範，密行偵探，現既備防周妥，如有夷船駛入，即行痛加剿洗，以張撻伐。其寧海縣游奕夷船，該員弁等剿辦情形，亦著據實奏聞。"《清宣宗實錄》卷350（六，頁322）

◎道光二十一年四月庚戌（1841.6.15）

又諭："裕謙奏'接奉廷寄籌畫駐劄地方'一摺，覽奏均悉。江浙兩省為海防關鍵，必應防守周密，以杜夷匪竄越。裕謙現已接受兩江篆務，所有上海、寶山各海口，諒經布置妥協。著酌量兩省適中之地，在彼駐劄，易於策應，如遇浙省有應辦事件，仍可馳往調度。裕謙赴浙時，即著程矞采至上海，會同提督陳化成實力巡防，其鎮海軍營事務，著派劉韻珂、余步雲辦理，並著林則徐暫行協同籌辦。儻浙江省垣有應辦公事，劉韻珂回至省城，即著余步雲與林則徐、周開麒會商妥辦。如有摺奏，林則徐毋庸列銜。總當和衷共濟，嚴密防堵，江浙兩省，聲勢聯絡，逆夷自不敢妄生覬覦。據奏，浙江洋面仍有一二夷船忽隱忽現，著探明究係何項船隻，現在是否尚在游奕，據實具奏。"《清宣宗實錄》卷351（六，頁350）

◎道光二十一年五月甲戌（1841.7.9）

又諭："裕謙奏'江蘇洋面安靖，查探浙洋游奕夷船，係屬貨船，並非兵船'等語。定海洋面，原不准洋船私行銷貨，從前地方官諸務廢弛，以致沿海奸民貪利接買。經此番整頓之後，自應力杜弊端，以絕其覬覦之念。本日又據劉韻珂馳奏'會籌鎮海要口酌添防工'並'勘查定海形勢'各一摺。據奏，鎮海城北逼近海洋，該處城垛並招寶山威遠城後面，俱形單薄，請堆積沙袋，並購長大木樁，扦釘填石，……至定海修築各工，安設兵炮，……據奏該鄉民敵愾同仇，極形踴躍，惟官發鳥槍、器械一節，鄉民非比在官兵役，只應准其自行製備，造冊報官，仍著該撫留心體察，不可輕率。又另片奏，土盜拒捕傷兵，……浙省有此土盜，若不及時搜捕，盡絕根株，必貽將來之患。裕謙現赴寶山，著俟蘇省海防粗有就緒，即馳赴鎮海，會同劉韻珂、余步雲，督率弁兵，認真查辦，毋任養癰遺害。是為至要。"《清宣宗實錄》卷352（六，頁361—362）

◎道光二十一年六月癸巳（1841.7.28）

又諭："據裕謙奏'馳抵鎮海，查明夷船洋面堵防情形'一摺，覽奏均悉。現在廣東夷船，經奕山等疊次焚擊，業已退出虎門，所調各路官兵，業已陸續撤回歸伍，所有寶山、鎮海等處調防各官兵，著該大臣體察情形，有可酌量裁撤之處，迅速奏聞請旨。"《清宣宗實錄》卷353（六，頁369）

◎道光二十一年七月辛酉（1841.8.25）

諭軍機大臣等："劉韻珂奏'彙查浙省兵勇數目'一摺。鎮海、定海及乍浦等處，鄰省、本省防守兵丁一萬五千餘名，官弁四百餘員。官兵久駐，不免糜餉老師，著裕謙、劉韻珂仍遵前旨，於鎮海、定海緊要處酌留弁兵外，餘俱酌量裁撤。其在洋盜匪，仍著督飭文武嚴密巡防，勒限拿獲，盡法懲辦，毋任漏網。"《清宣宗實錄》卷354（六，頁385）

◎道光二十一年八月丁酉（1841.9.30）

八月……丁酉，英人寇浙江雙澳、石浦等處，裕謙督兵擊走之。《清史稿》卷19《宣宗紀三》（頁684）（六，頁424）

◎道光二十一年八月辛丑（1841.10.4）

命浙江告養在籍布政使鄭祖琛赴鎮海軍營，隨同欽差大臣兩江總督裕謙，商辦事件。《清宣宗實錄》卷356（六，頁424）

◎道光二十一年八月戊申（1841.10.11）

八月……戊申，英人再陷定海，總兵王錫朋、鄭國鴻、葛雲飛等死之。裕謙、余步雲下部嚴議。《清史稿》卷19《宣宗紀三》（頁684）

又諭："裕謙'奏定海失守'一摺，已明降諭旨，將該督交部嚴議，並將王錫朋、鄭國鴻、葛雲飛、舒恭受等交部賜恤矣。現在兵力單薄，著准其將調赴閩省之江西兵二千名，截赴浙江，聽候調遣。其徐州鎮標官兵三百名，早已到鎮海軍營，著一面嚴守各要隘處所，一面厚集兵丁，廣募水勇、團練、鄉民，相度機宜，乘時進攻，收復定海，切勿遲延觀望。儻再有疏虞，試問該督能當此重罪否耶？懍之！"《清宣宗實錄》卷356（六，頁434）

◎道光二十一年八月己酉（1841.10.12）

諭內閣："兩江總督裕謙，經朕特簡欽差大臣，駐劄浙江，專辦防海事務。乃會同提督余步雲，在鎮海軍營籌辦半年之久，未能先機布置，致定海縣城失守。昨已降旨，將裕謙交部嚴議，余步雲亦著交部嚴加議處。浙江巡撫劉韻珂專在省城籌防，未能兼顧，與烏爾恭額尚屬有間，著交部議處。"《清宣宗實錄》卷356（六，頁434）

◎道光二十一年九月癸丑（1841.10.16）

又諭："……據奏，夷船二十八隻，散泊游奕，阻我道路。尚有船十餘隻，除焚燬擊損外，不知去向。該逆詭詐性成，去來無定，現有逆船四隻駛進蛟門。該大臣已豫備攻剿，一有捷音，即行馳奏。……另片奏：定海縣差役李彪，先被逆夷擄去，現仍帶回定海，已專人前往招撫。著該大臣俟其來時，密詢該逆船隻多寡，炮位約有若干，現欲分竄何處，意欲何為，詳細究詰。至其人是否有可用之處，著該大臣察看情形，酌量辦理。現軍興之際，固須多用間諜。惟該逆既有'漢奸詐為逃兵'之語，亦須慎防奸細。至定海縣義民徐保兄弟四人，竊負葛雲飛、鄭國鴻屍身來營，有踰牆走壁之能，即著裕謙量材委用。"《清宣宗實錄》卷357

（六，頁 442）

◎道光二十一年九月乙卯（1841.10.18）

杭州將軍奇明保等奏報："接據寧波府六百里稟稱，逆夷攻犯鎮海，欽差大臣裕謙督兵堵禦，不能抵當，隨即殉難，被百姓救護出城，送至郡城，昏迷不醒。鎮海業已失守。"《清宣宗實錄》卷357（六，頁445）

九月乙卯，英人陷鎮海，欽差大臣裕謙死之，提督余步雲遁。《清史稿》卷19《宣宗紀三》（頁684）

◎道光二十一年九月辛酉（1841.10.24）

諭軍機大臣等："本日據奇明保等馳奏'寧波府城失守，防禦紹興府及省城'一摺。據奏，八月二十九日，夷船八隻駛進郡城，連開大炮轟擊，城內兵數無多，即行失陷等語。"《清宣宗實錄》卷357（六，頁456）

九月……辛酉，英人陷浙江寧波府。《清史稿》卷19《宣宗紀三》（頁684）

◎道光二十一年九月丁丑（1841.11.9）

諭軍機大臣等："……該夷肆行無忌，於占據寧波府城後，復敢闖入餘姚縣城，砍破縣監，放走監犯，衙署縣庫，均被拆毀。退出後又至奉化縣境內，量水窺探，以致居民紛紛竄避。"《清宣宗實錄》卷358（六，頁475）

◎道光二十一年十月乙巳（1841.12.7）

又諭："本日據劉韻珂馳奏'逆夷窺伺慈谿，派兵防守'一摺。據稱：本月十一日，逆夷二百餘人攜帶炮械，由陸竄至該縣西壩地方，經兵勇將渡船拔上，逆夷不能過渡。……慈谿向稱殷富，難保無從逆奸民勾串夷匪前往，藉圖乘機搶奪。"《清宣宗實錄》卷360（六，頁505）

◎道光二十一年十月戊申（1841.12.10）

又諭："前因裕謙家人呈訴余步雲心懷兩端，並於臨陣聲言保全生靈、顧惜妻女等情，……著該將軍等確切查訊，如何向裕謙密語，如何連次退避，寧波失守以後該家屬等有無被難，如何出城，逐一查訊明確，務使水落石出。……再，余步雲奏'陸續收回散兵三千餘名'，此項散兵自係定海、鎮海、寧波三處潰散之兵，即不能盡數誅夷，亦當分別懲治。若臨陣任其退縮，事後招回入伍，該兵丁等復何憚而不畏死偷生也。現當軍務喫緊之際，各省精兵勁旅固當體恤愛護，此種失律士卒，必應明正軍法，俾將士知所儆懼。著奕經等訊明逃散實情，將首先潰散之人於軍前正法示眾，即稍有可原情節，亦當分別輕重，按律懲處，斷不可任其濫廁軍籍，仍糜糧餉，反使勇將勁兵見而解體。再，定海、鎮海、寧波失守以後，陣亡將士，朕已逾格施恩，至逃避將弁，必當重治其罪。亦著該將軍等確切查明，按律究辦，毋任諱飾避就，以肅戎行。余步雲摺鈔給閱看。"《清宣宗實錄》卷360（六，頁508—509）

◎道光二十一年十一月甲寅（1841.12.16）

諭軍機大臣等："昨據奕經等奏嘆夷有赴上海等處滋擾之說，該將軍等與牛鑑商辦防堵。惟該逆夷詭詐異常，往往聲東擊西，現在該逆株守寧波郡城，故作操演情形，安知不以數船游奕上海等處，使我移兵往援，而彼則水陸並力，徑攻浙江；抑或在浙虛張聲勢，佯言攻擊杭、紹諸郡，而暗遣兵船，潛赴上海等處滋擾。凡此種種詭謀，該將軍等不可不防，務當謀勇兼施，計出萬全，處處皆有準備，事事皆操勝算，是為至要。"《清宣宗實錄》卷361（六，頁515）

◎道光二十一年十一月己巳（1841.12.31）

又諭："鎮海縣童生陳在鎬，現據揚威將軍等訊明，實屬首鼠兩端，行蹤詭秘，已交江蘇巡撫解至黃河以北。著牛鑑、程矞采，即派委妥員，將該犯嚴行看守，不准與外人交接，以杜奸萌。"《清宣宗實錄》卷362

（六，頁 527）

◎道光二十一年十一月戊寅（1842.1.9）

戊寅，諭軍機大臣等："據奇明保等奏'餘姚失守情形'一摺，覽奏，殊深憤懣。該處防堵，既派有江西兵一千名，鄉勇八百餘名，何以逆夷一到，遽爾失守？可見將懦兵疲，全無鬥志，非逆夷兇焰竟不可當，實我兵弁臨陣脫逃，幾成習慣。現在該逆佔據餘姚，則慈谿等縣更為可慮，將來赴寧波進剿，既多阻梗，且難保不分頭內犯曹江、潛窺省垣。"《清宣宗實錄》卷 362（六，頁 535）

十一月……戊寅，英人陷浙江餘姚縣，復入慈溪。《清史稿》卷 19《宣宗紀三》（頁 685）

◎道光二十一年十二月甲申（1842.1.15）

諭軍機大臣等："……逆夷於十五日駕火輪三板及內地魚釣等船，由寧波駛至餘姚，各處防守兵勇即時潰散。該逆向城開炮，江西將弁，經該縣跪地叩求，始定守城之計，旋被逆夷攻進，各兵奔出，逆復闖入慈谿，爬越入城，焚毀衙署，現仍退回寧波等語。此次逆夷侵犯，統計在船登岸，不過二千餘名，我兵數足相當，且有城池炮位，主客勞逸，形勢瞭然，乃既不能衝鋒擊賊，復不能嬰城固守，一見逆夷，輒即紛紛潰散，以致該逆肆意滋擾，如入無人之境。國家安用此償軍之將、失律之兵耶？……其餘姚縣知縣彭崧年投河遇救一節，仍著劉韻珂確查具奏。現在賊船已回寧波，其餘姚、慈谿等處，若復添兵防守，直同兒戲，且恐他處兵力轉單，毫無裨益，著奕經等出示曉諭該處義勇人等，認真團練，各保身家，其先經遷徙各戶暫緩歸來，以絕逆夷之望。被難在逃者，由該撫設法妥為安置，毋令轉於溝壑。"《清宣宗實錄》卷 363（六，頁 539—540）

◎道光二十一年十二月癸巳（1842.1.24）

諭軍機大臣等："奕經等奏'嘆夷竄入奉化，旋復退出'一摺。寧波距奉化僅九十里，該知縣既探有夷船南駛之信，豫將監犯提出，另行管押，並非意料所不及，何以尚令鄉勇散處四鄉，並不於衝要之處防禦，直待夷船駛近北渡，始行知會，以致該夷入城滋擾。現雖退出，而地方官及弁兵等，或則望風潰逃，或則投河遇救，習成故套，甚屬可恨。著奕經等會同劉韻珂確切查明，嚴行懲辦。奉化縣知縣金秀塈，著先行摘去頂帶，並將該縣營員一併摘去頂帶，均聽候查訊，毋稍寬縱。"《清宣宗實錄》卷363（六，頁549—550）

十二月……癸巳，英人陷浙江奉化縣。《清史稿》卷19《宣宗紀三》（頁685）

◎道光二十二年正月丁卯（1842.2.27）

諭內閣："前據劉韻珂奏，嘆逆復犯餘姚，代理縣事司獄林朝聘親赴夷船，斥令退回，當諭令奕經等確查保奏。……逆船復犯餘姚，意圖肆擾，該代理知縣林朝聘因聞有欲燒民房之謠，即率同水勇家丁親上夷船，責以大義，聲色嚴厲，該逆旋即開船而去，實屬勇敢有為。林朝聘著加恩以知縣儘先升用，留於浙江，遇缺即補，並給予六品軍功頂帶，賞戴藍翎，以示激勸。"《清宣宗實錄》卷366（六，頁586—587）

◎道光二十二年二月辛卯（1842.3.23）

又諭："……據奏，正月二十九日四鼓，官兵潛赴寧波南門，內應接入，殺斃守門、守炮逆夷，該逆等攜有手槍，並施放三尖火塊及火球、火箭等物，漢奸冒充鄉勇，黑夜不能辨認，人眾擁擠，炮械難施，仍行陸續退出。鎮海城內，亦經官兵衝門而入，擊殺洋匪，因火攻船隻未到，亦仍退回……鎮海火攻船隻，果能按期齊到，焚燒夷船，城內奸夷，自必驚惶無措，我兵更易行手，乃竟遷延不至，以致逆夷毫無顧忌，併力抗拒。此項船隻，因何遲誤，並著一併查明具奏。"《清宣宗實錄》卷367

（六，頁 608—609）

◎道光二十二年二月壬辰（1842.3.24）

又諭："……據奏，逆夷於二月初四日，駕駛大船徑進大西壩，復有火輪船駛至丈亭，漢奸為之指引，並假扮商民鄉勇橫衝營盤，慈谿山後突有夷人扒越山頂，槍炮齊發，我兵力不能支。其長溪嶺山口，亦有假扮鄉勇、難民，賊匪施放火箭，焚燒營盤。文蔚移駐紹興府城，奕經即由曹江帶兵渡江，應援尖山一帶等語。"《清宣宗實錄》卷367（六，頁610）

◎道光二十二年二月丙申（1842.3.28）

二月丙戌，命林則徐仍戍伊犁。丙申，奕經等進攻寧波失利。《清史稿》卷19《宣宗紀三》（頁686）

◎道光二十二年二月戊申（1842.4.9）

諭內閣："……茲據奏，逆首嘆嘯嘘于上年八月定海打仗時，被葛雲飛用炮擊斃，現在夷船嘆姓係屬假冒，並慈谿接仗時，炮斃逆夷頭目，寧波城內夷人盡為掛孝，據報即係逆夷巴姓。又逆夷安突德，臂受一槍，並有大夷目受傷甚重，死夷屍身共載五船，運往定海埋掩。又最要漢奸陳秉鈞等五犯，現已拏獲，訊明正法，其餘所獲夷目漢奸，人數甚多……逆夷以漢奸為爪牙，漢奸即以逆夷為利藪，表裏為奸，殊甚痛恨。"《清宣宗實錄》卷368（六，頁629）

◎道光二十二年二月己酉（1842.4.10）之前

二十二年春正月，大兵進次紹興，將軍、參贊定議同日分襲寧波、鎮海。豫泄師期，及戰，官軍多損失。是月，姚瑩復敗英人於大安。二月，英人攻慈谿營，金華協副將朱貴及其子武生昭南、督糧官即用知縣顏履敬死之。《清史稿》卷154《邦交志二·英吉利》（頁4523）

◎道光二十二年三月庚午（1842.5.1）

諭內閣："……據奏，二月二十五日夜間，……鎮海縣知縣葉堃商同鎮海縣生員王師真，統領火藥船隻及水勇數十名，由僻港駛至鎮海，緊對逆夷大船發火，即將停泊稅關衛頭之大夷船後尾燒然。該逆夷等驚起呼號，不及解放三板，紛紛竄入水中。……逆夷經此懲創，自己膽懾心驚，著奕經、特依順、文蔚、齊慎、劉韻珂，仍當商同相機攻剿，無失機會。"《清宣宗實錄》卷369（六，頁645—646）

◎道光二十二年三月丙子（1842.5.7）

諭軍機大臣等："……逆夷侵擾海疆，肆行猖獗，本年二月鎮海衛頭，雖經我兵焚燒夷船，擊斃逆夷，尚未大加懲創。本月初四日，復於定海各洋，督催水勇，用火攻船，焚燒大夷船三隻、三板船數十隻，並燒沈大夷船一隻。城內洋面，復擊殺夷匪數百名。該逆受此懲創，自必心膽俱懾，我軍亦應倍加氣壯，著該將軍等激勵將士，乘勝前進，相機攻剿，收復郡縣，以奏膚功，以膺懋賞。惟該夷詭詐異常，各處停泊船隻，現有準備情形，該將軍等務當出奇制勝，慎益加慎，密益加密，萬不可因已獲勝仗，稍涉大意。"《清宣宗實錄》卷369（六，頁651）

◎道光二十二年四月戊子（1842.5.19）

又諭："……前聞逆夷有欲退出寧波、分犯杭州等處之謠，復聞該逆在定海製有小船，夷酋馬利遜亦自粵帶有兵炮來浙等詞。三月二十四五等日，瞭有火輪船在紹興府屬之三江口、瀝海所、夏蓋山等處游奕。二十九等日，忽據慈谿等縣稟報，寧波郡夷目一名，率領夷眾千餘人，攜帶行李，乘坐釣船，於二十六日開往鎮海，郡城所泊夷船六隻，亦於二十七日開行赴鎮，並於二十七八等日，陸續退往定海。現在招寶山上，尚住有夷匪二三百名等情。逆夷詭詐異常，忽稱添兵自粵來浙分擾，忽又將寧波、鎮海停泊各船遽行開駛，情形殊覺叵測。該逆來往船隻，必由閩粵各洋經過，有無逆船自粵赴浙，抑或有逆船由浙南駛，經過該

二省洋面之處，著奕山……飭屬確探。"《清宣宗實錄》卷 370（六，頁661—662）

◎道光二十二年四月己丑（1842.5.20）

己丑，諭内閣："……寧鎮兩城逆夷，驚惶無措，又加伏勇隨處驚擾，自二月以來，先後捖斬沈溺各逆不下數百名，衆逆益覺窮蹙。現經管帶官兵之遊擊高峻，及分帶勇壯之請升副將托金泰，帶兵趕近夷船，乘勢截擊，該逆等遙見兵勇坌至，不敢迎拒，紛紛奔上船隻，沿途遺棄物件，倉皇遁赴鎮海，即於三月二十七日收復寧波郡城……該逆自上年八月占據鎮海之後，並據寧郡，……現因屢次被創，勢蹙力窮，又以大兵截擊，紛紛逃遁。似此窘迫情形，不難立就殄滅，著該將軍、參贊等乘勝跟蹤追襲，相機收復鎮海。"《清宣宗實錄》卷 370（六，頁 662）

夏四月癸未，英人復寇臺灣，達洪阿等擊走之。加達洪阿太子太保。己丑，英人去寧波府。《清史稿》卷 19《宣宗紀三》（頁 686）

◎道光二十二年四月甲午（1842.5.25）

諭軍機大臣等："奕經等奏'江面釘椿築壩，阻截夷船，進兵攻取鎮海'一摺。……逆目羅卜丹帶領夷匪千餘人，在招寶山駐守，鎮海夷船停泊三隻，意圖牽制我兵，得以大幫分擾他處。現在乍浦已有逆船二十餘隻，該處毗連江蘇，地方緊要，……著該將軍等一面於曹江、餘姚等處嚴密防堵，一面速派參贊一人，統帶得力弁兵馳往乍浦，相度機宜，可剿即剿，當守則守，切勿顧此失彼，致墮逆夷詭計。"《清宣宗實錄》卷 371（六，頁 670）

◎道光二十二年四月乙未（1842.5.26）

又諭："……本日據耆英等馳奏乍浦失守情形，降旨諭令奕經等酌留參贊一人駐守曹江，該將軍同參贊一人迅即馳往嘉興應援。……至現在寧波、鎮海所存官兵，亦即酌量改撥扼要處所，用資接應，不得亟圖收

復二城，轉至要處兵單，是為至要。"《清宣宗實錄》卷 371（六，頁 673）

◎道光二十二年四月庚子（1842.5.31）

庚子，諭內閣："浙江提督余步雲經朕畀以海疆重任，上年定海失陷，總兵王錫朋等帶領各路官兵，轉戰六晝夜之久，該提督並不督兵應援，以致孤城失守，迨至鎮海、寧波接踵失事，總督及總兵先後殉難，余步雲節節退避。當鎮海、寧波未失之時，與定海尚隔海洋，若使鼓勵士卒奮勇當先，嬰城固守，地勢既據上游，精兵復聚重鎮，何至四路潰散，頃刻不支？言念及此，實堪痛恨。總緣該提督平時既訓練無方，臨事復貪生畏敵，首先退縮，大懈軍心，作此厲階，罪難擢髮。早經降旨，飭令揚威將軍奕經查明屢次退敗情形，按律治罪，用彰國憲。比因軍務喫緊，查訪非倉卒所能，遂先其所急，暫緩逮問，乃軍營將弁兵丁等相率效尤，紛紛潰散，此皆余步雲為之倡也。昨據奕經等奏稱：乍浦失守，不過數時之久，該處將弁兵丁，不為單弱，何至逆夷甫至，尚未交鋒，遽爾奔潰棄城，幾同兒戲。總因余步雲身為提督，屢失城池，並未查究，遂人人各懷倖免之心，不思破敵之計，遲延觀望，坐失事機。若再不整飭紀綱，大申軍令，何以挽惡習而振軍容？余步雲著即革職，交奕經傳旨鎖拏，派委妥員押解送京，交軍機大臣會同刑部審訊治罪。至前次飭查失守定海、鎮海、寧波三城及此次乍浦失事各文武員弁兵丁，除鎮海縣知縣葉堃著有微勞，功過尚足相抵外，其餘均著奕經分別查明首先潰散之員弁兵丁，開單請旨。此後務當嚴申紀律，如再有臨陣退怯、首先潰散者，即以軍法從事，一面正法，一面奏聞，毋許仍存姑息，致令士氣不揚。該將軍等其整飭戎行，副朕委任。"《清宣宗實錄》卷 371（六，頁 678—679）

◎道光二十二年四月乙巳（1842.6.5）

乙巳，諭內閣："朕以鴉片煙流毒中國，貽害生民，……特令林則徐前往查辦，各國夷商均遵約束，獨嘆咭唎逆夷義律以燒毀煙土之故，藉口滋事。因林則徐辦理不善，旋亦罷斥遣戍。乃該逆於道光二十年六月潛竄浙洋，竊據定海，繼復於天津海口呈遞稟詞。朕惟中外一體，念切懷柔，……復命琦善前往廣東確查覈辦，……乃該逆夷狡詐反覆，……肇啓釁端，……粵東甫經斂跡，閩浙又復揚波，定海再窺，連城襲據，……爰命揚威將軍奕經等帥師攻剿，數月以來，賊退寧波，旋陷乍浦。是該逆在粵則以厚施為飽颺之謀，在浙則以擄掠為齎糧之具，察其兇狡情狀，實已罪惡貫盈，……總之禁煙所以恤民命，禦寇所以衛民生，……茲將辦理夷務前後情形，及朕為民除害之本意，特諭中外知之。"《清宣宗實錄》卷 371（六，頁 684—686）

◎道光二十二年五月己酉（1842.6.9）

諭軍機大臣等："奕經等奏'查探逆夷情形'。逆夷詭計百出，船隻分駛南北，又有久據招寶山之意，定海、鎮海兩處，船隻增減靡常，又將連次被陷兵勇陸續送回，既已通商為詞，不待覆信，匆匆起碇駛去。種種詭秘，莫測端倪。著奕經等照舊督飭文武員弁認真防堵，毋稍疏懈，致墮奸計。"《清宣宗實錄》卷 372（六，頁 693）

◎道光二十二年五月癸丑（1842.6.13）

浙江巡撫劉韻珂奏："據石浦同知舒恭受稟稱，慈谿之戰，逆夷死者二百餘人，傷斃頭目係偽提督郭恩，其屍棺上船，自城外至江邊，各逆用洋布貼地行走，該逆深以為諱。又民人王東河供稱，逆夷在寧波，被擊斃者二十餘人，聞頭目郭士力受傷病死，偽官俱穿孝服。又餘姚縣知縣林朝聘等稟稱，該逆在慈谿傷斃約二百名，其斃傷頭目無從查探，至用洋布貼地行走，夷人換季風俗如此，非由掛孝。又據投誠漢奸周淦供稱，慈谿之戰，夷兵死傷二百餘人，夷官止四員，其職不過如中國千把之類。逆酋郭姓、巴姓未死，各夷身穿白衣，乃陸兵號褂，並非掛孝。該逆詭譎多端，難測其實，查探不能一律。"《清宣宗實錄》卷 372（六，頁 697—698）

◎道光二十二年六月己卯（1842.7.9）

又諭：“奕經等奏‘查探逆船蹤跡’一摺。據稱：招寶山停泊夷船如故，定海逆船開出九隻，由鎮海洋面北駛，二十日招寶山後復添夷船十餘隻寄碇，尚未據報何往。其定海衛頭等處仍泊船十八隻，現在暗中設法，將其在衛頭修補之火輪船一隻沈沒，溺斃夷匪二十餘人，又兩次黑夜截纜索，漂沈其巡船及三板數隻等語。鎮海等處逆船，視前為數較少，該將軍等現雖暗中驚擾，究未能大加懲創，著密飭員弁兵勇多方牽制，如有可乘之機，即行設法進剿，並嚴飭各海口要隘嚴密防範，毋少疏虞。逆船蹤跡，仍隨時探明具奏。”《清宣宗實錄》卷374（六，頁737—738）

◎道光二十二年七月癸亥（1842.8.22）

癸亥，諭軍機大臣等：“耆英等奏‘連日與嘆夷會議，粗定條約’一摺。……所商各條內，尚有應行籌酌之處，即如該夷船隻，既退出長江，又退出招寶山。其前請之通商貿易五處，除福州外，其廣州、廈門、寧波、上海四處，均准其來往貿易，不得占據久住。……經此議定之後，該大臣等務當告以大皇帝相待以誠，允准通商。汝國亦應以誠相待，斷不准再啓兵端，違悖天理。不但業經滋擾各省，不得復來尋釁，即沿海之廣東、福建、臺灣、浙江、江南、山東、直隸、奉天各省地面，亦不准夷船駛入。……以上各節，總在該大臣等深思遠慮，切實定議，永杜兵萌；不可稍涉含糊，將就目前，仍成不了之局。慎之慎之。”《清宣宗實錄》卷378（六，頁815—816）

◎道光二十二年八月戊寅（1842.9.6）

諭軍機大臣等：“耆英等奏‘夷務已定，和約鈐用關防’一摺。朕詳加批閱，俱著照所議辦理。惟尚有須斟酌妥協者，即如該夷赴各該口貿易，無論與何商交易，均聽其便一節，須曉諭該夷，一切聽汝自便，與地方民人交易。但日久難保民人無拖欠之弊，祇准自行清理，地方官概不與聞。其各國被禁人口，自應一律施恩釋放，以示格外之仁。將來五處通商之後，其應納稅銀，各海關本有一定則例，該夷久在廣東，豈有不知。至中國商人在內地貿易，經過關口，自有納稅定例。所稱定海之舟山海島，廈門之鼓浪嶼小島，均准其暫住數船，俟各口開關，即著退出，亦不准久為占據。以上各節，著耆英等向該夷反覆開導，不厭詳細。應添注約內者，必須明白簡當，力杜後患。萬不可將就目前，草率了事。"《清宣宗實錄》卷 379（六，頁 831）

八月戊寅，耆英奏廣州、福州、廈門、寧波、上海各海口，與英國定議通商。《清史稿》卷 19《宣宗紀三》（頁 687）

◎道光二十二年八月壬辰（1842.9.20）

諭軍機大臣等："寄諭浙江巡撫劉韻珂，前已降旨將浙江揀發知府張廷樺補授寧波府知府。寧波為海疆要地，且現當人情甫定，攸賴撫綏，招集流亡，繕修城郭，隨在均關緊要。張廷樺係初任人員，能否勝任，著該撫留心察看，據實具奏，毋稍遷就。將此諭令知之。"尋奏："張廷樺人地不甚相宜，請留浙江省另補。"從之。《清宣宗實錄》卷 379（六，頁 837）

◎道光二十二年九月乙丑（1842.10.23）

又諭："……該夷據鎮海縣城，一載有餘，現在業已全退，亟應招集流散，安撫居民，彈壓土匪，著即照議飭令該道府等督同該署縣妥速趕辦。至城垣、衙署、炮臺等項，應修應建各工，亦著分別緩急，次第辦理。定海現泊夷船六十餘隻，是否即行開駛，仍著該將軍等確探具奏。其善後通商事宜，本日已明降諭旨，交耆英會辦，著劉韻珂隨時咨商耆英，並會同段永福悉心熟籌，務臻妥善。"《清宣宗實錄》卷 381（六，頁 868）

◎道光二十二年十月丙戌（1842.11.13）

丙戌，諭內閣："國家命將出師，征討有罪，原以保疆土而申撻伐。該將軍、參贊等，宜如何激勵將士，申明紀律，謀勇兼施，剋期奏績，以副朕委任之重。上年嘆夷滋擾粵省，特命奕山為靖逆將軍，授以重兵，前往攻剿。乃奕山抵粵，未即入城，遲回觀望，迨夷兵圍困省城，又不能奮我兵威，剿除殄滅，及至夷船退出省河，占據香港。事閱年餘，一昧因循，束手無策，以致該夷竄入閩浙、江蘇，肆行滋擾，是以坐失事機，厥咎甚重。嗣因定海、鎮海、寧波相繼失守，爰命奕經為揚威將軍，文蔚、特依順為參贊大臣，前赴浙江，徵調各路精兵，俾得克復三城，用揚我武。乃奕經等駐劄蘇州省垣，籌畫數月，集兵募勇，以期一鼓成功。覽其所呈分路埋伏、水陸並進各圖說，其運籌非不周币，無如謀事不密，先期漏洩，以致該夷處處豫為準備。我兵到彼，不能得手，因之乍浦失陷，傷我兵弁，遂得直犯長江，毫無梗塞。是奕經祇知株守一隅，不圖收復，老師糜餉，誤國殃民。文蔚擁兵駐劄紹興，坐視夷氛日熾，但以退守為計，一籌莫展，殊屬無能，又安用此將軍、參贊為耶？奕山、奕經、文蔚，前已有旨飭令回京，均著交部治罪，以示懲儆。特依順、齊慎到粵在後，未與嘆夷接仗，惟特依順在浙，於乍浦失守，不能設法救援，齊慎帶兵前赴江蘇，不能保守鎮江，事後又未能用兵收復，亦有應得之咎，均著交部嚴加議處。"《清宣宗實錄》卷382（六，頁887—888）

◎道光二十二年十二月壬辰（1843.1.18）

諭軍機大臣等："……現在嘆夷就撫，各海口仍應加意防範。浙江海口情形，以定海為藩籬，定海未復，則鎮海、寧波等處修防不容暫緩。……著各就地勢詳細籌畫，即將各項應辦善後事宜，仍遵前旨會商耆英，從長籌辦，毋庸拘泥舊制，轉滋窒礙。"《清宣宗實錄》卷387（六，頁950）

◎道光二十二年十二月戊戌（1843.1.24）

戊戌，諭內閣："前據軍機大臣會同三法司議，請將已革提督余步雲依律擬斬，聲明情節較重，請旨即行正法。當令未經與議之大學士、九卿、科道再行詳議。茲據合詞覆奏，仍照原議定擬。余步雲由行伍出身，擢至提督，當嘆夷滋擾浙江之時，伊與裕謙防守鎮海，乃定海被擾，總兵王錫朋等轉戰六晝夜之久，余步雲並不督兵應援，以致孤城失守、三鎮陣亡，已屬罪無可逭。然使鎮海、寧波保全無事，則失救定海之罪，尚可稍從寬貸。迨夷船駛入鎮海，余步雲身在行間，既不能衝鋒迎擊，復不能嬰城固守，鎮海失守，退入寧波，寧波失守，退保上虞。以一品武職大員，身膺海疆重寄，從未殺獲一賊、身受一傷，畏死貪生，首先退縮，以致帶兵將弁，相率效尤，奔潰棄城，直同兒戲。每一念及，憤恨實深。且廣東之關天培、祥福，江蘇之陳化成，福建之江繼芸，皆以提鎮殉難；即定海失陷，總兵王錫朋、葛雲飛、鄭國鴻，力戰陣亡，鎮海、寧波失事，總兵謝朝恩被炮轟擊，落海身死。裕謙以文員督師殉節，獨余步雲係本省提督，乃竟志在偷生，靦顏人世。儻不置之於法，不惟無以肅軍政而振人心，且何以慰死節諸臣忠魂於地下？余步雲著照大學士、九卿、科道等會議，即行處斬，派刑部尚書阿勒清阿監視行刑，以伸國法。朕辦理刑名，悉本欽恤，各省應死重囚，苟有可原情節，無不予以生全，況係一品大員，豈忍遽加誅戮！似余步雲之見敵輒退，首作厲階，實屬法無可貸，不能不明正典刑也。"《清宣宗實錄》卷387（六，頁955—956）

◎道光二十三年正月丙辰（1843.2.11）

又諭："劉韻珂奏'查勘寧波、鎮海情形'一摺。現在停泊定海夷船，約在三十只以外。並有咪唎堅、嗹嘛哂等國貨船，亦復逗留在彼。是嘆夷雖已就撫，防範不可不嚴。該撫所議練兵、造船、設險三事，均係當務之急。惟船隻需人駛駕，險隘需人堵守，自當次第辦理，此時總當以練兵為第一要義。浙省風氣柔弱，武備廢弛，必當大加振作，力挽頹風。著耆英、劉韻珂，會同特依順、李廷鈺，悉心籌畫，認真訓練，並妥議章程具奏。其造船一節，李廷鈺所擬製造同安梭四十隻、八槳船八十隻，共配水勇一千六百餘名。需費既屬不貲，是否得力，亦難懸擬。著即照江省之例，先行製造同安梭二隻、八槳船四隻，酌雇水勇數十名，先在江海演習，如果駕駛得力，再行奏請制辦。至鎮海防工，著俟李廷鈺到任後，覆加察看。如前建各工外，尚有應行添建之處，著即相度籌辦。"《清宣宗實錄》卷388（六，頁970）

又諭："據劉韻珂奏：'上年十二月初六日，夷船二隻，駛泊石浦洋面。有夷目未氏碧、得已士二人，求派水手，帶至福州及山東登州，當經該廳覆絕等語。'……定海本泊有咪唎嚜、咈囒哂二船，未氏碧等二人是否嘆國夷官，抑係咪唎嚜、咈囒哂人，殊難揣測。惟咪唎嚜、咈囒哂船隻既與嘆夷同泊定海，亦必惟該夷酋之言是聽。如係該國夷人，著即令噗嘛喳諄切曉諭，令其仍回廣東聽候辦理。"《清宣宗實錄》卷388（六，頁970—971）

◎道光二十三年正月辛酉（1843.2.16）

諭軍機大臣等："前據劉韻珂奏'查勘寧波、鎮海情形'一摺所議練兵防禦一節，業經降旨，著耆英、劉韻珂會同特依順、李廷鈺妥議章程具奏。其造船一節，已諭令先造同安梭二隻、八槳船四隻，如果試演得力，再行奏請製辦，並著李廷鈺將鎮海防工覆加察看，應否添建之處，相度籌辦矣。茲據該提督奏應辦善後事宜，覽奏均悉。所擬改造各項戰船，著仍遵前旨，俟試演得力，再行奏辦。至將來或將黃、溫兩鎮戰船於拆造時一律酌改，並雇募同安水勇，人數既多，或須籌款，或給與錢糧，加以津貼，著該提督與該撫劉韻珂從長計議，並咨商耆英、怡良，覈定會奏。其修建衙署以資棲止之處，著會同劉韻珂妥議具奏。至水師鎮將備弁能否勝任，陸路人員能否稱職，必當大加整頓，一洗委靡惡習，著該提督隨時留心察看，會同該督撫秉公覈辦，以資訓練而重海防。"《清宣宗實錄》卷388（六，頁974—975）

◎道光二十三年八月辛丑（1843.9.24）

諭軍機大臣等："李廷鈺奏'浙洋現在情形'一摺。嘆夷現已通市，寧波指日開港，著該提督，嚴禁兵役藉端滋擾。至通商貿易，事屬創始，著與同城文武，悉心商辦，鎮靜彈壓，毋任別生枝節。其浙省水陸鎮將備弁，著與劉韻珂察看整頓，秉公覈辦。所奏閩造同安梭船，駕駛到浙，如果得力，即將補造之船，趕緊造辦，以次配補。均著會同劉韻珂，妥籌辦理。"《清宣宗實錄》卷396（六，頁1096）

◎道光二十三年八月己酉（1843.10.2）

諭軍機大臣等："……前據耆英議定通商事宜，已據行知各省。浙江事屬創始，有與粵省情形不同之處，著劉韻珂會同管通群、李廷鈺，體察寧波等處地勢民情，與該夷先申要約，俾免膠執貽誤。其如何稽查偷漏之處，並著妥議辦理。……管通群已授浙江巡撫，責無旁貸，如夷人到浙，已在劉韻珂起程之後，即將應辦事宜，妥行籌辦，無稍貽誤。其溫州洋面盜匪尚多，著該督等嚴飭鎮將，添船配兵，會合兜捉，無分畛域，以期有犯必懲。"《清宣宗實錄》卷396（六，頁1099—1100）

◎道光二十三年九月壬申（1843.10.25）

軍機大臣穆彰阿等奏："會議浙江善後事宜：'……一、鎮海營改隸提督管轄；一、移昌石營都司駐石浦，並添設兵丁；……一、水師營內招募善於泅水之人，教習兵技；一、修復招寶、金雞兩山及乍浦等處炮臺；一、鎮海、乍浦後路添築炮臺，並將海寧州鳳凰山砲臺移建山下；一、海寧、海鹽交界之談仙嶺，建築石寨，並修炮臺；一、沿海城寨，擇要修復。一、酌裁馬兵，節省經費，協貼各兵賞項；一、演習槍炮，添製火藥鉛丸；一、添鑄炮位，補製器械；一、修建各工，分別動款，並勸諭捐輸。'"從之。《清宣宗實錄》卷397（六，頁1110—1111）

◎道光二十三年九月癸酉（1843.10.26）

諭軍機大臣等："昨據軍機大臣會部議覆浙江善後事宜二十四條，已明降諭旨，依議行矣。所有招寶、金雞兩山及乍浦等處修復炮臺，並鎮海、乍浦後路添築炮臺，及海寧、海鹽交界之談仙嶺建築石寨，內修炮臺，並沿海城寨擇要修復，以備藏兵抄襲四條，並添鑄炮位一節，均係海疆緊要事宜。著管通群嚴飭承辦各員，按款如式，確估興辦。工竣後，該撫親往驗收。並著於查驗事竣後，專折具奏，候朕簡派親信大臣，前往覆查試演。儻炮臺工程草率偷減，及演放炮位不能得力，經欽派大臣查出，恐該撫不能當此重咎也。懍之！"《清宣宗實錄》卷397（六，頁1111）

◎道光二十三年九月己卯（1843.11.1）

諭軍機大臣等："……浙省海口紛歧，此時甫議通商，自以嚴杜偷漏為第一要務。所有口內商民，應責成經管海關之員及該地方官稽查。至夷官夷商等，尤應於到關之時開誠布公，要以信義。著管通群飭令該管道府，於夷商到寧波海口之時，查照耆英現定章程，妥為辦理。其應如何因地制宜、綜覈稽查之處，務當籌畫盡善，以期經久無弊。如查有走私漏稅之犯，立即從嚴懲辦，毋稍疏縱。"《清宣宗實錄》卷397（六，頁1114）

◎道光二十三年十一月癸巳（1844.1.14）

又諭："……暎夷領事囉伯呻，於十月二十五日前抵定海，即日來至寧波，商辦通商事宜。經該護撫遵照該前撫等商派人員，令寧紹台道陳之驥、寧波府知府李汝霖前往經理，並因該道府向未與夷目謀面，派令已革道員鹿澤長，協同辦理……與夷目切實要約，嚴申禁令，並稽查偷漏，毋留罅隙為要。"《清宣宗實錄》卷399（六，頁1149—1150）

◎道光二十四年四月癸丑（1844.6.2）

諭軍機大臣等："……定海地方，現在華夷並處，據該撫奏稱，已革寧紹台道鹿澤長於該處情形熟習，著即責成鹿澤長督率定海廳同知林朝聘就近經理，並飭現任道府於應辦善後事宜，隨時詳晰商議，務臻妥協。該撫仍須留心察看，儻經理稍有失宜，即當據實奏明另派。至寧波海口通商，事屬創始，尤當妥為撫馭，務使民夷相安，不生釁隙，並督飭該管道府加意巡防，如有偷漏等弊，即當嚴行懲辦。"《清宣宗實錄》卷404（七，頁62）

◎道光二十四年五月甲戌（1844.6.23）

甲戌，諭軍機大臣等："……昨據梁寶常奏，接准程矞采咨稱，咪唎喫領事派有烏兒吉軒理知，在寧波港口辦理事務等情。著該督將該撫片內所稱各節，隨時探訪，如有應議應辦事件，亦著據實具奏。"《清宣宗實錄》卷405（七，頁72—73）

◎道光二十五年十一月庚辰（1845.12.21）

又諭："寄諭浙江巡撫梁寶常，本日據耆英等奏'親赴香港接晤夷酋，舟山如約交還①，已劄委江蘇常鎮道咸齡赴浙接收'等語。該撫自己接到粵中咨文矣，著俟咸齡到浙後，飭令前往寧波，會同暫署寧紹台道陳之驥，並督同鹿澤長、舒恭受等，將接收事宜妥為辦理。舟山甫經收復，安輯撫綏，在在均關緊要，務須諄飭該員等詳慎商辦，並明白曉諭，要在安定海之民心，杜唗夷之藉口。"《清宣宗實錄》卷423（七，頁317）

◎道光二十六年九月戊申（1846.11.14）

諭軍機大臣等："……練兵儲餉，為邊防要務。況浙省兵力素弱，加以舟山善後，及浙西續辦各工，均應及時籌議趕辦，全在事事從實，節節有備，方為久遠之謀。如該撫所稱，承平日久，將驕兵惰，隔膜視之，甚或剋扣糧餉，強令服役，未能以恩義相維。至有事之時，又奚能固結身心，指揮效命等語，尤為切中時弊。……至寧波海口，通商未久，稅課數目，尚難覈計。原設浙海關稅則，仍有贏無絀，亦著於奏報徵收錢糧時，將尾數覈定數目，奏明辦理。此外各處現辦船隻，及炮位、炮臺、陣式一切事宜，均在該撫認真覈實，處處冀收實效，斷不可徒飾外觀，

---

① 《清史稿》卷154《邦交志二·英吉利》云："二十六年秋七月，英人還舟山。"

有名無實，尤不得稍涉張皇，是為至要。"《清宣宗實錄》卷434（七，頁435—436）

◎文宗咸豐元年閏八月壬子（1851.10.23）

諭軍機大臣等："……訪知賊目鮑亞北、陳成發、陳華勝、吳維馨、羅新全，係廣東香山、順德、新安等縣人。又有賊目陳姓，係福建人。並聞該匪等銷贓聚會，俱在廣東香山縣之澳門、香港及浙江之石浦、溫州等處。其船內多帶私貨，難保不偽為商船，赴各處口岸銷售。現飭令守備黃富興，帶領師船，跟蹤追捕等語。……著各該督撫，飭令水師將弁各於洋面巡探，如見黃富興追剿盜船，即督帶兵勇，協力殲捒，勿使遠颺。現在山東盜船雖已聞挐回竄，惟賊未捕獲。著陳慶偕仍嚴飭鎮將等，實力巡防，勿稍疏解。"《清文宗實錄》卷42（一，頁41—42）

◎咸豐五年七月辛未（1855.8.22）

諭軍機大臣等："前據怡良等奏，嘆夷欲令兵船赴北洋幫捕海盜，已飭署蘇松太道諭令該夷毋庸前往。本日據崇恩奏稱，七月初二日，有三桅火輪船一隻、兩桅夷船二隻、無桅火輪船一隻，先後駛至之罘島海口。……並呈出船照及蘇松太道諭貼，旋即駛往奉天，……嘆夷通商船隻，止准在五口往來，山東、奉天洋面皆非該夷應到之地。……不准擅向北洋開駛。寧波雇備此船，何以未據奏報，輒即給照開洋？……寧波雇備火輪船，係由何人擅自給照，著何桂清查明嚴參，不得曲為解釋。"《清文宗實錄》卷171（三，頁908—909）

◎咸豐五年十月乙未（1855.11.14）

諭軍機大臣等："邵燦奏'請嚴扼北洋島嶼並雇船捕盜護漕'一摺。海船北駛，以佘山石島為寄碇之所，以牛莊為裝卸貨物之地。盜艇伺劫，多在該三處口岸，必須嚴行扼守，始能保護新漕。前據何桂清奏：'甯波、上海商人，各雇用火輪船一隻，以一隻駐泊佘山，以一隻在南洋梭織巡護。'本日復據邵燦奏:'由商捐雇網梢船二十隻,與浙江商艇合力守駐佘山,是南洋盜艇,當可絕其來源。其北洋牛莊、石島等處,亦應豫籌扼堵。'著英隆、書元、崇恩,嚴飭水師將弁,實力巡哨,認真剿捕,務使匪船無從窺伺,以利漕行……再,浙江新漕,業於十月內開局,江蘇漕務情形尚未據該督撫奏報,前經催令趕辦,於年內一律受兌。著怡良等迅速遵辦,並將開局日期及起運米數,先行奏報,毋任再延。"《清文宗實錄》卷 179(三,頁 1002—1003)

◎咸豐八年十月癸卯(1858.11.6)

冬十月癸卯朔,浙江寧海土匪滋事,提督阿麟保剿平之。《清史稿》卷 20《文宗紀》(頁 750)

◎咸豐九年四月戊申(1859.5.10)

夏四月……戊申,浙江餘姚土匪作亂,討平之。《清史稿》卷 20《文宗紀》(頁 753)

◎咸豐十年十二月己巳(1861.1.20)

己巳,諭內閣:"……京師設立總理各國通商事務衙門,著即派恭親王奕訢、大學士桂良、戶部左侍郎文祥管理,並著禮部頒給欽命總理各國通商事務關防。……其廣州、福州、廈門、甯波、上海及內江三口,潮州、瓊州、臺灣、淡水各口通商事務,著署理欽差大臣江蘇巡撫薛煥辦理。"《清文宗實錄》卷 337(五,頁 1022)

◎咸豐十一年六月甲申(1861.8.3)

諭軍機大臣等:"……嘆國、嘈嚕斯照會內稱:乍浦失守後,甯波地方官未能用心設防;又,喊唉瑪面稱:甯波地方官不為設備,僅欲雇外國兵船代為防堵,勸百姓捐銀五十萬兩,以為雇船之費……乍浦失守,甯波戒嚴,該處尚屬完善,正宜早為設防,以杜賊匪窺伺;若不認真設備,徒行斂派捐輸,甚至從中漁利,何以使外國人敬服?著王有齡確切查明，嚴飭該地方官認真防守，不得稍有疏懈。其雇募外國兵船一節是否屬實，並著嚴密查訪，儻有藉端侵蝕情弊，即行嚴參懲辦。"《清文宗實錄》卷 355（五，頁 1242）

◎咸豐十一年十二月戊午（1862.1.4）

十二月……戊午，國瑞軍復范縣。粵匪陷寧波、鎮海暨紹興各屬。《清史稿》卷 21《穆宗紀一》（頁 774）

◎咸豐十一年十二月己卯（1862.1.25）

又諭："逆匪竄陷杭州、甯波等府，沿海各口，加須加意防範。前經總理各國事務衙門將稅務司赫德申呈函致薛煥，酌量購買外國船炮等物，兩月以來未據函覆。刻下甯波一口，防堵最關緊要，著薛煥將前次購買外國船炮寄諭及總理衙門所寄信函，迅即轉致勞崇光、耆齡、慶瑞、瑞璸等，會商籌出款項，一體雇覓輪船，派委得力員弁，挑選內地兵勇，馳赴甯波海口，合力堵剿。轉瞬春水滋生，防務萬分喫緊，該督撫等當妥速辦理，毋得藉端推諉，貽誤事機。大江師船，近多朽壞，前經寄諭勞崇光、耆齡，調撥紅單船隻來江，以便裁撤更換，何以尚未奏報起程？現在吳淞口等處亟需水師防堵，而船隻不敷分布，著勞崇光、耆齡迅即調派分備李榮升、黃聯開等管帶貞吉紅、單拖矕等船，星速來江，交都興阿調遣，毋稍遲誤。該督撫務須嚴飭管帶員弁，認真截剿，果能奮勇出力，定當破格施恩。儻玩怯不前，任令賊匪竄逸，不獨將該員弁等從重治罪，並將該督撫嚴加懲辦，不稍寬貸。其各懍遵毋忽。"《清穆宗實錄》卷 14（一，頁 385）

◎穆宗同治元年五月壬午（1862.5.28）

又諭："李鴻章奏'已革道員張景渠、署甯波府知府林鈞，由定海率領廣艇，攻復鎮海縣城，進攻甯波。外國兵船同開大炮，轟入城內，當將甯波府城克復'等語。上年甯波郡城失陷，傳聞逆匪旋即退竄，此次官軍協同外國兵船進攻甯郡，逆匪堅拒不退，是否該逆退竄後復來郡城，張景渠等有無會同外國兵船攻剿之事？著左宗棠、薛煥、李鴻章等將克復郡城詳細情形，查明據實具奏。甯波、鎮海業經收復，亟宜得人而理，著曾國藩、左宗棠，迅即遴派賢能員弁，酌帶水陸官兵，由閩航海，前赴甯波郡城，督辦防務。至道員張景渠前在甯波潰退，聞有雇覓輪船，裝銀二百萬兩運赴定海之事，節經諭令曾國藩、左宗棠拏問嚴審，如果屬實，該員情罪重大，斷不准藉收復鎮海等處為詞希冀開復。著曾國藩、左宗棠等仍遵前旨，查拏究辦，毋稍輕縱。"《清穆宗實錄》卷 27（一，頁 725）

五月壬午朔，官軍復寧波、鎮海。《清史稿》卷 21《穆宗紀一》（頁 779）

◎同治元年八月壬子（1862.8.26）

又諭："……李鴻章所派駐紮甯波之常勝軍，據華爾聲稱，已於七月初八日會同各軍，攻克餘姚縣城，其詳細情形，仍著李鴻章、左宗棠查明具奏。餘姚克復後，係何人帶兵守禦，能否得力，並如何布置防守之處，均著李鴻章、左宗棠查明辦理。"《清穆宗實錄》卷 36（一，頁 962）

◎同治元年閏八月乙未（1862.10.8）

諭議政王、軍機大臣等："本日據恭親王等面呈崇厚致總理各國事務衙門信函，內稱副將華爾於八月間進剿慈谿，受傷身故，現在所部常勝軍暫交部將白齊文、法思爾德接帶，英國卻欲薦人，尚在未定。……華爾以外洋歸誠之人，從前雖稍有驕悍，而此時既為中國效力，禦賊捐軀，自應獎恤優加，以為外國觀感，諒薛煥等必當奏請恩卹。惟常勝軍必需幹練之員方可接管，白齊文、法思爾德確係何國之人，是否勝任，抑或徑用中國大員接管，著薛煥、李鴻章、左宗棠等妥為籌商，迅速辦理。至崇厚函內有'英國卻欲薦人'之語，而哥士耆又稱欲令法國副將拉伯拉德接辦甯波防務，有無窒礙，甯波、上海曾否令其訓練兵丁，並著察覼具陳。此時借資外國兵力，不無後慮，而甯郡濱臨海隅，又恐中國兵力不及，現已飭令總理各國事務衙門與英法公使籌商，如令該二國人帶兵，必須如華爾之呈請歸入中國版圖，願受節制，方可予以兵柄。薛煥、李鴻章亦著按照此意，與在滬領事等官妥籌酌辦，不可稍有拘泥，致誤海防大局。"《清穆宗實錄》卷40（一，頁1079—1080）

◎同治元年閏八月戊戌（1862.10.11）

又諭："李鴻章奏'副將克復慈谿，中槍傷亡，懇請建祠優恤'一摺。副將華爾以美國部落，具稟願隸中國版圖。……朝廷嘉其戰功屢著，疊沛恩施，以副將擢用。……浙江逆匪攻陷慈谿。華爾聞信，即管帶常勝軍進剿，指揮兵勇登城。賊從城上放槍，適中華爾胸腕，子從背出，登時暈倒。……回甯波後，於次日殞命……洵屬義勇性成，無忝戎行。現經李鴻章已飭吳煦等妥為殮葬，並著於甯波、松江兩府建立專祠，仍交部從優議恤，以慰忠魂而示優異。"《清穆宗實錄》卷40（一，頁1085）

戊戌，……粵匪復陷慈谿，官軍合英、法軍復之，華爾沒於陣。庚子，……允法將勒伯勒東留防寧波。《清史稿》卷21《穆宗紀一》（頁783—784）

其秋，賊十萬復犯上海，華爾自松江倍道應赴，與諸軍擊却之。時寧波戒嚴，巡道史致諤乞援，鴻章遣華爾偕往。值廣艇與法兵搆衅，引賊寇新城，從姚北紆道犯慈谿。華爾約西兵駕輪舶三，一泊灌浦，一泊赭山，一自丈亭駛入太平橋、餘姚四門鎮，而自率軍數百至半浦。平旦薄城，方以遠鏡瞭敵，忽槍丸洞胸，遽踣地，舁回舟。餘衆悉力奮攻，賊啓北門走。華爾至郡城，猶能叱其下恤軍事，越二日始卒。以中國章服斂，從其志也。鴻章請於朝，優恤之，予寧波、松江建祠。《清史稿》卷435《華爾傳》（頁12358—12359）

諭議政王、軍機大臣等："前因恭親王等面呈崇厚信函，內稱華爾受傷殞命等情，當經諭知薛煥、李鴻章、左宗棠妥籌覼辦。常勝軍素稱得力，……是此軍為數不少，白齊文能否勝任，將來能否就我範圍，不可不豫行籌及。恐稍涉遷就，日後轉成尾大不掉之勢，徒糜餉項，不如交中國大員管帶，易為駕馭，或一時無此勝任之員，仍須暫交白齊文接統，著薛煥、李鴻章悉心察度，毋貽後患。至英國提督欲派兵頭接管，尤恐窒礙，著薛煥、李鴻章飭令吳煦設法阻止。如其再三懇請，亦必如華爾之歸中國版圖，受我節制，方可允行。法國武官接帶常勝軍一事，其議已寢。其所練甯波兵勇，須與該國武官議明，令其暫時管帶，聽中國調遣，所有籌防事宜，准其會同商辦，仍須聽地方官主持，均著薛煥、李鴻章遵照體察，相機籌辦。甯波為沿海要郡，慈谿雖復而兵力甚單，該郡防守情形，仍形喫緊，左宗棠務當隨時妥籌，李鴻章亦當不分畛域，力籌兼顧。"《清穆宗實錄》卷 40（一，頁 1085—1086）

◎同治元年閏八月庚子（1862.10.13）

諭議政王、軍機大臣等："……法國因美國華爾隸歸中國，屢立戰功，疊荷褒獎，以為榮耀。現值甯波海口喫緊，願將伊國副將勒伯勒東權受中國職任，帶兵防勦。是其願為中國出力，以敦和好之忱，尚無虛假，……當此兵勇缺乏之時，自應俯順輿情，以資守禦。惟用外國之兵勦賊，必須聽受中國節制，其所保守地方，仍應中國主持。現由總理各國事務衙門與之定議，該國情願以勒伯勒東權受中國職任，聽浙江巡撫及甯波道節制。著薛煥、李鴻章、左宗棠將該副將在甯波所練中國兵丁一千五百名應給餉項，即行支放。……該副將既受中國職任之後，即應一視同仁，遇事持平辦理，一切按照中國法制，不得稍存偏倚，亦不得稍有寬縱，以肅軍律。"《清穆宗實錄》卷 40（一，頁 1091—1092）

◎同治元年閏八月己酉（1862.10.22）

又諭："總理各國事務衙門奏俄國公使把留捷克遞該衙門照會，內稱該國現派水師提督顏顏福，帶領兵船前赴中國，如賊匪擾亂緊要海口，該提督幫同中國官兵堵禦擊退，請代為具奏等情。甯波、上海業經英法二國派兵幫同防剿，現在俄國兵船前來助剿，似未便聽其自為主張，可否令與英法二國合力剿辦，抑此外另有緊要應防海口，專令俄國會同該處帶兵官設法防禦，請飭下曾國藩等妥籌辦理。"《清穆宗實錄》卷41（一，頁1123）

◎同治元年九月乙亥（1862.11.17）

又諭："……逆賊竄擾東南，蔓延滬上、甯波等海口，官兵不能得力，暫假洋人訓練，以為自強之計。原以保衛地方，不至使洋人輕視，謂中國兵力不足恃，業於天津、上海等處先後辦理，近來甯波亦已照辦，惟以洋人訓練，即以洋人統帶，是其既膺教習之任，並分將帥之權，日後徵調，必多掣肘。且兵少則不足以示強，兵多則餉需太鉅，莫若選擇員弁，令其學習外國兵法，去其所短，用其所長，於學成後自行訓練中國勇丁，則既可省費，亦不至授外國人以兵柄。著曾國藩、薛煥、李鴻章、左宗棠商酌，於都司以下武弁中擇其才堪造就，酌挑一二十員，令其在上海、甯波學習外國兵法，以副參大員統之，會同外國教練之官勤加訓練。"《清穆宗實錄》卷44（一，頁1196—1197）

同治元年，以上海、寧波等海口官兵，延歐洲人訓練，令曾國藩、李鴻章、左宗棠等，酌選武員數十人，在上海、寧波習外國兵法，以副、參大員統之，學成之後，自行教練中國兵丁。《清史稿》卷139《兵志十》（頁4127）

◎同治元年十月甲午（1862.12.6）

又諭："……勒伯勒東防守甯波，原係一時權宜之計，金華克復以後，兵力足以兼顧，即應撤回。……該副將既受中國節制，在中國相待，自應一視同仁。如有違犯法令，即照中國之法治罪，使其知所畏服，不至漸生驕志。……俄國兵船助剿之議，本係事非得已，曾國藩等擬令在上海、甯波防守，不令入江，所慮極遠，即著於頗頗福到後會商辦理。如必欲入江，即令其在鎮江停泊，不准移至他處，以示限制。"《清穆宗實

錄》卷46（一，頁1250—1251）

◎同治二年十一月戊午（1863.12.25）

又諭："……英國領事夏福禮、總兵咈樂德克、都司陂格樂、翻譯官有雅芝、兵船醫官參將衛伊爾雲、水師都司費達士、法國參將權授中國兵官德克碑、稅務司日意格①、教主田壘思，上年隨同官軍克復甯波各城，實屬奮勇出力，宜加賞賚，以示嘉獎。……著將各該員等勞績細加察覈，應如何分別賞賚銀兩、物件、功牌之處，一面酌擬賞件頒發，一面奏聞，並摘錄此旨內嘉獎數語宣示。"《清穆宗實錄》卷85（二，頁775—776）

◎同治二年十二月壬寅（1864.2.7）

勒伯勒東德加理尼阿爾伯依都額爾，法國加爾襪多人。初為本國水師參將。咸豐十一年，來上海。時寇據寧波，西人惡之，益兵戍守，遣勒伯勒東乘輪泊三江口。同治元年，從官軍克府城，募壯丁千五百為洋槍隊，自陳願隸。明年，權授浙江總兵，受巡撫、寧波道節度。時上虞賊犯泗門、馬渚，勒伯勒東軍餘姚以待。尋與同知銜謝采嶂直擣賊屯，賊赴水死者餘余，乘銳毀其卡，薄城先登，擊殺守陴悍賊，餘宵遁，城克。赴蟶浦，略紹興，以賊遺土礮往，巡道張景渠止之，不聽，未幾，礮果裂，負傷而死，賜優恤。《清史稿》卷435《華爾傳附勒伯勒東傳》（頁12359）

◎同治九年八月辛丑（1870.9.2）

浙江提督黃少春，前經賞假回籍，現在浙省甯波、溫州、台州等屬所轄洋面，緝捕巡防，極關緊要，該提督在任有年，於海防情形頗為熟悉，亟應飭令回任，以資鎮守。著劉崐即行傳知黃少春，星速馳赴本任，

---

① 《清史稿》卷435《日意格傳》："日意格，法國人。嘗為其國參將，駐防上海。同治元年，改調稅務司。從寧波，復郡城，與有功。官軍攻慈谿，遣法兵馳往策應。會餘姚四門鎮陷，遂與前護提督陳世章勒兵往討，踰月，直擣上虞。賊緣道築卡樹柵，悉奪毀之，薄城，併力轟擊，賊殊死戰，賈勇直前，被創，眾軍繼進，斬級千，賊始渡曹娥江去。進攻奉化，與諸軍克之。"

不少拘定假滿，稍涉耽延，致誤防務。《清穆宗實錄》卷 288（六，頁 988）

◎同治十年五月辛亥（1871.7.9）

諭軍機大臣等："李鴻章奏'日本使臣將抵天津，請派大臣在津會議立約'一摺。已另有諭旨，派李鴻章為全權大臣，並派應寶時、陳欽①隨同幫辦矣。該大臣俟日本使臣到津後，務當督飭應寶時、陳欽悉心籌畫，杜漸防微，總期周密妥善，免致將來窒礙，是為至要。"《清穆宗實錄》卷 312（七，頁 127）

◎德宗光緒五年十月己巳（1879.12.12）

諭軍機大臣等："……李鴻章所陳，必購置鐵甲等船，練成數軍，決勝海上，能戰而後能守，自是要論。該督擬先購快船，再辦鐵甲，現令總稅務司轉飭駐英稅司訂辦快船二隻，期於光緒七年到華。現在購到蚊船八隻，來春弁勇配齊，分赴南北洋調遣。其廣東、臺灣、浙江甯波、山東煙臺各海口，均須酌備蚊船，與南北洋互調會操，藉杜窺伺。……惟籌備海防，經費宜裕，除福建業經該省奏請截留外，其餘各該省應解南北洋海防經費，著各該督撫趕緊設法籌解大批餉項，各監督按結如數迅速分解，以應急需，儻再稍有挪延，由李鴻章指名嚴參。"《清德宗實錄》卷 102（二，頁 527）

◎光緒九年十一月乙未（1883.12.17）

又諭："……法人侵占越南，外患日亟，沿海設防，必應綜覽形勢，統籌全局，為未雨綢繆之計。……浙之定海、乍浦，應與甯波、鎮海併力嚴防，……浙省防務，前據劉秉璋奏明，添營在鎮海等處，扼要設防，著即迅速辦理，嚴扼要口，並隨時與閩蘇兩省互相策應，以期鞏固。總之，法越搆釁已久，沿海辦理防務，必先能守而後能戰。各海口情形有籌議所未及者，均應確抒所見，切實豫籌。"《清德宗實錄》卷 174（三，

---

① 陳欽，慈溪人，同治十年（1871）進士，曾任翰林院編修。

頁 425—426）

◎光緒九年十二月乙丑（1884.1.16）

乙丑，諭軍機大臣等：“前據劉秉璋奏，請調吳長慶酌帶勇營赴浙，……浙省餉絀兵單，沿海各口備禦空虛，係屬實在情形，惟吳長慶現率所部駐紮朝鮮，關繫甚重，勢難遠調赴浙。著李鴻章與劉秉璋悉心會商，另選得力將領，與該撫氣誼素孚者，前赴浙省，以資臂助。應如何添募數營帶往，及籌撥軍餉之處，著奏明請旨。法有侵犯舟山等處之謠，虛實雖未可知，必需嚴密設備。該撫務將鎮海、定海等處防務妥為布置，毋稍疏虞。”《清德宗實錄》卷 176（三，頁 453）

◎光緒十年五月甲午（1884.6.13）

減浙江甯波衛安勇百五十名，從巡撫劉秉璋請也。《清德宗實錄》卷 184（三，頁 567）

◎光緒十年七月甲子（1884.9.11）

又諭：“電寄劉秉璋。有人奏聞，有外國船六七艘駛至甯波江北岸，著劉秉璋飭屬確查係何國船隻。如係法船，即行攻擊。又據稱，乍浦應酌添數營，並將該處漁船編查約束，副都統應駐乍浦，著該撫酌度妥辦。”《清德宗實錄》卷 190（三，頁 678）

◎光緒十年八月丙子（1884.9.23）

浙江巡撫劉秉璋奏“查明甯波口並無法船駛入”及“乍浦添募勇丁，清查漁船情形”。得旨：“所有添募勇丁、清查漁船各事，著該撫妥為辦理。並將該省防務嚴密布置、扼要駐紮，期於戰守足恃。”《清德宗實錄》卷 191（三，頁 695）

◎光緒十一年正月乙巳（1885.2.19）

又諭：“……據曾國荃等電稱‘五船在鎮海、石浦兩處被困’等語。

該船所需煤、糧，關繫緊要，著劉秉璋設法接濟，並添調勇營前往協力守禦。敵如登岸，痛加剿辦。至五船進止，俟法船退後，候旨遵行。"《清德宗實錄》卷201（三，頁860）

◎光緒十一年正月丙辰（1885.3.2）

諭軍機大臣等："……據曾國荃、劉秉璋電奏已悉，法船如窺伺鎮口，著劉秉璋會同歐陽利見，督飭防軍十一營，實力堵剿，與吳安康所帶師船，聯絡籌防，勿稍疏虞。……該處堵口事宜，劉秉璋極力布置，務臻周妥。倘法兵登岸，即痛加剿擊，仍當持以鎮靜，毋得稍涉張惶。"《清德宗實錄》卷202（三，頁870）

◎光緒十一年正月丁巳（1885.3.3）

又諭："電寄曾國荃等。法船攻鎮口，受傷退泊，著劉秉璋督飭防軍，如敵再進犯，即盡力轟擊以挫兇焰，炮船正可與炮臺相為依護，務令各統領與吳安康聯絡籌防，同心禦侮。鎮海本駐軍十一營，炮兵五百人，甯郡亦有六營，可以策應。劉秉璋、歐陽利見應先就現有兵力妥籌布置，務臻嚴密。曹德慶軍毋庸調往。曾國荃遵昨旨於後路防營，另籌調派，前往助剿。"《清德宗實錄》卷202（三，頁870）

◎光緒十一年二月甲戌（1885.3.20）

諭內閣："劉秉璋奏'鎮海口岸獲勝情形'一摺。正月十五至十九日，敵船屢撲浙江鎮海口岸，經提督歐陽利見督率水陸營勇，及輪船管帶各員，合力轟擊，將敵艦疊次擊壞敗退，尚屬奮勇可嘉。"《清德宗實錄》卷203（三，頁881）

二月甲戌，浙江提督歐陽利見敗法人於鎮海口。《清史稿》卷23《德宗紀一》（頁883）

十年，授寧紹台道。法蘭西敗盟，搆兵越南，詔緣海戒嚴。寧波故浙東要衝也，方是時，提督歐陽利見頓金雞山，楊岐珍頓招寶山，總兵錢玉興分守要隘。諸將故等夷，不相統攝。巡撫劉秉璋檄福成綜營務，調護諸將，築長牆，釘叢樁，造電線，清間諜，絕嚮導與窺伺。其南洋援臺三艦為法人追襲，駛入鎮海口，復令其合力守禦。謀甫定而寇氛逼矣，再至，再卻之，卒不得逞而去。《清史稿》卷446《薛福成傳》（頁12480）

◎光緒十一年六月乙亥（1885.7.19）

又諭："……浙江鎮海炮臺，上年十二月及本年正月疊被敵船攻撲，均經在事各員弁奮勇擊退，尚屬著有微勞。浙江提督歐陽利見親駐前敵，督率有方，著賞給頭品頂戴。至所請各員獎敘未免過優，特量加覈減，酌予恩施。其餘出力各員弁，著該撫詳細查覈，據實保獎，不准稍涉冒濫。"《清德宗實錄》卷209（三，頁955—956）

◎光緒十五年五月庚申（1889.6.13）

庚申，諭軍機大臣等："前據卞寶第奏參：管帶鎮海炮臺候補參將吳杰居心險詐，不遵調度，並有侵用工料情事，請將該參將革職，當經照所請行。茲有人奏：吳杰熟諳西法，廉樸耐勞，從前法艦犯口，兩次開炮獲勝，聲望甚好，此次誤被參劾，實由於標營將士排擠等語。朝廷遴選將才，首在辨別是非，劉秉璋、衛榮光前在浙江巡撫任內，辦理海口各事宜，所部將領之賢否，自必知之詳審。究竟吳杰才具如何，平日辦事是否可靠，從前防守鎮海口門有無功績，著即據實覆奏。將此諭令知之。"尋劉秉璋奏："吳杰前辦海防功績最著，平日辦事可靠，才具可用。"報聞。《清德宗實錄》卷270（四，頁619—620）

◎光緒二十年六月甲戌（1894.7.31）

又諭："電寄（浙江巡撫）廖壽豐。電奏已悉，所有鎮海、定海防務，著派張其光總統，該撫現擬添募十營分布，著照所請行。"《清德宗實錄》卷343（五，頁395）

◎光緒二十年八月乙丑（1894.9.20）

又諭："電寄邵友濂[1]，據劉坤一電奏'英船運米濟倭，已派開濟船赴臺助截'等語，著邵友濂飭令嚴密巡查，遇有他國商船裝運米糧，接濟倭人，經過臺灣洋面，即行截留，勿任偷渡。"《清德宗實錄》卷347（五，頁453）

◎光緒二十年九月壬午（1894.10.7）

又諭："……劉永福前在滇粵，與洋人接仗，威聲頗著。近因倭焰鴟張，言事諸臣，多有請令其統率偏師，直搗長崎各島，為釜底抽薪之計者。著邵友濂詢問劉永福：此時禦倭之策，伊能否確有見地？前該總兵請回粵多召舊部，若果如所請，伊能否直赴日本，以奇兵制勝？應令詳細籌度，據實電奏。"《清德宗實錄》卷348（五，頁480）

◎光緒二十年九月癸未（1894.10.8）

又諭："……據李鴻章電報'倭船八隻初八日在成山洋面遊弋，至夜直向南去，恐往南洋'等語，臺灣為倭人垂涎，詭謀莫測，著邵友濂督飭臺南北守口各將弁，勤加偵探，嚴密防範。"《清德宗實錄》卷348（五，頁482）

◎光緒二十年九月丁酉（1894.10.22）

浙江巡撫廖壽豐奏："浙省防兵不敷分布，現飭營弁由甯波等處各募一旗，填紥鎮海防所。又乍浦為省垣門戶，其澉浦尖、山各海口，又為乍防後路，不可無居中策應之師，復飭副將蔣益智等各募一營，以備調遣。"下部知之。《清德宗實錄》卷350（五，頁498）

◎光緒二十年十月辛未（1894.11.25）

辛未，諭軍機大臣等："……此次海防事起，新募營勇祇足補舊營之虛額，新加練軍亦不足數。總領、統帶號令不一，教習、哨長不諳訓練，

---

① 邵友濂，餘姚人，歷職湖南巡撫、福建台灣巡撫等。

甯波防勇，僅防道署，而明火搶劫，置若罔聞。定防水師廣勇等項，徒供張其光護從，而地方騷擾不恤，有名無實，……倭寇狡詐異常，北洋封凍，難保不竄擾南洋，若如所奏情形，防軍全不足恃，恐致貽誤事機。著廖壽豐嚴加整飭，如查有前項情弊，立即參辦，毋稍徇縱。"《清德宗實錄》卷 352（五，頁 562）

◎光緒二十年十二月壬子（1895.1.5）

壬子，諭內閣："朕欽奉慈禧端佑康頤昭豫莊誠壽恭欽獻崇熙皇太后懿旨：張蔭桓、邵友濂現已派為全權大臣，前往日本會商事件。所有應議各節，凡日本所請，均著隨時電奏，候旨遵行。其與國體有礙及中國力有未逮之事，該大臣不得擅行允諾。懍之慎之。"《清德宗實錄》卷 355（五，頁 624）

◎光緒二十一年二月丁巳（1895.3.11）

浙江巡撫廖壽豐奏："查閱鎮海防務，於要隘處所，酌造疑臺，建築土隄，節節設防。歸併各軍，擇要填紮，水陸互相策應。"報聞。《清德宗實錄》卷 361（五，頁 716）

◎光緒二十一年閏五月丁未（1895.6.29）

諭軍機大臣等："……據稱，浙江洋面劫案疊出，上年岱山剪刀坪一帶，盜匪與台州漁戶搆釁，幾釀鉅禍，舟山航船去冬亦被行劫。內地如鄞縣之小溪、橫溪、大嵩，奉化之忠義、松林等處，皆成盜藪。慈谿縣城廂，本年春間被搶之家不下數十姓。有盜首尤田雞者，在奉化招集匪徒三四百人，白晝虜掠，出入乘坐官轎，漁船出行，必須領其盜照，方可開駛……著廖壽豐嚴飭文武員弁，認真巡查，實力搜捕，以靖盜風，並將尤田雞一名嚴拏務獲，從嚴懲辦。……另片奏：鎮海口防營徒糜帑項，提督張其光昏耄廢弛，副將費金綬、知府馮相榮，惟以吸食鴉片煙為事；參將鄧驄保日事賭博，在營納妾，並干預地方訟事；總辦支應局

縣丞吳元鼎挾妓飲酒，毫無顧忌，……著廖壽豐確切查明，據實具奏，毋稍徇隱。"《清德宗實錄》卷369（五，頁825）

◎光緒二十一年十二月癸巳（1896.2.10）

又諭："……明年四月初為俄君加冕之期，已派李鴻章為正使，前往致賀。前任巡撫邵友濂熟於俄事，著即授為副使，以輔其行。該前撫接奉此旨，即日馳赴上海，俟李鴻章到後，一同啟輪。途長期迫，不可耽延。其由籍起程日期，並即迅速電覆。此旨著廖壽豐傳諭知之。如邵友濂現在上海，即著張之洞傳諭知之。"《清德宗實錄》卷382（五，頁1007）

◎光緒二十四年六月癸未（1898.7.19）

諭軍機大臣等："電寄劉坤一。法領事強索四明公所義地，至以炮兵脅拆圍牆，並調兵船，而甯波人傳單罷市，事機甚迫，勢恐莠民藉端滋鬧，釀成巨案。著劉坤一、奎俊飛飭派出各員，一面向法領事切實勸導，就甯人可讓之地，允助建屋等費，和商息事，一面嚴飭文武各官實力彈壓商民，務令靜候議辦，毋任恃眾尋釁，以遏亂萌。"《清德宗實錄》卷421（六，頁514）

是年，又以兵強佔上海、寧波四明公所義地，寧人罷市，幾激變。久之始定。《清史稿》卷155《邦交志三·法蘭西》（頁4572）

◎光緒二十五年正月丙辰（1899.2.17）

浙江巡撫廖壽豐奏："浙江甯波、紹興、溫州、台州與嘉興府屬之乍浦，沿海漁團，辦有端緒，以衛海疆。"得旨："著即飭屬認真舉辦，毋令日久廢弛。"《清德宗實錄》卷437（六，頁749）

◎光緒二十五年七月丙辰（1899.8.16）

諭軍機大臣等："御史胡孚宸奏'意人需索五款，萬難俯從'、葉慶增[1]奏'意人垂涎甯波礦路，請勿輕允'各一摺。該衙門知道。"《清德宗

---

[1] 葉慶增，慈溪人，光緒二年（1876）進士。

實錄》卷448（六，頁906）

◎光緒二十九年十一月壬午（1903.12.20）

諭軍機大臣等："……浙江甯海縣匪徒王錫彤等，於八月間聚眾入城，焚毀教堂，並有殺害教士、教民情事。經該撫飭屬查拏，先後擒獲、格斃匪犯二十餘名，並將該匪首懸賞密拏。該管文武甯海營參將孫紹發、代理甯海縣候補知縣蕭慶增，事前既漫無覺察，臨事又毫無布置，提標中營參將周友勝奉委彈壓，觀望遷延，均屬咎有應得，著一併先行革職，歸案訊辦。仍著將匪首王錫彤嚴拏懲治，以儆凶頑。"《清德宗實錄》卷523（七，頁913）

◎光緒三十二年六月乙亥（1906.7.30）

（署閩浙總督崇善）又奏："象山港群山環繞，聲勢聯絡，作海軍根據之地最為合宜，應請創設軍港，以重海防。"下政務處議。《清德宗實錄》卷561（八，頁426）

◎光緒三十三年八月庚申（1907.9.8）

陸軍部奏："遵旨暫理海軍，擬添購三四千噸穿甲快船數艘，炮船二十餘艘，練船一艘，並築浙江甯波府屬之象山港，以便各船收泊。共需開辦經費一千五百萬兩，常年經費一百五十萬兩，請飭度支部設法籌措。"下軍機大臣會同度支部、陸軍部妥議。《清德宗實錄》卷577（八，頁637—638）

二、經濟類史料編年

（一）明代

◎吳元年二月癸丑（1366.3.12）

置兩浙都轉運鹽使司於杭州。设……鳴鶴……昌国正监、清泉、大嵩、穿山……等三十六场。岁辦鹽二十二萬二千三百八十四引有畸，每引重四百斤。其法：浙東以竹篾織盤，用石灰、柴灰塗抹，注卤煎烧。每田八畝，辦鹽一引。田入鹽籍，谓之贍鹽田土。《明太祖實錄》卷22（頁0318—0319）

◎明太祖洪武元年二月癸卯（1368.2.20）

癸卯，詔御史大夫湯和還明州造海舟，漕運北徵軍餉。《明太祖實錄》卷30（頁0514—0515）

◎洪武三年七月丁酉（1370.8.2）

御史臺奏明州府虧鹽，凡五千四百引，宜令官吏償之。上曰："彼固有罪，然必欲其償鹽，則不惟殃及小民，而在官之弊寖生矣。"命悉免之。《明太祖實錄》卷54（頁1062）

◎洪武七年五月癸巳（1374.7.8）

台州府言黃巖、臨海、寧海三縣今年夏稅小麥三千餘石，因積雨多腐，不堪輸官。上命以他物代輸。《明太祖實錄》卷89（頁1578）

◎洪武七年十二月庚申（1375.1.31）之前

吳元年置市舶提舉司。洪武三年罷太倉、黃渡市舶司。七年罷福建之泉州、浙江之明州、廣東之廣州三市舶司。《明史》卷75《職官志四》（頁1848）

明初，東有馬市，西有茶市，皆以馭邊省戍守費。海外諸國入貢，許附載方物與中國貿易。因設市舶司，置提舉官以領之，所以通夷情，抑姦商，俾法禁有所施，因以消其釁隙也。洪武初，設于太倉黃渡，尋罷。復設於寧波、泉州、廣州。寧波通日本，泉州通琉球，廣州通占城、暹羅、西洋諸國。琉球、占城諸國皆恭順，任其時至入貢。惟日本叛服不常，故獨限其期為十年，人數為二百，舟為二艘，以金葉勘合表文為驗，以防詐偽侵軼。後市舶司暫罷，輒復嚴禁瀕海居民及守備將卒私通海外諸國。《明史》卷81《食貨志五》（頁1980）

◎洪武八年十二月壬子（1376.1.18）

壬子，吏部言：“郡縣之上下，以稅糧多寡為例。今歲糧增者，太原、鳳陽、河南、西安宜陞上府，揚州、鞏昌、慶陽宜陞中府，明州之鄞縣陞上縣。其萊州稅糧不及，宜降中府。”從之。《明太祖實錄》卷102（頁1725—1726）

◎洪武十五年五月丙子（1382.7.9）

龍虎衛百戶王英督造海舟於昌國縣。俄有大魚一、鐵力木二，各長三丈五尺，漂至沙上。因以魚取油七百餘斤，木製柁為用。事聞，上曰：“此天所以蘇民力也。”《明太祖實錄》卷145（頁2280—2281）

◎洪武十六年五月庚戌（1383.6.8）

庚戌，致仕參政舒唐，於溫、台、寧波、紹興四府，招集方氏舊水夫凡二萬七千一十八人至京師。《明太祖實錄》卷154（頁2402）

◎洪武十六年六月庚子（1383.7.28）

遣行人覈寧波府海塗田。《明太祖實錄》卷155（頁2415）

◎洪武二十年十月乙丑（1387.11.29）

命兵部遣使籍杭、湖、嚴、衢、金華、紹興、寧波及直隸、徽州等府市民富實者，出貲市馬，充鳳陽、宿州抵河南鄭州驛馬戶。《明太祖實錄》卷186（頁2788—2789）

◎洪武二十四年五月甲辰（1391.6.20）

甲辰，寧波府鄞縣民陳進詣闕言："定海、鄞縣之境有民田百萬餘頃，皆資東錢湖水灌溉。湖周回八十里，岸有七堰，年久湮塞不通，乞疏浚之。"上命工部遣官相度，於農隙時修之。《明太祖實錄》卷208（頁3105）

◎太宗永樂元年九月己亥（1403.10.10）

禮部尚書李至剛奏："日本國遣使入貢，已至寧波府。凡番使入中國，不得私載兵器、刀槊之類鬻於民，具有禁令。宜命有司，會檢番舶中有兵器刀槊之類，籍封送京師。"上曰："外夷向慕中國，來修朝貢，危踏海波，跋涉萬里，道路既遠，貲費亦多，其各有齎以助路費，亦人情也。豈當一切拘之禁令？"至剛復奏："刀槊之類，在民間不許私有，則亦無所鬻，惟當籍封送官。"上曰："無所鬻，則官為准中國之直市之，毋拘法禁，以失朝廷寬大之意，且阻遠人歸慕之心。"《明太宗實錄》卷23

永樂元年又遣左通政趙居任、行人張洪偕僧道成往。將行，而其貢使已達寧波。禮官李至剛奏："故事，番使入中國，不得私攜兵器鬻民。宜敕所司覈其舶，諸犯禁者悉籍送京師。"帝曰："外夷修貢，履險蹈危，來遠，所費實多。有所齎以助資斧，亦人情，豈可概拘以禁令。

至其兵器，亦准時直市之，毋阻向化。"《明史》卷 322《外國傳三》（頁8344—8345）

◎永樂元年十二月壬寅（1404.2.10）之前

洪武……七年罷福建之泉州、浙江之明州、廣東之廣州三市舶司。永樂元年復置，設官如洪武初制，尋命內臣提督之。《明史》卷 75《職官志四》（頁 1848）

◎永樂二年二月己丑（1404.3.28）

修鎮江府丹徒縣練湖堤岸、浙江寧波府象山縣茭湖塘岸。《明太宗實錄》卷 28（頁 0509—0510）

◎永樂二年六月丁酉（1404.8.3）

丁酉，鎮守寧波都指揮曹英言："觀海衛城垣坍塌三百八十餘丈，請命修築。"從之。《明太宗實錄》卷 32（頁 0574）

◎永樂三年八月辛未（1405.9.1）

修浙江定海衛霩衢千戶所城池。《明太宗實錄》卷 45（頁 0704）

◎永樂五年正月丁丑（1407.3.1）

修浙江餘姚縣南湖垻及錢塘、仁和、嘉興、蘇州、吳江、長洲、崑山、松江、華亭堤岸。《明太宗實錄》卷 63（頁 0907）

◎永樂七年九月癸未（1409.10.22）

癸未，巡按浙江監察御史言："八月十二日，松門、海門、昌國、台州四衛，楚門等六千戶所颶風驟雨，壞城垣，漂流房舍。請令所司修築備禦。"從之。《明太宗實錄》卷 96（頁 1273）

◎永樂九年十月辛丑（1411.10.30）

命浙江臨山、觀海、定海、寧波、昌國等衛造海船四十八艘。《明太

宗實錄》卷 120（頁 1515—1516）

◎永樂九年十二月庚寅（1411.12.18）

修浙江臨山衛餘姚千戶所城池。《明太宗實錄》卷 122（頁 1535）

◎永樂十一年七月戊子（1413.8.7）

戊子，浙江寧波府鄞、慈谿、奉化、定海、象山五縣疫，民男女死者九千一百餘口。《明太宗實錄》卷 141（頁 1693）

◎宣宗宣德四年六月壬午（1429.7.8）

浙江山陰縣主簿李孟吉奏：“本縣糧八萬四千五百九十六石有奇，中以一萬四千五百（名）[石]① 運赴北京通州，水陸之費，凡費三石可致一石。其餘輸于緣海衛所者，過洋度壩，每石亦須加倍有奇，又有遭風淪溺者，以此糧多虧欠。乞以所納于通州者，改納淮安、徐州，令官軍催運；其納緣海衛所者，改于寧波府倉收貯，以俟關支。庶民易輸納，軍餉不缺。”上命行在戶部從之。《明宣宗實錄》卷 55（頁 1309—1310）

◎宣德五年十一月庚申（1430.12.8）

巡按浙江監察御史杜時奏：“會稽、餘姚二縣夏秋旱，田苗無收，民人饑困。金華、南浦江二縣有寇出沒劫掠。”命行在戶部遣官馳傳賑濟，都察院移文令有司捕盜。《明宣宗實錄》卷 72（頁 1693）

◎宣德六年四月辛酉（1431.6.7）

浙江餘姚縣奏：“所屬東山等都，舊有河池灌田，洪武中嘗疏濬，民受其利。今沙土壅塞，水利減少，無以救災，乞如舊疏濬。”事下，工部尚書吳中請遣官覆視，果為民利，則量發民夫，俟秋成後用工。從之。
《明宣宗實錄》卷 78（頁 1817—1818）

---

① 方括中為作者校正字。下文中此種情況不再標注。

◎宣德六年五月庚午（1431.6.16）

浙江右參議彭璟言：“定海衛初撥寧波、紹興二府秋糧三萬餘石為軍儲，未輸者一萬四千餘石。比蒙聖恩，凡稅糧負欠者折收絹布鈔，定海官軍坐撥之糧，皆作折收之數，未曾撥補。又黃巖等縣土不產絹，有司追徵，甚於徵米，乞緩其期限。”上謂行在戶部曰：“軍餉不可缺，其即以折糧布絹鈔補給。若運糧艱難，別為區畫。無絹之處，聽從民便。”《明宣宗實錄》卷79（頁1828—1829）

◎宣德六年九月壬申（1431.10.16）

壬申，寧波知府鄭珞請弛出海捕魚之禁以利民，上不許，遣敕諭之曰：“爾知利民而不知為民患。往者，倭寇頻肆劫掠，皆由奸民捕魚者導引，海濱之民屢遭劫掠。皇祖深思遠慮，故下令禁止。明聖之心，豈不念利民？誠知利少而害多也。故自是海濱寧靜，民得安居。爾為守令，固當順民之情，亦當思其患而預防之。若貪目前小利而無久遠之計，豈智者所為？宜遵舊禁，毋啟民患。”《明宣宗實錄》卷83（頁1916）

◎宣德七年四月甲寅（1432.5.25）

浙江溫州府知府何文淵奏：“瑞安縣耆民言洪武、永樂間琉球入貢，舟泊寧波，故寧波有市舶提舉司、安遠驛以貯方物，館穀使者。比來番使泊船瑞安，苟圖便利，因無館驛，舍於民家。所貢方物，無收貯之所。及運赴京，道經馮公等嶺，崎嶇艱險。乞自今番船來者，令仍泊寧波為便。”行在禮部言：“永樂間琉球船至，或泊福建，或寧波，或瑞安。今其國貢使之舟凡三，二泊福建，一泊瑞安；詢之，蓋因風勢使然，非有意也。所言瑞安無館驛，宜令工部移文浙江布政司，於瑞安置公館及庫，以貯貢物。”上曰：“此非急務，宜俟農隙為之。”《明宣宗實錄》卷89（頁2051—2052）

◎宣德九年四月壬申（1434.6.2）

巡按浙江監察御史王憲奏："杭州府富陽、錢唐、昌化，及紹興府上虞、山陰、會稽，寧波府定海、鄞，處州府縉雲，嘉興府嘉善，台州府黃巖等縣人民，俱因歲歉缺食，已勸借賑濟。"《明宣宗實錄》卷110（頁2474）

◎宣德十年四月乙丑（1435.5.21）

詔除浙江台州府寧海縣衝決田地稅糧。先是，寧海縣奏："去歲五月中，疾風猛雨大作，飄瓦折木，洪水驟漲，淹沒廬舍，衝決官民田地一百七十餘頃，已成海道。"上命行在戶部遣官覆視，得實。至是開除之。《明英宗實錄》卷4（頁0093）

◎宣德十年八月丁巳（1435.9.10）

浙江布政司右參政俞士悅言民情六事：一、溫、台、寧、處四府戶口食鹽，舊例納米，其紹興等七府納鈔。近奉戶部勘合，令依溫、台事例納米。……乞照舊收鈔，公私兩便。……一、糧長運秋糧赴觀海、龍山等衛倉交納，被指揮等官持強攬納，又被經歷倉官巧立名色揹取糧米。……乞行巡按御史巡按糾舉。……上以其言切於時弊，令該部行之。《明英宗實錄》卷8（頁0160—0161）

◎英宗正統二年十一月壬子（1437.12.23）

革浙江寧波府岱山、蘆花二鹽課司。《明英宗實錄》卷36（頁0707）

◎正統三年八月戊辰（1438.9.5）

戊辰，命給浙江觀海諸衛新徙回回月糧。時歸附回回二百二人，自涼州徙至浙江。上諭行在戶部臣曰："遠人不習水土，宜復其役，仍計口，月給米四斗。贍之二歲後，該衛具其生業以聞。"《明英宗實錄》卷45（頁0875—0876）

◎正統五年正月丙寅（1440.2.25）

造浙江海舟。時監察御史李奎言："洪武間，浙江沿海衛所備倭海舟七百三十艘，歲久廢壞，止有一百三十二艘，不足備禦。事下巡按御史及都、布、按三司議。奏請先造一百三十六艘。寧波府知府鄭珞又言急未得完、恐誤邊警。仍命巡撫侍郎周忱計之。忱奏：'臣詢之匠作，云造一海舟必得米千石，則物料百需皆具，踰三月可完。今各衛所已造七十六艘，其五十艘所費若干，官庫物不足給，而杭州府倉見貯米一百四十四萬九千四百餘石，歲計官吏人等所給不過六萬石，久則陳腐無用，請以新輸米給工匠，每舟給九百八十石，期三月必完，則事易集而人不擾。'"上是其言，命即行之。《明英宗實錄》卷63（頁1210）

◎正統五年正月庚午（1440.2.29）

革昌國正鹽場鹽課司，從都察院右副都御史朱與言奏請也。《明英宗實錄》卷63（頁1214）

◎正統五年九月庚子（1440.9.26）

浙江定海衛奏："本衛地邊海洋，城南二門俱無月城，譙樓久燬于火，請如制建造。"從之。《明英宗實錄》卷71（頁1370）

◎正統五年九月辛亥（1440.10.7）

辛亥，浙江布政司奏："都司欲遵敕諭，發民夫修觀海等衛所城垣，而不顧人之豐窘、時之可否。且舊制城垣凡有頹敝，守備官軍隨即築之。近來督兵者非人，城垣少損，略不究理，及日久頹甚，卻欲理。然沿海居民累遭旱潦，稅役艱辛。今西成之日農務未遑，不可復勞其力。"事下，行在工部覆奏，以為："城固不可不修，民亦豈不可恤？宜令有司審視之。工力用少，宜如其言；果工力用多，以十分為率，發民三分協助。"從之。《明英宗實錄》卷71（頁1377—1378）

◎正統五年十月乙亥（1440.10.31）

浙江杭州、台州、嚴州、紹興、寧波等府，……各奏自五月至今，水旱傷稼，秋糧無徵。上命行在戶部勘實以聞。《明英宗實錄》卷72（頁1392）

◎正統五年十一月壬寅（1440.11.27）

巡按浙江監察御史馬謹奏："近嘉、湖二府被災，行在工部右侍郎周忱，遵奉敕書，已出官廩賑之。今台州、紹興、寧波、金華、處州旱災益甚，民食尤艱，雖令有司勸借，恐奉行不至。請如嘉、湖二府例，捐官廩賑濟，俟豐年責償。"上從其請，命行在戶部行之。《明英宗實錄》卷73（頁1408）

◎正統六年十一月丙辰（1441.12.6）

浙江嘉興、台州、寧波、紹興四府……屬縣，各奏今年夏秋亢旱，禾稼枯槁，乞蠲稅糧。上命戶部遣官覆視以聞。《明英宗實錄》卷85（頁1712）

◎正統七年十月癸巳（1442.11.8）

命浙江台州、寧波、紹興、嘉興四府正統六年旱災秋糧折納鈔，每米一石折鈔二十錠。《明英宗實錄》卷97（頁1943）

◎正統八年十月戊子（1443.10.29）

革浙江寧波府象山河泊所，其額辦歲課就令象山縣帶管，從浙江布政司奏請也。《明英宗實錄》卷109（頁2202）

◎正統十年六月壬子（1445.7.14）

壬子，戶部奏："浙江台州府永盈倉，先因洪水浸濕倉糧，其中米五萬二千三百四十餘石頗可食用，若照例兼支，恐益陳腐；請移文浙江，將附近台州、松門、海門、寧波、溫州府、衛、所并合屬官吏俸糧，依資品全米給之，及將台州衛旗軍月糧添作一石，其運糧官軍行糧俱于內關支。候米盡絕，仍如舊例為便。"從之。《明英宗實錄》卷 130（頁 2585）

◎正統十年七月甲申（1445.8.15）

浙江道監察御史黃裳言："浙江紹興、寧波、台州三府屬縣，自去冬以來瘟疫大作，男婦死者三萬四千餘口。已蒙皇上軫念生靈，特遣廷臣詣彼祈祐矣。然死者所負租稅宜為蠲免，病者、饑者宜加存恤、賑給。"上命戶部即遣人馳令布、按二司官，如裳言行之，不可徒事虛文。《明英宗實錄》卷 131（頁 2606—2607）

◎正統十一年五月乙亥（1446.6.2）

免浙江台州府黃巖、寧海、天台、臨海四縣去年災傷秋糧二萬八千餘石。《明英宗實錄》卷 141（頁 2788—2789）

◎正統十二年六月庚辰（1447.8.1）

庚辰，免浙江寧波府象山縣疫死人戶秋糧一百八十四石有奇。《明英宗實錄》卷 155（頁 3031）

◎正統十三年三月戊申（1448.4.25）

戊申，巡按浙江監察御史李賓等奏："寧波、紹興二府屬縣去年旱災，民今乏食，已會同委官發糧賑貸，俟秋成抵斗償官。"從之。《明英宗實錄》卷 164（頁 3185）

◎景帝景泰四年七月丙辰（1453.8.5）

蠲湖廣衡州、寶慶、永州、茶陵、長沙、沅州諸衛，浙江杭州、台州、寧波諸府去年被災田地，子粒稅糧二萬三千三百石有奇。《明英宗實錄》卷 231（頁 5037）

◎景泰七年十二月戊午（1457.1.18）

戊午，革餘姚縣河泊所歲辦課鈔，併入餘姚縣稅課局帶管，從浙江

布政司奏本所課少故也。《明英宗實錄》卷273（頁5771）

◎英宗天順元年九月辛未（1457.9.28）

浙江湖州府奏："今年四月五月，天雨連綿，溪河泛漲，田苗潦爛。"杭州、嚴州、寧波、金華等府奏："六月七月，天道亢旱，禾苗枯死。"俱命戶部覆視之。《明英宗實錄》卷282（頁6056）

◎天順四年七月辛丑（1460.8.13）

浙江杭州、嘉興、湖州、紹興、寧波、金華、處州諸府，各奏四月五月陰雨連綿，江河泛漲，麥禾俱傷。……事下，戶部令所司覆視以聞。《明英宗實錄》卷317（頁6622）

◎天順五年六月辛未（1461.7.9）

辛未，免浙江布政司所屬杭、湖、嘉興、寧波四府去年被災田糧七萬三千五百七十三石有奇，草一萬五千四百包。《明英宗實錄》卷329（頁6763）

◎天順八年九月庚申（1464.10.10）

免漕運軍士應輸耗糧四萬六千石有奇。初，黃州、安慶、南昌、寧波、衢州諸衛所運糧赴京，值天旱，運河淺澀，盤剝費用，耗米無存。戶部累奏追徵，至是，又以為言。上曰："軍士漕運，遇天旱水涸，盤剝艱難，所虧耗米，其免之勿追。總督及儧運官員亦免其罪。"《明憲宗實錄》卷9（頁0195）

◎憲宗成化八年七月癸丑（1472.8.22）

南直隸、浙江大風雨，海水暴溢。……揚州、蘇州、松江、杭州、紹興、嘉興、寧波、湖州諸府州縣，淹沒田禾，漂毀官民廬舍，畜產無算，溺死者二萬八千四百七十餘人。《明憲宗實錄》卷106（頁2074）

◎成化八年十月壬午（1472.11.19）

壬午，戶部議覆巡視浙江工部右侍郎李顒等上言水災事宜："……舊例：杭、嘉、湖、紹、金、衢、嚴七府戶口食鹽，官吏市民納鈔，鄉民并寧、台、溫、處四府概納米。尋詔俱納鈔。今水災，納鈔不便，宜令復舊……"從之。《明憲宗實錄》卷109（頁2126—2127）

◎成化八年十一月甲寅（1472.12.21）

定擬成化九年戶口食鹽實徵事例：……惟浙江杭、嘉、湖、紹、金、衢、嚴七府官吏市民納鈔，中半存解；其鄉民并寧、台、溫、處四府民，每口納米四升，三合一勺，存留備用。從戶部請也。《明憲宗實錄》卷110（頁2152）

◎成化九年八月庚申（1473.8.24）

巡撫浙江右副都御史劉敷等奏："浙江連年災傷，財力困竭，常賦尚多逋欠，額外豈能陪納？今條上分豁事宜：一、奉化縣廣利等塘官民田河三十余頃，山陰、會稽、蕭山、上虞、餘姚、諸暨六縣臨海田地六百八十餘頃，共該稅糧七千五百石有奇，自永樂迄今，被水不可耕種，而稅糧皆陪納於民，累奏勘實，所宜蠲免；……一、寧波府初設永寧、廣盈二倉，寄收海運官糧，近年各縣糧稅俱派納於沿海廣積等倉，而二倉多空虛，宜以永寧糧併於廣盈收支，而改永寧為便民倉，以收起運糧，則官民兩便"。《明憲宗實錄》卷119（頁2284）

◎成化十三年正月丙午（1477.1.21）

丙午，以水災，免浙江紹興、寧波、台州、杭州四府，杭州前等衛所成化十二年秋糧子粒，共四十一萬三千八百四十石有奇，馬草三萬一千二百七十包有奇。《明憲宗實錄》卷161（頁2947）

◎成化十四年三月丁亥（1478.4.27）

丁亥，免浙江府縣收買花木。先是，巡按監察御史張銳等言："浙江為東南大藩，朝廷供需，較之他處，實為繁劇。況連年水旱相仍，饑饉薦至，寧紹台等府災疫流行，盜賊滋蔓。乞暫停收買花木，以蘇民困。"事下，禮部覆奏，故有是命。《明憲宗實錄》卷176（頁3184）

◎孝宗弘治十六年九月丁丑（1503.10.3）

吏部尚書馬文升言："近聞直隸淮、揚、廬、鳳四府及浙江寧波等府旱災，人民艱食，請敕大臣一人往浙江、才幹部屬二人往直隸賑之。"戶部議，謂："都御史王璟嘗奉命清理兩淮鹽法，今已事竣，請令璟就巡視浙江；起復副使汪舜民，銓注山東按察司，往淮、揚；其廬、鳳則兼委管屯僉事閻璽，各隨宜賑濟。又山東、河南、湖廣、南北直隸，亦多有被災州縣，請通行巡撫、巡按等官，各如例賑恤。"從之。《明孝宗實錄》卷203（頁3779—3780）

◎弘治十六年十一月癸巳（1503.12.18）

鎮守浙江太監麥秀奏："寧波等府縣地方災傷，乞將未解綾紗紙劄及派取織造銀兩，量為停減，待年豐補解；併明年一應坐派軍需等項，亦量減省。"工部覆奏，命叚匹減半解納。《明孝宗實錄》卷205（頁3822）

◎弘治十六年十二月戊戌（1503.12.23）

初，寧波府知府伍符以境內災傷，聽民出海捕魚，隨舟大小，入粟以備賑濟。巡視海道按察司副使張鸞，劾符違禁及指揮夏閏關防不嚴，請并逮治。下巡按監察御史勘報，都察院覆奏。上以符急於救荒，并閏俱宥之，各罰俸一月。《明孝宗實錄》卷206（頁3824）

◎弘治十七年二月庚申（1504.3.14）

庚申，以旱災，免浙江杭州等五府及寧波衛弘治十六年糧草子粒有差。《明孝宗實錄》卷208（頁3874）

◎弘治十八年八月己卯（1505.9.24）

己卯，戶部奏："浙江稅糧惟杭嘉湖為重，而湖之官田正糧，或至七八斗，耗米或至二斗，民困尤甚。請如御史車梁言，將寧紹等八府原派京庫折銀，於內扣發萬餘兩派湖折納，而以湖之起運南京等倉糧米抵數，改派寧紹等府徵運。"從之。《明武宗實錄》卷4（頁0145—0146）

◎武宗正德二年九月丙午（1507.10.11）

巡按浙江御史楊滋奏歸併稅課局："曰海寧之赭山湯鎮，曰嘉善之魏塘，曰會稽之偕塘，曰永嘉之南溪，曰平湖之乍浦、當湖，曰富陽之新城，曰餘杭之石瀨，曰臨安之青山，曰秀水之新城，及德清、蕭山、餘姚、海鹽、崇德、長興、慈谿、定海、寧海、蘭谿、東陽、義烏、浦江、永康、樂清、瑞安、平陽、龍泉、慶元、青田，凡三十處，俱以課鈔數少，無商往來，故併之。其課令所屬府縣及附近河泊所帶管，每處留攢典一名；每課鈔及萬錠，量留巡攔八名。餘盡革去，原設官員起送別用。"《明武宗實錄》卷30（頁0753—0754）

◎正德五年十月辛亥（1510.11.29）

以水旱，減浙江湖州、嘉興、寧波三府夏稅麥及絲綿有差。《明武宗實錄》卷68（頁1514）

◎正德六年十二月己丑（1512.1.1）

以旱災，免浙江長興、嵊縣、天台、蘭溪、湯溪、象山六縣暨昌國衛稅糧有差。《明武宗實錄》卷82（頁1778）

◎正德七年十月庚申（1512.11.27）

庚申，以水旱，免紹興、寧波、嘉興、金華、嚴、台、溫等府所屬稅糧，仍命海潮淹溺地方鎮巡等官區畫賑濟。《明武宗實錄》卷93（頁1979）

◎正德八年十一月癸未（1513.12.15）

以災傷，免浙江寧波府五縣、衢州府四縣及衢州守禦千戶所秋糧一十八萬石有奇。《明武宗實錄》卷106（頁2178）

◎正德十年十一月丙午（1515.12.28）

以水災，免浙江杭州府仁和、錢塘、海寧、富陽、余杭、臨安、於潛、新城八縣，湖州府安吉州、烏程、歸安、長興、孝豐、德清、武康六縣，台州府寧海縣，夏麥、絲綿、絹鈔有差。《明武宗實錄》卷131（頁2610）

◎世宗嘉靖二年十二月乙丑（1524.2.3）之前

嘉靖二年，日本使宗設、宋素卿分道入貢，互爭真偽。市舶中官賴恩納素卿賄，右素卿，宗設遂大掠寧波。給事中夏言言倭患起於市舶。遂罷之。[①]《明史》卷81《食貨志五》（頁1981）

◎嘉靖五年十月壬子（1526.11.6）

以（早）[旱]災，詔免徵應天、太平、安慶、徽州、池州、（填）[鎮]江、常州、蘇州、松江九府稅糧，浙江杭州、嘉興、湖州、紹興、金華、衢州、寧波、台州、嚴州、溫州欠各衛所屯糧有差。停徵戶部年例坐派物料，查各倉庫銀米，賑濟之。《明世宗實錄》卷69（頁1567）

◎嘉靖七年二月丁未（1528.2.24）

以災傷，免浙江寧波府鄞縣、慈谿、奉化、定海、象山稅糧有差。《明世宗實錄》卷85（頁1920）

◎嘉靖二十六年十二月丁丑（1548.2.9）之前

市舶既罷，日本海賈往來自如，海上姦豪與之交通，法禁無所施，

[①]《明史》卷75《職官志四》云："嘉靖元年，給事中夏言奏倭禍起於市舶，遂革福建、浙江二市舶司，惟存廣東市舶司。"此從《明史·食貨志五》。

轉為寇賊。二十六年，倭寇百艘久泊寧、台，數千人登岸焚劫。浙江巡撫朱紈訪知舶主皆貴官大姓，市番貨皆以虛直，轉鬻牟利，而直不時給，以是構亂。乃嚴海禁，毀餘皇，奏請鐫諭戒大姓，不報。《明史》卷81《食貨志五》（頁1981）

◎嘉靖二十八年十二月乙丑（1550.1.17）之前

二十八年，（浙江巡撫朱）紈又言：“長澳諸大俠林恭等勾引夷舟作亂，而巨姦闌通射利，因為嚮導，躪我海濱，宜正典刑。”部覆不允。而通番大猾，紈輒以便宜誅之。御史陳九德劾紈措置乖方，專殺啓釁。帝逮紈聽勘。紈既黜，姦徒益無所憚，外交內訌，釀成禍患。汪直、徐海、陳東、麻葉等起，而海上無寧日矣。《明史》卷81《食貨志五》（頁1981）

◎嘉靖三十一年七月庚戌（1552.8.19）之前

祖制，浙江設市舶提舉司，以中官主之，駐寧波。海舶至則平其直，制馭之權在上。及世宗，盡撤天下鎮守中官，並撤市舶，而濱海奸人遂操其利。初市猶商主之，及嚴通番之禁，遂移之貴官家，負其直者愈甚。索之急，則以危言嚇之，或又以好言紿之，謂我終不負若直，倭喪其貲不得返，已大恨，而大奸若汪直、徐海、陳東、麻葉輩素窟其中，以內地不得逞，悉逸海島為主謀。倭聽指揮，誘之入寇。海中巨盜，遂襲倭服飾、旗號，並分艘掠內地，無不大利，故倭患日劇，於是廷議復設巡撫。三十一年七月以僉都御史王忬任之，而勢已不可撲滅。《明史》卷322《外國傳三·日本》（頁8351—8352）

◎嘉靖三十一年十二月丁丑（1553.1.13）之前

寧波自來海上無寇，每年止有漁船出近洋打魚樵柴，並無敢過海通番者。後有一二家止在廣東、福建地方買貨，陸往船回，潛泊關外，賄求把關官以小船早夜進貨，或投托鄉宦說關，祖宗之法尚未壞也。二十餘年來，始漸有之。近年海禁漸弛，前項貪利之徒勾引番船，紛然往來，而海上寇盜遂亦紛然矣。然各船各認所主，承攬貨物，裝載而還，各自買賣，未嘗為群。後因海上強弱相凌，自相劫奪，因各結綜，依附一雄。強者以為船頭，或五隻，或十隻，或十數隻，成群分黨，紛泊各港。又各用三板、草撇、腳船，不可數計，在於沿海兼行劫掠，亂斯生矣。自後，日本、暹羅諸國無處不至，又哄帶日本各島貧窮倭奴，借其強悍，以為護翼。亦有糾合富實倭奴，出本附搭買賣，互為雄長。雖則收販番貨，俱成大寇。徽州許二住雙嶼港，此海上宿寇最稱強者。福建陳思盼住橫港。吳美幹，福建義官原通番者。朱都堂行取福清船，令其率領而來，後因海邊反為所擾，令率一半先歸。遂不復還省，別作一夥，亦住橫港。後許二為朱都堂取委福建盧都司帶領福兵破其巢穴，焚其舟艦，擒殺殆半，就將雙嶼港築截。賊首許二逸去，今見在京買賣。汪五峰亦徽州人，原在許二部下管櫃，素有沉機勇略，人多服之，乃領其餘黨，改住瀝港。《玩鹿亭稿》卷 5①

◎嘉靖三十二年十月己卯（1553.11.11）

以災寇，免浙江台州、紹興、寧波各府所屬秋糧。其海鹽、平湖二縣各兌運米，准折銀徵解，仍命有司發倉賑濟。《明世宗實錄》卷 403（頁7051）

◎嘉靖三十五年十月丁酉（1556.11.13）

以浙江桐鄉、平湖、慈谿、仙居、嘉興、秀水、嘉善、海鹽、崇德、海寧諸縣被倭，減免稅糧有差。《明世宗實錄》卷 440（頁 7545）

◎嘉靖三十五年十二月甲寅（1557.1.29）之前

三十五年，倭寇大掠福建、浙、直，都御史胡宗憲遣其客蔣洲、陳

---

① 《玩鹿亭稿（八卷附錄一卷）》卷 5《海寇議》，[明]萬表撰，《原國立北平圖書館甲庫善本叢書》第 759 冊，國家圖書館 2013 年版，第 141—142 頁。撰者自稱作於嘉靖壬子歲。

可願使倭宣諭。還報，倭志欲通貢市。兵部議不可，乃止。《明史》卷81
《食貨志五》（頁1981）

◎嘉靖三十六年十二月癸未（1557.12.24）

以水災，免浙江寧波、紹興、台州、處州、溫州所屬稅糧如例。《明
世宗實錄》卷454（頁7684）

◎嘉靖四十二年九月己丑（1563.9.30）

巡撫應天周如斗言："江南自有倭患以來，應天、蘇、松等處，加
派兵餉銀四十三萬五千九百餘兩。今地方已寧，乞減三分之一，少甦民
困。"戶部覆言："加派兵餉，原以濟急。事已宜罷，不但當減徵分數而
已，請下酌議，悉除之。"報可。《明世宗實錄》卷525（頁8565）

◎嘉靖四十三年九月壬寅（1564.10.7）

以海防，免浙江杭、紹、寧、台、溫五府及海寧、餘姚、蕭山等縣
正官入覲。《明世宗實錄》卷538（頁8714）

◎嘉靖四十四年九月丙申（1565.9.26）

丙申，罷浙江寧波府市舶議。先是，言者嘗欲比廣東事例，開市舶
以通海夷。至是，浙江巡撫都御史劉畿言："寧波舊設市舶司，聽其貿易，
徵其舶稅。行之未（幾）〔幾〕，以近海奸民侵利啟釁，故議裁革。今人
情狃一時之安，又欲議復，不知浙江沿海港口多而兵船少，最難關防。
此釁一開，則島夷嘯聚，其害有不可勝言者。"戶部亦以為然，事遂寢。
《明世宗實錄》卷550（頁8853—8854）

三十九年，鳳陽巡撫唐順之議復三市舶司。部議從之。四十四年，
浙江以巡撫劉畿言，仍罷。《明史》卷81《食貨志五》（頁1982）

◎穆宗隆慶三年十月丙午（1569.11.14）

以水災，免浙江臨海、天台、黃巖、仙居、太平、寧海、上虞、餘

姚、諸暨、蕭山、嵊、山陰、會稽、鄞、慈谿、奉化、定海、象山、麗水、青田、龍泉、縉雲、松陽、遂昌、雲和等縣存留錢糧，紹興府南京倉糧俱改折六錢。從巡撫谷中虛奏也。《明穆宗實錄》卷38（頁0958）

◎隆慶四年四月丁卯（1570.6.3）

初，浙江額設民壯一萬六千二百九十名，每名日給工食銀二分，率市井營差，無裨實用。至是，撫按官請量留四千二百二十一名，備各府州縣守城之役，而以一萬二千六十九名徵收工食銀八萬六千八百九十六兩，貯之各府，令別選壯丁以充原額，前銀即以給餉，每名三錢，將本省裁革冗役等銀佐之。自隆慶四年為始，編為十五總，屬之名色，把總分練。杭、湖、嚴、紹、寧、台、溫每府分派一總，嘉、金、衢、處每府分派二總，聽各該總參都司及巡海兵備等官互相督視，毋徒仍具虛文。上可其奏。《明穆宗實錄》卷44（頁1123）

◎隆慶六年八月庚午（1572.9.23）

浙江巡按張更化條議鹽法四事："一、票鹽。浙江寧波府所屬五縣，直隸松江府所轄二縣，共一十四鹽場，俱無住賣鹽引。近獨寧波府奉化縣議行票鹽，其餘各縣多買私販。今宜量地方人民食鹽若干，酌給鹽票，每票照鹽三百斤納銀一錢二分，收繳一如奉化縣洞橋例。一、課稅。寧波府舊有魚稅，以船大小為多寡，（郡）[即]因以酌定鹽稅。不過漁稅十分之二，以為太輕。今漁稅既增，鹽稅不得獨少，宜驗船隻約裝魚若干，計用鹽若干，扣該號票若干，每票鹽銀照依見行事，宜徵收解報，毋得欺隱。一、稱掣。杭州、嘉興、寧波三所引鹽俱按季掣放，為弊甚多。宜照溫州所事例，預納餘鹽，隨到隨掣，隨給程帖，勒令運賣，所有應納銀兩就于委官處納完，隨即解報。其委官務選廉能府佐，即以定其考。一、補課。兩浙設立鹽捕，舊議有犯有船有鹽方准作數，以致各役倚法為奸。今宜嚴行止許據實緝獲，亦要衰多益寡，通融酌算，取于足數，不當限月執定起數，使有獲多而私剋，或少而積留湊補，戕害平

民。"戶部覆:"如議行。"《明神宗實錄》卷4（頁0165—0166）

◎神宗萬曆二年正月乙酉（1574.1.31）

乙酉，兵部覆巡撫浙江都御史方弘靜條陳海防六事:"……一、編漁甲。邊海之人，南自溫、台、寧、紹，北至乍浦、蘇州，每於黃魚生發時，相（卒）［率］赴寧波洋山海中打取黃魚，旋就近地發賣。其時正值風汛，防禦十分當嚴，合將漁船盡數查出，編立甲首，即于捕魚之時，資之防寇。仍照舊規，徵收稅銀，以為修船養兵之費。漁事既畢，即聽回生理。"從之。《明神宗實錄》卷21（頁0558—0560）

◎萬曆三年七月庚申（1575.8.29）

是年五月三十日、六月初一日，浙江杭、嘉、寧、紹地方海潮滾溢，湧高數丈，人畜淹沒，大小戰船打壞飄散者不計其數。撫臣謝鵬舉以聞。《明神宗實錄》卷40（頁0926）

◎萬曆三年九月壬寅（1575.10.10）

准浙江海鹽縣改折本色錢糧，其存留錢糧與平湖、海寧、定海照例分別蠲免。浙東鄞縣、山陰等縣，聽撫按衙門從宜撥派，以海潮災故。《明神宗實錄》卷42（頁0950）

◎萬曆八年六月癸卯（1580.7.16）

定浙江積穀額數:嘉興府三千石，紹興府二千五百石，金華府一千八百石，杭州、寧波、溫州三府各一千五百石，處州府一千二百石，湖州、台州、衢州、嚴州四府各一千石。著為令。《明神宗實錄》卷101（頁1995）

◎萬曆十五年三月壬子（1587.4.30）

戶部覆兩浙巡鹽御史李天麟條陳:"一、開金塘等山以盡地利。浙東沿海一帶，如金塘、大榭等山，先因奔倭他徙，遂成荒丘，邇海道澄清，豪民占種，原經同知陳文丈過田三萬一千餘畝、山四萬七千餘畝。如係奸豪隱占，令自首報官。即召定海有力無地民開墾，待三年奏有成效，然後起科。或遷附近衛所軍丁屯種。一、收餘鹽以惠灶丁。夫官鹽之阻，私販為梗，故欲行官鹽，非絕私販不可。勢豪窩頓，私相貿易，私販盛行。官鹽不得不壅，今灶丁煎剩餘鹽，官為收買，公平給價，勿得短少虧累。一、革鹽捕以鋤民害。夫鹽禁甚不可弛，而鹽捕俱選正身充當，不許仍容積棍攬役，以滋民害。一、省煩擾以圖實效。本差事簡，而漕糧干係甚重，以部臣領敕，則職係專掌，以巡鹽更掌，則抵為帶差，恐將來事體不便，仍舊為可。'"上命："依擬行。"《明神宗實錄》卷184（頁3444—3445）

◎萬曆十七年六月甲申（1589.7.20）

浙江颶風大發，海水沸湧。杭州、嘉興、寧波、紹興、台州等屬縣，廨宇廬舍傾圮者，縣以數百計。碎官民船及戰舸壓溺者二百余人，桑麻田禾皆沒于潮。父老（為）［謂］萬曆十五年後又一變也。《明神宗實錄》卷212（頁3970）

◎萬曆十七年十二月癸卯（1590.2.4）之前

趙參魯，字宗傳，鄞人。隆慶五年進士。選庶起士，改戶科給事中。萬曆……十七年以右副都御史巡撫福建。申嚴海禁，戮姦商通倭者。《明史》卷221《趙參魯傳》（頁5824）

◎萬曆十九年八月乙巳（1591.9.29）

福建沿海船隻、水陸主客官兵，向以承平減設。至是，倭報洊至，撫臣趙參魯請于五寨共添福烏船四十只、海壇遊增福船一隻、烏船四隻、浯銅遊增福船二隻、烏船四隻，共用船價五千九百餘兩；應增器械火藥，約用三千餘兩；北中二路共增浙兵三營，共一千九百名有零；歲增餉二萬四千七百餘兩，其銀宜留解邊錢糧支用。部覆從之。《明神宗實錄》卷

239（頁 4436—4437）

◎萬曆二十年十一月甲子（1592.12.11）

戶部題："春汛伊邇，寧、紹、溫、嘉一帶倭警戒嚴，儲餉徵兵，萬不容已。撫臣常居敬、按臣李以唐，議將該省田地、山蕩每畝量派三釐，共銀一十二萬六千五百兩，藉以養兵衛民。事宜停止，允為便計。"上是其言，仍命清查嘉靖年間該省田地、山蕩銀兩未經蠲除，曾否支銷乾沒，撫按從實以聞。《明神宗實錄》卷254（頁4722—4723）

◎萬曆二十三年四月丁卯（1595.6.2）

丁卯，福建巡撫許孚遠奏："福州海壇山開墾成熟田地八萬三千八百有奇，量則起稅，民已輸服。茲山密邇鎮東，為閩省藩籬，既成屯聚，必資城守。其造成營建署等費，逐一確估，不過六千七百兩有奇。即以本山稅銀三年充之，可不勞而辦。城郭營房既完，海壇遊兵便可常聚，則屹然一雄鎮。……因言浙中沿海諸山，若陳錢、金塘、玉環、南麂等處，俱可經理。"疏入，戶部覆："請聽其便宜施行，且請移文浙江撫按，查陳錢等處，照海壇設法開墾。"詔曰："可。"《明神宗實錄》卷284（頁5265—5266）

◎萬曆二十五年三月甲辰（1597.4.29）

浙江撫按劉元霖、唐一鵬以觀海衛、孝封、諸（概）[暨]、八寶等處礦山遣官開採，各上疏，言浙濱海近倭，防倭必不能防礦，請停以消內外隱憂。不報。《明神宗實錄》卷308（頁5762）

◎萬曆二十七年正月庚寅（1599.2.4）

浙江撫按以金、衢、寧、紹、台五府災，議留應解南京糧銀，及減徵折色以蘇民困。南京戶部執奏不從。《明神宗實錄》卷330（頁6096）

◎萬曆二十七年二月庚申（1599.3.6）

庚申，大學士沈一貫題："謹按，浙江市舶司在寧波府。臣寧波人也，備知其詳。建置之時，因日本番船進貢而設有內官監一人、文職提舉官一人。嘉靖初，裁革內監。後因倭亂貢絕，并裁提舉官。今倭奴久已絕貢，無市無舶。定海一關，不過本地魚船及近境商船出入，軍門訊察非常，因而稅之，大抵不過千兩，悉充兵餉之需，利甚薄也。一設市舶，尚不足以充本監公費，又安得取盈而上供。既不足于上供，勢必遍搜各府，巧徵橫索，祈免皇上之譴責，不顧小民之怨咨，恐利未得而徒褻朝命、辱國體也。乞收回成命。"不報。《明神宗實錄》卷331（頁6119—6120）

◎萬曆三十年十二月庚子（1603.1.24）

普陀山在浙之定海縣三百里外洋海中，舊有寺，上嘗欽頒藏經于寺。彼寺被焚，至是復遣中官相度營建。巡撫劉元霖疏言："構宇聚徒，恐以多蓄起釁，勾倭為患。昔寺之毀，所欽頒藏經無恙。嗣復賜藏經，本年旋造大殿五間，可以貯奉。不宜大興土木，內為亡命之淵藪，外啓狡夷之垂涎。請將見議，興工停止。"不報。《明神宗實錄》卷379（頁7142—7143）

◎萬曆四十三年三月己未（1615.4.10）

己未，時建鎮海寺于普陀山，內監曹奉實董其事。禮部覆："浙江撫按劉一焜、李邦華奏言：'此山遠眺日本，俯瞰黑洋。高皇帝以勝國末年方國珍據此煽亂，遂籍其人而火其居。肅皇帝以嘉靖年間倭奴闌入，閩浙蕩搖，遂遷佛像于招寶山，禁耕販於海島外。年來法令漸弛，募建繁興，游手、遊食、亡命、無賴皆藉此為生涯。奈何以奉佛之虛文，釀封疆之實禍！乞罷之。'"不報。《明神宗實錄》卷530（頁9974—9975）

◎萬曆四十六年九月壬子（1618.11.13）

壬子，浙江錢塘、富陽、余杭、臨安、新城、孝豐、歸安、長興、臨海、黃巖、太平、天台、仙居、寧海等縣，洪水為災，田舍、人民淹沒無算。按臣乞照四十二年，留錢糧賑濟。《明神宗實錄》卷574（頁10865—10866）

◎熹宗天啓六年十二月戊辰（1627.2.15）

錦衣衛指揮同知昌嵩奏：“浙江寧波府金塘、大（樹）[榭]等處，曠土極為膏腴，墾種可足國用。誠得專敕督理，速行彼處區畫經界，召民屯種，必能計日興利。”得旨：“金塘、大（樹）[榭]係孤懸海外，咫尺倭奴，國計雖亟，何至勤民爭此錐刀？恐遣官墾採，無裨歲課；奸民勾引，反生事端。昌嵩饒舌，姑不究。”《明熹宗實錄》卷79（頁3859—3860）

（二）清代

◎世祖順治十年六月丙午（1653.7.6）

免浙江鄞、慈谿、奉化、定海、象山等縣八年分水災通賦。《清世祖實錄》卷76（頁598）

丙午，免慈溪等五縣八年災賦。《清史稿》卷5《世祖紀二》（頁134）

◎順治十二年六月甲寅（1655.7.4）

免浙江杭州、寧波、金華、衢州、台州五府、錢塘等二十一縣及海門衛十一年分旱災額賦。《清世祖實錄》卷92（頁721）

六月甲寅，免杭州、寧波、金華、衢州、台州災賦。《清史稿》卷5《世祖紀二》（頁141）

◎順治十二年十二月甲戌（1656.1.20）

免浙江臨海、天台、仙居、黃巖、寧海……等縣本年分旱災額賦。
《清世祖實錄》卷96（頁753）

◎順治十三年六月癸巳（1656.8.6）

敕諭浙江、福建、廣東、江南、山東、天津各督撫鎮曰："海逆鄭成功等竄伏海隅，至今尚未剿滅，必有奸人暗通線索，貪圖厚利，貿易往來，資以糧物，若不立法嚴禁，海氛何由廓清？自今以後，各該督撫鎮，著申飭沿海一帶文武各官，嚴禁商民船隻私自出海。有將一切糧食貨物等項與逆賊貿易者，或地方官察出，或被人告發，即將貿易之人，不論官民，俱行奏聞正法，貨物入官，本犯家產盡給告發之人。其該管地方文武各官，不行盤詰擒緝，皆革職，從重治罪。地方保甲，通同容隱，不行舉首，皆論死。凡沿海地方，大小賊船，可容灣泊登岸口子，各該督撫鎮俱嚴飭防守各官，相度形勢，設法攔阻，或築土壩，或樹木柵，處處嚴防，不許片帆入口。一賊登岸，如仍前防守怠玩，致有疎虞，其專汛各官，即以軍法從事，該督撫鎮一并議罪，爾等即遵諭力行。"《清世祖實錄》卷102（頁789）

◎聖祖康熙四年正月戊申（1665.3.7）

戊申，免浙江慈谿等五縣康熙三年分水災額賦有差。《清聖祖實錄》卷14（一，頁210）

◎康熙五年九月丙戌（1666.10.6）

丙戌，免浙江寧海等五縣……本年分水災額賦有差。《清聖祖實錄》卷20（一，頁283）

◎康熙六年九月乙卯（1667.10.30）

免浙江奉化等十六縣、台州一衛本年分旱蝗額賦有差。《清聖祖實錄》卷24（一，頁329）

◎康熙六年九月壬戌（1667.11.6）

免浙江象山等六縣康熙五年分水災額賦有差。《清聖祖實錄》卷24
（一，頁330）

◎康熙七年九月丁巳（1668.10.26）

免浙江寧海等七縣本年分旱災額賦有差。《清聖祖實錄》卷27（一，頁374）

◎康熙二十三年四月辛亥（1684.5.29）

九卿等議覆："工部侍郎金世鑑疏言：'皇上德威遍布，海外悉寧。浙江沿海地方，請照山東等處見行之例，聽百姓以裝載五百石以下船隻，往海上貿易、捕魚。預行稟明該地方官，登記名姓，取具保結，給發印票，船頭烙號。其出入，令防守海口官員驗明印票，點明人數。至收稅之處，交與該道。計貨之貴賤，定稅之重輕，按季造冊報部。至海口官兵，請於溫、台二府戰船內各撥二十隻。平定臺灣，所獲哨船，撥八十隻。令其分泊，防守巡邏。'俱應如所請。"從之。《清聖祖實錄》卷115
（二，頁192）

◎康熙二十三年十二月庚申（1685.2.2）之前

二十三年，更定各關輪差各部院司員例。是時始開江、浙、閩、廣海禁，於雲山、寧波、漳州、澳門設四海關，關設監督，滿、漢各一筆帖式，期年而代。《清史稿》卷125《食貨志六》（頁3675）

◎康熙二十八年閏三月丁未（1689.4.29）

諭戶部："國家設關榷稅，原以通商裕課、利益民生，非務取盈，致滋紛擾。朕巡行地方，軫恤民隱，諮諏利弊，有應興革者，即見諸施行。近聞江浙閩廣四省海關，於大洋興販商船，遵照則例，徵取稅課，原未累民，但將沿海地方採捕魚鰕及貿易小船，概行徵稅，小民不便。今應作何徵收，俾商民均益？著九卿、詹事、科道會同確議以聞。"《清聖祖

實錄》卷 140（二，頁 536）

◎康熙二十八年八月戊子（1689.10.7）

原任福建浙江總督王騭疏言："日本商船，應令停泊定海山，遣官察驗，方許貿易。"上諭大學士等曰："此事無益。朕南巡時，見沿途設有臺座。問地方官及村莊耆老，據云明代備倭所築。明朝末年，日本來貿易，大船停泊海口，乘小船直至湖州，原非為劫掠而來，乃被在内官兵殺盡，未曾放出一人。從此釁端滋長，設兵防備，遂無寧期。今我朝凡事皆詳審熟計，務求至當，可蹈明末故轍乎？且善良之民，屢遭水旱，迫於衣食，亦為盜矣。武備固宜預設，但專任之官，得其治理，撫綏百姓，時時留意，則亂自消弭。否則盜賊蜂起為亂者，將不知其所自來，不獨日本也。"《清聖祖實錄》卷 141（二，頁 556）

◎康熙二十九年十一月壬子（1690.12.25）

免浙江餘姚等五縣本年分水災額賦有差。《清聖祖實錄》卷 149（二，頁 653）

◎康熙三十二年十二月庚寅（1694.1.16）

免浙江餘姚等三縣本年分水災額賦有差。《清聖祖實錄》卷 161（二，頁 767）

◎康熙三十四年十二月丁巳（1696.2.2）

三十四年，分設浙海關署於寧波、定海，令監督往來巡視。《清史稿》卷 125《食貨志六》（頁 3676）

◎康熙四十六年三月戊寅（1707.4.27）

大學士馬齊等奏："福建浙江總督梁鼐請將出洋漁船，照商船式樣，改造雙桅之事，臣等遵旨問梁鼐。據稱：'漂洋者，非兩桅船則不能行。且漁船人戶所倚為生者，非但捕魚而已，亦仗此裝載貨物以貿易也。'

若准其照商船樹立雙桅，裝載貨物，甚便於民。"上曰："所奏甚是，著如議行。"《清聖祖實錄》卷229（三，頁293）

◎康熙四十七年正月庚午（1708.2.13）

庚午，都察院僉都御史勞之辨疏言："江浙米價騰貴，皆由內地之米為奸商販往外洋所致。請申嚴海禁，暫（徹）[撤]海關，一概不許商船往來，庶私販絕而米價平。"上諭大學士等曰："聞內地之米販往外洋者甚多，勞之辨條陳甚善，但未有禁之之法。其出海商船，何必禁止。洋船行走，俱有一定之路。當嚴守上海、乍浦及南通州等處海口。如查獲私販之米，姑免治罪，米俱入官，則販米出洋者自少矣。"《清聖祖實錄》卷232（三，頁318）

◎康熙四十七年二月辛卯（1708.3.5）

戶部遵旨議覆僉都御史勞之辨"請申嚴海禁，暫（徹）[撤]海關"一疏："查自康熙二十二年，開設海關，海疆寧謐，商民兩益，不便禁止。至奸商私販，應令該督、撫、提、鎮，於江南崇明、劉河、浙江乍浦、定海各海口，加兵巡察。除商人所帶食米外，如違禁裝載五十石以外販賣者，將米入官。文武官弁有私放者，即行參處。得旨："著如議行。江浙海口，禁止私販船隻。著部院保舉賢能司官，前往巡察。"《清聖祖實錄》卷232（三，頁319）

◎康熙四十八年七月戊寅（1709.8.14）

戊寅，戶部議覆浙江巡撫黃秉中等疏言："浙省寧波、紹興二府，人稠地窄，連年薄收，米價騰貴。台州、溫州二府，上年豐熟，米價頗賤。請給殷實商民印照，將台州、溫州之米從內洋販運入寧波、紹興，令沿海防汛官兵驗照放行。以浙省之米接濟浙省之民，實有裨益，應如所請。"從之。《清聖祖實錄》卷238（三，頁377）

◎康熙六十一年六月壬戌（1722.7.21）

又諭曰："暹羅國人言其地米甚饒裕，價值亦賤，二三錢銀即可買稻米一石。朕諭以爾等米既甚多，可將米三十萬石分運至福建、廣東、寧波等處販賣。彼若果能運至，與地方甚有裨益。此三十萬石米，係官運，不必取稅。"《清聖祖實錄》卷298（三，頁884）

六十一年，部議暹羅入貢照安南國例，加賜國王緞八、紗四、羅八、織金紗羅各二；王妃緞、織金緞、紗、織金紗、羅、織金羅各二。是年，國王奏稱彼國有紅皮船二，前被留禁，請令廣東督撫交貢使帶回。帝可其請，並諭禮部曰："暹羅羅米甚豐足，若運米赴福建、廣東、寧波三處各十萬石貿易，有裨地方，免其稅。"部臣與暹羅使臣議定，年運三十萬石，逾額米糧與貨物照例收稅。《清史稿》卷528《屬國傳三·暹羅》（頁14691—14692）

◎世宗雍正二年七月癸丑（1724.8.30）

浙江巡撫黃叔琳疏報：象山等六縣開墾雍正元年分田地，共一千一百頃有奇。《清世宗實錄》卷22（一，頁355）

◎雍正三年三月丙辰（1725.4.30）

工部遵旨議覆："吏部尚書朱軾疏言：浙江杭州等府，全賴海塘捍禦潮汐。查紹興餘姚縣，自滸山鎮西至臨山衛六十里，舊有土塘三道。內一道為老塘，距海三四十里或十餘里，係百姓自築；其二道為外塘，詢據土人云，潮水從不到塘，若加高三四尺、厚五六尺，即遇風潮，亦不致衝溢。係民間竈戶修築。今被災之後，民竈無力，應令地方官動用公帑興修。"《清世宗實錄》卷30（一，頁458—459）

◎雍正三年五月丙辰（1725.6.29）

諭戶部："去歲江浙海潮衝溢，沿海場竈淹沒甚多。……著將華亭、婁縣、上海、海寧、餘姚、蕭山、慈谿等縣，雍正元年、二年未完場課

銀兩，悉行蠲免。"《清世宗實錄》卷 32（一，頁 491）

◎雍正五年十月己酉（1727.12.9）

諭戶部："……至於浙省地方各官養廉之資，更無別項，而耗羨則每兩不過五六分，以通省額徵之數計之，每年耗羨僅十四萬兩。自督撫、將軍、副都統、學政及藩臬、道府、同知、通判、州縣等官共一百二十員，凡用度公費皆取資於此，似不足支應。除嘉、湖二府錢糧已經減免外，著將杭州、寧波、紹興、台州、金華、衢州、嚴州、溫州、處州等九府額徵銀二百五萬兩，按十分之一內存半計算，得銀十萬兩，賞給各官，以為養廉。合之州縣耗羨，則有二十四萬兩。從雍正六年為始，俱著提解司庫，令該撫酌量官職之大小、府州縣地方之繁簡，秉公派定數目奏聞。餘銀存為本省公事之用。朕軫念浙省官民，施恩格外。……儻官員不知副朕愛民之苦心，仍有作奸犯科、隱糧逋賦及侵漁公帑、剝削民膏者，在天理國法俱難姑容，加以重懲，更無可貸。思之慎之！"《清世宗實錄》卷 62（一，頁 958）

◎雍正六年七月甲寅（1728.8.10）

浙江總督李衛疏報：象山等六縣，開墾雍正五年分田地二十四頃有奇。《清世宗實錄》卷 71（一，頁 1060）

◎雍正七年七月戊申（1729.7.30）

署浙江巡撫蔡仕舢疏報：鎮海等六縣，開墾雍正六年分田地八十六頃有奇。《清世宗實錄》卷 83（二，頁 107）

◎雍正十一年七月丙戌（1733.8.16）

浙江總督程元章疏報：鎮海等八縣，開墾雍正十年分田地八十一頃有奇。《清世宗實錄》卷 133（二，頁 716）

◎雍正十三年七月己酉（1735.8.29）

浙江巡撫程元章疏報：安吉、餘姚等七州縣，開墾雍正十二年分田地一百五十三頃有奇。《清世宗實錄》卷158（二，頁936—937）

◎雍正十三年十二月癸未（1736.1.30）

戶部議准："總督銜浙江巡撫程元章疏稱：覆勘鎮海等縣，於雍正七年、十年，墾復老荒田地共一百八十頃三十五畝。應徵銀米，照例於雍正十三年升科。"從之。《清高宗實錄》卷9（一，頁320—321）

◎高宗乾隆元年九月丙申（1736.10.9）

大學士總理浙江海塘兼管總督巡撫事務嵇曾筠疏報：定海、山陰等六縣，開墾雍正十三年分民田、蕩地四十四頃；新城、鎮海等十七縣，墾復額內荒缺田地、山塘二百五十三頃有奇，招回人丁七十二丁口。《清高宗實錄》卷26（一，頁576）

◎乾隆二年六月丙戌（1737.7.26）之前

乾隆二年六月，琉球所屬之小琉球國有粟米、棉花二船遭風飄至浙江象山，浙閩總督嵇曾筠資給衣糧遣還。事聞，帝諭："嗣後被風漂泊之船，令督撫等加意撫恤。動用存公銀兩，資給衣糧，修理舟楫，查還貨物，遣歸本國。著為令。"《清史稿》卷526《屬國傳一·琉球》（頁14621）

◎乾隆二年八月壬午（1737.9.20）

大學士管浙江總督事務嵇曾筠疏報：象山、臨海、太平、定海、永嘉、平陽、松楊、景寧、雲和等九縣，墾復額內荒缺民竈田地、山園二十頃有奇；又，定海縣墾復額內荒缺田地、山蕩六十三頃有奇。《清高宗實錄》卷49（一，頁836）

◎乾隆二年八月乙酉（1737.9.23）

大學士管浙江總督事務嵇曾筠疏報：孝豐、鄞、慈谿、象山、定海、會稽、餘姚、嵊、蘭谿、麗水等十縣,開墾田地、山蕩三十二頃八十八畝有奇;諸暨、嵊縣改墾田地二頃九十八畝有奇。《清高宗實錄》卷49(一,頁838)

◎乾隆二年閏九月庚午(1737.11.7)

諭:"聞今年夏秋間,有小琉球中山國,裝載粟米棉花船二隻,遭值颶風,斷桅折柁,飄至浙江定海、象山地方。隨經大學士嵇曾筠等查明人數、資給衣糧,將所存貨物一一交還。其船隻器具,修整完固。咨赴閩省,附伴歸國。朕思沿海地方常有外國船隻,遭風飄至境內者。朕胞與為懷,內外並無岐視。外邦民人,既到中華,豈可令一夫之失所。嗣後如有似此被風飄泊之人船,著該督撫,督率有司,加意撫恤。動用存公銀兩,賞給衣糧,修理舟楫。並將貨物查還,遣歸本國,以示朕懷柔遠人之至意。將此永著為例。"《清高宗實錄》卷52(一,頁889)

◎乾隆二年十一月癸亥(1737.12.30)

大學士管浙江總督嵇曾筠疏報:奉化、寧海二縣開墾額田八千五十一畝。《清高宗實錄》卷56(一,頁922)

◎乾隆三年八月戊戌(1738.10.1)

大學士管理浙江總督事務嵇曾筠疏報:上虞、奉化、太平、象山、定海、寧海、永嘉、平陽、臨海、瑞安、雲和、景寧、宣平、江山、常山等十五縣,乾隆二年分墾復荒缺田地九十四頃三十四畝有奇。《清高宗實錄》卷75(二,頁190)

◎乾隆三年九月甲寅(1738.10.17)

免浙江錢塘、秀水、平湖、烏程、寧海、常山、淳安、永嘉、瑞安、麗水、青田、龍泉等十二縣荒地額徵銀八百零五兩有奇。《清高宗實錄》卷76(二,頁202)

◎乾隆三年十一月戊寅（1739.1.9）

[浙江巡撫盧焯] 又奏："請動支恩賞備公銀兩，修理鎮海縣江海石塘。"報聞。《清高宗實錄》卷81（二，頁284）

◎乾隆四年七月癸丑（1739.8.12）

浙江巡撫盧焯奏報：乾隆三年分，富陽、餘杭、新城、定海、餘姚、蘭溪、常山、樂清等八縣，開墾額外田地、山蕩、塘河地共四十頃有奇。《清高宗實錄》卷96（二，頁462）

◎乾隆四年八月壬寅（1739.9.30）

浙江巡撫盧焯奏報：乾隆三年分，象山、臨海、太平三縣開墾額內田、地、山共二頃八十七畝有奇，……象山、定海、太平、平陽四縣開墾額內田、地、山、園共六頃五十九畝有奇……定海縣開墾額內田、地、塗、山、蕩、河共三十九頃三十七畝有奇。《清高宗實錄》卷99（二，頁504）

◎乾隆五年七月乙亥（1740.8.28）

浙江巡撫盧焯疏報：鎮海、定海、象山、太平、江山、常山、永嘉、平陽、雲和等九縣，乾隆四年分開墾荒地二十頃有奇。《清高宗實錄》卷122（二，頁793—794）

◎乾隆六年十月丙申（1741.11.12）

原任浙江巡撫盧焯疏報：乾隆五年分，象山、臨海、太平三縣，開墾田、地、山、蕩共九頃二十二畝有奇；……又象山、定海、太平、永嘉、平陽五縣，開墾額內田、地、山、園共一十五頃九十七畝有奇。……又定海縣開墾額內塗、田、草、蕩、河共四頃三十九畝有奇。《清高宗實錄》卷152（二，頁1176）

◎乾隆七年八月丙午（1742.9.18）

浙江巡撫常安疏報："乾隆六年分，奉化、鎮海、象山、太平、平陽、雲和、烏程、龍游八縣，墾復荒缺田、地、山、蕩一十九頃有奇，招回人五十一丁。"《清高宗實錄》卷 173（三，頁 210）

◎乾隆八年八月甲子（1743.10.1）

甲子，浙江巡撫常安疏報："鎮海、象山、臨海、太平、平陽、景寧等六縣，乾隆七年分開墾田、地、山、蕩、園十一頃九十畝有奇。"《清高宗實錄》卷 198（三，頁 552）

◎乾隆八年八月己卯（1743.10.16）

浙江巡撫常安奏："慈谿縣民邵士奇，飄依蘇祿國已久，彼國主授以甲必丹之職。因有請貢之舉，交付邵士奇燕窩、珍珠等貨，共計銀三千七百餘兩，令先赴蘇杭貨賣。邵士奇竟將各貨變銀，捲逃回籍，貢使懇求究追。現在審訊邵士奇，銀兩多已花費，臣即將司庫程費銀內動支，照數交明正使馬光明等攜回，並將聖恩宣揚，咨明該國王。至邵士奇貨銀，容陸續追出還項。"得旨："此事汝所辦，甚屬可嘉。知道了。"《清高宗實錄》卷 199（三，頁 559）

◎乾隆八年九月庚辰（1743.10.17）

浙江巡撫常安疏報："鄞縣開墾乾隆七年分田畝九頃有奇。"《清高宗實錄》卷 200（三，頁 565）

除浙江錢塘、鄞縣、西安、海寧等四縣坍沒荒廢田畝、蕩地額賦六十八兩有奇，糧米、南米八石有奇。《清高宗實錄》卷 200（三，頁 565）

◎乾隆九年十二月丁未（1745.1.6）

蠲緩浙江仁和……餘姚、上虞、蘭谿、西安、龍游、常山、開化、建德、淳安、遂安、桐廬、分水等三十州縣及嚴州所被旱被水災民新舊額徵。《清高宗實錄》卷 230（三，頁 969）

賑貸浙江仁和……餘姚、上虞、蘭谿、西安、龍游、常山、開化、建德、淳安、遂安、桐廬、分水等三十州縣……水旱災民屯竈，並緩徵……鳴鶴、下砂頭二三場新舊額徵。《清高宗實錄》卷230（三，頁970）

◎乾隆十年三月癸巳（1745.4.22）

戶部議准："浙江巡撫常安疏稱：浙屬上年被水，請將成災之仁和……餘姚、上虞、蘭谿、西安、龍游、常山、開化、建德、淳安、遂安、桐廬、分水三十州縣應完乾隆九年錢糧，分別蠲免。……"得旨："依議速行。"《清高宗實錄》卷237（四，頁50）

◎乾隆十年八月丙寅（1745.9.22）

浙江巡撫常安疏報："臨安、歸安、慈谿、定海、西安等縣，乾隆九年墾熟田、地、山、蕩一百三十頃三十六畝有奇。"《清高宗實錄》卷247（四，頁187）

◎乾隆十年九月癸酉（1745.9.29）

浙江巡撫常安疏報："鎮海、象山、太平、樂清、青田、松陽、定海、平陽、麗水、常山、西安等十一縣，乾隆九年墾復額內荒缺民竈、屯田地、山蕩一百五十九頃三十六畝有奇，招回人丁二百七十八口。"《清高宗實錄》卷248（四，頁199）

◎乾隆十年九月戊戌（1745.10.24）

浙江巡撫常安奏："浙屬定海、象山、太平、黃巖四縣沿海地畝間被潮漫，江山、嵊縣二縣高阜之處亦多缺雨，雖勘報歉收分數未至成災，例不蠲賑，然民食或未免拮据。請酌借籽種，並緩徵錢糧。"得旨："如所請行。"《清高宗實錄》卷249（四，頁216）

◎乾隆十一年六月庚寅（1746.8.12）

諭軍機大臣等："朕聞浙江定海一帶地方，自仲夏以來，雨澤愆期，直至六月初旬，甘霖未沛。將來秋收，必至歉薄。馬爾泰現在浙省，常安身任地方。此等水旱，關係民生之事，自應刻刻留心，何以俱未奏報？可傳諭詢問。令將該處實在情形及如何料理之處，一併奏聞。"尋常安奏："查定海縣，五月間雨水稍缺。至六月初旬後，連沛甘霖，田野霑足，早禾約有七分收成。臣前因該縣孤懸海外，豫撥省米四千石，隨於五月內減價平糶，復動倉穀酌借。是以米價照常，民情寧帖。"得旨："覽奏，俱悉。"《清高宗實錄》卷 269（四，頁 501—502）

◎乾隆十二年十月戊寅（1747.11.23）

賑恤浙江海寧、海鹽、平湖、鄞縣、慈谿、奉化、鎮海、象山、定海、會稽、餘姚等十一縣風潮等災，……分別給予籽本並葺屋銀兩。《清高宗實錄》卷 301（四，頁 934—935）

◎乾隆十三年二月壬午（1748.3.26）

浙江巡撫顧琮奏稱："餘姚縣之鳴鶴、石堰二場，逼近海濱，大塘外復有榆柳、利津二塘，外禦海潮，內衛田廬，實為緊要。原應民間自行修築，但上秋偶被風潮，民力未遑，請照以工代賑例興修。"得旨："依議速行。"《清高宗实录》卷 309（五，頁 56）

◎乾隆十三年三月庚寅（1748.4.3）

免浙江海寧、餘姚、永康、西安、松陽等五縣潮災田地本年漕糧項銀米，及蠲剩舊欠漕項銀。《清高宗实录》卷 310（五，頁 78）

三月……庚寅，上閱城，幸歷下亭。免浙江餘姚等五縣潮災本年漕糧。《清史稿》卷 11《高宗紀二》（頁 397）

◎乾隆十三年四月癸未（1748.5.26）

陞任浙江巡撫顧琮覆奏浙省米貴緣由："杭、嘉、湖三府，樹桑之地獨多。金、衢、嚴、寧、紹、台六府，山田相半。溫、處二府，山多田少。向資江楚轉輸，近歲江楚價昂，商賈至者無幾，此致貴之由一。地接江、閩二省，商旅絡繹，以有限之米穀，供無窮之取攜，此致貴之由二。杭、嘉、紹、寧、台、溫六府，東際海，商漁出入，米穀隨之，自外入者無多，自內出者難計，奸徒射利，每有透越，此致貴之由三。伏思江楚米貴，販運不前，並無調劑之術。鄰省商旅往來，斷無裹糧之理。海洋禁例，非不甚嚴，但必將積年販米出洋奸棍，訪獲一二，置諸重法，庶可示儆。如果透漏無虞，則內地米穀自免消散。至常平積貯一事，惟在權其緩急輕重。歉歲宜停，豐年應補，常平本額，不可不存。續議加增，可以酌減。其高賈居奇，法宜懲儆。惟嚴禁囤積，俾使疏通。田多業戶，蓋藏頗裕。於青黃不接之時，出售亦為有益。"得旨："此等豈汝之識見所能辦。既經奏到，俟議。"《清高宗實錄》卷313（五，頁143）

◎乾隆十三年六月癸酉（1748.7.15）

戶部議覆："陞任浙江巡撫顧琮疏稱浙省上年被災縣場蠲賑事宜：一、海寧、餘姚、永康、西安、松陽等五縣，石堰、鳴鶴、下砂並下砂二三等四場被災田地，應徵錢糧，按分蠲免。蠲剩南秋米石，除餘姚縣已經全完，其餘應分年帶徵。石堰等場蠲剩錢糧，并未完場課，俱分別緩徵。一、海寧等五縣被災，扣蠲役食等項銀兩，於備公銀內撥給。……一、石堰等場賑米，於餘姚縣存倉米動撥，折賑銀兩，於鹽道庫給發。……一、下砂并下砂二三場極次貧民，加賑兩月，所需米照價概給折色。一、各屬道府督察賑務，各項動用銀米，應定限題銷各等語。均應如所請。"從之。《清高宗實錄》卷317（五，頁206）

◎乾隆十四年正月戊寅（1749.3.17）

戊寅，諭："據蘇松水師總兵王澄奏稱：押運赴閩米石，內有江省二幫船戶莊順興裝米一千一百石，於上年十二月初十日，行至浙江寧海鎮屬西墺山外大洋，遭風擊碎船隻，米石盡沒。……此項運閩米船，若係水手人等疏忽懈弛，駕駛不慎，以致沉失米石，在押運官弁船戶人等，固應治罪追賠，即王澄失於查察，亦當一體按分賠補；如果外洋陡遇颶風，撞礁漂沒，則是人力難施，非在事諸人之咎。著交總督黃廷桂確實查明，奏聞請旨。"《清高宗實錄》卷 333（五，頁 577—578）

◎乾隆十四年九月戊午（1749.10.23）

陞任浙江巡撫方觀承疏報："鎮海、象山、太平、平陽、泰順、青田、景寧等縣，開墾乾隆十三年分田、地、山、蕩、塘、園八十二頃有奇，招回人丁三十七丁口。"《清高宗實錄》卷 348（五，頁 806）

◎乾隆十四年十月甲午（1749.11.28）

賑貸浙江錢塘、餘杭、海鹽、平湖、安吉、武康、鄞縣、慈谿、奉化、鎮海、象山、定海、山陰、會稽、諸暨、餘姚、上虞、嵊縣、東陽、義烏、麗水、玉環等二十二州縣廳……本年水災民竈。《清高宗實錄》卷 351（五，頁 841）

◎乾隆十四年十一月甲戌（1750.1.7）之前

署浙江巡撫永貴奏："浙江海塘各處工程，西自蕭山縣起，東至鎮海縣招寶山止，逐加勘視，無亟需興舉之工。惟鎮海縣城年久傾圮，經前撫臣常安請修，又經方觀承奏准，先修北城一面，與塘工并力兼修。舊城即在塘上，勢重難撼，工程愈固。今塘工告竣，城可隨辦。面飭乘此冬餘興修。"得旨："覽奏俱悉。"《清高宗實錄》卷 353（五，頁 879）

◎乾隆十五年八月丁酉（1750.9.27）

署浙江巡撫永貴疏報："象山、太平、樂清、青田、景寧、定海、松陽等縣，乾隆十四年分開墾田地、山塘共六十五頃有奇，招回人丁二百口。"《清高宗實錄》卷 371（五，頁 1101—1102）

◎乾隆十五年十一月辛亥（1750.12.10）

撫恤浙江象山、臨海、黃巖、太平、定海、天台、仙居、永嘉、樂清、瑞安、平陽、雲和等十二縣……本年風水災飢民竈戶，並緩徵漕米

額賦有差。《清高宗實錄》卷 376（五，頁 1160）

◎乾隆十六年二月壬辰（1751.3.21）

戶部等部議覆："署浙江巡撫永貴奏稱：'行銷浙鹽之浙屬溫、台、寧波等府，並江南之松江府，經前督李衛於雍正六年奏令文武官員收買餘鹽，立法未周，應更詳定章程。……'均應如所請。惟清理經費一節，俟該撫等查酌刪定，咨部覆議。"從之。《清高宗實錄》卷 383（六，頁 37—38）

◎乾隆十六年四月甲戌（1751.5.2）

[戶部]又議准："署浙江巡撫永貴疏稱：永嘉、象山、臨海、黃巖、太平、寧海、天台、仙居、樂清、瑞安、平陽、雲和、玉環、杜瀆、黃巖、永嘉、長林、溫州等縣、場、衛，共勘成災田地一千七百八十一頃七十八畝零，戶口應加賑恤。"從之。《清高宗實錄》卷 386（六，頁 70）

◎乾隆十六年四月丙申（1751.5.24）

閩浙總督喀爾吉善等奏："……浙省海禁綦嚴，如遇水旱之年，例得招商販運。今既需米甚殷，應令溫、台、杭、嘉、寧等府，督屬選募殷商，給照前赴寧波、嘉興等處，購買米穀，運往糶賣。仍飭守口員弁，嚴查驗放，不致透漏滋弊。早禾登場，即行禁止。"得旨："所奏甚是。"《清高宗實錄》卷 387（六，頁 89）

署理浙江巡撫永貴奏覆："三月十五日大風，各屬並無被災之處。目下天氣晴和，嘉、湖、寧近省各屬，不特二麥暢茂，即菜豆已遍結實。米糧時價，除溫、台、處三郡外，皆與上月相仿。惟浙東節候較早，平陽、永嘉等縣雨水過多，小麥間有黃萎；壽昌、蘭溪二縣鄉村被雹。臣俱經飛飭確勘，如春熟有失，自應加意撫恤。"得旨："覽奏稍慰。"《清高宗實錄》卷 387（六，頁 89—90）

◎乾隆十六年五月乙丑（1751.6.22）之前

[署浙江巡撫永貴]又奏："……乍浦、寧波關口紛紛雇船運米，商民船隻因承運官米，不如載貨利多，俱已改收江閩各口，若非設法招徠，必致有米無船，貽誤匪淺。臣隨飭令凡承運商米船隻，俱倍給水腳；官米船隻，准其自備資本添買數十石，在內地出售。俾得賤買貴賣，有利可獲，米穀可免乏船裝載，溫、台需米之鄉，亦可藉以流通轉販。"報聞。《清高宗實錄》卷389（六，頁115）

◎乾隆十六年七月丁丑（1751.9.2）

浙江巡撫永貴遵旨覆奏："……惟浙東八府被旱頗重，臣於閏五月望前，即令開倉平糶，勸富招商。……又於閏五月杪，奏請借撥楚穀，并動帑三十餘萬，委員分赴江楚採買。迨交六月，尚未得透雨。……先於浙西撥穀數萬，運往接濟，暫弛寧波海禁，奏令溫、台、寧、處四府與江、閩二省通商。……目下已過立秋，……若再不能透足，則晚禾成災，秋收無望。臣自當親往查災，一面發賑，一面奏聞。"得旨："覽奏俱悉。據喀爾吉善奏稱來浙辦賑，汝等正可和衷相濟，鎮靜地方也。"《清高宗實錄》卷394（六，頁179）

◎乾隆十六年七月乙酉（1751.9.10）

浙江巡撫永貴疏報："開墾象山、太平、遂昌、雲和等縣田地、山塘共一十三頃九十畝有奇，定海、龍游、江山等縣田地、塗山共五頃有奇。"《清高宗實錄》卷395（六，頁190）

◎乾隆十六年八月乙未（1751.9.20）

賑貸……鄞縣、慈谿、奉化、鎮海、象山、定海、蕭山、諸暨、餘姚、上虞、嵊縣、臨海、黃巖、太平、寧海……五十七州縣，及玉環一廳，杭、台二衛，湖、嚴、衢三所，大嵩、清泉等場旱災民竈，并緩徵本年地丁場課、新舊漕糧。"《清高宗實錄》卷396（六，頁202）

浙江巡撫永貴疏報："開墾歸安、孝豐、定海、上虞、太平等縣山蕩、沙塗三十四頃四十畝有奇，昌化、寧海二縣額外田地、沙塗九十四頃八十畝有奇。"《清高宗實錄》卷396（六，頁202）

◎乾隆十六年十二月壬寅（1752.1.25）

緩浙江海寧、富陽、餘姚、臨安、昌化、安吉、烏程、長興等八州縣本年旱災應徵糧銀，并分別蠲緩漕項米折等銀及未完舊欠。《清高宗實錄》卷404（六，頁310）

◎乾隆十六年十二月辛亥（1752.2.3）

賑貸浙江鄞縣、慈谿、奉化、鎮海、象山、定海、蕭山、諸暨、餘姚、上虞、嵊縣、臨海、黃巖、太平、寧海……等四十六州縣……本年旱蟲災民竈。《清高宗實錄》卷405（六，頁318—319）

◎乾隆十七年正月甲子（1752.2.16）

又諭："上年浙省被旱成災，所有一應蠲緩賑貸事宜，業經屢降諭旨，加恩撫恤，以期災黎不致失所。但念時當春令，東作方興，例賑既停，青黃不接，小民糊口維艱，難資力作，深可軫念。著該督喀爾吉善、該撫雅爾哈善，將金、衢等府災重之區，酌量情形，有應行展賑者，一面奏聞，一面辦理，務須詳悉查明，妥協籌辦，俾窮黎均霑實惠，以待麥秋。該部即遵諭行。"尋奏："……查金、衢等八府屬，或災五十一廳縣內，如寧屬之鄞縣、奉化……此十一縣在八府屬內，被災分數原輕；……寧屬之鎮海、象山、定海，紹屬之諸暨、餘姚、嵊縣……此二十二廳縣最輕；……寧屬之慈谿，紹屬之新昌，台屬之臨海、黃巖、太平、寧海、仙居……此一十八縣次重。臣等就地熟籌，……其衛所屯戶、鹽場灶丁，有坐落此四十廳縣境內者，亦請按原報災戶，一體加賑。"《清高宗實錄》卷406（六，頁326—327）

◎乾隆十七年二月辛丑（1752.3.24）

谕："朕因上年浙省被災較重，曾經降旨，令該督撫等查明災重州縣，有應行展賑之處，酌量奏聞辦理。今據該督撫等分別查奏，著照所請，將被災較重之蘭谿等二十二廳縣，與次重之金華等十八縣極次貧戶，均展賑一月口糧。再，浙東之鄞縣等十一縣，與浙西之仁和等十三州縣，雖被災分數較輕，而當青黃不接之時，情形自屬拮据，亦著加恩展賑一月。庶窮黎餬口有資，得以從容力作。至各該廳州縣境內衛所屯戶、鹽場竈丁，並按原報災口一體展賑。"《清高宗實錄》卷408（六，頁351）

◎乾隆十七年二月癸卯（1752.3.26）

諭軍機大臣等："御史歐陽正焕所奏'寧波府屬之南田澳，請召民開墾，以工代賑'一摺，著鈔寄喀爾吉善、雅爾哈善等，令其詳悉查明。如或可行，自屬與民有益；若實在有難於辦理之處，亦即據實奏聞。"《清高宗實錄》卷408（六，頁357）

◎乾隆十七年四月丙午（1752.5.28）

閩浙總督喀爾吉善等議覆御史歐陽正焕'請開南田塽田畝'一摺："此塽孤懸大海，直接外洋，距寧波府屬之象山縣并台州府屬之寧海縣洋面，自五六十里至數百里不等。內有三十餘塽，外有平沙，總名南田。元季流民曾耕鑿其間，後為洋匪剽劫。又因地近日本，至明初即行封禁。迄今四百餘年，民人屢請開墾，歷任督撫委勘，利少害多，是以未允。臣等細加查訪，實有應禁而不應開者。……抑且門戶錯雜，沙塗平坦，設險尤難，並非舟山、玉環等處，有山谿之限者可比。況既經招墾，則日用米糧，硝磺鹽鐵，即應聽其販運。守口員弁，無從分別，更難保奸宄之徒，必無出洋濟匪之事。"下軍機大臣議，并傳歐陽正焕閱詢。尋奏："……查該御史雖似有所見，而實未身履其地。方今生齒日繁，地無遺利。況南田近在內洋，與海疆無關，自可聽民開墾。然自明初封禁，至今已閱四百餘年。即前督臣李衛奏請開墾玉環、舟山二處，而此獨未經講求者，亦必確有不便之處。今喀爾吉善等既稱細察形勢，不應開墾，臣等愚見，似毋庸再行查辦。"報聞。《清高宗實錄》卷412（六，頁 395—396）

◎乾隆十七年四月庚戌（1752.6.1）

蠲緩浙江乾隆十六年分原報、續報旱災之……鄞縣、慈谿、奉化、鎮海、象山、定海、蕭山、諸暨、餘姚……等六十六州縣，玉環一廳，杭、嘉、台三衛，湖、衢、嚴三所，大嵩、龍頭、穿長、清泉、玉泉、杜瀆、黃巖、長亭、仁和、鮑郎、錢清、永嘉、雙穗等場額賦有差。《清高宗實錄》卷413（六，頁 403）

◎乾隆十七年七月甲申（1752.9.3）

又諭："向聞濱海地方，有行使寬永錢文之處。……乃近日浙省搜獲賊犯海票一案，又有行使寬永錢之語，竟係寬永通寶字樣。……著傳諭尹繼善、莊有恭，令其密飭幹員，確查來歷，據實具奏。……"尋尹繼善、莊有恭等奏："寬永錢文乃東洋倭地所鑄，由內地商船帶回。江蘇之上海，浙江之寧波、乍浦等海口，行使尤多。查寬永為日本紀年。原任檢討朱彝尊集內載有《吾妻鏡》一書，有寬永三年序。又原任編修徐葆光《中山傳信錄》內載'市中皆行寬永通寶'。是此錢本出外洋，並非內地有開鑪發賣之處。但既係外國錢文，不應攙和行使。臣等現飭沿海各員弁，嚴禁商船，私帶入口。其零星散布者，官為收買，解局充鑄。"報聞。《清高宗實錄》卷419（六，頁 492）

◎乾隆十八年四月甲寅（1753.5.31）

甲寅，諭軍機大臣等："……塘工關係民生，從前悉令改歸官修，原屬軫念民勞之意。但事經動帑官辦，即未免輾轉遷延，其工費稍鉅者，固不便取足閭閻。如遇小有坍損，應行培補之處，需費本屬無多，自不若酌從民便，聽其自為修補。俾得隨時辦理，較為有益。若將此通行各省，恐啓輕用民力之漸，且滋物議。其浙省既有舊例可循，著將原摺鈔寄雅爾哈善，令其仿照斟酌行之。”尋奏：“紹興所屬山陰、會稽、蕭山、上虞、餘姚等五縣沿海一帶土塘，舊係民間按畝捐輸修補。乾隆元年，准部行文，遇應修段落，官于存公項下動支辦理。臣體察民情，所有五縣土塘，除工大費繁另行酌辦外，其每歲小有坍損之處，仍聽民修為便。”報聞。《清高宗實錄》卷 437（六，頁 700）

◎乾隆十八年十月庚戌（1753.11.23）

蠲緩浙江……象山、諸暨、新昌、嵊縣、臨海、寧海……二十八州縣廳衛所本年被旱災民額賦，並借給籽種。《清高宗實錄》卷 449（六，頁 855）

◎乾隆十九年九月庚辰（1754.10.19）

陞任浙江巡撫雅爾哈善疏報：“麗水、臨安、富陽、鎮海、太平、松陽、雲陽、宣平等八縣，十九年分開墾田地、山塘一百八頃有奇。”《清高宗實錄》卷 472（六，頁 1103）

◎乾隆二十年八月庚午（1755.10.4）

豁除浙江仁和、海寧、鄞縣等三縣，乾隆十九年坍沒田地三百八頃六十六畝有奇、銀一百七十五兩有奇、米八石六斗有奇。《清高宗實錄》卷 495（七，頁 222）

◎乾隆二十年九月癸酉（1755.10.7）

浙江巡撫周人驥疏報：“孝豐、天台、鎮海三縣，乾隆十九年共開墾額外田地、山蕩五頃七十七畝有奇。”《清高宗實錄》卷 496（七，頁 226）

◎乾隆二十年九月己丑（1755.10.23）

撫恤浙江山陰、會稽、諸暨、餘姚、嵊縣、上虞、烏程、歸安、長興、德清、武康、安吉、仁和、慈谿、蕭山等十五州縣，東江、曹娥、

金山、鳴鶴、下沙等五場，湖州一所，本年被水貧民，給與口糧、籽種，停徵新舊額賦。《清高宗實錄》卷497（七，頁243）

◎乾隆二十年十月戊申（1755.11.11）

諭："浙江杭、湖、紹等府屬，今秋雨水過多，偶被偏災。朕屢降旨，令該督撫加意撫綏賑緩，並截漕備用。現今已屆冬令，災民口食維艱，朕心深為軫念。著將被災較重之山陰、會稽、餘姚、上虞、安吉五州縣，極貧加賑三個月，次貧加賑兩個月；……曹娥、金山、鳴鶴、下砂四場……被災稍輕之處，極貧加賑兩個月，次貧加賑一個月，並准其銀穀兼賑。該處現在糧價未免稍昂，若照例折給，猶恐貧民不敷買食，再著加恩：每穀一石，折銀七錢；每米一石，折銀一兩四錢。該督撫等分委妥員，實力查辦，毋任胥吏乘機侵剋，務俾災黎均霑實惠。"《清高宗實錄》卷498（七，頁264）

◎乾隆二十一年二月癸亥（1756.3.25）

加賑浙江仁和、烏程、歸安、長興、德清、武康、安吉、山陰、會稽、蕭山、諸暨、餘姚、上虞十三州縣，金山、曹娥二場被水災民。《清高宗實錄》卷507（七，頁406）

◎乾隆二十一年五月乙亥（1756.6.5）

免……餘姚、上虞十三州縣乾隆二十年被災田地漕項銀米，並緩徵賑剩及舊欠漕白錢糧。《清高宗實錄》卷512（七，頁474）

◎乾隆二十一年五月己卯（1756.6.9）

賑緩……餘姚、上虞等十三州縣，湖州一所，乾隆二十年被災田地額賦，并上虞縣水衝沙漲田一十七頃二十二畝無徵銀米，均予豁除。《清高宗實錄》卷512（七，頁477）

◎乾隆二十一年五月丙申（1756.6.26）

浙江巡撫楊廷璋奏："到任後，查浙西三府。杭民多事貿易，嘉、湖二府盡力農桑，頗饒地利。惟習尚浮華，民情巧詐。胥役極易作奸，窮民不甚守分。故盜竊等案，嘉、湖最多。其浙東八府內，紹、寧、台、溫，均屬海疆，力田而外，並收魚鹽之利。紹民稍覺刁猾，餘亦不免蠻野。金、衢、嚴、處，山多田少，以樵採為生，最為易治。惟有福建、江西棚民，在山搭棚種靛，稽查匪易。至浙省吏治，大半揣摩觀望，多不認真。現諄誡屬員，實心振作。"得旨："頗具正見，實力行之。"《清高宗實錄》卷513（七，頁491）

◎乾隆二十一年七月乙亥（1756.8.4）

乙亥，諭軍機大臣等："據武進陞奏'六月十五日寧波頭洋有紅毛船一隻收泊'等語。其一切驗放交易，自應照舊例辦理。顧向來洋船進口，俱由廣東之澳門等處，其至浙江之寧波者甚少。間有遭風漂泊之船，自不得不為經理。近年乃多有專為貿易而至者，將來熟悉此路，進口船隻不免日增，是又成一市集之所在。國家綏遠通商，寧波原與澳門無異，但於此複多一市場，恐積久留居內地者益眾。海濱要地，殊非防微杜漸之道。其如何稽查巡察，俾不致日久弊生，不可不豫為留意。"《清高宗實錄》卷516（七，頁522）

◎乾隆二十一年九月丙寅（1756.9.24）

浙江巡撫楊廷璋疏報："寧海、太平、青田、遂昌、永嘉、雲和等六縣，（升科）［開墾］田、地、山、塘、蕩共一百三頃五十八畝有奇。……鎮海、臨海、蘭谿、湯溪、西安、常山、麗水等七縣，報墾成熟額外田、地、塘共二十頃九十畝有奇。"《清高宗實錄》卷520（七，頁559）

◎乾隆二十二年正月庚子（1757.2.25）

又諭曰："喀爾吉善等'會奏浙海關更定洋船稅則'一摺，已交部議奏矣。洋船向例，悉抵廣東澳門收口，歷久相安。浙省寧波雖有海關，與廣省迥異，且浙民習俗易囂，洋商錯處，必致滋事，若不立法杜絕，恐將來到浙者眾，寧波又成一洋商市集之所。內地海疆，關係緊要。原其致此之由，皆因小人貪利，避重就輕，兼有奸牙勾串之故。但使浙省稅額重於廣東，令番商無利可圖，自必仍歸廣東貿易。此不禁自除之道，初非藉以加賦也。前降諭旨甚明，喀爾吉善等俱未見及此。伊等身任封疆，皆當深體此意，并時加察訪。如有奸民串通勾引，即行嚴拏治罪。"《清高宗實錄》卷530（七，頁680）

◎乾隆二十二年二月甲申（1757.4.10）

戶部議准："……外洋紅毛等國番船，向俱收泊廣東，近年收泊定海，運貨寧波，請將粵海、浙海兩關稅則，更定章程。……請將浙海關徵收外洋正稅，照粵海關則例，酌議加徵。其中有貨物產自粵東，原無規避韶、贛等關稅課者，概不議加。又粵海關估價一項，係按貨物估計徵收。……但浙省貨值，有與粵省原例不符者，應照時值增估更定，其價同貨物，仍循其舊。至船隻樑頭之丈尺，及貨物進口、出口之擔頭，悉照粵海關稅則，不准減免。"得旨："依議。此折內所稱'若不更定章程，必致私扣暗加，課額有虧，與商無補'等語，尚未深悉更定稅額本意。向來洋船俱由廣東收口，經粵海關稽察徵稅，其浙省之寧波，不過偶然一至。近年奸牙勾串漁利，洋船至寧波者甚多，將來番船雲集，留住日久，將又成一粵省之澳門矣，於海疆重地、民風土俗，均有關係。是以更定章程，視粵稍重，則洋商無所利而不來，以示限制，意並不在增稅也。"《清高宗實錄》卷533（七，頁720—721）

◎乾隆二十二年八月丁卯（1757.9.20）

諭軍機大臣等："據楊廷樟奏稱'紅毛番船一隻來浙貿易，願照新定則例輸稅'等語。前因外番船隻陸續到浙，恐定海又成一市集之所，是以令該督撫等酌增稅額，俾牟利既微，不致紛紛輻湊。乃增稅之後，番商猶復樂從。蓋其所欲置辦之物，多係浙省所產，就近置買，較之粵東價減。且粵東牙儈，狎習年久，把持留難，致番商不願前赴，亦係實情。今番舶既已來浙，自不必強之回棹，惟多增稅額。將來定海一關，即照粵關之例，用內府司員補授寧台道，督理關務。約計該商等所獲之利，在廣在浙，輕重適均，則赴浙赴粵，皆可惟其所適。此非楊廷璋所能辦理。該督楊應琚於粵關事例，素所熟悉。著傳諭楊應琚，於抵閩後，料理一切就緒，即赴浙親往該關察勘情形，並酌定則例。詳悉定議，奏聞辦理。"《清高宗實錄》卷 544（七，頁 916—917）

◎乾隆二十二年十月戊子（1757.12.10）

閩浙總督楊應琚奏："臣奉諭旨赴浙，查辦海關貿易事宜。伏查粵省現有洋行二十六家，遇有番人貿易，無不力圖招致，辦理維謹，並無嫌隙，惟番商希圖避重就輕；收泊寧波，就近交易，便宜良多，若不設法限制，勢必漸皆舍粵趨浙。再四籌度，不便聽其兩省貿易。現議浙關稅則，照粵關酌增。該番商無利可圖，必歸粵省。庶稽查較為嚴密。"得旨："所見甚是。本意原在令其不來浙省而已，非為加錢糧起見也。且來浙者多，則廣東洋商失利，而百姓生計亦屬有礙也。"《清高宗實錄》卷549（七，頁 1010）

◎乾隆二十二年十一月戊戌（1757.12.20）

諭軍機大臣等："……從前令浙省加定稅則，原非為增添稅額起見，不過以洋船意在圖利，使其無利可圖，則自歸粵省收泊，乃不禁之禁耳。今浙省出洋之貨，價值既賤於廣東，而廣東收口之路，稽查又加嚴密，即使補徵關稅槩頭，而官辦祇能得其大概，商人計析分毫，但予以可乘，終不能強其舍浙而就廣也。……看來番船連年至浙，不但番商洪任等利於避重就輕，而寧波地方必有奸牙串誘，並當留心查察。如市儈設有洋行，及圖謀設立天主堂等，皆當嚴行禁逐。則番商無所依託，為可斷其來路耳。"《清高宗實錄》卷 550（七，頁 1023—1024）

◎乾隆二十三年五月辛亥（1758.7.1）

辛亥，工部議准，浙江巡撫楊廷璋疏稱："鎮海縣石塘，請一律增高，遵照成規興築。"從之。《清高宗實錄》卷563（八，頁142）

二十三年，增築鎮海縣海塘。《清史稿》卷128《河渠志三·海塘》（頁3818）

◎乾隆二十三年八月辛酉（1758.9.9）

浙江巡撫楊廷璋疏報："乾隆二十二年分，開墾鎮海、太平、松陽、遂昌、永嘉、景寧、麗水等七縣田、地、山、塘，共四十八頃十九畝有奇。"《清高宗實錄》卷568（八，頁205—206）

◎乾隆二十三年九月癸丑（1758.10.31）

浙江巡撫楊廷璋奏："寧波府屬鎮海縣，臨海險要。舊設單層石塘捍衛，嗣被潮衝塌，改建夾層。其迤西一帶，因漲沙綿遠，尚仍其舊，日就雉卸。業經題請一律改建外，查舊塘漫石單層，又不鑿榫，龍骨亦無槽口，石多離縫，易致衝坍。現飭將漫石上下鑿榫，龍骨開槽鑲嵌。漫石下概用塊石填實。"報聞。《清高宗實錄》卷571（八，頁260）

◎乾隆二十三年十月癸亥（1758.11.10）

賑浙江錢塘、海寧、山陰、會稽、蕭山、諸暨、餘姚、上虞等八縣……本年水災飢民。《清高宗實錄》卷572（八，頁270）

◎乾隆二十三年十二月壬申（1759.1.18）

蠲浙江錢塘、山陰、會稽、蕭山、諸暨、餘姚、上虞等七縣本年水災田畝應徵漕項錢糧有差，並緩徵漕糧、漕截等銀米及舊欠錢糧。《清高宗實錄》卷577（八，頁357）

◎乾隆二十四年四月庚申（1759.5.6）

蠲免浙江錢塘、海寧、山陰、會稽、蕭山、諸暨、餘姚、上虞等八

縣……乾隆二十三年秋禾風災額賦，並予加賑。《清高宗實錄》卷 584（八，頁 477）

◎乾隆二十四年六月丙子（1759.7.21）

諭軍機大臣等："據莊有恭奏'本年五月有紅毛嘆咭唎夷商船隻，欲開往寧波貿易。現飭文武員弁，嚴諭該商船仍回廣東貿易，不許逗留'等語。番舶向在粵東貿易，不許任意赴浙，屢行申禁，乃夷商既往廣東，藉稱生意平常，復欲赴寧波，為試探之計，自不可不嚴行約束，示之節制。著將原摺鈔寄李侍堯閱看，令其傳集夷商等申明示禁。庶夷情自肅，而權政益清。至其中或更有浙省奸牙潛為勾引，及該商希冀攜帶浙貨情事，應並諭莊有恭，委妥員留心察訪，以杜積弊，但不必張皇從事可耳。"《清高宗實錄》卷 589（八，頁 551）

六月……丙子，英吉利商船赴寧波貿易，莊有恭奏卻之。諭李侍堯傳集外商，示以禁約。《清史稿》卷 12《高宗紀三》（頁 448）

◎乾隆二十四年八月己丑（1759.10.2）

諭軍機大臣等："據羅英笏奏'七月十二日，有嘆咭唎洋船一隻欲來寧波貿易，隨經嚴諭，令其回棹粵東，復據該商因要修補篷帆，懇求暫停幾天'等語。夷商不准赴浙貿易，例禁甚嚴。……今復有夷船徑往寧波，又懇求停泊，看其情形，未必不明知內地禁約，特欲借染病修蓬，為希圖嘗試之計。……著傳諭莊有恭，令其申明定例，實力嚴行察禁，並查此次夷船有無藉詞遷延滋弊之處，即速據實奏聞。"《清高宗實錄》卷 594（八，頁 620）

八月……己丑，申禁英吉利商船逗遛寧波。《清史稿》卷 12《高宗紀三》（頁 448）

◎乾隆二十四年八月庚子（1759.10.13）

浙江巡撫莊有恭奏："嘆咭唎大班味啁一船，駛至雙嶼港，意欲停泊。

查番商洪任輝，於五月乘坐空船來浙探聽，本有貨物俱在後船之語。自應查詢明確，並飭內地商民，毋許一人私往交接，俾無利可圖。"得旨："正恐未必。應嚴察禁止，外省何事無私弊耶。"《清高宗實錄》卷595（八，頁627—628）

◎乾隆二十四年九月癸亥（1759.11.5）

諭軍機大臣等："……今據奏，訊得與洪任輝貿易之陳祖觀等供，有婺源縣生員汪聖儀同子汪蘭秀，曾借洪任輝資本，前在寧波、江蘇各處代為經理，或係彼所指使等語。番商貿易內地，敢於滋事，必有潛行勾引者為之主持。汪聖儀父子既與親密，即不能無勾串唆使情弊。……著傳諭尹繼善、陳宏謀等，即將汪聖儀父子拘緝，並搜查其交通往來字蹟，一併解赴廣東，交朝銓、李侍堯等細加研鞫，務得實情，俾沿海奸民，知所儆惕。"《清高宗實錄》卷597（八，頁650）

◎乾隆二十四年九月乙丑（1759.11.7）

又諭："據莊有恭奏'嘆咭唎番商於七月間，駛船至定海洋面。已將不准來浙之例禁，嚴切曉諭，并查其有無作弊形蹟，即行懲治等語'，所辦甚為合宜。現在該番商等呈控滋事，不可不嚴示節制。……著將此傳諭莊有恭知之。"《清高宗實錄》卷597（八，頁653）

◎乾隆二十五年五月辛酉（1760.6.30）

刑部議覆："浙江按察使李治運奏稱：'沿海居民，駕船出口樵採捕魚，向例給照票，止填在船人數、年貌、籍貫。出洋時，搜查有無夾帶違禁貨物，以防透漏。其作何生業並未於照內填明，是以回船所載貨物，無從查覈。請各船領照時，即將本船作何生業，詳細填註。回船時，海口官弁將貨物覈對是否與照相符，若係不應有之貨，即加盤詰。倘來路不明，移交地方官審鞫。即來路有因，亦詳記檔簿。遇洋面報有失事，地方官開具失單，移查各口。其被劫日期并所失貨物，有與檔記適符者，立即報查。則原賊不致消散，奸徒亦難漏網。'應如所請。通飭沿海各省督撫，一體遵照。"從之。《清高宗实录》卷613（八，頁890）

◎乾隆二十五年九月壬子（1760.10.19）

浙江巡撫莊有恭疏報："錢塘、鎮海、象山、定海、上虞、太平、龍游、江山、平陽等九縣，共報墾額內荒地八十一頃六十六畝有奇。"《清高宗實錄》卷620（八，頁975）

◎乾隆二十六年十月庚寅（1761.11.21）

賑浙江仁和、歸安、烏程、長興、德清、武康、會稽、諸暨、餘姚、上虞等十縣，湖州一所，仁和、曹娥、金山、下砂頭二三等五場被災貧民軍竈。《清高宗實錄》卷647（九，頁243）

◎乾隆二十七年四月戊寅（1762.5.8）

蠲緩浙江仁和、歸安、烏程、長興、德清、武康、會稽、諸暨、餘姚、上虞等十縣，湖州一所，仁和、曹娥、金山、下砂頭二三等五場，乾隆二十六年水災額賦有差。《清高宗實錄》卷658（九，頁371）

◎乾隆二十七年八月甲午（1762.9.21）

浙江巡撫莊有恭疏報："乾隆二十六年分，定海、鎮海、臨海、黃巖、寧海、麗水、雲和等七縣，開墾額外田地、蕩塗、沙塗、水漲沙地、民竈塗田共四百八十頃有奇。"《清高宗實錄》卷668（九，頁466）

◎乾隆二十七年八月丁酉（1762.9.24）

浙江巡撫莊有恭疏報："乾隆二十六年分，寧海、仙居、太平、麗水、常山等五縣開墾田地一百八十五頃有奇。"《清高宗實錄》卷668（九，頁468）

◎乾隆二十七年十月甲寅（1762.12.10）

賑恤……餘姚、上虞、杭州、湖州等二十一州縣衛所……本年水災

飢民竈戶，并借給籽種。《清高宗實錄》卷 673（九，頁 527）

◎乾隆二十八年二月丁巳（1763.4.12）之前

浙江巡撫熊學鵬奏："寧海縣距省遠，無河道可通。新升額米二百三十一石零，應請改折色解省。"報聞。《清高宗實錄》卷 681（九，頁 630）

◎乾隆二十八年三月庚辰（1763.5.5）

緩徵……餘姚、蕭山、諸暨、上虞、杭州、湖州等十八州縣衛所并仁和、曹娥、錢清、金山、青村、下砂二三等七場水災額賦。《清高宗實錄》卷 683（九，頁 646）

◎乾隆二十八年四月辛卯（1763.5.16）

緩徵浙江仁和、長興、德清、會稽、諸暨、餘姚、上虞等七縣，湖州所，乾隆二十六年、二十七年分水災額賦有差。《清高宗實錄》卷 684（九，頁 653）

◎乾隆二十八年四月壬辰（1763.5.17）

加賑……餘姚、上虞等十四州縣，仁和、錢清、金山等三場，乾隆二十七年分水災飢民。《清高宗實錄》卷 684（九，頁 653）

◎乾隆二十八年八月壬子（1763.10.4）

浙江巡撫熊學鵬疏報："慈谿、太平、浦江、西安、開化、瑞安、平陽開墾額外田地、塗田、蕩山三百六頃十一畝有奇。又慈谿、浦江，以地改墾田四頃四十八畝有奇。"《清高宗實錄》卷 693（九，頁 770）

◎乾隆二十九年九月壬子（1764.9.28）

浙江巡撫熊學鵬疏報："乾隆二十八年分，鎮海、嵊縣、龍游、慶元、安吉等五州縣，開墾田、地、山、蕩五頃四十畝有奇。"《清高宗實錄》卷 718（九，頁 1004）

◎乾隆三十年九月丁亥（1765.10.28）

浙江巡撫熊學鵬疏報："乾隆二十九年分，開墾臨安、鄞縣、諸暨、黃巖、寧海等縣山塘、沙竈、蕩塗共二百十九頃十五畝有奇。"《清高宗實錄》卷 744（十，頁 192）

◎乾隆三十年十月己未（1765.11.29）

諭軍機大臣等："昨據熊學鵬奏，天台、新昌、寧海等三縣地畝，間被旱災，現在分別酌給籽本。其應徵錢糧，照例蠲緩，並豫籌撥運附近倉穀協濟，小民自可不致失所。但念來歲春收尚遠，青黃不接之際，山僻窮黎，生計未免艱窘，應否作何加恩撫恤之處？著該撫詳查覆奏，俟朕酌量降旨。"《清高宗實錄》卷 747（十，頁 217—218）

◎乾隆三十年十月丁卯（1765.12.7）

貸浙江仁和、錢塘、會稽、蕭山、新昌、寧海、天台、桐廬、分水等九縣、場，並仁和、浦東、橫浦三場，台州、杭嚴二衛所，本年旱災饑民，並緩徵額賦、漕糧有差。《清高宗實錄》卷 747（十，頁 222—223）

◎乾隆三十一年正月甲戌（1766.2.12）

又諭："浙江天台、新昌、寧海等三縣，去秋晚禾間有被旱，業經該撫酌給籽本，其應徵錢糧照例蠲緩，並豫籌撥運倉穀協濟，小民自可不致失所。但念東作方興，春收尚遠，青黃不接之際，閭閻生計，未免稍艱。著加恩將天台、新昌、寧海等縣，查明實在貧乏戶口，散給一月口糧，以資接濟。"《清高宗實錄》卷 752（十，頁 274）

◎乾隆三十一年九月戊辰（1766.10.4）

浙江巡撫熊學鵬疏報："乾隆三十年，象山、江山二縣開墾田地九頃六十九畝有奇。"《清高宗實錄》卷 768（十，頁 426）

◎乾隆三十二年七月辛巳（1767.8.13）

浙江巡撫熊學鵬奏："乾隆十九年，前督臣喀爾吉善奏準將凡有塘工各縣之巡檢、典史，皆令分管地段，查點堡夫。但江海塘工，當伏秋大汛之期，必須專員駐守。典史有監獄之責，非巡檢可比，以之兼護塘工，必有顧此失彼之慮。查山陰、會稽、蕭山、餘姚、上虞五縣，俱設有縣丞，並無別項專責，應請改派各該縣縣丞駐工管理，而典史亦得專心監獄。其巡檢分管地段，仍照原議遵行。"報聞。《清高宗實錄》卷789（十，頁692）

◎乾隆三十二年閏七月丙午（1767.9.7）

閩浙總督蘇昌、浙江巡撫熊學鵬奏覆："臣接准兵部咨議浙省沿海船隻應行嚴密巡防一案。……惟查附近定海縣衢山之倒斗礐、沙塘、癩頭嶼、小衢山等處，查屬禁地，但每年春冬漁期，有暫時搭披貯羨貿易。又寧海縣之金漆門、林門二處，每當漁汛時，亦有暫時搭廠貿易之人。海洋關係綦重，自應嚴密巡防。所有搭披貿易漁船，應令各將弁查明執照，於何日搭廠、何日徹回之處，一一造冊稟報，加意巡察，毋使在地滋匪。"《清高宗實錄》卷790（十，頁702—703）

◎乾隆三十二年閏七月壬子（1767.9.13）

壬子，浙江巡撫熊學鵬疏報："……富陽、安吉、慈谿、瑞安四州縣開墾新漲沙地共十一頃八十七畝有奇。"《清高宗實錄》卷791（十，頁705—706）

◎乾隆三十二年八月己卯（1767.10.10）

閩浙總督蘇昌奏稱："浙江紹興府屬之餘姚縣，向定為衝繁中缺，歸部銓選。但該縣地大政繁，民刁吏猾，辦理良難。又，寧波府屬之慈谿、奉化二縣，向俱列為海疆要缺，在外調補，三年俸滿即陞。但該二縣不過一隅濱海，並無緊要口岸，迥非各屬海疆可比。請將餘姚縣一缺改為繁疲難兼三要缺，在外揀選調補。其慈谿、奉化二缺，應請改去‘海疆’字樣，慈谿作為要缺，在外調補；奉化作為中缺，歸部銓選。”從之。《清高宗實錄》卷 793（十，頁 718—719）

◎乾隆三十二年九月庚申（1767.11.20）

浙江巡撫熊學鵬奏：“浙省各屬所存截漕并捐監米石，例應以米一石易穀二石，秋收盡數改易存倉。現浙東寧波等八府，俱在本地採購穀石存貯。惟查浙西杭州、嘉興、湖州三府屬常平倉內，現有存米自數千石至萬餘石不等。……今據布政使詳稱：所有各屬應徵應買倉糧，請自今秋為始，俱令徵買好穀；其現存米石，明歲青黃不接時，先將米石動支借糶，秋收易穀還倉。不數年間，東西兩浙均得一律改貯穀石等語。查穀堪久貯，米易紅朽，況浙省地氣卑濕，難免黴黯之虞，應如該司所議辦理。”《清高宗實錄》卷 795（十，頁 742）

◎乾隆三十三年五月丙申（1768.6.23）

又諭：“前據工部覈駁熊學鵬估變裁汰船隻一本，閱其情節，顯係承辦之員以多報少，希圖染指分肥，……今據該撫覆奏，果有寧紹台道方桂弊混情節，……此等船隻俱係動用官帑修造，每隻不下數千金，即經歷年久，拆卸變價，亦何至每隻僅止數十金之少！其為官吏欺公肥橐，不問可知。今浙省明驗如此，則其餘各省已可概見。著將此通諭各督撫提鎮等，嗣後遇有屆限應行拆造船隻，悉照浙省所辦，嚴飭各屬悉心確估變價，務使物料皆歸實用，而帑項不致虛糜。毋任稍有中飽侵漁，自干咎戾。”《清高宗實錄》卷 810（十，頁 950—951）

◎乾隆三十三年五月乙卯（1768.7.12）

乙卯，諭軍機大臣等：“……近日閱工部覈駁浙省估變船隻一本。原造船時，需費六千七百餘兩，而估變僅止五百餘兩，難保無弊混分肥之事，因令該撫另委妥員查估。嗣據覆奏，果有寧紹台道方桂矇隱、欺混、

估值、私收、折價各情節，已降旨革職審擬。"《清高宗實錄》卷 811（十，頁 955—956）

◎乾隆三十三年八月丙子（1768.10.1）

浙江巡撫覺羅永德疏報："象山、太平、龍游、永嘉、松陽等五縣，乾隆三十二年分開墾田地、山塘二十七頃四十四畝有奇。"《清高宗實錄》卷 817（十，頁 1074）

◎乾隆三十三年八月己卯（1768.10.4）

浙江巡撫覺羅永德疏報："仁和、餘杭、臨海、寧海、龍游、樂清、烏程、平陽等八縣，乾隆三十二年分開墾額外田地、池蕩二百十九頃十六畝有奇。"《清高宗實錄》卷 817（十，頁 1078）

◎乾隆三十四年八月丁丑（1769.9.27）

浙江巡撫覺羅永德疏報："象山、定海、常山、永嘉、遂昌、景寧六縣，乾隆三十三年開墾田四十九頃五十畝有奇。"《清高宗實錄》卷 841（十一，頁 238）

◎乾隆三十四年十一月庚辰（1769.11.29）

停徵浙江寧海、玉環、永嘉、樂清等四縣廳本年旱災飢民額賦，并貸給籽種。《清高宗實錄》卷 846（十一，頁 327）

◎乾隆三十五年七月丁巳（1770.9.2）

豁免浙江仁和、餘姚二縣潮衝坍、沒坍荒田地，地丁銀十四兩有奇，米十四石有奇。《清高宗實錄》卷 864（十一，頁 602）

◎乾隆三十五年七月乙丑（1770.9.10）

浙江巡撫熊學鵬疏報："乾隆三十四年分，定海、分水二縣開墾、改墾田地并塗田五十一頃八畝有奇；象山、太平、平陽、青田四縣開墾田、地、山、塘、園四十一頃七十五畝有奇。"《清高宗實錄》卷 865（十一，

頁 609）

◎乾隆三十五年十二月壬寅（1771.2.14）之前

乾隆三十五年十二月，户部為遵旨議奏事："……臣等伏查，浙江定海縣舟山地方，孤懸海外，曠衍五百餘里，統計三十七澳，居民數千戶，素以煎鹽為業，歲納正課銀四十餘兩，除自食外，所有餘鹽向係本地自行售賣。……請將該處三十七澳餘鹽通行收買，議列六款，繪圖具奏。自屬該處實在情形，應如所奏辦理，臣等謹按款核議，恭呈御覽：一、奏稱收買餘鹽，宜文武和衷，分辦各專責成也。……一、奏稱收鹽各澳，應因地分任，以便查辦也。……一、奏稱收鹽價值，宜酌中定數，以免偏枯也。……一、奏稱商人買配，宜酌輪餘息，以資辦公經費也。……一、奏稱各澳居民，自食鹽斤，應悉循其舊，毋庸更張也。……一、奏稱收鹽，應設立書吏、秤手、巡丁也。……以上各款，臣等統按該督等所奏情節悉心酌議，請旨遵行。再查該省巡撫卽兼管鹽政，地方鹽務，均其專責，且近在浙省，較之總督稽察，易周此案。舟山沿海各澳動帑收鹽事屬刱始，責成巡撫留心妥辦，應令該撫嚴飭派委員弁秉公實力辦理，并令將該處情形，悉心體察，隨時經理，務使商民均無擾累，以靖海疆。俟命下之日，行令該督撫等遵照辦理可也。"奉旨："依議，欽此。"《欽定重修兩浙盐法志》卷12①

◎乾隆三十六年八月丙申（1771.10.6）

浙江巡撫富勒渾疏報："鎮海、嵊縣、臨海、寧海、龍游等五縣開墾額外田、地、塘、蕩共八十五頃九十畝有奇，樂清縣開墾塗磽田地一十三頃四十四畝有奇。"《清高宗實錄》卷891（十一，頁953）

---

① 《欽定重修兩浙盐法志》卷12《奏議三》，[清]延丰等纂修，《续修四库全书》第841册，第217—221頁。

◎乾隆三十七年七月己未（1772.8.24）

陞任浙江巡撫富勒渾疏報："乾隆三十六年分，慈谿縣竈戶開墾沙塗一百二十五畝有奇。"《清高宗實錄》卷913（十二，頁238）

◎乾隆三十七年九月丙申（1772.9.30）

陞任浙江巡撫富勒渾疏報："乾隆三十六年分，開墾慈谿、臨海、海寧、分水等四縣田地、沙塗八頃十五畝有奇。"《清高宗實錄》卷916（十二，頁276）

◎乾隆三十八年七月乙亥（1773.9.4）

浙江巡撫兼管鹽政三寶疏報："慈谿縣鳴鶴場，乾隆三十八年新漲沙灘地一千六百畝。"《清高宗實錄》卷939（十二，頁668）

◎乾隆三十八年八月壬子（1773.10.11）

浙江巡撫三寶疏報："鎮海縣，乾隆三十七年開墾田地、山蕩一頃四十六畝有奇。"《清高宗實錄》卷941（十二，頁728）

◎乾隆三十八年九月壬戌（1773.10.21）

浙江巡撫三寶疏報："臨海、建德、奉化、太平、龍泉、平陽、江山等七縣，乾隆三十八年開墾田地、山塘五十五頃六十八畝有奇。"《清高宗實錄》卷942（十二，頁739—740）

◎乾隆四十年四月庚辰（1775.5.2）

浙江巡撫兼管鹽政三寶疏報："乾隆三十八年，寧波府慈谿縣鳴鶴場報升沙塗五百畝。"《清高宗實錄》卷980（十三，頁83）

◎乾隆四十二年三月丙子（1777.4.17）

浙江巡撫三寶疏報："慈谿縣鳴鶴場墾復沙塗五百五十五畝有奇。"《清高宗實錄》卷1028（十三，頁788）

◎乾隆四十二年九月壬辰（1777.10.30）之前

乾隆四十二年九月，戶部為遵旨議奏事："……因查地方巡緝私鹽，自應將文武員弁所管地界分晰核定，俾營縣各有考成以專責守。今據該撫所咨，自係就地方情形分別定議，應請嗣後定海縣如有失察私鹽之案，查係內港十五澳，將知縣巡檢及管廠之文員查參吏部照例議處，如在岱山內洋各澳，即將營員廠弁及守口之武職查參兵部照例議處。"奉旨："依議，欽此。"《欽定重修兩浙盐法志》卷12[①]

◎乾隆四十三年閏六月丁亥（1778.8.21）之前

乾隆四十三年閏六月，戶部為遵旨議奏事："……浙鹽引地共計十七府二州，……該省場竈餘鹽，原有發帑官收之例，自應儘數收買，以杜其私賣之源。應令該撫隨時酌看旺產情形，悉心經理，據實核辦，并嚴飭文武員弁督率兵役人等，於私鹽出沒處所，不時實力查緝，勿致懈弛可也。"奉旨："依議，欽此。"《欽定重修兩浙盐法志》卷12[②]

◎乾隆四十四年八月戊寅（1779.10.6）

浙江巡撫王亶望疏報："慈谿、錢塘、黃巖、西安、樂清等縣，乾隆四十三年分開墾沙塗、山塘及水衝田地共二百二頃四十畝有奇。"《清高宗實錄》卷1089（十四，頁635）

◎乾隆四十六年七月庚申（1781.9.7）

又諭："據巴延三等奏'接暹羅國鄭昭具稟求貢，詞意頗為恭順。惟請給執照，前往廈門、寧波等處夥販，未敢擅便。至所稱貢外之貢，與例不符，及備送禮部督撫各衙門禮物，並饋送行商，及請將餘貨發行變價，以作盤費，概發原船帶回。求買銅器，例禁出洋，不敢率行奏請，

---

① 《欽定重修兩浙盐法志》卷12《奏議三》，[清]延丰等纂修，《续修四库全书》第841册，第226頁。

② 《欽定重修兩浙盐法志》卷12《奏議三》，[清]延丰等纂修，《续修四库全书》第841册，第229頁。

并擬檄稿諭飭’一摺，已於摺內批示矣。外國輸忱獻納，自應准其朝貢，以示懷柔。……其備送各衙門禮物，有乖體制。求買銅器，例禁出洋，自應飭駁。至所請欲往廈門、寧波夥販，並欲令行商代覓夥長，往販日本之處。該國在外洋，與各國通商交易。其販至內地，如廣東等處貿易，原所不禁。至販往閩浙別省，及往販日本，令行商代覓夥長，則斷乎不可。……著巴延三等，即委幹員，將該船戶等，傳詢緣由，嚴行戒飭，據實覆奏。”《清高宗實錄》卷1137（十五，頁201—203）

◎乾隆四十七年六月丁丑（1782.7.21）

福建巡撫雅德奏：“琉球國難番伊波等二十四人，駕船裝載米布，於上年七月十二日，自八重山開行。八月初放洋，遇風吹斷桅篷，漂至浙江寧海縣。經該營救護，照例撫恤，護送來閩。於今年四月初五日進口，當經安插館驛，每人日給米一升，鹽菜銀六厘。回國日，各給行糧一月。並於進貢船內，搭裝原載貨物回國。”下部知之。《清高宗實錄》卷1158（十五，頁511—512）

◎乾隆四十八年六月丁卯（1783.7.6）

又諭：“浙江范公塘一帶，看來竟須一律改建石塘，以資捍衛，昨已諭知富勒渾等矣。……尋奏：“改建石塘，實為一勞永逸。所需石料，除麟工應用外，尚存一萬三百餘丈。今范公塘改建石塘，共需條石五十一萬五千餘丈。現飭金衢嚴道、寧紹台道，分往山陰、嚴州、寧波等處開採應用。”報聞。《清高宗實錄》卷1182（十五，頁833）

◎乾隆四十九年八月戊申（1784.10.9）

浙江巡撫福崧疏報：“鄞縣開墾額外田地、塗地五十二畝有奇，定海縣開墾鹽課項下額外蕩田十一頃四十六畝有奇，開化縣開墾額外山田七十二畝有奇。”《清高宗實錄》卷1213（十六，頁271）

◎乾隆五十四年七月癸巳（1789.8.29）

軍機大臣等議覆："……浙江巡撫覺羅琅玕奏稱：江廣客商販運大黃來浙，並浙商赴川，俱應官為給票等語。查內地州縣，定例毋庸領票，惟乍浦、寧波、溫州各海口應飭查，毋許偷漏。其定海一縣，地處海外，應照臺灣、瓊州、崇明等處例，地方官給與官票。"從之。《清高宗實錄》卷1334（十七，頁1075）

◎乾隆五十四年九月辛丑（1789.11.5）

浙江巡撫覺羅琅玕疏報："孝豐、鎮海二縣，乾隆五十三年分開墾額外田地五頃六十四畝有奇。"《清高宗實錄》卷1339（十七，頁1153）

◎乾隆五十五年三月丁未（1790.5.10）

漕運總督管幹珍奏："江浙漕糧，經撫臣閔鶚元、琅玕等奏明，米色不純，抵通後另貯先放。臣查該二省漕糧為數較多，若如原奏，將蘇松常鎮杭嘉湖七府、太倉一州米石盡數另貯，舊存米恐致積壓。臣酌量分別，如江省之丹徒、丹陽、武進、長洲、元和、吳縣、南匯等七縣，浙省之仁和、餘姚、臨安、新城、於潛、昌化、桐鄉、德清、長興、武康、安吉等十一縣，米六十一萬三千餘石，顆色純實，均堪久貯，其餘應行先支。現將各數目移咨倉場侍郎，驗明酌辦。"得旨："甚妥。知道了。"《清高宗實錄》卷1351（十八，頁92—93）

◎乾隆五十五年九月甲辰（1790.11.3）

諭："……沿海民人，居住海島，久已安居樂業，若遽飭令遷徙，使瀕海數十萬生民，失其故業，情殊可憫。且恐地方官辦理不善，張皇滋擾，轉致漂流為匪，亦非善策。所有各省海島，除例應封禁者久已遵行外，其餘均著仍舊居住，免其驅逐。至零星散處人戶，僻處海隅，地方官未必能逐加查察，所云燒煅蓁房，移徙人口，亦屬有名無實。今各島聚落較多者，已免驅逐。此等零星小戶，皆係貧民，亦不忍獨令向隅。

而漁戶出洋採捕，暫在海島搭蓋棲止，更不便概行禁絕。且人戶既少，稽察無難，尤非煙戶稠密之區，易於藏奸者可比，自應聽其居住，毋庸焚燬。所有沿海各省地方，均著照舊辦理。惟在各該督撫，嚴飭沿海文武員弁，實力稽查，編列保甲。如有盜匪混入，及窩藏為匪者，一經查出，即將該犯所住蓋房，概行燒燬，俾知儆懼。其漁船出入口岸，務期取結給照，登記姓名。倘漁船進口時，藏有貨物，形跡可疑，即當嚴行盤詰，無難立時拏獲。地方官果能實力奉行，認真稽察，盜風自可永戢。原不在多設條款，競為無益之空言也。"《清高宗實錄》卷1363（十八，頁292—293）

◎乾隆五十七年九月甲辰（1792.10.23）

浙江巡撫福崧疏報："孝豐、鎮海、臨海三縣，乾隆五十六年分開墾額外田地一百畝有奇。"《清高宗實錄》卷1412（十八，頁995）

◎乾隆五十八年六月辛卯（1793.8.6）之前

是月，浙江巡撫覺羅長麟奏："大陳山沿海一帶各島，因居民眾多，向設保甲，然奉行未能盡善。現飭員確查並出示曉諭，令其每一島嶼設嶴長一人，每居民十家設甲長一人，每十甲設總甲一人。先令各出保結，如該甲內有通盜之人，據實稟報，容隱者治罪。再查海洋內漁戶看網諸人，皆非安分之徒。盜匪行藏，伊等必知詳細。現雇覓多人，優給盤費。並懸重賞，派委勇敢將備等，暗藏兵械，分投帶往。並令改裝易服，前赴遠山窮谷密訪確查。仍派文武多員，於各海口堵截拏獲。"得旨："覽奏俱悉。"《清高宗實錄》卷1431（十九，頁140）

◎乾隆五十八年九月丁酉（1793.10.11）

九月丁酉，加長麟太子少保。命松筠護送英吉利使臣等至浙江定海。《清史稿》卷15《高宗紀六》（頁557）

◎乾隆六十年二月丁卯（1795.3.5）

諭："……乾隆五十八年分應補徵寧波、台州、衢州、嚴州、處州五府屬輪免地丁耗羨未完銀四萬三千二百餘兩，……俱著恩豁免，以示朕普錫春祺、恩施無已至意。"《清高宗實錄》卷1470（十九，頁645—646）

◎乾隆六十年三月庚辰（1795.5.17）之前

是月，浙江巡撫覺羅吉慶奏："浙江沿海各島五百六十一處，除本無居民之四百十四島，現無建屋居民。其向有民人之蛇盤、深灣及大小門山等各戶內陸續遷回內地者，男婦五十餘名口，至鎮海縣之上下梅山。凡因農期移住者，均令於種作事畢，即回內地。各島居民，現有減無增，仍飭各鎮道等，於出洋會哨時留心稽查。"得旨："以實為之，毋虛應故事。"《清高宗實錄》卷1475（十九，頁717）

◎乾隆六十年十月甲辰（1795.12.7）

浙江巡撫覺羅吉慶疏報："乾隆五十九年分，孝豐、臨海、黃巖、鎮海四縣，開墾額外塗田、山蕩地共十頃六十畝有奇。"《清高宗實錄》卷1489（十九，頁934）

◎仁宗嘉慶二年九月癸酉（1797.10.26）

撫恤浙江臨海、寧海、黃巖、太平、定海、象山、玉環七廳縣被水災民，並緩徵新舊額賦。《清仁宗實錄》卷22（一，頁278）

◎嘉慶六年五月乙巳（1801.7.10）

嘉慶六年五月，戶部為遵旨議奏事："據浙江巡撫阮元、鹽政延豐會奏，寧波府屬之鎮海縣境設有清泉、龍頭、穿長三場。該地民竈相錯，其竈產而隸縣籍輸糧者，謂之竈課；其海塗刮土煎鹽完納課稅者，謂之丁課。名目雖殊，俱歷由該縣徵解，迨後奉文將丁課交場代收，仍由縣彙解。旋於乾隆五十九年，專設鹽政議改章程案內經該縣場會議，以地丁歸并，界限難分，……臣等詳加體察，尚為便民便竈起見，……應如

所奏，將清泉等三場竈課丁課統歸鎮海縣徵收，以昭畫一。"奉旨："依議，欽此。"《钦定重修两浙盐法志》卷12[①]

◎嘉慶七年十一月癸巳（1802.12.20）

戶部議准："浙江巡撫阮元疏報：象山、臨海二縣，開墾田二百五十八畝有奇。……均照例升科。"從之。《清仁宗實錄》卷105（二，頁412）

◎嘉慶九年六月戊辰（1804.7.17）

減各關盈餘額稅：定浙海關四萬四千兩，揚州關七萬一千兩，鳳陽關一萬七千兩，西新關三萬三千兩，九江關三十六萬七千兩，滸墅關二十五萬兩，淮安關十二萬一千兩。《清仁宗實錄》卷130（二，頁759）

◎嘉慶十年九月甲戌（1805.11.15）

戶部議准："浙江巡撫阮元疏報：象山、永康二縣，開墾田一百二十七頃八十六畝有奇。照例升科。"從之。《清仁宗實錄》卷150（二，頁1067）

◎嘉慶十年十月丙午（1805.12.17）

戶部議准："浙江巡撫阮元疏報：慈谿、鎮海、定海、瑞安四縣，開墾沙地、蕩塗十四頃五十六畝有奇。照例升科。"從之。《清仁宗實錄》卷151（二，頁1087）

◎嘉慶十二年十一月己酉（1807.12.10）

戶部議准："浙江巡撫清安泰疏報：象山、臨海、義烏、武義、湯溪、開化、青田、雲和八縣，開墾田一百四十九頃七十二畝有奇。照例升科。"從之。《清仁宗實錄》卷187（三，頁477—478）

---

① 《钦定重修两浙盐法志》卷12《奏議三》，[清]延丰等纂修，《续修四库全书》第841册，第237—238頁。

◎嘉慶十三年十一月戊寅（1809.1.2.）

戶部議准："浙江巡撫阮元疏報：象山、臨海二縣，開墾田二頃一百八十三畝有奇。照例升科。"從之。《清仁宗實錄》卷203（三，頁711）

◎嘉慶十五年十二月庚戌（1811.1.24）之前

十五年，授浙江巡撫。浙鹽疲敝，議裁浙江鹽政，歸巡撫兼理，詔責承瀛整頓，……又酌改章程十事：……下部議行。浙鹺自此漸有起色。寧波、溫、台諸府濱海，土盜出沒，令兵船巡緝以遏其外，嚴訶口岸以防其內，洋面漸安。《清史稿》卷381《帥承瀛傳》（頁11621—11622）

◎嘉慶十七年九月乙亥（1812.10.10）

戶部議准："升任浙江巡撫蔣攸銛疏報：仁和、象山二縣，開墾沙地、蕩田一百九十二頃六十六畝有奇。照例升科。"從之。《清仁宗實錄》卷261（四，頁535）

◎嘉慶十七年十一月庚午（1812.12.4）

庚午朔，戶部議准："浙江巡撫高杞疏報：錢塘、富陽、安吉、定海、黃巖、樂清、象山七縣，開墾田四十六頃一畝有奇。照例升科。"從之。《清仁宗實錄》卷263（四，頁557）

◎嘉慶十九年十一月辛卯（1814.12.15）

戶部議准："調任浙江巡撫陳預疏報：富陽、安吉、奉化、象山、新昌、定海、東陽六縣，開墾沙地二百八十頃三十二畝有奇。照例升科。"從之。《清仁宗實錄》卷299（四，頁1107）

◎嘉慶二十年十一月甲申（1815.12.3）

戶部議准："浙江巡撫顏檢疏報：富陽、定海、慈谿、象山、瑞安、蕭山六縣，開墾地一百三十三頃五十畝有奇。照例升科。"從之。《清仁宗實錄》卷312（五，頁141）

◎嘉慶二十三年十一月丙申（1818.11.29）

戶部議准："前任浙江巡撫楊護疏報：富陽、臨海、寧海、蘭谿、奉化、象山、樂清七縣，開墾地一百四十九頃十五畝有奇。照例升科。"從之。《清仁宗實錄》卷349（五，頁610）

◎嘉慶二十四年十一月丙寅（1819.12.24）

戶部議准："浙江巡撫陳若霖疏報：富陽、寧波、定海、寧海、象山、常山、瑞安開墾沙地、蕩田一百八十七頃四十三畝有奇。照例升科。"從之。《清仁宗實錄》卷364（五，頁808）

◎嘉慶二十五年八月癸卯（1820.9.26）

修浙江鎮海縣低坍海塘，從巡撫陳若霖請也。《清宣宗實錄》卷3（一，頁105）

◎嘉慶二十五年九月戊寅（1820.10.31）

又諭："董教增奏'火藥局失火，轟斃局房，傷斃兵民'一摺。浙江寧波府提標右營火藥局，因春配火藥，迸出火星，各曰火發，轟燬房屋，兵民轟斃三十一名，受傷者四十八名，情殊可憫。著該督撫查明，照例分別恤賞。至製造火藥，理宜小心防範。此次傷斃多命，非尋常疏忽可比，所有同城專管兼統各員弁，著該督撫查取職名，咨部分別議處。被焚房間，並著賠修。"《清宣宗實錄》卷5（一，頁137）

◎嘉慶二十五年十月庚子（1820.11.22）

緩徵……奉化、嵊、寧海……三十三縣及杭、嚴、台、衢衛所被旱被水新舊額賦，給貧民一月口糧並衝塌房屋修費。《清宣宗實錄》卷7（一，頁154）

◎嘉慶二十五年十一月癸亥（1820.12.15）

戶部議准："浙江巡撫陳若霖疏報：富陽、鄞、太平、瑞安四縣開墾新漲沙地並額外瘠田、山塘，象山、蕭山二縣開墾蕩田、草地，共四百九頃有奇。照例升科。"從之。《清宣宗實錄》卷8（一，頁179—180）

◎宣宗道光元年正月戊午（1821.2.8）

貸浙江富陽、臨海、寧海、建德、淳安、遂安六縣及杭嚴、台州二衛上年被水被旱無力佃農籽種、口糧。《清宣宗實錄》卷12（一，頁228—229）

◎道光元年十月甲午（1821.11.11）

戶部議准："浙江巡撫帥承瀛疏報：象山縣開墾田一頃二十九畝，開墾山八十四畝有奇；江山縣開墾山五頃二畝有奇。照例升科。"從之。《清宣宗實錄》卷25（一，頁440—441）

◎道光二年五月己丑（1822.7.4）

閩浙總督慶保等奏："浙江省歷久封禁之南田地方，擬專委大員，選帶員弁，周歷查勘，酌覈辦理。"得旨："此係必應辦理之事。查覆後悉心妥議，務期經久無弊，方為至善。"《清宣宗實錄》卷36（一，頁634）

◎道光二年八月甲寅（1822.9.27）

又諭："帥承瀛奏'浙省溫州等府茶船請仍由海道販運'一摺。……定海縣歲產春茶，亦由海運至乍浦，轉售蘇州。自飭禁海運以後，均從內河行走，盤費浩繁，未免生計維艱，懇請仍由海道販運。浙省毗連閩粵，洋面遼闊，稽察難周。雖據該撫奏稱，提驗查對，各口岸均有稽覈，恐日久懈弛。茶船出口後，該商民等貪圖厚利，任意駛赴南洋，私售外夷。並守口員弁，得規徇縱，任令攜帶違禁貨物，致滋偷漏，其流弊實不可勝言。所有該撫奏請由海販運之處，著不准行。溫州、定海各茶船，仍著由內河行走，以昭禁令而重海防。"《清宣宗實錄》卷39（一，頁706—707）

◎道光二年十一月丁亥（1822.12.29）

戶部議准："浙江巡撫帥承瀛疏報：錢塘、鄞、鎮海、象山、定海、雲和六縣，開墾蕩田、山地十五頃六十畝有奇。照例升科。"從之。《清宣宗實錄》卷45（一，頁793）

◎道光二年十二月辛酉（1823.2.1）

又諭："帥承瀛奏'委員覆查南田封禁地方'一摺。浙江寧波、台州二府聯界之南田地方，自前明封禁，至今四百餘年。無業遊民藉採捕為名，潛往私墾。現在十有八嶴，計墾戶二千四百有零，已墾田一萬六千七百餘畝。其始由豪強占踞，招人墾種，計畝收租，名曰老本，以致愈墾愈多。此等墾戶，若概行驅逐，則實在無籍可歸之貧民，必虞失所，恐致別滋事端。若任其占踞潛匿，或更從而影射招邀，則紛至遝來。匪徒溷蹟其中，無從辨別。人數愈眾，措置愈難。該撫現飭拏著名老本蘇賴一富等二十名，嚴行究辦，並出示剴切曉諭。檄委寧波府，督同該委員等，前赴南田，復行逐嶴查勘該處戶口地畝，一俟得有確數，著即相機籌辦，務出萬全。會同趙慎畛，妥議章程具奏。俾貧民不致流離失所，而匪徒亦不致匿迹其間，方為至善。"《清宣宗實錄》卷47（一，頁833—834）

◎道光三年六月庚申（1823.7.30）

以北運河盛漲，浙江寧波後幫軍船沈失米石，人力難施，准旗丁分六限賠繳。《清宣宗實錄》卷53（一，頁958）

◎道光三年八月乙卯（1823.9.23）

諭內閣："帥承瀛奏'海鹽等四縣二衛低田續被水淹，並籌辦災地銀米事宜'一摺。……從前有杭州、寧波等處士民，請給司照，由海買運溫、台米石之案。著照該撫所議，即飭杭州府，招商給照赴買。並咨行提鎮及該道府，令各海口查明印照米數相符，飭即驗放運回，免其納稅。

俟外省客販流通，即行停止。"《清宣宗實錄》卷 57（一，頁 1009）

◎道光三年九月甲午（1823.11.1）

戶部議准："浙江巡撫帥承瀛疏報：象山、雲和二縣開墾積荒田地五頃八十六畝有奇。照例升科。"從之。《清宣宗實錄》卷 59（一，頁 1040）

◎道光三年十月丁酉（1823.11.4）

戶部議准："浙江巡撫帥承瀛疏報：開墾富陽縣新漲沙地、鄞縣額外塗地八頃二十四畝有奇。照例升科。"從之。《清宣宗實錄》卷 60（一，頁 1043）

◎道光三年十一月癸未（1823.12.20）

修浙江山陰、會稽、蕭山、餘姚、上虞五縣柴土篓石塘工，從巡撫帥承瀛請也。《清宣宗實錄》卷 61（一，頁 1072）

◎道光三年十一月壬辰（1823.12.29）

吏部等部議准："閩浙總督趙慎畛等奏：'浙江省南田十有八嶴，禁地全數肅清。酌擬章程六款：一、移駐同知巡檢，以資控制；一、移設弁兵卡汛，以重巡防；一、派定巡哨次數，以專責成；一、立定漁寮界址，以杜影射；一、嚴定各官考成，以示勸懲；一、上司設法稽查，以別勤惰。'均應如所請。"從之。《清宣宗實錄》卷 61（一，頁 1081）

◎道光四年五月壬申（1824.6.6）

修浙江寧波府鎮海縣石塘，從巡撫帥承瀛請也。《清宣宗實錄》卷 68（二，頁 80）

◎道光四年六月辛亥（1824.7.15）

命浙江續碾倉穀一萬餘石，平糶餘姚、建德兩縣貧民。《清宣宗實錄》卷 69（二，頁 101）

◎道光四年十月甲子（1824.11.25）

戶部議准："署浙江巡撫黃鳴傑疏報：富陽、鎮海、象山、寧海、樂清、瑞安五縣開墾沙塗田地五十八頃二十二畝有奇。照例升科。"從之。《清宣宗實錄》卷74（二，頁184）

◎道光四年十二月己未（1825.1.19）

修築浙江東塘鎮海汛坦水各工，從署巡撫黃鳴傑請也。《清宣宗實錄》卷76（二，頁227）

◎道光五年五月甲寅（1825.7.13）

以江南江淮頭等三十八幫、浙江寧波前等二十一幫丁力疲累，准緩本年應交餘米分三限搭解。《清宣宗實錄》卷82（二，頁332—333）

◎道光五年六月戊寅（1825.8.6）

戊寅，諭軍機大臣等："……浙江乍浦海口，內河外海，中隔石塘，塘外積有鐵板沙塗，海船不能停泊。其寧波府甬江口可以收泊海船，惟由有漕州縣剝運至寧波，中隔兩江三壩，必須盤剝五次，耗費甚鉅。浙江明年之米，該撫請仍由運河運送入京，自係實在情形。其酌折額漕一節，亦據該撫奏，窒礙不可行。所有浙江明年全省漕米，仍著徵收本色。該省海運、折色二條，均毋庸議。"《清宣宗實錄》卷84（二，頁353—354）

◎道光五年六月甲申（1825.8.12）

諭軍機大臣等："琦善奏'遵旨籌議海運折漕大概情形'一摺。據稱……至籌辦海運，皆在上海一處出口，沙船為數無多。儻各省漕糧，俱從上海放洋，船隻愈形短少，必致連江省議運之米，壅滯難行。浙省本有寧波、乍浦兩海口，自可就近辦理。……'覽奏均悉。……惟前據程含章奏：'浙省乍浦海口，中隔石塘，不能停泊。寧波甬江口遠隔三江五壩，盤剝費鉅。折漕一節，亦窒礙難行。'已降旨令該撫毋庸辦理。"《清宣宗實錄》卷84（二，頁358—359）

◎道光五年十一月甲申（1825.12.10）

戶部議准："浙江巡撫程含章疏報：富陽、鎮海、象山、定海、寧海、瑞安、蕭山七縣開墾田地、山蕩一百二十一頃三十二畝有奇。照例升科。"從之。《清宣宗實錄》卷91（二，頁462）

◎道光五年十一月庚戌（1826.1.5）

浙江巡撫程含章奏："浙江鄞、鎮海二縣蜑船及三不像等船，熟悉北洋沙綫，堪備江南海運。現委員押赴上海，聽候受兌。"得旨："貽誤海運，固屬不可，亦不可勒令強行，致滋事端，務要辦理周妥方好。"《清宣宗實錄》卷91（二，頁482）

◎道光六年十一月丁亥（1826.12.8）

戶部議准："浙江巡撫程含章疏報：象山、江山、開化、松陽四縣開墾民田三十一頃九畝有奇。照例升科。"從之。《清宣宗實錄》卷109（二，頁820）

◎道光六年十一月癸巳（1826.12.14）

戶部議准："浙江巡撫程含章疏報：富陽、鎮海、象山、蕭山、開化、松陽、定海七縣開墾田地八十一頃九十三畝有奇。照例升科。"從之。《清宣宗實錄》卷110（二，頁827）

◎道光八年八月壬辰（1828.10.3）

修浙江杭州府貢院並寧海、象山、蕭山三縣所屬營房、官舍塘工，從巡撫劉彬士請也。《清宣宗實錄》卷141（三，頁163）

◎道光八年九月辛亥（1828.10.22）

修浙江錢塘縣大雲寺灣壓沙塘閘並寧波、台州、溫州三府水師各鎮標協營釣杠船隻，從巡撫劉彬士請也。《清宣宗實錄》卷142（三，頁184）

◎道光十年六月庚戌（1830.8.12）

諭內閣："御史邵正笏奏'內地奸民種賣鴉片，貽害民生，請旨飭查嚴禁'一摺，所奏甚是。鴉片煙流毒最甚，向係產自外洋，奸商夾帶銷售，遍行內地，屢經嚴行飭禁。茲該御史奏：'近年內地奸民，竟有種賣之事。浙江如台州府屬種者最多，寧波、紹興、嚴州、溫州等府次之。有台漿、葵漿名目，均與外洋鴉片煙無異。大夥小販，到處分銷，地方官並不實力查禁，以致日久蔓延。……若不禁止盡絕，將來必至傳種各省，不特貽害善良，更屬大妨耕作。'著各省督撫，嚴飭所屬，確切查明。儻有奸民種賣，責成地方官立即究明懲辦，並將如何嚴禁之處，妥議章程具奏。如所屬實無種賣者，亦著確切查明，據實覆奏。"《清宣宗實錄》卷170（三，頁643—644）

◎道光十一年九月戊辰（1831.10.24）

戊辰，諭軍機大臣等："……江南省被水災民，由常蘇一帶陸續來浙，計共二萬餘人，……惟被災省分流民在外謀生者多人，其既入浙江境內者，自應妥為撫恤。現經富呢揚阿與司道等分捐廉俸，擇於杭州、嘉興、湖州、寧波、紹興五府內，各於城外寬大廟宇或空曠地方搭蓋棚廠，按大小名口，分別發給錢文。其已往金華、嚴州、衢州、台州、處州各府者，仍令折回，歸杭、嘉等五府一體安撫。所過地方，分飭官員妥為經理。若有自願回籍，即陸續給予盤費，資送回里。一俟開賑有期，即由該省督撫咨會浙省，以便遞送回籍。並飭屬截留，勿令出境擁擠，用副朕軫念災民至意。"《清宣宗實錄》卷197（三，頁1103—1104）

◎道光十一年十一月壬申（1831.12.27）

戶部議准："浙江巡撫富呢揚阿疏報：鄞、象山二縣開墾田四十六畝有奇。照例升科。"從之。《清宣宗實錄》卷201（三，頁1160）

◎道光十二年七月乙丑（1832.8.16）

修浙江鎮海縣單夾石塘，從巡撫富呢揚阿請也。《清宣宗實錄》卷216（四，頁213）

◎道光十二年十二月癸卯（1833.1.21）

戶部議准："浙江巡撫富呢揚阿疏報：象山縣開墾蕩田一頃五十八畝有奇，瑞安縣瘠田三十七畝有奇。照例升科。"從之。《清宣宗實錄》卷227（四，頁385）

◎道光十二年十二月甲寅（1833.2.1）

戶部議准："浙江巡撫富呢揚阿疏報：象山、江山、遂昌三縣開墾田地、山塘十二頃六十六畝有奇。照例升科。"從之。《清宣宗實錄》卷227（四，頁393）

◎道光十三年六月庚戌（1833.7.27）

庚戌，諭內閣："富呢揚阿奏'體察錢賤銀貴情形，籌議便民除弊事宜'一摺。……浙江省寧波、乍浦一帶，海舶輻輳，前赴廣東貿易者，難保其不以紋銀易貨。著該撫即將刑部奏定條例，出示遍行曉諭。嗣後內地民人赴粵貿易，祇准以貨易貨，或以洋銀易貨，不准以紋銀易貨。……地方官如視為具文，陽奉陰違，因循玩泄。即當據實參懲，勿稍徇隱，以便民用而除積弊。"《清宣宗實錄》卷238（四，頁566—567）

◎道光十三年十二月戊戌（1834.1.11）

戶部議准："浙江巡撫富呢揚阿疏報：象山縣開墾蕩田一頃四畝。照例升科。"從之。《清宣宗實錄》卷246（四，頁703）

◎道光十四年四月甲寅（1834.5.27）

修浙江鎮海及念里亭汛海塘，從巡撫富呢揚阿請也。《清宣宗實錄》卷251（四，頁800）

十四年，授左都御史。偕侍郎吳椿勘浙江海塘，疏言："念里亭至尖山柴工尚資禦溜，石塘仍當修整，鎮海及戴家橋汛議改竹簍，塊石不如條石坦水舊法為堅實。烏龍廟以東，冬工暫緩。"《清史稿》卷365《宗室敬徵傳》（頁11434）

◎道光十五年十二月乙卯（1836.1.18）

戶部議准："浙江巡撫烏爾恭額疏報：奉化縣開墾蕩田十四頃十畝有奇。照例升科。"從之。《清宣宗實錄》卷275（五，頁235）

◎道光十七年三月己丑（1837.4.16）

又諭："……向來各國夷船來粵，均有該國王咨呈為憑。如遇難夷船隻，即由該省分別覈辦，咨送回國。天朝體恤外藩之意，至為詳備。越南國久列藩封，素稱恭順，所有航海來使，自必恪遵定例。乃上年七月間，有該國夷船駛至澳門外雞頸洋面灣泊。……當經廣州府海防同知馬士龍[①]，會同營員查詢，衹據呈出管理商舶官所給憑照一張，並無該國王咨呈，雖查驗該船尚無夾帶貨物，究與定例不符。……派舟師護送該夷船出境。仍著鄧廷楨等傳諭該國王，申明舊章。"《清宣宗實錄》卷295（五，頁575）

◎道光十七年五月丙午（1837.7.2）

又諭："前因御史帥方蔚參奏浙江石浦同知鄧廷彩盤踞省垣，久曠職守，以致南田禁山未能封禁。當降旨交朱士彥查明，據實具奏。茲據查明：南田禁山，每年冬令燒荒，並無數尺之樹，無從搭蓋寮棚。舊有廟宇，亦已坍塌無存，實無居人。不啻闃闃之事，即間有偷割荒草民人，近者枷責，遠者遞籍，查禁尚為嚴密。石浦同知鄧廷彩由知縣題升，於道光四年到任，節經委署知府七次，卸事後即回本任，並無逗留省城、貪緣鑽刺情事。密訪各署任內，聲名尚好，均無物議。石浦同知鄧廷彩，

---

① 馬士龍，鄞縣人，嘉慶十四年（1809）進士。

著毋庸議。"《清宣宗實錄》卷 297（五，頁 616）

◎道光十七年十一月己丑（1837.12.12）

諭軍機大臣等："據御史高枚奏稱：'浙江寧波府屬洋面中之舟山，產鹽甚旺。閩廣商船，經過收買，每制錢十二文一斗，每斗約二十斤，載至上海，每斤可售制錢二十六文，其利息不啻三十倍。上海一帶，會館最多，即為囤貯之所。兩淮鹽引滯銷，大半由此。惟舟山所出之鹽，濱海窮黎藉資口食。或就本地之價，官買發商，或令商買配引，或以所出之地屬浙江，歸浙江省經理，或以所銷之地屬江南，歸江蘇省經理等語。'……舟山所出之鹽，應作何辦理，並歸何處經理之處，著即會同烏爾恭額，體察情形，悉心籌畫，妥議章程具奏。將此各諭令知之。"……浙江巡撫烏爾恭額奏："舟山係定海縣所屬，產鹽向完包課，聽民自煎自食。嗣因餘鹽串梟興販，於乾隆三十六年奏准，撥帑令定海縣營分廠收買，額運松江營四千二百引，交商完帑。再有餘鹽，聽嘉松商人完課領配，到乍浦交收後，由乍浦海防同知給發回照查考。層層稽覈，無從偷漏。應請仍循舊制，歸於浙省經理，以免紛更。現查舟山，並無閩廣商船到彼，惟恐沿海各船夾私濟匪，在所不免。仍嚴飭員弁訪有夾私偷越，即行截拏，從嚴懲治，以期杜絕私梟。"得旨："認真查辦。"《清宣宗實錄》卷 303（五，頁 723—724）

◎道光十九年七月癸亥（1839.9.7）

修浙江鎮海縣石塘，從巡撫烏爾恭額請也。《清宣宗實錄》卷 324（五，頁 1099）

◎道光十九年十二月己巳（1840.1.11）

戶部議准："浙江巡撫烏爾恭額疏報：象山、江山、常山三縣開墾荒地四頃六十二畝有奇。照例升科。"從之。《清宣宗實錄》卷 329（五，頁 1171）

◎道光十九年十二月丁丑（1840.1.19）

戶部議准："浙江巡撫烏爾恭額疏報：富陽、象山、定海、寧海、常山五縣開墾新漲沙地、蕩田十七頃五十一畝有奇。照例升科。"從之。《清宣宗實錄》卷329（五，頁1176）

◎道光二十年十二月壬戌（1840.12.29）

戶部議准："前任浙江巡撫烏爾恭額疏報：'富陽縣開墾沙地三頃六十畝有奇，象山縣蕩田十頃十畝有奇。'……均照例升科。"從之。《清宣宗實錄》卷342（六，頁204）

◎道光二十年十二月甲子（1840.12.31）

戶部議准："前任浙江巡撫烏爾恭額疏報開墾象山縣地四畝。照例升科。"從之。《清宣宗實錄》卷342（六，頁208）

◎道光二十一年八月甲辰（1841.10.7）

諭軍機大臣等："劉韻珂奏請撥濟軍需銀兩一摺。據稱，浙洋夷船日增，前撥銀兩業經支用已盡，現在鎮海等處添兵雇勇，急籌堵剿，請再行撥給銀一百萬兩，以資接濟等語。所有該省現經戶部撥解雲南省壬寅年銅本之二十年地丁銀三十萬兩，又撥解雲南省壬寅年春季兵餉之二十一年地丁銀二十萬兩，均著准其截留。再，該省藩庫現存二十一年秋撥造報銀十五萬八千兩，捐監銀二萬二千兩，織造衙門徵收二十一年正月起至八月止北新關稅課銀十二萬兩，運庫現存秋撥造報銀十萬九千兩，秋撥截數後，應歸二十二年春撥造報銀九萬一千兩，俱著准其收入軍需專款，以備分解寧波、乍浦、海寧，並為省局一應支發之用。該省需用孔亟，是以俯如所請。該撫務當督飭局員，力加撙節，斷不可稍任虛糜，致滋浮冒。"《清宣宗實錄》卷356（六，頁426—427）

◎道光二十一年九月丙辰（1841.10.19）

又諭："寄諭浙江巡撫劉韻珂，昨因鎮海失守，已由六百里加緊諭令該撫妥籌辦理矣。因思大兵指日到浙，必應設立糧臺，廣為儲備，方足以聯眾志而壯軍心。著該撫妥為籌畫，應設立何處最為妥協。……此事關繫重大，務使源源接濟，毋誤軍糈。倘臨時遲誤，惟該撫是問。"《清宣宗實錄》卷357（六，頁447）

◎道光二十一年十二月辛卯（1842.1.22）

戶部議准："浙江巡撫劉韻珂疏報：'富陽、象山、上虞、淳安四縣開墾荒田、蕩地十四頃一十四畝有奇。'照例升科。"從之。《清宣宗實錄》卷363（六，頁548）

◎道光二十二年六月壬辰（1842.7.22）

蠲緩浙江定海、鄞、鎮海、餘姚、慈谿、奉化、象山、平湖、海鹽、海寧、嘉興、秀水十二州縣被夷滋擾災區新舊額賦有差。《清宣宗實錄》卷375（六，頁760）

◎道光二十二年七月戊申（1842.8.7）

諭內閣："此次逆夷滋擾江蘇、浙江兩省，沿海州縣被其蹂躪，轉徙流離，耕耘失業，朕甚憫焉。轉瞬將屆刈獲之時，該農民當失所之餘，輸將無力，何堪更事催科。若待該督撫奏報，誠恐輾轉需時，恩澤未能速逮。所有江浙兩省被兵州縣，除定海、鄞縣、鎮海三廳縣本年錢糧業經有旨豁免外，其被兵各州縣本年錢糧、漕米，均著加恩，悉予豁免。至鄰近州縣，雖未被兵，亦恐有妨農業，並著該督撫等分別查明請旨，酌減十之二三，以昭體恤。"《清宣宗實錄》卷377（六，頁788）

◎道光二十二年九月癸丑（1842.10.11）

癸丑，諭軍機大臣等："劉韻珂奏'夷務漸平，分別裁撤節費'一摺。……噗夷業經受撫，自應將該省防剿各務陸續裁撤，以節糜費。……其鄞縣、鎮海兩處難民一萬九千餘名口，著遣赴紹興、金華、衢州、嚴州等府屬各縣安插。所留數千名，准其大口日給錢四十文，小口二十文，

俾資養贍。所用錢文，即在軍需項下支銷。俟夷船全退之後，分別覈辦。"《清宣宗實錄》卷 380（六，頁 855—856）

◎道光二十二年十月辛卯（1842.11.18）

減免浙江慈谿、奉化、餘姚、平湖、象山、海鹽、海寧、上虞、會稽、山陰、蕭山、嘉興、秀水、嘉善、石門、桐鄉、仁和、錢塘十八州縣暨屯坐各衛被兵及鄰近村莊新舊額賦，並黃灣、玉泉、鮑郎、海沙、大嵩、清泉、龍頭、穿長、石堰、鳴鶴、蘆瀝、仁和、錢清、三江、東江、曹娥、金山十七場竈課有差。《清宣宗實錄》卷 383（六，頁 895）

◎道光二十二年十月丙申（1842.11.23）

諭軍機大臣等："御史黃贊湯奏'嘆夷就撫，港口新開，江西、廣東船戶挑夫宜嚴加彈壓'一摺。據稱：'江蘇、閩、浙港口分開，一切客商勢必舍遠就近，往福州、上海、寧波等處。江、廣兩省窮民，無所藉以謀生，必將聚而為盜，請飭設法防範等語。'江西、廣東一帶，船戶挑夫，向以挑運客貨為生，若一旦失業，難保不流為盜賊。著祁墳、梁寶常、吳文鎔，將該御史摺內所稱各情節悉心體察，是否確有其事，據實具奏。"《清宣宗實錄》卷 383（六，頁 901）

◎道光二十二年十一月戊辰（1842.12.25）

諭軍機大臣等："劉韻珂奏'咪唎𠲖國商船求在寧波報稅通商，諭令仍回粵東，不得逗留浙境，該夷旋即回船'等語。咪唎𠲖國向在粵省通商，本有一定馬頭，何得駛赴寧波，希圖貿易？現在該商船自三江口駛出招寶山，復自招寶山駛往定海，是否業已開往粵東，著該撫委員確查。倘仍希圖在浙貿易，務當再行明白曉諭，並嚴行飭諭內地商民，毋許潛向該夷私售貨物，致啓日後來浙之漸。"《清宣宗實錄》卷 385（六，頁 928—929）

二十二年，與英和，許寧波互市。美商船由定海駛至寧波，請報稅通商，浙撫劉韻珂以聞。朝旨以美通商向在粵東，不許。已，復請增商埠，將軍伊里布以聞，許之，命與英合議稅則。《清史稿》卷156《邦交志四·美利堅》（頁4577）

◎道光二十二年十二月癸未（1843.1.9）

給浙江鄞、鎮海兩縣被兵災民三月口糧，蠲緩大嵩、清泉、龍頭、穿長、石堰、鳴鶴、蘆瀝、鮑郎、海砂、玉泉、黃灣十一場及坐落江蘇遠浦、青村、橫浦、浦東、下砂頭二三等場新舊額課有差。《清宣宗實錄》卷386（六，頁940）

◎道光二十三年正月丙辰（1843.2.11）

又諭："劉韻珂奏：'定海鎮標兵丁尚未歸伍，現於寧波、鎮海等處分駐，請照內洋巡查之例，於名糧外日加口糧銀二分，如有赴外洋緝捕者，再添支銀一分。其該標額設戰船，現均損壞，請暫雇同安釣槽等船交營配用，所需雇價於地丁項下支給。至定海縣前經奏准，改為直隸同知，請照玉環直隸同知之例，定為養廉銀二千四百兩，在於巡撫、藩司、運司、寧紹台道、寧波府五員名下養廉內勻攤。其現在定海、寧波鄞縣署任各員，均請一併准支全廉各等語。'著該部議奏。"尋奏："查該省巡洋兵丁，向係動支生息銀兩。修造戰船，係動支金台米折。茲加給兵丁口糧暨雇用船價，應令該撫於冊造雜款項下酌量動用。……至定海直隸同知養廉請照玉環直隸同知之例，除舊額五百兩加給一千九百兩，在巡撫等五員養廉內勻攤，應如所奏辦理。其署同知各員，支食半廉不敷，應請併支全廉，此係一時權宜，各省署任官不得援以為例。"從之。《清宣宗實錄》卷388（六，頁969）

◎道光二十三年六月庚辰（1843.7.5）

展緩浙江海寧、嘉興、秀水、嘉善、海鹽、平湖、石門、桐鄉、慈谿、奉化、象山十一州縣及嘉湖衛被災被兵莊屯舊欠額賦。《清宣宗實錄》

卷 393（六，頁 1051）

◎道光二十三年七月甲子（1843.8.18）

論軍機大臣等："據梁寶常奏：'山東登州府屬之榮成、文登、福山等縣，有雙桅夷船二隻停泊。內有廣東、江西等省民人，似係內地奸匪，勾通咪夷奸商，越界私販等語。'咪夷就撫通商，業經議定馬頭。昨據耆英馳奏，該夷急於通商，已於七月初一日在廣州開市。其餘福州、廈門、上海、寧波等處，亦即普律通商，何以夷船二隻忽駛至山東洋面，希圖貿易？著該大臣詢問嘆嘴喳，是否係咪咭唎貨船，抑係別國影射圖利，務當詳晰查明，嚴行禁止。除定議通商等處外，毋任駛往他處。"《清宣宗實錄》卷 394（六，頁 1073）

◎道光二十三年十二月己亥（1844.1.20）

戶部議准："浙江巡撫管通群疏報：'富陽、象山、西安、瑞安四縣開墾田地九頃五十八畝有奇。'照例升科。"從之。《清宣宗實錄》卷 400（六，頁 1153）

◎道光二十三年十二月丁巳（1844.2.7）

丁巳，諭軍機大臣等："李廷鈺奏'籌辦寧波通商事宜，並現在洋面情形及造辦船隻'一摺。所奏情形，是否屬實，所議是否可行，著劉韻珂、梁寶常、詹功顯，會同查明具奏。至造船出洋等事，尤係提督專責，著詹功顯悉心妥議，不准推諉，原摺鈔給閱看。"《清宣宗實錄》卷 400（六，頁 1160）

十二月……丁巳，命劉韻珂辦寧波通商事宜。《清史稿》卷 19《宣宗紀三》（頁 692）

◎道光二十三年十二月庚申（1844.2.10）

論軍機大臣等："……浙江之寧波、乍浦，江蘇之上海等口，均與臺灣一帆可達，各商民往來貿易，尤難保無走私漏稅之弊。著耆英、孫善寶、梁寶常，體察地方情形，是否可做照閩省現議章程辦理，並應如何嚴密稽查之處，會同悉心妥議具奏。……尋署兩江總督壁昌奏："……寧波、乍浦二口商民與臺灣貿易，議請給照販運，悉照閩省現定章程辦理。乍浦口向因途遠沙堅，稅則量為折減，今仍照舊辦理。寧波向有茶稅，並無湖絲、紬緞稅則，應查照閩海關稅例徵收。至江蘇上海地方，例本禁止茶葉、絲斤、紬緞出口，其販運赴臺之處，應請仍行停止。"《清宣宗實錄》卷400（六，頁1163）

◎道光二十四年正月辛未（1844.2.21）

給浙江富陽、新城、餘姚三縣上年被水被旱被風災民一月口糧。《清宣宗實錄》卷401（七，頁2）

◎道光二十四年正月庚辰（1844.3.1）

緩徵浙江富陽、新城、秀水、嘉善、平湖、桐鄉、烏程、歸安、德清、武康、餘姚、寧海、蕭山、海寧、嘉興、海鹽、石門十七州縣暨橫浦、浦東、鳴鶴、海沙四場上年被水被蟲被風災區額賦、鹽課，給富陽、新城、餘姚三縣災民一月口糧。《清宣宗實錄》卷401（七，頁6）

◎道光二十四年十二月壬寅（1845.1.17）

戶部議准："浙江巡撫梁寶常疏報：'富陽縣開墾地三頃四畝有奇，錢塘縣九頃九畝，象山縣二頃三十七畝，定海廳七十二畝有奇，鎮海縣一畝有奇。'照例升科。"從之。《清宣宗實錄》卷412（七，頁168）

◎道光二十六年十月辛巳（1846.12.17）之前

二十六年，諭通商、傳教衹許在五口，不得覊留別地。緣美人在定海傳教非條約所許故也。十一月，美使義華業來粵呈遞國書，初欲入覲面呈，耆英等以條約折之，乃已。《清史稿》卷156《邦交四·美利堅》（頁4578）

◎道光二十六年十一月甲辰（1847.1.9）

蠲緩浙江……奉化、象山、餘姚……四十四縣暨屯坐各衛被旱被水災區新舊額賦有差。《清宣宗實錄》卷436（七，頁460）

◎道光二十六年十二月丙寅（1847.1.31）

緩徵浙江寧海、新昌、東陽、桐廬、縉雲、宣平、青田七縣暨屯坐各衛被旱被水災區新舊額賦。《清宣宗實錄》卷437（七，頁475）

◎道光二十七年正月壬午（1847.2.16）

給浙江富陽、餘杭、新城、寧海、桐廬五縣並杭嚴衛上年災歉軍民一月口糧。《清宣宗實錄》卷438（七，頁486）

◎道光二十七年十二月庚申（1848.1.20）

戶部議准："浙江巡撫梁寶常疏報：'富陽縣開墾地九十四畝有奇，象山縣二頃六十六畝有奇，定海廳七頃二畝有奇，樂清縣三頃三畝有奇，瑞安縣一十四畝有奇。'照例升科。"從之。《清宣宗實錄》卷450（七，頁672）

◎道光二十八年十月壬寅（1848.10.28）

以收兌海運米石出力，予坐糧廳監督宋紹棻[1]等升敘有差。《清宣宗實錄》卷460（七，頁804）

◎道光二十八年十月丁巳（1848.11.12）

諭軍機大臣等："……寧波府沿海盜匪劫掠，勒贖斃命，商販畏禍歇業。又著名盜首陳雙喜，係福建同安縣人，集大舶數十號，往來洋面，肆行無忌，並盜船亦有印牌，以備盤獲時冒充海商各等語。種種肆行，殊為可恨，亦著該督撫等嚴飭查拏，盡法懲辦，毋得稍有疏縱。"《清宣宗實錄》卷460（七，頁811）

---

[1] 宋紹棻，鄞縣人，道光十二年（1832）進士。

◎道光二十九年十月壬辰（1849.12.12）

賑浙江……餘姚、建德、桐廬二十四州縣及杭嚴、嘉湖二衛被水災民，蠲緩……慈谿、金華、蘭溪、東陽、義烏、永康、武義、浦江、湯溪、西安、龍游、壽昌二十一縣被水村莊額賦有差。《清宣宗實錄》卷473（七，頁951—952）

◎道光三十年十一月戊申（1850.12.23）

蠲緩浙江……慈谿、奉化、諸暨、餘姚……四十八州縣暨杭嚴衛被水村莊新舊額賦有差，並賑……仁和、錢塘、餘杭、餘姚、上虞五縣災民一月口糧。《清文宗實錄》卷22（一，頁317）

◎文宗咸豐元年五月丁亥（1851.5.31）

又諭："……浙省棚民開山過多，以致沙淤土壅，有礙水道田廬，亟應查禁。……浙東則紹興之三江閘口外，沙停水阻之處既據籌挑，鄞縣、象山等縣河溪已經興辦。著與各屬一體認真疏導，俾川鬯修而水不為災。東南民氣，日臻恬豫，切勿徒托空言也。"《清文宗實錄》卷33（一，頁450—451）

◎咸豐元年六月癸酉（1851.7.16）

又諭："常大淳奏'遵議保甲章程，開單呈覽'一摺。浙江山海交錯，舟居陸處，遷徙靡常，編查保甲，誠為要務。據奏現從省城分段，守望已臻嚴密，村落因地制宜，一律互相策應。戶口實填，更換隨時抽查，以及牙行寺觀船戶等處，悉行編列。更為選舉保長，務用端人。禁絕賭倡，勿滋盜藪。各條所議，尚為周妥。惟發令之初，易於見效。若不持以實力，久且視為具文。全在該大吏認真督率，尤須申戒屬員，示以勸懲。並嚴查胥役，毋得藉此擾及閭閻。使民間共知保甲之設，所以衛民，樂於從事，則法可久而不廢，自不致陽奉陰違，始勤終怠也。"《清文宗實錄》卷36（一，頁495）

◎咸豐元年十月甲午（1851.12.4）

浙江巡撫常大淳奏："查明松所私鹽充斥，多從定海、岱山等處航海而來。現在委員設局，收買定岱等處所產鹽斤，招商配運，清其來源，或可漸資整頓。"得旨："嚴查收買，勿致有名無實。"《清文宗實錄》卷45（一，頁623）

◎咸豐二年三月戊辰（1852.5.6）

免浙江甯波無徵洋商稅銀。《清文宗實錄》卷56（一，頁748）

◎咸豐二年六月乙巳（1852.8.11）

免浙江……慈谿、奉化、山陰、會稽、蕭山、諸暨、餘姚……四十八州縣並杭州、嚴州、台州三衛被災緩徵銀米。《清文宗實錄》卷64（一，頁848）

◎咸豐二年十一月丙寅（1852.12.30）

蠲緩浙江……慈谿、諸暨、餘姚、上虞、新昌、嵊、甯海、江山、開化、分水、麗水、縉雲、青田、松陽、雲陽四十九州縣並杭嚴、嘉湖、衢州三衛被旱、被水、被風歉收地畝新舊額賦。《清文宗實錄》卷76（一，頁1000—1001）

◎咸豐二年十二月己丑（1853.1.22）

戶部議准："署浙江巡撫椿壽疏報：'富陽、象山、樂清三縣開墾沙地、蕩田、塗田七頃五十二畝有奇。'照例升科。"從之。《清文宗實錄》卷79（一，頁1047）

◎咸豐三年十一月壬戌（1853.12.21）

蠲緩浙江……慈谿、奉化、會稽、蕭山、諸暨、嵊、甯海……五十六州縣並杭嚴、嘉湖、衢州三衛被水被風被蟲被雹莊屯新舊正雜額賦有差。《清文宗實錄》卷113（二，頁761）

◎咸豐四年九月丙戌（1854.11.10）

丙戌，諭軍機大臣等："邵燦①、楊以增奏'洋匪肆擾，趕籌會剿'一摺。據稱黃河海口有洋盜句結濱海土匪，肆行搶掠。業經委員訪有洋匪五股，每股數百人，其頭目有王大老虎、陳二將軍等名目，時在洋面劫掠，又於海灘築壘乞壕，藏有槍炮器械等語。黃河海口與上海洋面相距非遙，現在滬城尚未克復，設此股匪徒乘間潛煽，沿海一帶地方更難安謐。且轉瞬辦理海運，若海淤沙地被匪徒占踞，更恐有意外之虞。……著怡良、吉爾杭阿，即飭狼山鎮總兵泊承陞督率水師，會同剿辦，務將首犯王大老虎等，按名弋獲，盡法懲治，以清海道。"《清文宗實錄》卷145（三，頁557—558）

◎咸豐四年十二月癸卯（1855.1.26）

蠲緩浙江……慈谿、蕭山、餘姚、上虞、甯海……六十二州縣並杭嚴、嘉湖、台州三衛被水災區新舊額賦。《清文宗實錄》卷153（三，頁665）

◎咸豐五年九月甲申（1855.11.3）

又諭：……本年盜匪，嘯聚北洋，劫掠漕船，沿海村莊，並多擾累，疊經諭令各督撫認真兜剿。茲據何桂清奏稱：浙省甯商購買火輪船，節次在洋捕盜，實為得力。現在上海商人亦買火輪船一隻，請與甯商火輪船來年在東南洋面巡緝，一以截南來盜艇，一以護北運漕艘。此項火輪船隻，與夷船相似，是以不令駛至北洋；既據稱買自粵東，並非買自西洋，又係商捐商辦，與夷人毫無牽涉，且在東南洋面緝護，並不向北洋開駛，著即照所議辦理。《清文宗實錄》卷178（三，頁994）

◎咸豐五年十二月丁酉（1856.1.15）

蠲緩浙江……慈谿、奉化、蕭山、上虞、新昌、甯海……餘姚、嵊、

---

① 邵燦，餘姚人，道光十二年（1832）進士。

浦江六十二州縣暨杭嚴、嘉湖、台州三衛……被水、被旱、被潮新舊漕
糧額賦有差。《清文宗實錄》卷 185（三，頁 1071）

◎咸豐六年三月丁丑（1856.4.24）

又諭："怡良、吉爾杭阿奏，噗夷呈稱福州商船一隻，裝茶出口，僅
完稅銀一千七百兩。自設關以來，徵收茶稅，每擔一兩五錢，或不及一
兩，較之上海大有區別。又甯波關毫不稽查，全無稅則，運米出洋，亦
不阻止。……各口關稅，自應畫一徵收。如果福州關短價招徠，任聽偷
漏，甯波關於米糧貨物出洋漫無稽查，不但上海關稅立見短絀，且恐墮
該夷減稅之計。況運米出洋，尤干例禁。著有鳳、王懿德、何桂清嚴密
確查，各該省徵收關稅是否有偷漏等弊，與上海關稅何以互有參差，糧
米出洋，何以不行禁止？"《清文宗實錄》卷 193（四，頁 93—94）

◎咸豐六年八月辛亥（1856.9.25）

諭軍機大臣等："怡良、趙德轍、何桂清奏'江浙旱災已成，請招徠
臺米以資接濟'一摺。本年江蘇、浙江兩省入夏以來雨澤稀少，蘇、常、
杭、嘉、湖等屬被旱尤重，早禾既皆黃萎，晚稻未能插蒔，以致米價騰
貴，民食兵糈，均虞缺乏，自應暫弛海禁，招徠臺米，以資接濟。即著
王懿德、呂佺孫，飭知臺灣鎮道，速即出示招商，販運米石，由海道運
至江蘇之上海、浙江之乍浦、寧波等海口售賣。"《清文宗實錄》卷 206
（四，頁 254—255）

◎咸豐六年十二月甲辰（1857.1.16）

蠲緩浙江……甯海、天台、建德、淳安、遂安、壽昌、桐廬、分水、
慈谿、奉化、山陰、會稽、蕭山、諸暨、餘姚……六十五州縣暨杭嚴、
嘉湖、台州三衛被水、被旱、被蝗莊屯本年額賦有差。《清文宗實錄》卷
216（四，頁 385—386）

◎咸豐七年六月丙辰（1857.7.27）

諭軍機大臣等：“戶部奏‘請飭江蘇、浙江招商買米’一摺。本年進倉新漕，為數無幾。粳米一項，急應寬為籌備。江浙兩省素稱產米之區，上海、甯波各口又為台米可通之地。著何桂清、趙德轍、晏端書查照成案，招商認辦粳米二三十萬石，運赴天津，官為收買。其米價若干，即由該督撫秉公議定，並將承辦商人姓名、米數先行奏報。此外應加水腳及載貨免稅，均有成案可循。務即查照定章，奏明辦理。”《清文宗實錄》卷 229（四，頁 572）

◎咸豐七年九月辛巳（1857.10.20）

辛巳，諭軍機大臣等：“……又，據另片奏：‘上海洋貨義捐每年可得七十萬兩，而甯波僅收銀數千兩，顯係經手人員侵吞入己。且恐上海商人避重就輕，由甯波偷漏進口，於江南稅務亦有關礙。著晏端書咨行何桂清等，查明江南現辦章程，倣照辦理。務當派委幹員實力查察，使江浙悉歸一律，俾奸商無從趨避。儻有不肖官吏，藉端侵蝕，蒙混阻撓，並著據實嚴參。’”《清文宗實錄》卷 235（四，頁 650—651）

◎咸豐七年十二月丙寅（1858.2.2）

蠲緩浙江……慈谿、奉化、山陰、會稽、蕭山、諸暨、餘姚、上虞、嵊、新昌、臨海、黃巖、天台、仙居、甯海……六十五州縣，杭嚴、嘉湖、台州三衛，災歉地方正耗銀米及額徵漕糧。《清文宗實錄》卷 242（四，頁 744—745）

◎咸豐八年十二月庚申（1859.1.22）

蠲緩浙江……慈谿、奉化、山陰、會稽、蕭山、諸暨、餘姚……五十一州縣被水、被旱、被風災區，暨杭嚴、嘉湖、台州三衛屯坐地畝本年額賦有差。《清文宗實錄》卷 272（四，頁 1214）

◎咸豐九年十二月甲寅（1860.1.11）

蠲緩浙江……慈谿、奉化、山陰、會稽、蕭山、諸暨、餘姚、上虞、新昌、嵊、臨海、黃巖、太平、寧海……六十五州縣並杭嚴、嘉湖、台州三衛，暨杜瀆、海沙、黃巖、下砂頭四場，被風、被雹地畝新舊錢糧額賦有差。《清文宗實錄》卷303（五，頁438）

◎咸豐九年十二月乙丑（1860.1.22）之前

九年，設粵海關於廣州。允俄人於上海、寧波、福州、廈門、廣州、臺灣、瓊州七口通商，稅則視各國例（十一年，設浙海關，歸寧紹台道監督）。《清史稿》卷125《食貨志六》（頁3687）

◎咸豐十一年四月癸未（1861.6.3）

又諭："本日王有齡奏'寧波設立新關，徵收外國稅鈔'一摺。江蘇上海關代徵寧波關稅鈔，原因浙海關徵收各國稅鈔，向歸舊關，與內地商稅分別稽徵。書舍人等無從得其要領，從權辦理，由江海關代為徵收。現在寧波既仿照上海，設立新關，且有外國人日意格司理稅務，自應照王有齡所奏，各歸各口徵收，以清界限。"《清文宗實錄》卷350（五，頁1171）

蠲緩浙江臨海、黃巖、慈谿、奉化、山陰、會稽、蕭山、諸暨、餘姚、上虞、新昌、嵊、天台、仙居、寧海……三十三縣，並台州衛海沙、杜瀆、錢清、黃巖、下砂頭五場，被水被旱地方新舊賦課有差。《清文宗實錄》卷350（五，頁1175）

◎穆宗同治元年八月辛亥（1862.8.25）

以浙江台州紳民集團禦賊，疊克城池，豁免臨海、仙居、天台、黃巖、甯海、太平六縣本年暨同治二年額賦。《清穆宗實錄》卷36（一，頁959）

◎同治二年十二月丙申（1864.2.1）

緩徵浙江餘姚、上虞、新昌、嵊四縣被擾、被旱地方下忙錢糧暨石

堰場應徵竈課。《清穆宗實錄》卷 89（二，頁 881）

◎同治三年七月甲子（1864.8.27）

諭內閣："左宗棠奏'覈減寧波府屬浮收錢糧'一摺。浙省寧波各屬所徵地漕南米等項，浮收之弊在所不免，經左宗棠查明覈減，將寧波所屬一廳五縣六場所有錢糧收納實數暨流攤各款，除正耗仍照常徵解外，其一切攤捐名目及各項陋規概行禁革，共減去錢十萬四千有奇、米八百餘石，民困諒可稍蘇。即著照所議辦理，嗣後並著為定章，永遠遵行。其從前以錢數收納者，悉令統照銀數收納。不准有大戶小戶之分。"《清穆宗實錄》卷 110（三，頁 432）

◎同治四年正月壬戌（1865.2.21）

緩徵浙江餘姚、上虞、新昌、嵊、宣平五縣暨石堰場，被旱、被擾地方額賦、竈課有差。《清穆宗實錄》卷 128（四，頁 48）

◎同治四年七月乙丑（1865.8.23）

乙丑，諭內閣："李鴻章奏請將已革道員家產發還等語。已革署浙江寧紹台道張景渠，前在關道任內，動用浙海關第四五結二成扣款。當經降旨，將該員家產查抄備抵。茲據奏稱：'該員前在寧波道任內，尚得民心。且聯絡弁兵，乘間克復鎮海，並克寧波、紹興各府城，著有勞績。前欠銀兩，現已分結交清。'所有張景渠查抄家產，著准予發還收領。"《清穆宗實錄》卷 147（四，頁 438）

◎同治四年十二月乙巳（1866.1.30）

蠲緩浙江……寧海、天台、常山、麗水、縉雲、青田、松陽、宣平、餘姚、上虞、新昌、嵊四十五縣暨杭嚴、嘉湖、衢三衛，被水、被旱地方新舊額賦有差。《清穆宗實錄》卷 163（四，頁 769）

◎同治五年九月乙酉（1866.11.6）

蠲免浙江……餘姚、上虞、宣平十六縣同治二年未完額賦。《清穆宗實錄》卷185（五，頁331）

◎同治六年十二月癸未（1867.12.29）

蠲緩浙江……象山……六十州縣，杭嚴、嘉湖、衢州三衛，被水、被旱、被雹、被蟲地方暨未墾田畝本年額賦有差。《清穆宗實錄》卷218（五，頁858）

◎同治七年十二月癸丑（1869.1.22）

蠲緩浙江……餘姚、臨海、黃岩、寧海……象山、上虞、新昌、嵊、雲和六十二州縣，暨杭嚴、嘉湖、衢州三衛，被水、被旱、被風、被雹地方新舊漕糧、額賦。《清穆宗實錄》卷248（六，頁455—456）

◎同治八年十二月戊申（1870.1.12）

蠲緩浙江……餘姚、臨海、黃巖、甯海……象山、上虞、新昌、嵊、雲和六十一州縣，暨杭嚴、嘉湖、衢州三衛，被水、被旱、被風、被蟲地方新舊額賦有差。《清穆宗實錄》卷272（六，頁775）

◎同治九年十一月甲辰（1871.1.3）

蠲緩浙江……甯海……象山、餘姚、上虞、新昌、嵊、遂昌、雲和六十二州縣，暨杭嚴、嘉湖、衢州、台州四衛，被災歉收地方新舊額賦有差。《清穆宗實錄》卷297（六，頁1114）

◎同治十年十一月甲寅（1872.1.8）

蠲緩浙江……鄞、山陰、會稽、蕭山、餘姚、上虞、臨海、黃巖、甯海……象山、新昌、嵊、樂清、遂昌、雲和六十五州縣暨杭嚴、嘉湖、衢州三衛，被水、被旱、被風、被雹地方並未墾田畝，本年額賦、雜課有差。《清穆宗實錄》卷324（七，頁290）

◎同治十一年十一月庚子（1872.12.19）

蠲緩浙江……餘姚、臨海、黃巖、甯海……鄞、象山、上虞、新昌、嵊、永嘉、樂清、瑞安、泰順、遂昌、雲和六十七州縣，杭嚴、嘉湖、衢州、台州四衛，被水、被旱、被風、被雹地方暨未墾田畝，新舊額賦有差。《清穆宗實錄》卷345（七，頁543）

◎同治十二年十一月癸酉（1874.1.16）

蠲緩浙江……鄞、象山、山陰、會稽、蕭山、餘姚、上虞、嵊、臨海、黃巖、甯海……六十六州縣，暨杭嚴、嘉湖、衢州、台州四衛，被旱、被風、被雹、被蟲地方新舊額賦並雜課有差。《清穆宗實錄》卷359（七，頁764）

◎同治十三年十二月庚辰（1875.1.18）

蠲緩浙江……鄞、山陰、會稽、蕭山、餘姚、臨海、黃巖、甯海、……象山……六十四州縣，暨杭嚴、嘉湖、衢州三衛所，荒廢、被水、被風、被蟲地方新舊額賦並各項銀米租課有差。《清德宗實錄》卷1（一，頁84）

◎德宗光緒元年十月己卯（1875.11.13）

又諭："楊昌濬奏'浙省沿海南田島請旨開禁'一摺。浙江象山、甯海兩縣交界之南田島地方，向係封禁，現在附近居民因該處土性沃饒，每潛往搭寮開墾，著照所請，即行開禁，聽民耕作。並著楊昌濬派員前往查勘，悉心籌辦，務臻妥善。所有清丈界址、徵收糧賦以及招來承墾、移官設兵各事宜，即行妥議具奏。另片奏：'大衢山地畝，請查丈升科等語。'定海廳屬大衢山，向係荒地，並無封禁明文。現在該山居民甚眾，生齒日繁，即著督飭該地方官，勘明田畝分數，按則升科，並確查戶口、人丁、田畝、山場實有若干，將糧賦徵稅事宜一併議奏。"《清德宗實錄》卷20（一，頁312）

◎光緒元年十二月戊寅（1876.1.11）

蠲免浙江……餘姚、上虞、臨海、黃巖、甯海、……鄞、象山、嵊、永嘉、泰順六十三州縣，暨杭嚴、嘉湖、衢州各衛所，被災地方新舊地漕等項銀米錢文。《清德宗實錄》卷23（一，頁355）

◎光緒二年十一月乙酉（1877.1.12）

蠲緩浙江……甯海……象山、餘姚、上虞、新昌、嵊、瑞安、泰順等六十三州縣，及杭、嚴、嘉、湖、台、衢六衛所，被災地方錢糧、漕米有差。《清德宗實錄》卷43（一，頁617）

◎光緒三年十二月庚寅（1878.1.12）

蠲緩浙江……鄞、象山、山陰、會稽、蕭山、諸暨、餘姚、……甯海……六十五州縣，……被水、被旱、被風、被蟲地方新舊正賦、雜課有差。《清德宗實錄》卷63（一，頁876）

◎光緒四年九月丙寅（1878.10.15）

浙江巡撫梅啟照奏："奉化、甯海兩處先後有匪徒聚眾毀卡，要求免釐。"得旨："釐捐辦理已久，何以此次奉化、甯海兩處忽有求免釐捐、聚眾毀卡之事？難保非別有啟釁情節。著該撫確切查明，該委員等如有私添名目、格外需索等弊，即著從嚴參辦。匪徒搶毀官卡，此風亦不可長，並著嚴拏滋事首犯，按律懲治。"《清德宗實錄》卷78（二，頁202）

◎光緒四年十二月丁亥（1879.1.4）

蠲緩浙江……鄞、象山……四十九州縣暨杭嚴、嘉湖、衢州三衛所，災歉地方錢漕雜糧有差。《清德宗實錄》卷83（二，頁272—273）

◎光緒六年六月甲辰（1880.7.14）

諭軍機大臣等："有人奏'浙省州縣經徵錢糧，肥私害公，請嚴做浮勒'一摺。據稱：餘姚縣徵收錢糧，于向章酌留平餘外，每銀一兩，增收錢二百數十文，並合上下忙一律徵收。又每逢開櫃之時，糧差書役即將小戶零星糧票暗中藏匿，封櫃後即作為漏糧，持票訛索，每銀一錢，勒令完錢二三千文不等，並有勒索差費情鍾事。錢糧為民間正供，該省既有奏定章程，豈容地方官任意浮勒！著譚鍾麟通飭各該州縣，經徵錢糧，恪遵舊章，不准再有浮收勒折等弊，致干咎戾。"《清德宗實錄》卷114（二，頁 672）

◎光緒六年十二月己未（1881.1.25）

蠲緩浙江……鄞、象山、山陰、會稽、蕭山、諸暨、餘姚、上虞、新昌、嵊、臨海、黃巖、寧海……六十六州縣暨杭、嚴、嘉、湖、衢、台各衛所，被水、被蟲地方新舊錢漕有差。《清德宗實錄》卷125（二，頁802）

◎光緒七年九月辛丑（1881.11.3）

浙江巡撫譚鍾麟奏："甯海東鄉沿海風潮暴發，淹斃棚民四十餘人。此外，黃巖、太平、臨海等處各報風災，業經批飭查勘撫恤。"得旨："著即飭屬妥籌撫恤，毋任失所。"《清德宗實錄》卷136（二，頁958）

九月甲午，賑寧海等縣水災。《清史稿》卷23《德宗紀一》（頁870）

◎光緒七年十二月乙亥（1882.2.5）

蠲緩浙江……甯海、天台、仙居、遂安、蕭山、淳安十七縣暨錢塘等五十二州縣及杭嚴、嘉湖、台州、衢州四衛所，災歉地方錢漕有差。《清德宗實錄》卷141（二，頁1013）

◎光緒八年八月庚辰（1882.10.8）

又諭："給事中樓譽普奏：'浙江甯波府釐局委員楊叔懌，於慈谿縣淹浦地方創設分局，商民譁然，幾至激成事端。勒令淹浦牙行每年認捐錢一千串，作為定則。請旨飭查等語。'事關委員添局勒捐，擾累閭閻，亟應查明懲辦。著陳士杰確查淹浦地方，如果創立釐金分局名目，勒認

捐錢，應即裁撤，並將委員楊叔懌嚴行參處。"《清德宗實錄》卷 150（三，頁 131）

◎光緒九年十二月庚申（1884.1.11）

蠲免浙江……鎮海、象山、山陰、蕭山、諸暨、餘姚、上虞二十七州縣暨杭嘉湖三所被水、被風地方本年錢糧，其秋收減薄之臨安、於潛、昌化、鄞、新昌、嵊、臨海、黃巖、甯海……四十二縣暨台州衛、衢州嚴州二所，未完舊賦均緩徵。《清德宗實錄》卷 175（三，頁 448）

◎光緒十年十二月丁亥（1885.2.1）

蠲緩浙江……餘姚、東陽、宣平、富陽、餘杭、臨安、於潛、長興、鄞、象山……六十六州縣，暨嘉湖、杭嚴、台、嘉、杭、衢、湖等七衛所，被水、被風、被潮地方錢糧漕米有差。《清德宗實錄》卷 200（三，頁 842）

◎光緒十一年二月己丑（1885.4.4）

浙江巡撫劉秉璋奏："法船連日攻擊小港炮臺，已飭各營鎮靜嚴守。"……又奏："甯波通商口岸堵塞，常洋關稅無徵。請飭部立案，准其儘徵儘解。"下所司知之。《清德宗實錄》卷 204（三，頁 895）

◎光緒十一年十二月甲申（1886.1.24）

蠲緩浙江……餘姚、金華、富陽、臨安、於潛、象山、上虞、新昌、嵊、臨海、黃巖、甯海……六十六州縣暨杭、嚴、衢、台四衛，被災田畝漕糧有差。《清德宗實錄》卷 222（三，頁 1106—1107）

◎光緒十二年六月壬申（1886.7.11）

浙江巡撫劉秉璋奏："鎮海口小金雞山與招寶山下添改砲台、砲位，約須規銀四十萬有奇。"下部知之。《清德宗實錄》卷 229（四，頁 88）

◎光緒十二年十二月庚辰（1887.1.15）

蠲緩浙江……餘姚、上虞、新昌、嵊、臨海、黃巖、昌化、甯海……六十四州縣暨杭州、湖州、台州三衛，災歉田地新舊錢漕糧賦有差。《清德宗實錄》卷237（四，頁193）

◎光緒十三年十二月癸卯（1888.2.2）

蠲緩浙江……餘姚、上虞、新昌、嵊、甯海……六十四州縣暨杭、台、衢三衛所，被水、被旱並未墾復田地糧賦。《清德宗實錄》卷250（四，頁375）

◎光緒十五年正月乙卯（1889.2.8）

其……餘姚、上虞、新昌、嵊、臨海、黃巖、甯海……六十二州縣暨杭、嘉、湖、衢、嚴、台各衛所，歉收地方糧賦、雜課並緩徵。《清德宗實錄》卷264（四，頁540）

◎光緒十五年十月丁亥（1889.11.7）

又諭："本年秋間，浙江大雨連旬，水勢漲發，杭州、嘉興、湖州、甯波、紹興、台州、金華、嚴州、溫州、處州，俱被水災。……昨據御史張嘉祿奏'甯紹兩府官紳，前經辦有積穀，請飭支放'等語，著崧駿飭令，迅即開倉發賑。此外各府州縣，如有積存備荒錢穀，均著一體散放，不准劣紳把持舞弊，致滋浮冒。"《清德宗實錄》卷275（四，頁671—672）

◎光緒十五年十二月庚寅（1890.1.9）

蠲緩浙江鄞、慈谿、鎮海、象山、山陰、會稽、蕭山、諸暨、餘姚……奉化、上虞、甯海……五十廳州縣暨台州衛，被水、被旱、被風、被潮暨沙淤、坍沒各地方本年額賦及舊欠銀米有差。《清德宗實錄》卷279（四，頁721）

◎光緒十五年十二月己亥（1890.1.18）

蠲免兩浙鳴鶴、錢清、西興、石堰、杜瀆、海沙、鮑郎、蘆瀝八場暨鎮海縣之龍頭、慈谿之沙蕩田地被災竈課。其餘歉收場地，緩徵、減徵、遞緩有差。《清德宗實錄》卷 279（四，頁 728—729）

◎光緒十六年十二月戊申（1891.1.22）

蠲緩浙江……鄞、慈谿、奉化、鎮海、象山、餘姚、上虞、新昌、嵊、臨海、黃巖、太平、甯海……七十二廳州縣，暨杭嚴、台州二衛，杭、衢二所，災區地漕銀米有差。《清德宗實錄》卷 292（四，頁 888）

◎光緒十七年十二月丙申（1892.1.5）

蠲緩浙江……鄞、慈谿、奉化、鎮海、象山、餘姚、上虞、新昌、嵊、臨海、黃巖、甯海……六十四廳州縣，暨杭、衢二所，杭嚴、台州等衛，災歉、坍淤田地丁漕租銀暨各年舊欠原緩帶徵丁漕等項有差。《清德宗實錄》卷 305（四，頁 1031）

◎光緒十八年十二月辛酉（1893.1.24）

蠲緩浙江……餘姚、臨海、黃巖、甯海……鄞、慈谿、奉化、鎮海、象山……七十廳州縣，暨杭、嚴、嘉、湖、台、衢六衛所，被旱、被風、被潮、被蟲及沙淤、石積各地方新舊地漕、雜課有差。《清德宗實錄》卷 319（五，頁 130）

◎光緒十九年十二月丙寅（1894.1.24）

蠲緩浙江……餘姚……鄞、慈谿、奉化、鎮海、象山、新昌、嵊、甯海……六十九廳州縣，暨杭、嚴、嘉、湖、台五衛所，被水、被旱地方漕糧、銀米有差。《清德宗實錄》卷 331（五，頁 252）

◎光緒二十年六月乙卯（1894.7.12）

諭軍機大臣等："給事中張嘉祿①奏'商民行使呂宋賭票，受害無窮，請飭申明舊章，嚴行禁止'一摺。呂宋票流行中國，前經刑部將發帖、招帖及窩頓、容隱並貪利、販賣各項人等嚴定罪名，通飭湖北等省一體禁止。乃奉行日久，仍屬具文，甚至京城地面亦有大張招帖、領票轉售之事，殊為風俗人心之害。著刑部、步軍統領衙門、順天府、五城御史、南北洋大臣申明舊章，一律嚴禁，毋得虛應故事。並著總理各國事務衙門咨行出使大臣，設法阻止，以杜漏卮。"《清德宗實錄》卷342（五，頁378）

◎光緒二十年八月乙巳（1894.8.31）

福建臺灣巡撫邵友濂奏："籌備海防，謹陳全臺布置情形。鑲械支絀，並懇飭撥的款。一面先向上海洋商籌借銀一百五十萬兩，以應急需。"下戶部速議。尋奏："各口戒嚴，用款日繁，進款驟減，各海關撥款解臺，一時實難設籌。至訂借洋款，前奉通飭，不得輕借。應否准其訂借之處，請旨裁定。"得旨："仍著戶部籌撥的鑲，毋庸借用洋款。"《清德宗實錄》卷346（五，頁429）

◎光緒二十年十二月癸亥（1895.1.16）

蠲緩浙江……餘姚、上虞、鄞、慈谿、奉化、象山、新昌、嵊、臨海、黃巖、太平、甯海……七十廳州縣，暨杭、嚴、嘉、湖、台州等衛所荒坍及新墾田畝糧賦，並災歉地方本年應徵及歷年原緩帶徵丁漕等項有差。《清德宗實錄》卷357（五，頁643—644）

◎光緒二十一年五月壬辰（1895.6.14）

又諭："……陳彝奏'招商運米，辦理平糶，請飭沿海各關寬免厘稅'等語。著王文韶、張之洞、奎俊、廖壽豐、李秉衡，飭令甯波、鎮江、

---

① 張嘉祿，鄞縣人，光緒三年（1877）進士，歷職山東道監察御史、給事中等。

上海、煙臺、天津各關，遇有江浙糧商報明順天平糶者，發給護照，一律寬免釐稅，一面電報順天府以備稽覈，予限兩箇月，即行停止。"《清德宗實錄》卷 368（五，頁 813）

◎光緒二十一年十二月甲申（1896.2.1）

蠲緩浙江……鄞、慈谿、奉化、鎮海、象山、餘姚、上虞、新昌、嵊、臨海、黃巖、太平、甯海……七十一廳州縣，暨嚴、杭、嘉、湖、台各衛，被旱、被風地畝新舊錢漕、雜課並原緩銀米有差。《清德宗實錄》卷 382（五，頁 997）

◎光緒二十二年正月乙丑（1896.3.13）之前

先是《中日新約》第六款所列各條，如蘇州、杭州、重慶、沙市等處添設口岸，聽其任便往來……朝廷因損失利權，欲挽救之。又值《通商行船章程》將開議，乃命中外臣工籌議。廖壽豐、譚繼詢、鹿傳霖均有論奏，而張之洞言尤切直，並擬辦法十九條，電總署代奏："一、寧波口岸並無租界名目，洋商所居地在江北岸，即名曰洋人寄居之地，其巡捕一切，由浙海關道出費雇募洋人充當。今日本新開蘇、杭、沙市三處口岸，係在內地，與海口不同，應照寧波章程，不設租界名目，但指定地段縱橫四至，名為通商場。其地方人民管轄之權，仍歸中國，其巡捕、緝匪、修路一切，俱由地方官出資募人辦理，不准日人自設巡捕，以免侵我轄地之權。……"於是派張蔭桓為全權大臣，與日本使臣林董議商約。……二十二年正月，商約開議，張蔭桓將日使原稿駁刪九款，駁改七款。惟第三十四款，……第三十五款……第三十六款，……乃照英約第二十四款，改作一條，刪此三款。遂定議。初，《馬關約》准開四口，本有均照向開海口及內地鎮市章程辦理之言。中國欲以寧波辦法為程，日本欲取法上海章程專管租界之條，乃不得不允矣。《清史稿》卷 158《邦交志六·日本》（頁 4632—4635）

◎光緒二十二年三月戊午（1896.5.5）

諭軍機大臣等："給事中吳光奎奏'重慶通商，請豫籌補救'一摺。據稱：'日本通商，改造土貨。蘇杭各省已於本地設立公司，振興商務。川中物產，其可設法擴充者，以絲綿、白麻、油蠟、玻璃為大宗。謹擬辦法三條，請飭妥辦等語。'馬關商約於華民生計，大有關礙，亟應設法補救，以保利權。著鹿傳霖按照所陳各節，於洋人未經開埠之先，斟酌情形，迅速興辦。一面咨取蘇、浙、江西各省商務章程，以備參酌。另片奏'浙江甯波租界，由官建築，租與洋人。看街巡捕，亦用華人，此法最善，請飭仿照辦理'等語。並著該督轉飭川東道張華奎，妥速籌辦，以期日久相安。"《清德宗實錄》卷387（六，頁55—56）

◎光緒二十二年十二月丁丑（1897.1.19）

蠲緩浙江……鄞、慈谿、奉化、鎮海、象山、餘姚、新昌、嵊、臨海、黃巖、太平、天台、甯海……七十一廳州縣，暨杭、嚴、嘉、湖、台、衢四衛二所，被旱、被水、被風、被蟲及山塘、蕩潦、未墾、新墾各地新舊賦額有差。《清德宗實錄》卷399（六，頁213）

◎光緒二十三年十二月癸酉（1898.1.10）

蠲緩浙江……鄞、慈谿、奉化、鎮海、象山、餘姚、上虞、新昌、嵊、臨海、黃巖、太平、甯海……七十二廳州縣，暨杭、嚴、嘉、湖、台、衢等衛錢漕、銀米有差。《清德宗實錄》卷413（六，頁399）

◎光緒二十四年十一月庚申（1898.12.23）

又諭："電寄劉坤一。中允黃思永片奏：徐海待賑孔急，請飭大理寺少卿盛宣懷、記名道李徵庸、候選道嚴信厚①，先籌墊銀三五十萬兩，交嚴作霖歸入冬賑散放，將來再籌勸捐歸補等語。徐海災情甚重，朝廷實深廑係。黃思永所奏，著劉坤一體察情形，酌覈辦理。"《清德宗實錄》卷

---

① 嚴信厚（1828—1906），慈谿人。

433（六，頁 691）

◎光緒二十四年十二月丙申（1899.1.28）

緩徵浙江……鄞、慈谿、奉化、鎮海、象山、餘姚、新昌、嵊、臨海、黃巖、太平、甯海……六十九廳州縣暨杭、嚴、嘉、湖、台州等衛被災地方漕米、錢糧有差。《清德宗實錄》卷 436（六，頁 731）

◎光緒二十五年十二月辛卯（1900.1.18）

蠲緩浙江……鄞、慈谿、奉化、鎮海、象山、臨海、黃巖、太平、甯海……七十廳州縣暨杭嚴、嘉湖、台州三衛所，被水、被風、被蟲並沙淤、石積田畝新舊地漕。其荒廢未種田畝本年地漕，分別全蠲，或蠲徵各半。《清德宗實錄》卷 457（六，頁 1021）

◎光緒二十五年十二月庚子（1900.1.27）

蠲緩浙江嘉興、甯波、台州暨江蘇松江等府屬節被風雨、江潮鹽場、竈蕩應徵糧課。《清德宗實錄》卷 457（六，頁 1029）

◎光緒二十八年十二月甲辰（1903.1.16）

又諭："翰林院侍讀王榮商奏‘請開湖溉田’等語。浙江甯波府屬之東錢湖，據稱年久失修，前經該府紳士購備機器，設局挑濬，因事中止。著誠勳按照所陳，體察情形，酌量修濬，以竟前功。"《清德宗實錄》卷 510（七，頁 725）

◎光緒三十一年十月丙辰（1905.11.13）

丙辰，諭軍機大臣等："工部代奏‘主事陳畬敬陳管見’一摺。據稱：‘三門灣為南田一隅，南田環象山半面，地為南五省樞紐，請經理南田，安內靖外等語。’著崇善、張曾敦按照所陳，察看情形，妥籌辦理。"《清德宗實錄》卷 550（八，頁 308）

◎光緒三十二年二月辛亥（1906.3.8）

蠲緩浙江……鄞、慈谿、奉化、鎮海、象山、會稽、蕭山、餘姚、上虞、新昌、嵊、臨海、黃巖、太平、甯海……七十二廳州縣，暨杭、嚴、嘉、湖、台、衢衛所，水旱風雨蟲潮地方地漕銀米。《清德宗實錄》卷 555（八，頁 366—367）

◎光緒三十三年三月丙申（1907.4.17）

蠲緩浙江……鄞、慈谿、奉化、鎮海、象山、會稽、蕭山、餘姚、上虞、新昌、嵊、臨海、黃巖、太平、甯海……七十三廳州縣，暨嘉、湖、衢、杭、嚴、台各衛所，災歉沙淤地方新舊漕賦有差。《清德宗實錄》卷 571（八，頁 552）

◎光緒三十四年二月乙酉（1908.3.31）之前

三十四年二月，與英訂《滬杭甬鐵路借款合同》。先是滬杭甬鐵路已立有草合同四條：……至是浙江紳士籌辦全省鐵路，欲廢前約，收回自辦。英使不允，因命侍郎汪大燮等與英公司改商借款辦法，久未決。於是政府再命侍郎梁敦彥接議，分辦路、借款為兩事，路由中國自造，除華商原有股本儘數備用外，約仍需英金一百五十萬鎊，即向英公司籌借，按九三折扣交納，年五釐息，以三十年為期；並聲明如所收此路進項不足，由關內外鐵路餘利撥付；凡提用款項，均由郵傳部或其所派之人經理；此鐵路建造工程，以及管理一切之權，全歸中國國家；英公司代購外洋材料機器，以三萬五千鎊作為酬勞，一切用銀均在內；選用英總工程司一人，仍須聽命於總辦等語。遂定議。《清史稿》卷 154《邦交志二·英吉利》（頁 4558）

◎光緒三十四年三月丁亥（1908.4.2）

緩徵浙江……鄞、慈谿、奉化、鎮海、象山、餘姚……七十四廳州縣，暨台州、杭嚴、嘉湖等衛所被災地方上年地漕有差。《清德宗實錄》

卷 588（八，頁 774）

◎遜帝宣統元年二月壬戌（1909.3.3）

蠲緩浙江杜瀆、蘆瀝、海沙、浦東、錢清、西興、長亭、鎮海、鮑郎災歉各場竈課、錢糧。《宣統政紀》卷 8（頁 147）

◎宣統元年六月壬寅（1909.8.10）

浙江巡撫增韞奏："浙江錢塘、餘杭、嘉善、平湖、安吉、孝豐、武康、山陰、會稽、餘姚、淳安等縣，水災甚鉅，秧苗多遭霉爛，疊經委員會縣分（投）［頭］查勘，或設法補救，或攤款賑撫，以免小民失所。"得旨："該撫即委妥員，切實賑撫。"《宣統政紀》卷 16（頁 313）

◎宣統元年六月癸卯（1909.8.11）

浙江巡撫增韞奏："浙江甯波府屬南田，兀嵂外海，貼近三門，與寧海、定海、玉環等廳縣相為犄角，誠為東浙屏蔽、南洋要衝。近來墾闢漸廣，生齒日繁，自非專設文武員弁，不足以資治理。擬請設一廳治，名曰南田撫民廳，以甯波府水利通判移駐。請定為海疆沖繁要缺，仍歸甯波府管轄，並擬添設管獄官。以向駐郡城、兼甬東巡檢事四明驛丞，隨通判移駐，即為南田巡檢兼司獄官。四明驛丞，作為裁缺。所遺驛丞巡檢事務，就近改歸甯波府經歷兼管，各專責成。至武職員弁，擬請以提標左營遊擊，移駐南田適中之樊嶴，與撫民廳統轄水陸全境。原駐郡城守備千總二員，移設龍泉、鶴浦兩塘，分駐巡防。把總一員，隨同遊擊駐紮樊嶴，作為城汛。凡原隸左營駐紮郡城外額各弁，以及水師巡洋戰守兵丁，一律隨同改駐南田各嶴，仍歸提標統轄。"下部議。《宣統政紀》卷 16（頁 314—315）

◎宣統元年八月戊子（1909.9.25）

浙江巡撫增韞奏："甯波府屬鎮海縣青嶴地方，河路阻塞。該處同知職銜吳正閭，捐資購買民田，開通河道。所有挖廢民竈田地，應豁銀米，

查明數目，照例奏豁。"下部知之。《宣統政紀》卷 19（頁 360）

今年春季中國各海關所收稅銀，共四百十八萬一千七百餘兩，比較前三年均有贏餘。……通計通商口岸二十處，除牛莊收稅無多不計外，……寧波二十一萬六千餘兩，溫州四千五百餘兩，……合計煙臺、宜昌、漢口、九江、鎮江、寧波、溫州、福州、淡水、打狗、廈門十一處均勝於去歲，餘則略遜。[①]

寧波進口洋貨估值銀六百十五萬餘兩，進口土貨估值銀一百八十萬餘兩，出口土貨估值銀四百九十一萬餘兩。洋貨由外洋直運寧波者，煤為大宗（計二千四百餘噸），來自日本；其餘白糖、靛青、沙藤之屬，僅裝兩輪船。復進口之洋土貨、布匹（內有滬織之布六百匹，似甚厚實，又無漿粉塗刷之弊）、火油、自來火、糖、豆餅為最盛。土貨運滬出口以明礬、帶子、棉花、墨魚、紙扇、草帽、藥材、花生、綢緞、綠茶、醬豆腐、魚乾、魚肚、魚膠、草席、紙張為大宗。復出口之土貨，木耳、藥材較多。現銀進口者七十六萬餘兩，出口者二百五十三萬餘兩。兩年來出贏於進者。一則經過常關各船運進之款，可敷寧地之用；一則內地商販將土產運滬，匯銀來寧，就地收買進口之貨，市面來源得以不匱。[②]

---

① 《出使日記續刻》卷 4，[清] 薛福成撰，《續修四庫全書》第 579 册，上海古籍出版社 2002 年版，第 38 頁。

② 《出使英法義比四國日記》卷 5，[清] 薛福成，《續修四庫全書》第 579 册，上海古籍出版社 2002 年版，第 83 頁。

三、文化類史料編年

（一）明代

◎太祖洪武二年正月戊申（1369.2.19）

宋以來，（城隍）其祀徧天下，或錫廟額，或頒封爵，至或遷就傅會，各指一人以爲神之姓名。如鎮江、慶元、寧國、太平、華亭、蕪湖等郡邑，皆以爲紀信。《明太祖實錄》卷38（頁0765）

錢唐，字惟明，象山人。博學敦行。洪武元年舉明經。對策稱旨，特授刑部尚書。二年詔孔廟春秋釋奠，止行於曲阜，天下不必通祀。唐伏闕上疏言：“孔子垂教萬世，天下共尊其教，故天下得通祀孔子，報本之禮不可廢。”侍郎程徐亦疏言：“古今禮典，獨社稷、三皇與孔子通祀。……孔子以道設教，天下祀之，非祀其人，祀其教也，祀其道也。今使天下之人，讀其書，由其教，行其道，而不得舉其祀，非所以維人心扶世教也。”皆不聽。《明史》卷139《錢唐傳》（頁3981—3982）

◎洪武十六年三月己巳（1383.4.28）

己巳，召回回珀珀至京，賜以衣巾、靴襪。珀珀明天文之學，寓居寧波府鄞縣。有以其名聞者，故召之。《明太祖實錄》卷153（頁2394）

◎太宗永樂十三年三月丁巳（1415.4.28）

命第一甲進士陳循為翰林院修撰，李貞、陳景著為編修，仍命同纂修《性理大全》等。第二甲、第三甲進士……鄭雍言、牟倫、呂棠、張益、黃仲芳、廖謨、宋琰……為翰林院庶（給）［吉］事。①《明太宗實錄》卷162（頁1839—1840）

◎英宗正統元年三月戊寅（1436.3.29）

戊寅，擢第一甲進士周旋為行在翰林院修撰，陳文、劉定之為編修。賜羊酒，宴於本院。選進士王鑑、劉鉞、余忭……為庶吉士，於本院讀書，命少詹事兼侍讀學士王直、少詹事兼侍講學士王英教習文章。②《明英宗實錄》卷15（頁0283）

◎正統六年八月丁丑（1441.8.29）

浙江寧波府知府鄭恪言："國家肇建兩京，合於古制。自太宗皇帝鼎定北京以來，四聖相承，正南面而朝萬方，四十年于茲矣，而諸司文移印章乃尚仍行在之稱，名實未當。請正名京師，其南京諸司宜改曰南京某府某部，於理為得。"禮部尚書胡濙言："行在，太宗皇帝所定，不可輒有變更。"事遂寢。《明英宗實錄》卷82（頁1642）

◎景帝景泰元年十一月乙巳（1450.12.8）

禮科都給事中金達③言二事："一、安民莫先於均徭役。臣竊觀江西按察司僉事夏時奏行均徭之法，五年而正役之，又五年而雜役之。此法至善，一旦為參政朱得懷忿構誣奏沮，乞重將均徭之法舉行；一、竈夫煮海最為勞苦，自非近場素習之人，不堪其役。比者富戶，因避重役，俱附遠場，充為竈戶。專一結構官吏，那移出納。乞命巡鹽御史等官，

---

① 永樂十三年乙未科：鄭雍言，鄞縣人，二甲第78名；宋琰，奉化人，三甲第83名。

② 正統元年丙辰科：余忭，奉化人，二甲第13名。

③ 金達，鄞縣人，兵部尚書金忠之子，歷職翰林院檢討、禮科都給事中、河間府長蘆都轉運鹽使司運使等。

取勘革罷。"從之。《明英宗實錄》卷198（頁4202—4203）

◎景泰二年三月乙卯（1451.4.17）

乙卯，擢第一甲進士柯潛為翰林院修撰，劉昇、王儇為編修，改進士吳匯、周輿、戚瀾、張永、呂晟、王獻、劉宣俞、欽相傑、楊守陳……為庶吉士，俱于東閣讀書。[1] 先是，巡按御史涂謙奏："永樂初，嘗取進士曾棨等二十八人為庶吉士，儲養教育，自後相繼，蔚為名臣。乞將今科進士中選其材質英敏、文詞優贍者，俾進學中秘，仍命文學大臣提調勘課，成其才器，以待任用。"事下禮部議。太子太傅兼尚書胡濙、尚書兼學士陳循等，僉言宜從所請。遂詔循等即進士中選得匯等二十五人，同潛等三人，合二十八人以聞。俱命於東閣讀書，給紙筆、飲饌、膏燭、第宅，悉如永樂初例。《明英宗實錄》卷202（頁4328—4329）

◎憲宗成化二年三月乙卯（1466.3.29）

授第一甲進士羅倫為翰林院修撰，程敏政、金簡為編修，選進士林瀚、劉鈺、章懋、……章鎰……為庶吉士。[2] 命學士劉定之、柯潛教習文章，少保吏部尚書兼華蓋殿大學士李賢等提督考校，務令成效，以需他日之用。《明憲宗實錄》卷27（頁0535）

◎成化十一年三月壬子（1475.4.8）

壬子，上親閱舉人所對策，賜謝遷等二百九十七人進士及第出身有差。[3]《明憲宗實錄》卷139（頁2596）

◎成化十一年三月戊午（1475.4.14）

戊午，授第一甲進士謝遷為翰林院修撰，劉戩、王鏊為編修，其餘分撥各衙門辦事。《明憲宗實錄》卷139（頁2598—2599）

---

[1] 景泰二年辛未科：戚瀾，餘姚人，二甲第3名；楊守陳，鄞縣人，二甲第54名。

[2] 成化二年丙戌科：章懋，慈溪人，二甲第17名；章鎰，鄞縣人，三甲第24名。

[3] 成化十一年乙未科：謝遷，餘姚人，一甲第1名。

◎成化十七年三月辛卯（1481.4.15）

辛卯，上親閱舉人所對策，賜王華等二百九十八人進士及第出身有差。①《明憲宗實錄》卷213（頁3702）

◎成化十七年三月戊戌（1481.4.22）

戊戌，授第一甲進士王華為翰林院修撰，黃珣、張天瑞為編修，其餘分送各衙門辦事。《明憲宗實錄》卷213（頁3709）

◎成化二十一年四月己未（1485.4.22）

訓導鄭璟建言：“浙江溫、台、處三府人民所產女子慮日後婚嫁之費，往往溺死。殘忍不仁，傷生壞俗，莫此為甚。乞令所司，揭榜曉諭。”下都察院議，以其事舊嘗禁約，但此弊不獨三府，延及寧、紹、金華，并江西、福建、南直隸等處亦然，宜悉曉諭如璟言。上曰：“人命至重，父子至親，今乃以婚嫁之累，戕恩敗義，俗之移人，一至于此。此實有司之責。自後民間婚嫁裝奩，務稱家有無，不許奢侈。所產女子如仍溺死者，許鄰里舉首，發戍遠方。”《明憲宗實錄》卷264（頁4476—4477）

◎成化二十三年三月丁卯（1487.4.20）

丁卯，授第一甲進士費宏為翰林院修撰，劉春、涂瑞編修，選進士……翁健之②……三十人改為翰林院庶吉士讀書，命右春坊右庶子汪諧、左春坊左諭德兼翰林院檢討傅瀚教之，仍令有司給酒饌、紙筆、器物如例。其餘分撥諸司辦事。《明憲宗實錄》卷288（頁4875）

◎孝宗弘治三年七月丙子（1490.8.11）

都察院右都御史屠滽奉命往廣東處置占城事宜，既還，其國王古來，遣使臣班把底等謝恩，因以速香等物附饋滽。有旨命滽受之，滽具疏辭，

---

① 成化十七年辛丑科：王華，餘姚人，一甲第1名。

② 成化二十三年丁未科：翁健之，餘姚人，三甲第56名。是科一甲第1名蔡欽，也是餘姚人。

不聽。溥復上疏言："臣昔時權宜處置，雖嘗效一得之愚，然發縱指示，實奉行九重成算。今占城之所以滅而復興者，皆出皇上威德，臣何力之有？為古來者，當子子孫孫圖報朝廷恩德，如臣者，何足為謝！況臣居憲官之長，風紀攸係，受此饋謝，他日播之天下，傳之後世，不足為臣之榮，而適以為朝廷之累。所饋禮物，臣不敢受。"上乃聽其辭。《明孝宗實錄》卷40（頁0845）

◎弘治十二年三月乙酉（1499.5.5）

乙酉，授第一甲進士倫文敘為翰林院修撰，豐熙、劉龍為編修，[①]第二甲孫緒等九十五員、三甲劉潮等二百二員，分撥各衙門辦事。《明孝宗實錄》卷148（頁2613—2614）

◎武宗正德四年十二月丁巳（1510.2.8）之前

正德四年，浙江大吏薦餘姚周禮、徐子元、許龍，上虞徐文彪。劉瑾以四人皆謝遷同鄉，而草詔出於劉健，矯旨下禮等鎮撫司，謫戍邊衛，勒布政史林符、邵寶、李贊及參政、參議、府縣官十九人罰米二百石，並削健、遷官，且著令，餘姚人不得選京官。此則因薦舉而得禍者，又其變也。《明史》卷71《選舉志三》（頁1715）

四年二月，以浙江應詔所舉懷才抱德士餘姚周禮、徐子元、許龍，上虞徐文彪，皆遷同鄉，而草詔由健，欲因此為二人罪。矯旨謂餘姚隱士何多，此皆徇私援引，下禮等詔獄，詞連健、遷。瑾欲逮健、遷，籍其家，東陽力解。芳從旁厲聲曰："縱輕貸，亦當除名。"旨下，如芳言，禮等咸戍邊。尚書劉宇復劾兩司以上訪舉失實，坐罰米，有削籍者。且詔自今餘姚人毋選京官，著為令。其年十二月，言官希瑾指，請奪健、遷及尚書馬文升、劉大夏、韓文、許進等誥命，詔並追還所賜玉帶服物，同時奪誥命者六百七十五人。《明史》卷181《謝遷傳》（頁4819）

---

① 弘治十二年己未科：豐熙，鄞縣人，一甲第2名；王守仁，餘姚人，二甲第6名。

◎正德六年三月己卯（1511.4.26）

己卯，授第一甲進士楊慎為翰林院修撰，余本、鄒守益為編修。[①]
《明武宗實錄》卷 73（頁 1626）

◎世宗嘉靖二年三月戊午（1523.4.2）

戊午，賜進士姚淶等四百十人及第出身有差。[②]《明世宗實錄》卷 24
（頁 0690）

◎嘉靖二年三月庚午（1523.4.14）

庚午，授第一甲進士姚淶為翰林院修撰，王教、徐階為編修。《明世
宗實錄》卷 24（頁 0700）

◎嘉靖十四年七月丙戌（1535.8.25）

先是，左給事中陳侃奉使琉球，因訪其山川風俗，撰《使琉球錄》
一冊進呈，請下史館，以備採擇。從之。《明世宗實錄》卷 177（頁 3826）

◎嘉靖十七年二月庚午（1538.3.26）

禮部會試，取中式舉人袁煒等三百二十名。《明世宗實錄》卷 209（頁
4333）

◎嘉靖十七年三月戊子（1538.4.13）

戊子，上親策會試中試舉人袁煒等。[③]制曰：⋯⋯是日，上不御殿，
命禮部官給散制題。《明世宗實錄》卷 210（頁 4338—4339）

◎嘉靖二十年十一月庚子（1541.12.5）

於是大學士（夏）言等，會同吏、禮二部并翰林院官，於東閣考試，
取正副四十五卷進呈，上親賜鑒別，欽定三十三名：高儀、董份、陳陛、
林樹聲、潘仲騶、嚴納、徐養正、高拱、葉鏜、吳三樂、呂時中、何雲

---

① 正德六年辛未科：余本，鄞縣人，一甲第 2 名。
② 嘉靖二年癸未科：姚淶，餘姚人，一甲第 1 名。
③ 嘉靖十七年戊戌科：袁煒，慈溪人，一甲第 3 名。

鴈、曹忭、夏士開、萬士和、王言、徐南金、王顯忠、蕭端蒙、楊宗氣、王三聘、晁瑮、何光裕、陳以勤、林懋和、王應鍾、梁詔儒、裴宇、王材、王交、熊彥臣、彭世爵、張鐸。[①]命吏部改授庶吉士，送翰林院讀書。《明世宗實錄》卷 255（頁 5126）

◎嘉靖二十二年十月辛巳（1543.11.6）

辛巳。初，順天鄉試，歲多冒籍中式。至是，餘姚人錢德充易名仲實，冒大興籍以中；慈谿人張汝濂易名張和，冒良鄉籍以中。禮科給事中陳棐劾奏之，因歷陳京闈之弊。其略謂："國家求賢以科目為重，而近年以來情偽日滋，敢於為巧以相欺，工於為黨以相蔽。……一遇開科之歲，奔走都城，尋覓同姓，假稱宗族，賄囑無恥，……百孔（宮）〔營〕私，冀遂捷徑。……請令所司覈究順天府學冒籍生員，俱遣回原籍，降等肄業。京衛武學，非武職應襲不得濫入。……而京闈鄉試如各省法，唱名辦驗，不得混冒，庶乎前弊可革。"得旨："錢仲實、張和下法司建〔逮〕治，冒籍生員，提學御史覈實具奏。餘俱下禮部議。"《明世宗實錄》卷 279（頁 5440—5442）

◎嘉靖二十六年三月庚辰（1547.4.18）

庚辰，授第一甲進士李春芳翰林院修撰，張春、胡正蒙俱編修。[②]《明世宗實錄》卷 321（頁 5970）

◎嘉靖二十七年三月庚寅（1548.4.22）

三日杭潮去不回，陸沉南宋有餘哀。會須真主中天立，獻出先朝故土來。屬揭不煩靈隱呪，朝宗何忌海門雷。書上素乏關弓力，傳語錢塘莫浪猜。朱紈《戊申三月十五日自蕭山渡浙江，時沙長西皋數十里，潮汐甚微》[③]

---

① 嘉靖二十二年辛丑科：陳陞，餘姚人，二甲第 3 名；王交，慈溪人，二甲第 143 名。
② 嘉靖二十六年丁未科：胡正蒙，餘姚人，一甲第 3 名。
③ 《甔甀洞稿》卷 10《海道紀言》，《四庫全書存目叢書·集部七八》，第 261 頁。

◎嘉靖二十七年五月己卯（1548.6.10）

重五驚重五，蒲觴定海天。漢旌波一色，賊首嶼雙懸。亂息居人怒，辰良惡況牽。何年傳角黍，對此意茫然。朱紈《端午題定海院壁，時年五十五，新平雙嶼》①

◎嘉靖二十七年五月辛卯（1548.6.22）

旌旗輝日月，金鼓駕風雷。梅渡雙龍伏，桃洋一斧開。濡毫天影動，釃酒浪頭來。送子圖南溟，雲中起將台。朱紈《五月十七日自霩衢渡海，贈盧都閫南征》②

◎嘉靖二十七年十二月己酉（1549.1.6）

東南開府，文武總憲。海鱷既驅，城狐胥怨。憂讒畏譏，眾志贏瓶。任事效勞，王言錫銘。聖恩如海，優金彰彩。臣心如金，百煉不改。良工器之，流彩交炎。子孫守之，一飲毋忘。朱紈《臘日升，賜銀幣，錄雙嶼之勞也，作〈銀瓶銘〉》③

◎嘉靖二十八年二月庚戌（1549.3.8）

嗟乎，海天茫茫，氛祲冥冥，鰍鱔為舞，冠裳為腥，不知幾何年矣！紈欽承上命，千里提兵，馮虛馭風，掃穴犁庭，九山授首，雙嶼成氛。黃崎、黃洋，大陳、大門，竿山、舟山，相繼蕩平。桑榆南麂，宿霧為清，風聲浯嶼，攸忽奔鯨。此我中國有聖人，海嶽效靈之驗，而天助者順，神害者盈，其理固自昭明也。不然，何震風排山，檣摧檣傾，賊屢當之，汩沒飄零，我兵往來，波瀾不驚？五月茅洋，阽危以寧，既歷窮陰，既服炎蒸，經歲如家，如干如城，謂非天意、非神力不可也！敢率群工，敢陳潔牲，式昭神貺，稽首滄溟，尚啟予恩，尚翼予行，固

---

① 《甓餘雜集》卷10《海道紀言》，《四庫全書存目叢書·集部七八》，第261頁。
② 《甓餘雜集》卷10《海道紀言》，《四庫全書存目叢書·集部七八》，第261頁。
③ 《甓餘雜集》卷10《海道紀言》，《四庫全書存目叢書·集部七八》，第262頁。

邦之本，保國之楨。朱紈《己酉二月十日象浦祭海文》①

◎嘉靖三十二年五月丁未（1553.6.12）

選進士萬浩、姚洪漠、李桂、徐旻、郭敬賢、梁夢龍、王希烈、南軒、姜寶、王學顏、趙祖鵬、胡汝嘉、馮葉、孫應鼇、孫鋌、徐師曾、（將）［張］四維、方萬有、蔣焞、李蓘、張九功、吳可行、陸泰、馬自強、張巽言、王文炳、晁東、吳王詠俱改庶吉士，送翰林院讀書。②《明世宗實錄》卷398（頁6987）

◎嘉靖三十八年四月乙卯（1559.5.20）

詔發倭僧清授于四川寺院安置。初，清授隨侍郎楊宜所遣鄭舜功至寧波。未幾，總督胡宗憲所遣生員蔣洲復以僧德陽至，俱上書求貢市。朝議未允，令量賞遣歸。未行間，而王直就擒。岑港所泊諸夷遂結艘拒我師，焚德陽舟山所居道隆觀，合勢開洋去。清授原不與諸舟同來，又居定海七塔寺，諸夷亦不索之。至是，尚羈留未遣。宗憲疏上倭情已可見，清授不必遣還，然留之浙西非宜，請用洪武年間故事，發四川各寺安插。兵部議覆，從之。《明世宗實錄》卷471（頁7917—7918）

◎嘉靖四十一年三月壬子（1562.5.1）

壬子，授一甲進士徐時行為翰林院修撰，王錫爵、余有丁俱翰林院編修。③《明世宗實錄》卷507（頁8369）

◎穆宗隆慶元年四月甲寅（1567.6.6）

甲寅，詔追贈故新建伯、南京兵部尚書王守仁為新建侯，諡文成，賜祭七壇。《明穆宗實錄》卷7（頁0218）

---

① 《甓餘雜集》卷10《海道紀言》，《四庫全書存目叢書·集部七八》，第262頁。
② 嘉靖三十二年癸丑科：馮葉，慈溪人，二甲第58名；孫鋌，餘姚人，二甲第67名。
③ 嘉靖四十一年乙丑科：余有丁，餘姚人，一甲第3名。

◎隆慶元年六月丁未（1567.7.29）

先是，給事中趙軏、御史周弘祖請以故禮部侍郎薛瑄從祀孔庭，御史耿定向亦請以故新建伯、兵部尚書王守仁從祀，下禮部議。至是覆言："孔廟從祀，國家所以崇德報功，垂世立教，其典甚重。我朝祖宗列聖增入名賢，類皆宋元以上，而明興二百年間未有一人，誠慎其事也。臣等謹考侍郎薛瑄潛心理道，勵志脩為，言雖不專于著述，而片言隻簡動示楷模，心雖不繫于事功，而偉績恢猷皆可師法；尚書王守仁，質本超凡，理由紗悟，學以致良知為本，獨觀性命之原，教以勤講習為功，善發聖賢之旨。此二臣者，皆百年之豪傑、一代之儒宗，確乎能翊贊聖學之傳矣。然瑄則相去百年，興論共服，先朝科道諸臣，建言上請，累十餘疏，而儒臣獻議與瑄者，十居八九。世宗皇帝亦嘉瑄能自振起，然猶謂公論久而後明，宜俟將來。若守仁，則世代稍近，恐眾論不一。請敕翰林院、詹事府、左右春坊、國子監儒臣，令其廣諮博討，撰議進覽。仍下本部，會官集議，以俟聖斷。"上是之。《明穆宗實錄》卷9（頁0261—0262）

◎隆慶元年十月丙申（1567.11.15）

丙申，戶科都給事中魏時亮請錄真儒以彰道化，舉薛瑄、陳獻章、王守仁均得聖學真傳，並宜（崇）［從］祀孔子廟庭。《明穆宗實錄》卷13（頁0358—0359）

◎隆慶二年五月戊午（1568.6.4）

戊午，追錄故新建伯王守仁平宸濠功，令世襲伯爵。先是嘉靖初，守仁已授封，會忌者媒孽其事，異議紛然，遂見削奪。上即位，始命江西撫按官勘覈功狀，至是以聞，下吏部，會廷臣議。皆謂："守仁戡定禍亂之功，較之開國佐命時雖不同，擬之靖遠、威寧，其績尤偉；當時為忌者所抑，大功未錄，公議咸為不平，今宜補給誥券，令其子孫世世勿絕，以彰朝廷激勸之公。"從之。《明穆宗實錄》卷20（頁0551—0552）

◎隆慶二年六月辛巳（1568.6.27）

選進士徐顯卿、陳于陛、張一桂、沈一貫……三十人為翰林院庶吉士。[1]《明穆宗實錄》卷21（頁0569）

◎隆慶三年五月癸丑（1569.5.25）

南京監察御史傅寵等上疏，言新建伯王守仁止以乘藉機會，殄滅寧藩，而剖符賜券，至比於國初汗馬之勳，人心未服，乞改蔭錦衣衛。于是吏部尚書楊博等覆議曰："國朝封爵之典，論功有六，曰開國、靖難、禦胡、平番、征蠻、捕反。此六功者，關社稷輕重、方輿安危，非茅土之封不足以報。宸濠謀反非一日矣，一旦殺撫臣而起事，（宜）[直]走南都，第令逆謀得成，則其禍可勝諱哉？守仁首倡義兵，僅一月而擒之，社稷之功也。且往者化安王之變，比之逆濠，難易迥絕。遊擊仇鉞，以功得封咸寧伯，乃人無間言。同一藩服，同一捕反，何獨於守仁而疑之乎？"上以為然，乃命守仁封爵准世襲如故。《明穆宗實錄》卷32（頁0833—0834）

◎隆慶六年十二月辛未（1573.1.22）

禮科都給事中宗弘暹請會議王守仁從祀孔廟，從之。《明神宗實錄》卷8（頁0294）

◎神宗萬曆元年二月乙丑（1573.3.17）

江西巡撫徐栻疏稱王守仁學窺聖域，勛在王室，請與薛文清公瑄一體從祀。章下禮部。《明神宗實錄》卷10（頁0348）

◎萬曆元年三月乙酉（1573.4.6）

兵科給事中趙思誠，疏罷王守仁從祀之請，言："守仁黨眾立異，非聖毀朱，有權謀之智功，備奸貪之醜狀，使不焚其書、禁其徒，又從而祀之，恐聖學生一奸竇，其為世道人心之害不小。"因列守仁異言叛道

---

[1] 隆慶二年戊辰科：沈一貫，鄞縣人，三甲第56名。

者八款，又言："其宣淫無度，侍女數十，其妻每對眾發其穢行；守仁死後，其徒籍有餘黨說事，關通無所不至；擒定寧賊，可謂有功，然欺取所收金寶，半輸其家。貪計莫測，實非純臣。"章下該部。《明神宗實錄》卷11（頁0367）

◎萬曆元年五月戊戌（1573.6.18）

浙江道監察御史謝廷傑言："學聖人之學者，其所表樹，不過學術、事功兩端。如新建伯王守仁者，良知之說，妙契真詮，格致之論，超悟本旨，其學術之醇，安可以不祀也？宸濠之變，社稷奠安，兩廣之績，荒裔寧謐，而盡瘁戎伍，竟殞於官，其事功之正，安可以不祀也？昔先臣丘濬有言曰：'有國家者，以先儒從祀孔子廟廷，非但以崇德，蓋以報功也。'議從祀者，此其律令。"已而南京福建道御史又言，疏下禮部。《明神宗實錄》卷13（頁0425—0426）

◎萬曆元年七月戊子（1573.8.7）

南京福建道御史石槚上疏："國家以祀典為重，當祀而不祀，則無以崇報功德，不當祀而祀之，又何以激勸人心？王守仁謂之才智之士則可，謂之道德之儒則未也。"因言："致良知，非守仁獨得之蘊，乃先聖先賢之餘論，守仁不過詭異其說、玄遠其詞以惑眾耳。朱子注疏經書，衍明聖道，守仁輒妄加詆辱，實名教罪人。方宸濠未叛，書劄往來，密如膠漆，後伍文定等擒宸濠於黃石磯，守仁尚遙制軍中。始則養虎貽患，終則因人成功。朦朧復爵，報以隆重，若又祀之，不免崇報太濫。"疏下禮部。《明神宗實錄》卷15（頁0458—0459）

◎萬曆二年二月乙亥（1574.3.22）

取會試中式舉人孫鑛等三百名。《明神宗實錄》卷22（頁0592）

◎萬曆二年三月庚寅（1574.4.6）

上御皇極殿，策禮部貢士孫鑛等二百九十九人于廷。制曰：……策

試會試中式舉人孫鑛等，賜孫繼皋等進士及第出身有差。《明神宗實錄》卷 23（頁 0599—0600）

◎萬曆二年六月辛未（1574.7.16）

巡按浙江監察御史蕭廩題："原任南京兵部尚書王守仁奉旨下儒臣議從祀，久矣。乃或謂其學'近于禪'，或謂'專提良知，不及良能'，或謂'遵德性而遺聞見，異于朱子'。夫所惡于禪者，以遺棄事物淪于空寂也。使守仁出此，誠不可治國家。乃學術發為事功，既章章矣，其立教大旨曰'致良知于事事物物之間'，是大學之教，明物察倫之學也。其與朱子稍異，誠有然者；然學在不出吾宗，至于啓鑰開關，何必膠柱鼓瑟？又有謂'始嘗修仙佞佛'者，及'門多匪人'者，總屬苛求，合宜定議。"下禮部覆。《明神宗實錄》卷 26（頁 0659）

◎萬曆二年十二月甲寅（1574.12.26）

以新建伯王守仁從祀孔子廟庭。守仁之學，以良知為宗，經文緯武，動有成績。其疏犯中璫，綏化夷方，倡義勤王，芟群凶夷，大難不動聲色，功業昭昭在人耳目。至其身膺患難，磨厲沉思之久，忽若有悟，究極天人微妙，心性淵源與先聖相傳宗旨無有差別，歷來從祀諸賢，無有出其右者。《明神宗實錄》卷 32（頁 0758）

◎萬曆十二年十一月庚寅（1584.12.19）

庚寅，准王守仁、陳獻章、胡居仁從祀學宮。……上曰："皇祖、世宗嘗稱王守仁有用道學，并陳獻章、胡居仁既眾論推許，咸准從祀孔廟。朝廷重道崇儒，原尚本實。操修經濟，都是學問，亦不必別立門戶，聚講空談，反累盛典。禮部其遵旨行。"《明神宗實錄》卷 155（頁 2865—2868）

◎萬曆三十年十二月庚子（1603.1.24）

普陀山在浙之定海縣三百里外洋海中，舊有寺，上嘗欽頒藏經于寺，後寺被焚。至是，復遣中官相度營建。巡撫劉元霖疏言："構宇聚徒，恐以多蓄起釁，勾倭為患。昔寺之毀，所欽頒藏經無恙。嗣復賜藏經，本年旋造大殿五間，可以貯奉，不宜大興土木，內為亡命之淵藪，外啓狡夷之垂涎。請將見議興工停止。"不報。《明神宗實錄》卷379（頁7142—7143）

◎萬曆三十二年三月乙丑（1604.4.13）

乙丑，廷試天下貢士三百名，賜楊守勤等進士及第出身有差。《明神宗實錄》卷394（頁7425）

◎萬曆三十四年十二月甲辰（1607.1.7）

甲辰，重修南海普陀寺成，命所司建碑其地，御製碑文記之。詞曰："……工起於某年月日，迄於某年月日，是用勒石鑄詞，使群臣百姓咸知朕奉揚聖母德意，且以詔示後來，傳諸不朽云。"《明神宗實錄》卷428（頁8066—8067）

◎萬曆四十二年五月甲寅（1614.6.9）

御史董定策疏稱："聖祖開天，文教翔湧，于時正學崛起，無右于薛文清瑄。乃若先文清而倡明道學，則原任學正沔池曹端。嗣是，王文成守仁倡良知之學于姚江，東南群起宗之。"《明神宗實錄》卷520（頁9798）

◎萬曆四十四年七月辛巳（1616.8.24）

禮部左侍郎何宗彥請正士風，其略云："士習之敝也，如陝西之洋縣、浙江之鄞縣，橫行惡跡踵踵著聞，至近日之崑山華亭極矣。……伏乞嚴敕提督學政諸臣，密考較之期，嚴門簿之禁，諸有結黨、謗訕種種不法者，盡法究治，庶士心警而法紀、風俗不至如江河不可挽矣。"有旨："士風薄惡，甚失朝廷作養之意。今後提學官嚴加約束，按期考較，仍密切體訪，不時黜革，毋得寬假。"《明神宗實錄》卷547（頁10365—10366）

◎熹宗天啓二年五月己亥（1622.6.12）

己亥，詔恤先臣方孝孺遺胤。孝孺在建文朝，以侍讀學士直文淵閣。當靖難師入，以草詔不從，致夷十族。其幼子德宗幸寧海謫尉魏澤匿之，密託諸生余學夔負入松江島嶼，以織網自給。華亭俞允妻以養女，因冒余姓，遂延一線。至是，其十世孫方忠奕以貢來京，伏闕上書。得旨：“方孝孺忠節持著，既有遺胤，准與練子寧一體恤錄。”《明熹宗实录》卷22（頁 1090）

◎天啓二年六月丁卯（1622.7.10）

禮部為原任翰林院侍講學士方孝儒請恤。上以孝孺忠烈，特著與祭葬並諡。其妻鄭氏准祔葬。原籍特祠，令有司再加修飭。《明熹宗实录》卷 23（頁 1126）

◎天啓二年九月壬寅（1622.10.13）

左副都御史馮從吾題：“我二祖開基，表章六經，頒行天下。天子經筵講學，皇太子出閣講學。‘講學’二字，昔為厲禁，今為功令，是周家以農事開國，我朝以理學開國也。昨因東事，暫停經筵，而言者以為不可，旋復舉行，人人稱快。……先臣王守仁，當兵戈倥傯之際，不廢講學，卒能成功。此臣等所以甘心冒昧為此也。願罷臣歸田，以省此一番議論。”上以馮從吾才望素孚，何必以人言引咎。《明熹宗实录》卷 26（頁 1308）

（二）清代

◎世宗雍正三年十月癸未（1725.11.23）

增浙江省各學取進文童額數：……鄞縣、慈谿、山陰、會稽、諸暨、餘姚、臨海、金華、蘭谿、西安、建德、淳安、永嘉、麗水等二十五縣，向係大學，今照府學額各取進二十五名；奉化、新昌、嵊縣、天台、永康、常山、瑞安、平陽等八縣，向係中學，升為大學，各取進二十名；於潛、昌化、湯谿、江山等四縣，向係小學，升為中學，各取進十六名；定海縣，向取進十一名，今改為小學，取進十二名。《清世宗實錄》卷 37（一，頁 551）

◎雍正七年三月癸酉（1729.4.26）

敕封浙江鎮海縣蛟門山龍神為涵元昭泰鎮海龍王之神。《清世宗實錄》卷 79（二，頁 44）

◎高宗乾隆三十八年三月戊午（1773.4.20）

諭軍機大臣等："……聞東南從前藏書最富之家，如崑山徐氏之傳是樓、常熟錢氏之述古堂、嘉興項氏之天籟閣、朱氏之曝書亭、杭州趙氏之小山堂、寧波范氏之天一閣，皆其著名者。……至書中即有忌諱字面，並無妨礙。現降諭旨甚明，即使將來進到時，其中或有誕妄字句，不應留以疑惑後學者，亦不過將書燬棄，轉諭其家不必收存，與藏書之人並無干涉，必不肯因此加罪。……朕平日辦事光明正大，可以共信於天下……著將此專交高晉、薩載、三寶，務即恪遵朕旨，實力購覓，並當舉一反三，迅速設法妥辦，以副朕殷殷佇望之意。如有覓得之書。即行陸續錄送，毋庸先行檢閱。"《清高宗實錄》卷 929（十二，頁 500—501）

◎乾隆三十八年閏三月庚午（1773.5.2）

大學士劉統勳等奏："纂輯《四庫全書》，卷帙浩博，必須斟酌綜覈，方免罣漏參差。請將現充纂修紀昀、提調陸錫熊作為總辦，原派纂修三十員外，應添纂修翰林十員。又查有郎中姚鼐、主事程晉芳、任大椿、學正汪如藻、降調學士翁方綱留心典籍，應請派為纂修。又進士余集、邵晉涵、周永年、舉人戴震、楊昌霖，於古書原委，俱能考訂，應請旨調取來京，令其在分校上行走，更資集思廣益之用。"從之。《清高宗實錄》卷 930（十二，頁 514）

◎乾隆三十八年五月乙亥（1773.7.6）

又諭："……凡各省解到之書，鈔錄已竣，概令給還本家珍守。所有范懋柱等呈出各書，著三寶先行傳諭伊等，將來解京鈔畢，仍發回浙省，令其領取收藏。再，該撫摺內，又稱范氏藏書中有與前奏單內各書重複者頗多、已經檢除等語。此項檢出書籍，自應先行給還。著傳諭三寶，即將檢存各書點明若干部、每部若干本，開列清單，派委妥員，齎交范懋柱收領。並留心稽察，毋使承辦之員，從中扣留缺少，及胥吏等藉端需索。"《清高宗實錄》卷935（十二，頁580）

◎乾隆三十九年五月丙寅（1774.6.22）

諭："……今閱進到各家書目，其最多者，如浙江之鮑士恭、范懋柱、汪啟淑、兩淮之馬裕四家，為數至五六七百種，皆其累世弆藏，子孫克守其業，甚可嘉尚。因思內府所有《古今圖書集成》，為書城鉅觀，人間罕覯。此等世守陳編之家，宜俾尊藏勿失，以永留貽。鮑士恭、范懋柱、汪啟淑、馬裕四家，著賞《古今圖書集成》各一部，以為好古之勸。……以上應賞之書，其外省各家，著該督撫鹽政，派員赴武英殿領回分給；其在京各員，即令其親赴武英殿祗領。"《清高宗實錄》卷958（十二，頁991—992）

◎乾隆三十九年六月丁未（1774.8.2）

諭："浙江寧波府范懋柱家所進之書最多，因加恩賞給《古今圖書集成》一部，以示嘉獎。聞其家藏書處曰天一閣，純用磚甃，不畏火燭，自前明相傳至今，並無損壞，其法甚精。著傳諭寅著親往該處，看其房間製造之法若何，是否專用磚石、不用木植，并其書架款式若何，詳細詢察，燙成准樣，開明丈尺呈覽。……今辦《四庫全書》，卷帙浩繁，欲倣其藏書之法以垂久遠。……將此傳諭知之。仍著即行覆奏。"尋奏："天一閣在范氏住宅之東，坐北向南，……因悟'天一生水'之義，即以名閣。閣用六間，取'地六成之'之義。是以高下深廣，及書櫥數

目、尺寸，俱含六數。特先繪圖具奏。"《清高宗實錄》卷 961（十二，頁 1030—1031）

◎乾隆四十三年五月乙酉（1778.6.20）

諭軍機大臣等："前經各省將查出應燬違礙各書，陸續送京。經該館大臣派員查辦，分別開單進呈，請旨銷燬。所有應燬各書，著該館開單，行知各督撫，一併實力查辦。其中有浙江寧波周乃祺所撰《歷志》一本，冊面題曰第二十一卷，尚非完書，此外存留卷帙，恐復不少。著傳諭王亶望，即行加意訪查，勿使私藏干戾。至此書或有流傳他省者，並諭各督撫一體查察，隨時送京銷燬，毋得視為具文。"《清高宗實錄》卷 1057（十四，頁 132）

◎仁宗嘉慶八年五月癸亥（1803.7.18）

癸亥，封浙江慈谿縣北雪山龍神為寧民普惠鎮海龍神，從巡撫阮元請也。《清仁宗實錄》卷 113（二，頁 510）

◎嘉慶二十年十月壬申（1815.11.21）

壬申，諭內閣："翁元圻①奏'訪獲西洋人，潛至內地傳教，訊明大概情形'一摺。此案，蘭月旺以西洋夷人潛入內地，遠歷數省，收徒傳教，煽惑多人，不法已極，著翁元圻嚴切訊究。審明後，將該犯問擬絞決，奏明辦理。其供出之犯，按名查拏務獲，並飛咨各該省一體嚴緝究辦。"《清仁宗實錄》卷 311（五，頁 131—132）

◎嘉慶二十四年二月丁卯（1819.2.28）

諭軍機大臣等："御史盛唐奏：浙江寧波府鄞、慈兩學生員，有破靴黨名目，請飭整頓。士子身列膠庠，以束身敦行為重。鄞、慈兩學生員，乃有結黨包訟，婪索擾累，挾制官長，甚至有動眾劫掠、棍械傷人情事。是不獨有玷士林，抑且大為地方之害。著程國仁會同李宗昉，飭令該府

① 翁元圻，餘姚人，乾隆四十六年進士，歷職貴州按察使、湖南布政使等。

318

縣及教官，據實確查，認真化導。如有劣跡著名者，查明款蹟斥革。務
令滌滌澆風，以正學校而端士習。"《清仁宗實錄》卷354（五，頁669）

◎宣宗道光二十三年二月癸卯（1843.3.30）

浙江學政羅文俊奏："前因寧波辦理軍務，請俟事竣補行歲試。茲查
應考人眾，歲科分試，恐誤秋闈。請一併舉行，以歸簡易。"從之。《清
宣宗實錄》卷389（六，頁998—999）

◎文宗咸豐元年七月辛卯（1851.8.3）

辛卯，浙江學政吳鍾駿奏稱："甯波府城，諸夷雜處，左道易惑。現
飭各學教官，於鄉鎮中勸立義學，以正人心。"報聞。《清文宗實錄》卷
37（一，頁515）

◎咸豐五年八月丙午（1855.9.26）

以浙江捐輸軍餉，永廣：鄉試中額一名，錢塘縣學額十名，山陰、
會稽二縣各三名，仁和、餘姚、上虞三縣各二名，嵊縣一名。《清文宗實
錄》卷175（三，頁951）

◎咸豐六年三月乙亥（1856.4.22）

以浙江捐輸軍餉，再永廣：鄉試中額二名，餘姚縣學額三名，山陰、
會稽二縣各一名。永廣：商學八名，慈谿縣十名，歸安、烏程二縣各六
名，平湖縣五名，秀水、鄞二縣各三名，鎮海縣二名，海甯、嘉興、嘉
善、石門、長興、德興、諸暨、嵊、西安、永嘉十州縣各一名。《清文宗
實錄》卷193（四，頁89—90）

◎咸豐七年閏五月戊申（1857.7.19）

以浙江捐輸軍餉，永廣：鄉試中額一名，仁和縣學額八名，蕭山縣
三名，烏程縣二名，海甯、歸安、鄞、鎮海、餘姚、長興、海鹽七州縣
各一名。《清文宗實錄》卷228（四，頁559）

◎咸豐九年三月辛巳（1859.4.13）

以浙江捐輸軍餉，永廣海寧、歸安、鎮海三州縣學額各三名，烏程縣二名，山陰、蕭山、諸暨、上虞、鄞五縣各一名。《清文宗實錄》卷278（五，頁84）

◎咸豐十年閏三月丁巳（1860.5.13）

以浙江續捐軍餉，再永廣：錢塘商學額二名，德清縣二名，鎮海、餘姚、海寧、山陰、平湖、鄞、會稽、蕭山、秀水、上虞、諸暨、嘉興、嘉善、嵊、天台、義烏十六州縣各一名。《清文宗實錄》卷314（五，頁613）

◎穆宗同治元年三月丁未（1862.4.23）

丁未，諭內閣："前奉母后皇太后、聖母皇太后懿旨，命南書房、上書房、翰林等，將歷代帝王政治及前史垂簾事蹟，擇其可為法戒者，據史直書，簡明注釋，彙冊進呈。茲據侍郎張之萬等彙纂成書，繕寫呈遞，法戒昭然，足資考鏡，著賜名《治平寶鑑》。禮部右侍郎張之萬、太常寺卿許彭壽、光祿寺卿潘祖蔭、翰林院編修鮑源深、修撰章鋆①、編修楊泗孫、李鴻藻、呂朝瑞、黃鈺，著各賞給大卷緞一匹、大卷江綢一匹。"《清穆宗實錄》卷23（一，頁623—624）

◎同治五年十一月庚辰（1866.12.31）

以浙江捐輸軍餉，永廣：鄉試中額四名，杭州府學額十名，湖州府八名，寧波府四名，會稽、蕭山二縣各五名，鄞、山陰二縣各四名，鎮海縣三名，嘉興、秀水、平湖、長興、餘姚、上虞、嵊、江山、永嘉九縣各二名，海寧、富陽、嘉善、海鹽、石門、桐鄉、定海、諸暨、臨海、蘭谿、東陽、義烏、永康、浦江、西安、常山、開化、淳安、桐廬、遂

---

① 章鋆，鄞縣人，咸豐二年（1852）狀元，歷職翰林院修撰、福建學政，卒於廣東學政任上。

安、樂清、龍泉二十二廳州縣各一名。《清穆宗實錄》卷190（五，頁403）

◎同治七年九月丙子（1868.10.17）

以浙江捐輸軍餉，永廣：嘉興、紹興兩府學額各十名，甯波、太平府縣各六名，嘉興、永嘉二縣各五名，秀水、嘉善、桐鄉、德清四縣各四名，定海、海甯、海鹽、諸暨、上虞、平陽六廳州縣各三名，餘杭、平湖、石門、象山、臨海、義烏六縣各二名，餘姚、黃巖、天台、樂清、瑞安、泰順、麗水七縣各一名。《清穆宗實錄》卷242（六，頁351）

◎德宗光緒三十年十一月癸巳（1904.12.25）

浙江巡撫聶緝槼奏："在籍知府何恭壽等，在餘姚縣治西北鄉倡設誠意學堂，募集經費。請准立案，以昭激勸。"下學務大臣知之。《清德宗實錄》卷538（八，頁160）

◎光緒三十四年九月甲申（1908.9.26）

禮部奏："請准先儒江蘇昆山顧炎武、湖南衡陽王夫之、浙江餘姚黃宗羲從祀先師孔子廟廷。"從之。《清德宗實錄》卷596（八，頁872—873）

◎遜帝宣統元年五月庚午（1909.7.8）

肅親王善耆等奏："……擬就現有款項，畫一海軍教育，編制現有艦艇，開辦軍港，整頓廠塢臺壘，……並就浙江之象山，設槍炮練習所（附以練勇隊）、水雷練習所（附以雷勇隊）。……海軍根據地，擇適中之浙江象山先行開築，除建燈塔、設浮標等應就海關船鈔項下動支外，擬先將海軍辦公處所、演武廳、操場、靶場、瞭望臺、旗臺、賀炮臺、倉庫、碼頭、醫院、槍炮魚雷練習所、練勇雷勇營房、修械廠等即行建設，並購置浚港輪剝等項機船。佈置粗完，艦艇即可灣泊。……此擇定軍港，以為海軍根據地者也。製造廠船塢為海軍命脈，近象山港擇地興建，以資聯絡。"《宣統政紀》卷14（頁279—281）

◎宣統元年十二月乙巳（1910.2.9）之前

宣統元年，度支部尚書載澤疏言："……兩浙產鹽之旺，首推餘姚、岱山，次則松江之袁浦、青村、橫浦等場，皆板曬之鹽也。而杭、嘉、寧、紹所屬煎鹽各場，滷料亦購自餘姚。近年滷貴薪昂，成本加重，商家既舍煎而取曬，竈戶亦廢竈而停煎。煎數日微，故龍頭、長亭、長林等場久缺，而注重轉在餘、岱。餘姚海灘距場遠，岱山孤懸海外，向不設場，雖經立局建廠，而官收有限，私曬無窮。此產鹽各處之情形也。淮、浙行鹽，各有引地，……浙場距場近者，有肩引、住引之分。距場遠者，有綱地、引地之別。加以官辦商包，其法不一，紛紜破碎，節節補直。至捆鹽出場，沿途局卡之留難，船戶之夾帶，則皆不免。此銷鹽各處之情形也。……近來籌欵，以鹽為大宗，而淮、浙居天下中心，關於全域尤重。為整頓計，非事權統一不可。擬請將鹽務歸臣部總理，其產鹽省分，督撫作為會辦鹽政大臣，行鹽省分，均兼會辦鹽政大臣銜。"制曰："可。"《清史稿》卷123《食貨志四》，第3637—3639頁

◎宣統二年九月丁卯（1910.10.29）

以學行敦實，予浙江餘姚縣舉人黃炳堃事蹟宣付史館。《宣統政紀》卷42（頁776）

◎宣統三年三月丙辰（1911.4.16）

郵傳部奏："商務振興，必藉航業，航業發達，端賴人才。……臣部管理全國航業，兢兢以建設商船學校為船員之需，正擬相度地勢，剋日經營。旋准臣部上海高等實業學堂監督唐文治咨稱，翰林院修撰張謇願將上海吳淞口漁業公司地基並所領官款六萬圓呈送臣部，辦理商船學校；復准籌辦海軍大臣咨稱，浙紳李厚祐報效寧波益智中學堂一所，奏明豫備臣部商船學校之用。……兩地交通至便，建校招生，甚為合宜，均堪備用。惟商船學理深邃，程度極高，一旦兩校兼營，不獨財力維艱，且恐教習、學生均難應選。不若併力先辦吳淞一處，較易觀成。……其寧

波益智學堂所有房屋、地基，均應作為船校產業，將來或改為商船中學。當視日後之款項、人材以為進退，此時暫從緩辦。"《宣統政紀》卷51（頁911—912）

◎宣統三年五月乙丑（1911.6.24）

翰林院奏："檢討章梫①呈稱：'現今銳意立憲，聖祖成憲，實足範圍各國憲法而無遺。纘述精求，法源斯在，恭纂《康熙政要》二十四卷進呈。'"報聞。《宣統政紀》卷54（頁986）

---

① 章梫，寧海人，光緒三十年（1904）進士，曾任職翰林院檢討。

四、文徵

（一）明代

◎貽張主客書（楊守陳/1425—1489）

倭奴僻在海島，其俗狙詐而狼貪。自唐以至近代，已嘗為中國之疥癬矣。國初洪武間，嘗來貢而不恪，朝廷既正其罪，後絕不與通，著之為訓。至永樂初，始復來貢，而後繼之。於是往來數數，知我中國之虛實、山川之險易。因肆奸譎，時挐舟載其方物戎器，出沒海道而窺伺我，得間則張其戎器而肆侵夷，不得間則陳其方物而稱朝貢。侵夷則捲民財，朝貢則沾國賜，間有得不得，而利無不得，其計之狡如是。宣德末，來不得間，乃復稱貢。而朝廷不知其狡，詔至京師，燕賞豐渥，捆載而歸，則已中其計矣。正統中，來而得間，乃入我桃渚，犯我大嵩，劫倉庾，燔室廬，賊殺烝庶，積骸流血如陵谷。縛嬰兒于柱，沃之沸湯，視其啼號以為笑樂。捕得孕婦，與眾計其孕之男女，剖視之以賭酒，荒淫穢惡，至有不可言者。舉民之少壯與其粟帛，席捲而歸巢穴，城野蕭條，過者隕涕。於是朝廷下備倭之令，命重師恒出要地，增城堡，謹斥堠，大修戰艦。合浙東諸衛之軍，分番防備，而兵威振於海表，肆七八年間，邊民安堵，而倭奴潛伏罔敢喘焉。茲者天誘其衷，復來窺伺，而我軍懷宿昔之憤，幸其自來送死，皆瞋目礪刃，欲食其肉而寢處其皮。彼不得間，乃復稱貢，而我帥遂從其請以達於朝，是將復中其計矣。

今朝廷未納其貢，而吾鄞先罹其害，芟民稼穡為之舍館，浚民脂膏為之飲食，勞民筋力為之役使，防衛晝號而夕呼，十徵而九斂，雖雞犬不得寧焉。而彼且縱肆無道，強市物貨，善謔婦女，貂璫不之制，藩憲之不問，郡縣莫敢誰何，民既讙然不寧矣，若復詔之京師，則所過之地民，其有不讙然如吾鄞者乎？矧山東郡縣，當河決歲凶之餘，其民已不堪命，尤不可使之讙然也。且其所貢刀扇之屬，非時所急，償不滿千，而所為糜國用弊民生以通厚之者，一則欲得其向化之心，一則欲弭其侵邊之患也。今其狡計如前所陳，則非向化者矣，受其貢亦侵，不受其貢亦侵，無可疑者矣。昔西旅貢獒，召公猶致戒於其君；越裳獻白雉，周公猶避讓不敢受。漢通康居、罽賓，隋通高昌、伊吾，皆不免乎君子之議，況今倭奴蕞爾仇敵，而於構釁之餘，復敢懷其狙詐狼貪之心，而施其奸計以罔我，其罪不勝誅矣，況可與之貢乎？然彼以貢獻為名，既入我境而遂誅之，則類於殺降，不武不義。若從而納其所貢，則中其奸計而益招其玩侮，不可謂智；取一而損十，得虛而費實，不可謂計；弊所恃以事無用，俾其不甲兵而騷，不水旱而窘，不可謂仁。有一於斯，皆非王者之道。竊以為宜降明詔，數其不恭之罪，示以不殺之仁，歸其貢獻而驅之出境。申命海道帥臣益嚴守備，俟其復來，則草薙而禽獮之，俾無噍類。若是，則奸謀狡計破沮不行，若日之所照，月之所臨，物莫能逃，故天下咸知朝廷之明。貢獻不納，貨賄不貪，雖有遠方珍怪之物，無所用之，故天下咸知朝廷之廉。自江浙以達京畿，亘數千里之民，舉不識運輸之勞，不知徵斂之苦，父哺其子，夫煦其妻，而優遊以衣食，故天下咸知朝廷之仁。夷裔知吾國有禮義而不敢侮，奸宄知吾國有謀猷而不敢發，桴鼓不鳴，金革不試，故天下咸知朝廷之威。舉一事而眾善備焉，斯與勞民費國而幸蠻夷者，萬不侔矣。僕雖斬焉在縗絰之中，然不忍民之罹殃而慮國之納侮，故敢布之下執事，冀採擇以聞，庶少補廟謨之萬一，唯執事其亮之。

◎西亭餞別詩序（張邦奇 /1484—1544）

甬東為海岸孤絕處，蛟門、虎蹲，古稱天險。高麗、日本、暹羅諸番航海朝貢者，皆抵此登陸。水陸之間，異服上下，防守固宜加慎。而海鄉之民，以滄溟為菑畲，每歲孟夏以後，大舶數百艘，乘風掛帆，蔽大洋而下；而台、溫、汀、漳諸處海賈，往往相追逐出入蛟門中。國初以翁山險絕，內徙其民而空之，以絕寇源，慮患不為不深。並海要害置衛若所，又設巡海憲臣專領其事，制法不為不備。然當成化間，倭夷掠大嵩、霩衢，如覆無人之境，虜財物、子女，掉臂哈笑而去。況方今武備非曩昔比，而異方海賈瞯眤日熟，其可虞者，又不止倭夷爾矣。

市舶之設，專司貢獻，而近復兼與海道，則提舉之司於海隅休戚，亦不得以非已所職，遂默默而已也。夫島夷以朝貢為名，其來也，理不可得而距，海隅之民恃海而食；其出也，勢不可得而圍，必使巡海憲臣恒駐蛟門之內，督率武弁，慎封守而譏非常，則可以無患。不然，遙居數百里外，平時蠹弊既省刷，而卒然有警，又不能以相及。至於兔去而嗾犬，羊亡而補牢，斯亦晚矣。

陳君克寬，以潛山著姓，卒業太學，官四明之提司。三載考績，將之京，明之縉紳士，餞之郡西之亭，各為詩歌，以嘉陳君。夫以君敦敏之資，加之以廉慎，以是見察于監司，書其考曰才，曰無過，而上之銓曹，固足以循資而進。然君子居其土則慮其民，況職業有相關者乎！其以吾所聞者，告之當道，聞之天子，為明州曲突徙薪，則豈特三載之績云爾哉！明天子方聿新政令，凡海內休戚利弊，正所樂聞，遘雲龍之會，被非常之恩，將不在斯行乎？書以為《西亭餞別詩序》。①

◎七修續稿（郎瑛 / 1487—1566）

嘉靖廿九年秋，福建林汝美號碧川、李七時名光頭、許二名棟越獄下

<hr/>
① 《明經世文編》卷 147《張文定集·西亭餞別詩序》，[明]陳子龍等選輯，中華書局 1962年版，第 1465 頁。

海，誘引日本倭奴與沿海無籍，結巢雙嶼海中山名，橫行水上，行文於浙之寧、台，自稱奧主，借銀米於某地交割，否則引兵入界，官私盡空。時徽人王直即王五峰、徐惟學即徐碧溪私通番舶，往來寧波有日矣。是年，浙省巡按楊公九澤久知其事，因林文奏浙近海係邊夷地方，請設重臣。上命都御史朱公紈開府於浙，因調福建都指揮盧鐘、浙江都指揮梁鳳等搗其巢穴，嚴禁下海。直不得私，遂入賊餘黨，招來九州之夷日本所屬豐前、豐後等九島，故謂九州，聯舟海上，潛以鄞人毛烈即毛海峰為子，仍棲海嶼，叩關定海關也取值直嘗賒貨于寧，至是取直生隙。時廣賊陳四盼亦累劫擾，官府莫治也。直乃用計擒殺請功，願乞互市之法，官司不許，遂令夷賊突入定海縣名，奪船擄掠，移泊烈港去定海十里，後又結巢岑港，籍夷以援也，亡命之徒從附日眾。自是，華夷成黨，賊續而來，為患孔棘，寇溫州，破黃巖縣名，陷霽衢所名，東南大震。《七修續稿》卷二《浙省倭寇始末略》[1]

◎秋崖壙志（朱紈／1494—1550）

此蘇長洲第一都之原邑人朱紈歸藏之地。枕先塋，趾射瀆，獅山導其前，陽山、滸墅擁其後，都會通津經其左，虎丘峙焉。紈，字子純，別號秋厓，生於弘治甲寅九月朔。時，父圭庵府君以景寧教諭遭誣罷歸之二載、嫡兄衣作亂出走下邳之二月也。生母太宜人施坐蓐中毒，不死三日，保紈就邑禁，[2]仲兄冠奪哺者信宿，賴伯父孟輝、伯兄清爭回。冠復遏太宜人餉，賴巾網糊口不死。居百有十日，弛禁。百死之身，太宜人以百死全之。孩提識趨，髫齓經史，得於府君諄嚴；太宜人左右，以底于成。內難歲作，歷涉艱險，皆口不可言者。正德庚午，入郡庠。壬申，遭嫡母馬宜人喪。乙亥，遭府君喪，服闋。己卯，領鄉薦。庚辰，

---

① 《七修類稿》，[明]郎瑛撰，上海書店出版社2021年版，第554—555頁。

② 朱紈生母姓施，乃其父朱圭庵的小妾。當朱紈出生時，朱圭庵因官司纏身而外出避難，朱紈生母施氏在生產三日後被抓入監獄。詳參朱紈《甓餘雜集》卷12，《四庫全書存目叢書·集部七八》，第302—308頁。故此"保"字（《國朝獻徵錄》亦作"保"），當是"褓"之誤；"邑禁"則指監獄。

會舉。辛巳，對大廷，賜進士出身，觀工部政。乞差歸省。天曹懲其初，預列外選。①嘉靖壬午，除知景州。癸未，改開州。三年考績，進階奉直大夫，賜誥命。丁亥，升南刑部員外郎，司浙江。己丑，升郎中，改南兵部司職方。庚寅，改南吏部司考功。三年考績，進階奉議大夫。壬辰，升江西布政司右參議。甲午，入賀。不承當軸治第之委，升四川按察司副使，整飭威茂兵備，實竄之也。丙申，平深溝②諸賊，部院上其功，賜白金三、彩幣三。丁酉，遭太宜人喪，尋升貴州左參政，不拜，服闋。辛丑，補山東左參政。癸卯，升雲南按察使。甲辰，升山東右布政使。乙巳，升廣東左布政司。時封川奏捷，附名薦章，賜白金一。丙午，提調鄉試，將入覲，過家，遭人倫之變，父子幾不免。升都察院右副都御史，奉敕巡撫南贛、汀漳等處地方提督軍務。丁未，改浙江巡撫兼福建海道提督軍務。時，以海寇猖獗，創建此官。而禁奸除寇，勢利家所深害，息與忌者乘之。十月，入漳州，平同安山寇。按閩者信讒，追論前任之遺，得以功贖，平生辱薦二十一章，至是始一被論。然同安非前任所轄也。十二月，拜敕歷閱海防，請以重典刑亂，賜軍令旗牌八。戊申三月，至寧波，撫海島，倭夷六百餘人入城，悉受約束。四月，襲破雙嶼賊巢。五月，寧波詐傳詔旨③，教夷作亂，以殺巡撫為辭。于時，駐定海，以鎮群芬，渡炎海，入雙嶼，以定不拔之計。④賊失其巢，往來外洋者一千二百九十餘艘，上下連戰，皆捷。六月，閩人周亮奏革巡撫。既而，漳囚逸入於海，大擔嶼、大步門、大江諸警繹騷，時疾甚呻吟，規畫無敗績。九月，兵部錄雙嶼之功，奏旌之，賜白金一、彩幣一。十月，拜敕改命巡視，遂興疾督兵追賊，下溫、盤、南麂諸洋。十二月，大捷。處州礦賊起，衢州告急，亦平之。時，經年建白⑤，多見阻撓，仕

① 天曹懲其初，預列外選：《國朝獻征錄》無。
② 《吳都文粹續集》作"溝深"，《國朝獻征錄》作"深溝"，當作"深溝"，詳參朱紈《甓餘雜集》卷11，《四庫存目叢書·集部七八》，第297—301頁。
③ 詔旨：《國朝獻征錄》誤作"詔指"。
④ 以定不拔之基計：《國朝獻征錄》脫"基"字。
⑤ 白：《國朝獻征錄》誤作"自"。

途怨讟盈耳。閩人林懋和倡狨夷覘我之說，命下遣還業就約束者①。寧波趙文華唁以南京侍郎，脅以身後之禍，說以市舶之利，與屠僑、屠大山內外交煽尤力。乃連疏請骸骨，申辨蹇蹇。己酉，自溫進駐福寧。漳海大捷，擒佛郎機②名王及黑白諸番、喇嗒諸賊甚眾，度其必變，乃傳令軍前執訊，斬其渠魁，安其反側，先後以聞。浙、閩悉定。五月，得請生還，困臥蕭寺。屠僑嗾御史陳九德論以殘橫專擅，眾欲殺之。賴聖明在上，姑褫職候勘。群非大來③。竊自歎，一介書生，叨冒至此，靜思稱塞，不過數事。在開州，恤里甲、均戶役。在職方，革協守之橫。在江西，定安福均糧之籍，剖東鄉、安仁割圖之訟。在威茂，平番寨，處邊餉。在山東，奪守涉之議。在廣東、在贛州，平政刮垢而已。然未如今日之自慊也。人情如此，果貴耳邪？遂力疾取所集《甇餘》各卷刊定之者。孤臣孽子之概，作俟命辭曰：

糾邪定亂，不負天子；功成身退，不負君子。吉凶禍福，命而已矣。命如之何？丹心青史。一家非之，一國非之。人孰無死？維成吾是。

治後事，囑諸子，以登第三十年，府君未沾一命之榮，不孝④送死，不訃⑤、不受弔、不祈碑銘。配徐氏，封宜人。子男⑥六：貞元，郡庠生；貞介、貞則、貞固、貞孚、貞訓，邑庠生。女一⑦，適盛之繼。孫男七：篆、符、簡、簽、簾、篇、籍。女六。家世劬勞，載《永感錄》，自撰壙志，虛卒葬月日如左。

此志甫就，不意竟卒。卒之日，乃己酉冬十二月十六日辛亥也。任男貞

---

① 者：《國朝獻徵錄》脫。
② 《國朝獻徵錄》脫"機"字。
③ 群非大來：《國朝獻徵錄》脫此四字。
④ 孝：四庫全書本《吳都文粹續集》誤作"華"，茲據《國朝獻徵錄》改正。
⑤ 訃：《國朝獻徵錄》誤作"計"。
⑥ 《國朝獻徵錄》脫"男"字。
⑦ 《國朝獻徵錄》倒作"一女"。

元①等遵遺命，不敢久停，遂以明年庚戌正月癸酉日葬。兄紹拉淚署尾。②

◎送大中丞秋厓朱公序（陳昌積／嘉靖十七年進士）

　　海防之毀也，殆萌於吾民之引海寇乎？海寇之得縱橫我境也，殆由於設賂上流乎？其情甚隱，而其變叵測也。其漸有因，而弭後至難也。溫、台、漳、泉濱海之民，居無陶穴環堵之庇俯仰，資無穰畝桑土之辦衣食，勢必賴樵漁於海以自活，故其人無不習於海。其富者滅膏壤名田，以泄其厚藏，則腰重裝，隨琉球、暹羅等國朝貢之使以為賈；來則挾彼國所多、中國所鮮以為市；歸則載中國所多、彼國所鮮以為市，輾轉販易，募徒自護，其人亦無不習於海。由是象犀、玳瑁、伽楠、翡翠、明珠、椒桂貴善可喜之貨交舶互集，凡善泅習遊之徒亦無不群聚於海。夫以習泛之人而視可喜之貨，是啖之甘毳而投之兔狐也，其誰不秋毫性命之重以爭趨哉！故小賈睥睨其小之弱於己者，掩其貨而顛越之；大賈睥睨其大之弱於己者，掩其貨而顛越之。弱肉強食不已，劫殺良民以為益。況其蕩之于澎湃泌泊茫無津涯之險，踔之於迅帆疾駛奔揚斥堨之區，居之於積儲捆載若堂若丘之艦，擅之於隨波出入使船如騎之能。急之，則越走閩、閩走越；緩之，則銜艫雙嶼，負山據流以自恃。烏鶩蟻涒，未易獮獵。始猶瞰虛肆剽，今至直導群寇而橫為晝剽。始猶腰賈本以入海，今則直張空拳以往。勝則利盡歸大首，敗則推其賤募之備以當鋒刃。此非其情甚隱而流禍至叵測乎？一時巡備、居守之有司，嘗督戍海之兵以防禦矣，則以胲月糧而補失事之苦，乃餌寇間而陰與行成。又嘗募土之壯民、以譏捕之號為召用矣，則以官賞不若寇購之厚，乃餌寇間而陰與行成。且能通關及微置賂上流，造順風買港之說，以啖巡備之有司；造

---

① 《國朝獻徵錄》脫"元"字。

② 《吳都文粹續集》卷 43 朱紈《秋厓壙志》，[明]錢谷撰，影印文淵閣《四庫全書》第 1386 冊，台灣商務印書館 1982 年版，第 385—387 頁。朱紈是搗毀雙嶼港的主要人物。這篇朱紈自撰墓誌，不僅比較真實地反映了他的一生，而且反映了他對自己人生經歷的評價。明人焦竑在《國朝獻徵錄》卷 62，以《都察院右副都御史秋厓朱公紈壙志》為題收錄了這篇文章（《續修四庫全書》第 528 冊，第 383—384 頁），但訛誤甚多。

入境拜見、納海面鐔之說，以啖居守之有司。巡備、居守一甘其熏心之貨而入之，則居守、巡備之令弛矣。巡備、居守之令弛，則寇登陸泛流所至皆坦塗，不必倚雙嶼港以為窟，無地而非其厚藏安宅之所。夫不禁其長之漸，又何怪乎其後也？用斧柯以伐之而不克乎？今天子察其宿弊，用宰臣議，間數歲一設巡視。於是，詔秋崖朱公，仍以都御史巡撫浙江，兼巡視浙、閩海道事。公瀕行，兵憲白坪高公屬言於昌積。顧愚不知國事者，其何以既公？雖然，請持所聞，以質於公可乎？今議海防者，有請于溫汛相鄰之地築城開府，奪雙嶼港建置水營增海卒據守之，是為豫握要轄覆其巢穴之計也；有請立保甲以相譏防，是沿古之法也。不知迎分子錢歸送海儀之名色、遊說行成通關納略之奸圖，半出於保甲中之人，而可盡信乎？有請禁止片船隻艇不許下海，如此，則海濱無寸土之民衣食靡出，將晏然而就斃乎？其患尤恐滋也。予謂撲火必沃其灼，救弊必係其自，弗遏其上流之略而欲清海卒召用之奸，難矣！海卒召用之不用命而欲海寇之不盜吾境，難矣！公提督南贛，先聲所流，墨夫解綬；號令一下，旗幟易色，爬梳宿弊，毛洗而節劊之，何其威風也！能于此有不能於今大受耶，此固志用世者之所同拭目也！①

◎防海議（張時徹／1500—1577）

浙東郡邑率薄海隅，與島夷為鄰。且貢道所經，於入寇宷邇，故防患尤所當切。漢晉而降，代有臣叛。我國家制馭綏懷之猷，暨文武將吏蕩平俘斬之績，詳于通紀，茲不復贅。惟昔我祖宗之制，防邊戍海，樹設周詳。郡縣所在，建立衛所，而定海實為要衝。其間關隘、台寨、墩堡、巡司等置，計五十四處，咸設官兵，瞭報聲息，晝煙夜火，互相接應。若三塔山、朱家尖，蠹嶹最高，所望獨遠，故設總台，倍撥旗軍，而戒嚴尤至。海上則多設兵船，分佈哨禦。則舟山又定海之外藩也，是

---

① 《明文海》卷295，[清]黃宗羲編，影印文淵閣《四庫全書》，第1456冊，第367—369頁。

故設總督備倭，以公侯伯領之；巡海道，以侍郎都御史領之。海上諸山，分別三界。黃牛山、馬墓、長塗、金塘、冊子、大榭、蘭秀、劍岱、雙嶼、雙塘、六橫等山為上界；灘滸、洋山、三姑、霍山、徐公、黃澤、大小衢為中界；花惱、求芝、絡華、彈丸、東庫、陳錢、壁下等山為下界。率皆潮汐所通，倭夷貢寇必由之道也。前哲謂，防陸莫先於防海。故于沿海衛所置造戰船二百餘艘，量其大小，給兵仗火器，調發撥旗軍駕使，而督領以指揮、千、百戶。每值風汛，把總官統領分哨，以三月三日初哨，四月中旬二哨，五月五日三哨。由東南而分水礁、石牛港、崎頭洋、孝順洋、烏沙門、橫山洋、雙塘、六橫、雙嶼、青龍洋、亂礁洋，抵前倉而止。凡韭山、積穀、大佛頭、花惱等處為賊舟所經行者，可一望而盡。由西北而歷長白、馬墓、龜鱉洋、小春洋、兩頭洞、東西霍，抵洋山而止。凡大小衢、灘滸山、丁典、馬跡、東庫、陳錢、壁下等處為賊舟所經行者，可一望而盡。即由此而南通於甌越，北接于江淮，皆以南北兩洋為要會，而南北之哨則以舟山為根抵。哨畢，仍以小船巡邏，防守尤至密也。[1]

◎芝園定集（張時徹 / 1500—1577）

余於北山盧公有徵焉。公，將家子也。初以勇略著稱。嘉靖戊申，寇起海上，始設提督大吏于時，都御史秋崖朱公屢遣將出師，卒莫有奮臂先驅俘馘一介者，寇則大騷。會舉北山可帥者，乃以閩闉檄領偏師討之。出奇賈勇，遂平賊於雙嶼，已又平賊於月港。[2]

◎正氣堂集（俞大猷 / 1503—1579）

自浙江寧波起，以至福建之元鐘止，沿途俱有港門安澳，海中亦有島澳可泊兵船。故倭船經此海洋，必有兵船出追逐走，星散不得成

---

① 《天啓舟山志》卷1附錄，[明]何汝賓輯，《中國方志叢書·華中地方第499號》，台灣成文出版社1983年影印明天啓六年何氏刊本，第58—61頁。

② 《芝園定集》卷31《贈盧都督敘》，[明]張時徹撰，《四庫全書存目叢書·集部八二》，齊魯書社1997年版，第175頁。

綜。……市舶之開，惟可行於廣東。蓋廣東去西南之安南、占城、暹羅、佛郎機諸番不遠，諸番載來乃梄椒、象牙、蘇木、香料等貨，船至報水，計貨抽分，故市舶之利甚廣。數年之前，有徽州、浙江等處番徒，勾引西南諸番，前至浙江之雙嶼港等處買賣，逃免廣東市舶之稅。及貨盡將去之時，每每肆行劫掠，故軍門朱慮其日久患深，禁而捕之。自是，西南諸番船隻復歸廣東市舶，不為浙患。[①]

◎鄭開陽雜著（鄭若曾 / 1503—1570）

國初，浙江沿海設把總指揮者四。定臨觀，一總也；松海昌，一總也；金盤，一總也；海寧，一總也。……愚考浙海諸山，其界有三。黃牛山、馬墓、長塗、冊子、金塘、大樹、蘭秀、劍山、雙嶼、雙塘、六橫、韭山、檀頭等山，界之上也。灘山、許山、羊山、馬跡、兩頭洞、漁山、三姑、霍山、徐公、黃澤、大小衢、大佛頭等山，界之中也。花腦、求芝、絡華、彈丸、東庫、陳錢、壁下等山，界之下也。此倭寇必由之道也。《浙洋守禦論》[②]

太倉使往日本針路見《渡海方程》及《海道針經》；

太倉港口開船，用單乙針，一更船平更者，每一晝夜分為十更，以焚香枝數為度。以木片投海中，人從船面行，驗風迅緩，定更多寡，可知船至某山洋界；

吳淞江用單乙針及乙卯針，一更，船平；

寶山到南匯嘴，用乙辰針，出港口，打水六七丈，沙泥地，是正路。三更，見茶山茶山水深十八托，一云行一百六十里，正與此合；

自此用坤申針及丁未針，行三更，船直至大小七山，灘山在東北邊；

灘山下水深七八托，用單丁針及丁午針，三更，船至霍山；

① 《正氣堂集》卷7《論海勢宜知海防宜密》，[明]俞大猷撰，《四庫未收書輯刊》第5輯，第20冊，北京出版社1997年版，第190—191頁。

② 《鄭開陽雜著》卷1《浙洋守禦論》，[明]鄭若曾撰，影印文淵閣《四庫全書》第584冊，台灣商務印書館1982年版，第476頁。胡宗憲《浙江四參六總分哨論》與此相同，詳參陳子龍《明經世文編》卷267，第4冊，第2825頁。

霍山用單午針至西後門；

西後門用巽巳針，三更，船至茅山；

茅山用辰巳針，取廟州門，船從門下行過，取升羅嶼廟州門水深急流；

升羅嶼用丁未針，經崎頭山出雙嶼港升羅、崎頭俱可泊船；崎頭水深九托；

雙嶼港用丙午針，三更，船至孝順洋及亂礁洋雙嶼港口水流急。孝順洋水深十三托，泥地；

亂礁洋水深八九托，取九山以行九山西邊有礁，打水行船宜仔細。一云亂礁洋水深六托，泥地；

九山用單卯針，二十七更，過洋至日本港口打水七八托，泥地，南邊泊船；

又有從烏沙門開洋，七日即到日本。

若陳錢山至日本，用艮針。《使倭針經圖說》[1]

◎江南經略（鄭若曾 / 1503—1570）

今之論禦寇者，一則曰市舶當開，一則曰市舶不當開。愚以為皆未也，何也？貢舶與市舶一事也，分而言之則非矣。市舶與商舶二事也，合而言之則非矣。商舶與寇舶初本為二事，中變為一，今復分為二事，混而言之亦非矣，何言乎一也。凡外裔貢者，我朝皆設市舶司以領之。在廣東者，專為占城、暹羅諸番而設；在福建者，專為琉球而設；在浙江者，專為日本而設。其來也，許帶方物。官設牙行與民貿易，謂之互市。是有貢舶即有互市，非入貢即不許其互市，明矣。西番、琉球從來未嘗寇邊，其通貢有不待言者。日本狡詐，叛服不常，故獨限其期為十

---

① 《鄭開陽雜著》卷 4《使倭針經圖說》，[明] 鄭若曾撰，第 549—550 頁。此一版本附有沿途主要停泊地的山形圖，相比較而言，鄭若曾《江南經略》卷 3 下雖也有 "太倉使往日本針路"，但文字略簡，且無沿途主要停泊地的山形圖。此外，嘉慶《直隸太倉州志》卷 24 也曾摘錄 "太倉使往日本針路" 文字，茲不贅錄。

年、人為二百舟為二隻。後雖寬假其數，而十年之期未始改也。今若單言市舶當開，而不論其是期非期、是貢非貢，則釐貢與互市為二，不必俟貢而常可以來互市矣，紊祖宗之典章，可乎哉？何言乎二也。貢舶者，王法之所許，市舶之所司，乃貿易之公也；海商者，王法之所不許，市舶之所不經，乃貿易之私也。

日本原無商舶，商舶乃西洋原貢，諸夷載貨泊廣東之私灣，官稅而貿易之，既而欲避抽稅、省陸運，福人導之，改泊海滄、月港；浙人又導之，改泊雙嶼。每歲夏季而來，望冬而去，可與貢舶相混乎？何言乎二而一、一而二也？海商常恐遇寇，海寇惟恐其不遇商，如陰陽晝夜，判然相反。為商者曷嘗有為寇之念哉！自甲申歲凶，雙嶼貨壅，而日本貢使適至，海商遂販貨以隨售，倩倭以自防，官司禁之弗得。西洋船原回私灣，東洋船遍佈海洋，而向之商舶，悉變而為寇舶矣。然倭人有貧有富、有淑有慝，富者與福人潛通，改聚南灣，至今未已，日本夷商惟以銀置貨，非若西番之載貨交易也，福人利其值，希其抽稅，買尖底船至外海貼造而往渡之。雖驅之，寇不慭也。此固無待於市舶之開，而其互市未嘗不行者也。貧者剽掠肆志，每歲犯邊，雖令其互市，彼固無貨也，亦不慭也。此非開市舶之所能止，而亦不當反錫之名目者也。故不知者謂倭寇之患起於市舶不開，市舶不開由於入貢不許；許其入貢，通其市舶，中外得利，寇志泯矣。其知者哂之，以為不然。

夫貢者，夷王之所遣有定期，有金葉勘合表文為驗，使其來也以時，其驗也無偽，我國家未嘗不許也。貢未嘗不許，則市舶未嘗不通，何開之有？使其來無定時，驗無左証，乃假入貢之名為入寇之計，雖欲許，得乎？貢既不可許，市舶獨可開乎？或謂日本國王號令不行，山口、豐後互相雄噬，金葉勘合燬於兵久矣，如責其期，拘其驗，則彼終無由貢而市舶，終無由開矣。須弘包荒之量，昭無外之仁，可也。又不然，夫貢而無驗，招寇之囮也；貢而無期，弛備之階也。緩其期，稽其驗，提防猶難，矧可頻貢而勿驗哉！大抵善施恩者，施之於威伸之後，則人知恩。今寇犯順數年，雖屢大捷而禍猶未殄，倭未知畏也。此須肅清之後，俟其請罪求貢，或如永樂初擒斬對馬臺岐故事。夫然，後許之，則撫下之仁、事上之義，兩得之矣。《開互市辨》①

◎籌海圖編（鄭若曾／ 1503—1570）

洪武二年，倭犯溫州。中界山、永嘉、玉環諸處，皆被剽掠。……十七年，寇浙東諸郡。二十二年二月，寇寧海縣。……三十一年二月，寇浙東諸郡。三十四年九月，寇蒲岐所。

永樂二年四月，寇穿山，百戶馬興與戰，死之。日本國王源道義知之，出師獲其渠魁來獻，黨類悉就擒。朝廷嘉其勤誠，降勅褒諭。……二十年，寇浙東，朱亮祖、徐忠擊敗之。亮祖破之於溫州，忠破之於桃渚，斬獲獻俘。由是賊始知戢斂云。二十二年，寇象山縣。縣丞宋真、教諭蔡海死之。真持竿擊賊，海罵賊不屈，皆被害。

正統四年，陷大嵩所、昌國衛。賊舟四十餘艘，夜入大嵩港，襲破所城，轉寇昌國衛城，亦陷。備倭等官以失機被刑者三十六人。惟爵溪所以獲賊首畢善慶，得免。……成化二年，寇陷大嵩所。賊偽稱入貢，官軍不為嚴備，遂襲破大嵩所。官兵夜圍其舟，檣燈達曙不移，舟已乘潮遁去。燈皆懸於嵩端，嵩卓沙上，蓋設詐以疑追兵也。臺閩大臣以失機獲罪。正德九年，寇寧海、奉化。典史陸方領兵追捕，大捷。

嘉靖元年，掠寧波濱海鄉鎮。二年，日本諸道爭貢，掠寧波濱海郡縣。備倭都指揮劉錦、千戶張鎧、百戶胡源死之。十九年，賊首李光頭、許棟引倭聚雙嶼港為巢。光頭者，福人李七，許棟，歙人許二也，皆以罪繫福建獄，逸入海，勾引倭奴，結巢於霩𩰖之雙嶼港。其黨有王直、徐惟學、葉宗滿、謝和、方廷助等。出沒諸番，分綜剽掠，而海上始多事矣。二十五年，倭寇寧、台諸郡。官民廬舍，焚毀到數千區。

① 《江南經略》卷 8《戰法戰備·開互市辨》，[明]鄭若曾著，傅正、宋澤宇、李朝雲點校，黃山書社 2017 年版，第 580—581 頁。此外，鄭氏《籌海圖編》"開互市"及明代王圻所編《續文獻通考》卷 31（《續修四庫全書》第 762 冊，第 335 頁）也錄有同樣文字。

　　二十七年四月，都御史朱公紈遣都指揮盧鏜、副使魏一恭等搗雙嶼港賊巢，平之。賊首李光頭就擒。時海壖多警，軍無紀律，浙、福二省互相牴牾，賊得肆志。議者請設巡視都御史，以節制之，上命朱公紈行。公至即行，二省守巡諸官各分信地，或戰或守，皆有專責。而以福建都指揮盧鏜諳海上事，即以委之。鏜乃與海道副使魏一恭、備倭指揮劉恩至、張四維、張漢等部署兵船，集港口挑之。賊初堅壁不動，迨夜風雨昏黑，海霧迷目，賊乃逸巢而出。官兵奮勇夾攻，大勝之，俘斬溺死者數百人。賊酋許六、姚大總與大窩主顧良玉、祝良貴、劉奇十四等皆就擒。鏜入港，燬賊所建天妃宮及營房戰艦，賊巢自此蕩平。餘黨遁往福建之浯嶼，鏜等復大敗之。翌日，賊船有泊南麂山、女兒礁、洞門、青嶴者，知巢窟已破，無所歸去，之下八山潛泊。五月，官兵築雙嶼港。朱公紈初欲於雙嶼立營戍守，為一勞永逸之計。而平時以海為生之徒，邪議蜂起，搖惑人心，沮喪士氣。福兵亦稱不便。朱公歎曰："濟大事，以人心為本；論地利，以人和為先。"不得已，從眾議，聚木石築寨港口。由是，賊舟不得復入。而二十年盜賊淵藪之區，至是始空矣。時五月二十五日也。六月，賊首許棟就擒。……王直、徐惟學、毛烈收其餘黨，復肆猖獗。廣東賊首陳思盼自為一艇，與直弗協。直用計掩殺之。由是，海上之寇非受直節制者，不得自存。而直之名始振聾海舶矣。直以殺盼為功，叩闕獻捷，求通互市，官司弗許。

　　二十九年，賊犯昌國衛。

　　三十一年，王直移巢烈港。直既破陳思盼，求市不得，乃引倭彝突入定海關。官兵却之，遂移泊金塘之烈港。亡命之徒，日益附之，由是邊海郡邑，無處無賊矣。四月，賊攻奉化縣遊仙寨，義士汪較死之。詳見《遇難殉節考》。賊陷遊仙寨，百戶秦彪戰死。……（五月）犯象山、定海諸縣，知事武偉死之。……六月，賊攻霩𩵦所，指揮樊懋力戰，死之。

　　……（三十二年四月）陷昌國衛，百戶陳表死之。詳見《遇難殉節考》。賊犯定海，官兵擊敗之。賊皆雞鳴山人，沿海為患。……陷臨山衛，參將俞大猷等追擊，大敗之。二十四日，大猷與都指揮劉恩至俘斬賊三百有奇。……七月，賊攻台州寧海縣。初四日攻城，凡七日而解。八月，都指揮劉恩至等迎擊直隸遁賊於普陀山洋，連戰，大敗之，追擊於茶山，盡殲之。先是，賊首蕭顯屯直隸之崇明、南沙，修船為遁歸計。都御史王公忬計其勢必流入浙境，預令都指揮劉恩至、指揮張四維、百户鄧城等分為二哨，一自觀海、臨山趨乍浦，遏賊來路；一自長途、沈家門設伏邀擊。賊果南遁，官兵與遇於普陀落伽山臨江海洋，連與戰，皆勝之。零賊敗登普陀，依險為巢，掘塹自衛。參將俞大猷督官兵進攻之。二十二日夜，自石牛港進，張疑整眾，而不與交戰，潛遣奇兵由西北巡檢嶴直入。百户鄧城，武舉火斌、黎俊民陷陣先登，賊遂敗走茶山絕頂。翌日，鄧城由東北淺步沙進，火斌由鸚哥岩進，黎俊民由中路進，劉恩至等統大兵居其後，四面齊進，俘馘無遺。

……（三十三年三月）賊據普陀山，分蹤流刼內地。參將盧鐘邀擊於石墩洋，大敗之。先是，賊入寇歸，棲普陀，為息肩之地。官兵守之既浹旬，將搗其巢。先一日，遣諜覘之，傍無一舟。至是，四合鼓噪而前。值他島賊自彼來，精悍異常，遂合攻官兵。官兵腹背受敵，輒敗衂，亡者什六，因罷歸。賊以先所得貨，滿貯新舟，令其半先歸，而留其梟悍者入掠。由是海鹽、龍王塘、乍浦、長沙灣、嘉興、嘉善皆被其害。而石墩洋之捷，僅斬馘二百餘級云。四月，參將俞大猷與賊戰於普陀山，武舉應襲、火斌、黎俊民、魏本、康卓死之。

……（三十四年四月）賊犯慈谿縣，義士魏鏡死之。……賊自錢倉、白沙灣入奉化仇邨。經今峨突七里店。寧波衛百户葉紳與戰而死。賊由甬東走寧海崇丘鄉，復折而趨鄞江橋，歷小溪、樟村。寧海衛百户韓綱與戰，亦死之。……賊攻餘姚縣。五月，賊犯鳴鶴鎮，省祭杜槐戰死。其父文明與賊戰於楓橋嶺，亦死之。槐團練鄉兵，累立戰功，至是統土兵禦之，斬賊首一人、從賊三十二人，槐亦戰死焉。其父文明死於楓樹嶺之戰。父子忠勇，同時殉義，人所難及。詳見《遇難殉節考》。復犯鳴鶴鎮，參將盧鏜擊敗之。……賊攻爵溪所及餘姚縣。賊新至即攻所城，不克，進攻餘姚。……（六月）浙東賊犯餘姚，鄉民擊敗之。賊自觀海遁歸，官兵追敗之於霍山洋。賊自觀海出洋，都指揮王需與把總門溶、張四維，武舉鄭應麟等邀擊于霍山海洋，悉沈其舟，斬獲無遺。……（八月）參將盧鏜擊賊於金塘，敗之。九月，賊巢舟山之謝浦。十月，樂清賊犯寧海，主簿畢清死之。清善騎射，屢立戰功。至是，禦賊於楓樹嶺，力戰而死。賊犯餘姚，監生謝志望與戰，死之。

　　……（三十五年）二月，賊圍寧海縣。賊據近城蓋廠為巢，日夜攻擊。三月，官兵進擊舟山謝浦之賊，大敗之。參將盧鏜、知縣宋繼祖、武舉鄭應麟、生員李良民、武生婁楠等會兵進攻，大破之，賊移屯邵羇。……（四月）浙東新賊攻觀海衛龍山所，進陷慈溪縣。時賊自鳴鶴場、臨山、三江登者各千餘，越數日，始攻觀海龍山。生員李良民統兵禦之，賊乃往慈溪。時慈溪無城，知縣柳東伯率民兵禦之，而賊分蹤邅出兵後，衝縣市，都長沈宏率族屬土兵剿之，斬首百餘級，賊即遁去。賊首為周乙，豐洲酋也。……賊攻寧波府。參將盧鏜敗賊於慈溪之丈亭。時賊將掠餘姚，鏜遏之於丈亭，大敗其眾，賊乃不得至餘姚。餘姚士民感之，為勒石頌功云。……（五月）浙東賊復如慈溪，焚縣治，攻龍山所，官兵擊敗之。賊分二支，一入縣治，一攻所城，為龍山兵所擊，死者數十人，乃解去。賊首周乙就擒。乙統賊四千餘，刼慈溪不已，而延及餘杭，為浙東之大患，至是就擒。……賊犯定海縣。……（九月）副使王詢、總兵俞大猷擊舟山賊，平之，俘斬一百五十餘人。……十二月，官兵進搗謝浦賊巢，平之。先是，賊據吳家山，官兵自秋及冬，屢攻弗克。胡公命把總張四維以麻陽兵當歲除夜襲，破之，俘斬無遺。是年兩浙之賊數逾二萬，皆次第就擒。而謝浦之寇，即舟山之餘孽云。

　　三十六年四月，賊犯定海關，應襲百戶俞憲章死之。賊亦敗遁。賊舟漂至沈家門，副使王詢、總兵俞大猷令把總張四維誘降五十三人。至定海關，適別艅賊殺憲章，恐其中變，悉斬之，而移兵擊新至者，賊敗，宵遁。十一月，賊首王直款定海關，要互市。胡公宗憲誘擒之。王直擁倭稱降，志在互市。總督胡公檄總兵盧鏜駐中中所，授以成算，必欲生致之。鏜殫心竭力，撫循備至。直猶豫未決，計無所出。胡公復遣生員方大忠往說之，與把總劉朝恩、陳光祖、指揮夏正、通判吳成器等偕行。鏜以城外倭刃森列，慮變，不肯啓鑰。朝恩曰："若是，是益疑賊也。不若以禮諭之，以誠招之，保無他虞。"鏜從之。朝恩等馳至賊所。直見皆單騎，伏迎道左。大忠反復開諭，直曰："公等皆督府親信，輕身臨辱。直小人也，敢不惟命。"遂聽大忠計，見鏜於城中。誘至定海而執之。夏正以此不得還。

三十七年二月，賊酋毛烈據舟山之岑港。王直既就擒，毛烈等欲為之報仇，不肯還島，而據岑港，分蹤出掠，官兵屢攻之，弗克。……（六月）賊犯昌國衛。八月，官兵進剿舟山賊巢，平之。

……三十八年三月，賊巢象山何家□，副使譚綸討平之。賊自何家□登犯者三百餘人，據險為巢，樹木營以自固。總督胡公宗憲檄副使譚綸剿之。綸與總兵俞大猷計曰："堠者報賊甚多，而今登犯者止三百，其嘗我乎？"乃令大猷率舟師備之於海，而自率陸兵往禦之。至定海，即欲進兵，將士請曰："兵士遠來，乞休三日而戰。"綸曰："賊數不及三百，久掠不去者，蓋謂我無兵耳。今聞大兵四集，不走，且嚴為備，宜出其不意急擊之。"乃進兵至馬岡。賊繼至者五百人，自金井頭而來，至近，綸即移兵先擊之。前鋒既接，綸分兵從中衝之，賊遂大敗。追至落頭，斬級以百計。賊避入山中，竟宵遁焉。翌日，綸率軍進搗何家□賊巢，賊殊死戰。綸遣奇兵從間道出賊後，擊破之。賊潰入舟中，因縱火焚之，俘斬略盡。……賊犯定海縣，把總陳其可與戰，敗績。千戶蔡啟元死之。賊自丘家洋入犯，為參將戚繼光所敗。至奉化之蔣家浦，副使譚綸遣其可擊之。其可違綸節制，乘勝逐北，至江口橋，為賊所乘，遂潰敗，啟元死焉。……十二月，王直伏誅。初，直自列表之敗而之日本也，居五

島之松浦，僭號徽王。頻歲入寇，皆直之謀。其黨承奉方略，輒以倭人藉口，故海上之寇，概以倭子目之，而不知其為直遣也。胡公宗憲時為巡按御史，首發其奸。人初未之信，及賊首董二老被擒，譯供，與胡公所料不爽毫髮，人始服其明鑒。御史陶承學、金淛等交章論曰：“方今總督大臣調集大兵，剋期剿滅，將兵非不銳也，斬獲非不多也，而四面之侵擾愈甚者，何也？蓋以逆賊之名未正，則討賊之義未明；討賊之義未明，則人心之從違靡定。但彼逆之為計也狡，為謀也秘，是以東南士民雖疑為王直主使，而莫可致詰。今乞皇上勑下該部會議，明揭黃榜，正逆賊之罪，以明討賊大義。率眾入寇，助惡煽虐者，乃王直之羽翼爪牙也，必誅無赦。”又曰：“兵威雖振，而禍本不拔，亂終未已。即如王直，搆亂二十餘年，潛形遁跡，莫能誰何。煽禍連歲，此非所謂大奸惡者乎？苟欲制其死命，在懸非常爵賞。見今賞格固亦匪輕，然爵未及侯、伯，賞未及萬金，誰樂為我用，以建非常之功哉？臣愚以為宜勑督撫及各有司等官，募有能善設謀計，俘馘賊首王直者，成功之日，封拜侯、伯，其餘量功大小，授以都指揮、指揮、千百戶等官，俱與世襲。”命既下，胡公宗憲與督察侍郎趙文華謀曰：“王直遠在松浦，居室扈從，僭擬王者，且不自來，其孰能擒之。不若以宣諭為名，遣人用間用餌以勾致之，禍本塞矣。”於是交章論列，大意欲宣諭日本國王，令其禁戢島寇，以絕亂階。上從之。由是遣寧波生員陳可願、蔣洲充市舶提舉以行。

時胡公已為總督矣，指授可願等方略，期必生致之。可願等至松浦，見王直，如胡公指。直方欲肆志中華，以官兵防之嚴，未有計。得可願語，大悅。先遣義子毛海峰來探胡公意。公知其謀，因厚撫之。海峰還報，直益感悅，率諸倭來求互市。胡公預遣總兵、參將等官兵，水陸按伏，無慮數萬計。直至舟山，泊列港，固已入公彀而不自知矣。然胡公猶以困獸死鬥為慮，陽許題請開互市，授直官爵，俾專主海上艘，而陰遣人誘之入見。直初猶豫未決，胡公令諜入賊中，攜貳其黨，其黨稍稍思變，直不得已，始入見公於定海，遂執之歸杭州。直既就擒，黨與無主，圖脫走，輒為兵船所追，不得去。久之，因颶風起，意我兵不之堤也，突走海中，輒為颶風所擊，無有存者，而王直之黨盡滅矣。既而胡公列狀上請，得旨即杭州市曹斬之，傳首京師。東南二十餘年積寇，至是乃絕。自時厥後，海舶失發縱指示之人，始灰入寇之念，間有至者，輒為官兵所破，若摧枯拉朽矣。

四十年四月，官兵擊賊於馬嶴、沙垓，大敗之。賊新至，官兵遇之於海洋中，追逐至馬嶴、沙垓，大敗之。賊奔陸，適冠帶把總章延虜守於舟山，引兵設伏，又約水兵合擊之，賊遂大敗。……五月，賊犯大嵩，官兵擊敗之。賊為我兵所逐，出至橫嶺，扼於水，兵不得去，乃奔入鮚綺。副使王春澤檄總兵盧鐺由南路奉化以入象山，而自引兵由大嵩、望湖頭、裘邨進，期與合擊。適賊至裘邨，官兵擊之，賊大敗，潰，斬首四百五十餘級。《浙江倭變紀》[①]

昌國總·沿海設備

昌國衛。坐衝大海，極為險要。石浦關切近壇頭、韭山，乃倭夷出沒、進貢等船咽喉，必由之路。懸海南、北礁等山，可設舟師往來巡哨，以為東路聲援。其西象山縣石浦巡司，則恃之以為右翼者也。懸海金齒、八排、朱門等處，可設舟師往來巡哨，以為南路聲援。其北牛欄基、旦門、青門、茅海、竿門，則恃之以為門戶者也。見撥福蒼兵船，於此關哨守。

金井頭。相對旦門，直衝大海。嘉靖己未，倭船由此港登岸。本港原設兵船，近因船少力弱，挈併石浦關。見撥本衛北哨兵船往來巡哨。

石浦前、後二所。南臨關口，近三門要衝之路。本所附城設有東西南北中哨伏兵廠五處，每處撥軍瞭望，遇警走報。

錢倉所。東臨大海。至大嵩港，水程一潮。南為塗次烽堠，外接竿門、蒲門地方，西北至湖頭，渡海為大嵩所界，乃昌國之藩籬，與大嵩

---

① 《籌海圖編》卷5《浙江倭變記》，[明]鄭若曾撰，李致忠點校，中華書局2007年版，第320—347頁。

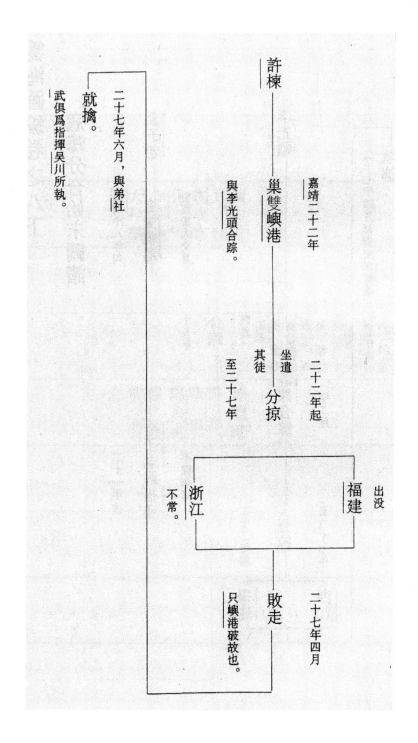

許棟

嘉靖二十二年

巢雙嶼港
與李光頭合踪。

二十二年起
坐遣

其徒 分掠
至二十七年

出没
福建
浙江
不常。

二十七年四月
敗走
只嶼港破故也。

二十七年六月，與弟社
就擒。
武俱爲指揮吳川所執。

343

馬迹軍復爲參

敗走白馬廟

將湯克寬所破。

往日本

屯松浦

自此以後，惟坐遺徒黨入寇，而不自來。

二十七年八月，欵定海關，要互市。

就擒

總督胡公宗憲遺人誘入見，而靭之。

三十八年十二月，奉詔伏誅。斬首於浙江省城市曹。

極為險要。今撥戰船哨守往來巡邏。①

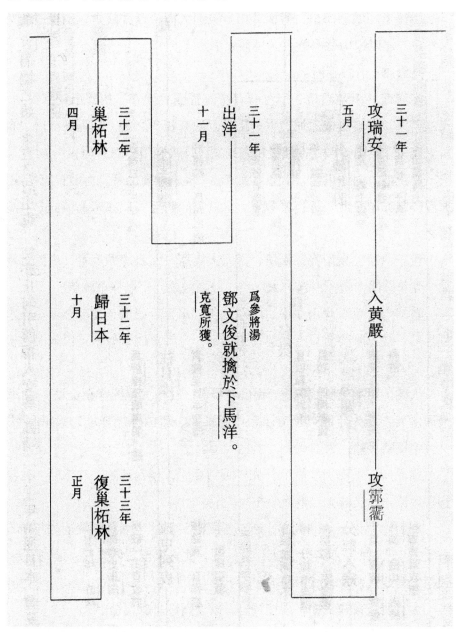

① 《籌海圖編》卷5《浙江事宜》，[明] 鄭若曾撰，李致忠點校，第360—362頁。

相為犄角者也。

爵溪所。城懸海口,直衝韮山。東逼大海,西并錢倉,南以遊仙寨為外户,北以象山縣為喉舌。見撥旗軍防守。[①]

定海總·沿海設備

定海衛。南臨港口。定海關有靖海營團兵操守。招寶山高聳海口,極為要害。山巔築威遠城,屯紮軍兵,使有犄角之勢。其隔江南岸,自甬東巡司、竺山等堠,接連後所,碶頭,烽火相望,遇警馳報。

小浹港。内通東江,出穿山、寧波,極為險要。昔為海賊孫恩所據,邇者倭賊亦曾登此。近打椿數層,汛期撥船防守,似亦未為慎固,宜更籌之。

後千户所。東南為霩䃟所,南為大嵩所,北為碶頭烽堠,坐臨黃崎港。先年賊船由崎頭海洋突入本港,最為險要。每堠撥軍瞭望。

黃崎港。東至舟山中中、中左二所,水程計一潮,北至金塘山,水程半潮,最為險要。見有兵船往來巡哨,舟師單弱,似未足以遏賊之衝也。

大謝山。離後所城二里、南臨黃崎港,北由大猫海洋至金塘、鹿山,最居險要,乃先年起遣地方也。内設黃崎、西山等七烽堠,撥軍瞭報。又該中軍哨兵船往來巡邏。

霩䃟所。濱海對雙嶼港,先年賊嘗登犯,極為孤險。春汛時,月添撥官兵協守。又該大嵩港兵船往來巡哨。

梅山港。東至崎頭大洋,南至雙嶼港,俱約半潮。雙嶼港先年所為賊巢,今已填塞。西至大嵩港,計一潮。北五里至三塔烽堠,最為險要。現撥大嵩港兵船及本所軍船哨守。

大嵩所。東連霩䃟,南接錢倉,以大嵩港舟師為命。

大嵩港。對峙韮山,直衝外海。先年賊由此犯所城,突慈磎地方,

---

① 《籌海圖編》卷5《浙江事宜》,[明]鄭若曾撰,李致忠點校,第358頁。

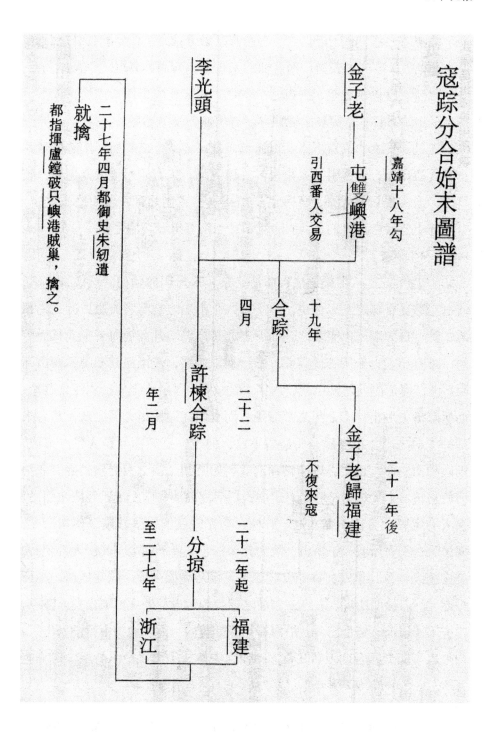

寇踪分合始末圖譜

雙嶼港之寇，金子老倡之，李光頭以梟勇雄海上，金子老引為羽翼。迨金子老去，李光頭獨留，而許棟、王直則相繼而興者也。

此浙、直倡禍之始，王直之故主也。初亦止勾引西番人交易，嘉靖二十三年始通日本，夷夏之釁開矣。許棟滅，王直始盛。

先是，日本非入貢不來互市，私市自家境二十三年始。然許棟時亦止載貨往日本，未嘗引其人來也。許棟敗沒，王直始用倭人為羽翼，破昌國，而倭之貪心大熾，入寇者遂絡繹矣。東南之亂，皆王直致之也。自總督胡公宗憲誘致王直，而海氛頓息。縱有來者，剿之亦易易矣。《寇蹤分合始末圖譜》①

主事唐樞云："備倭之法，防海之禁，斤斤明於國初。然寇未嘗絕，何也？彝夏有無之互以通也。承平日久，市舶之官勢勝流職，於是為私通之計。自天順末以來安之，而海上亦無盜警。凡商於海者，武具而力齊，雖有小寇，無所容於其間。嘉靖初市舶罷，流臣嚴其私請，商市漸阻。浙江海道副使傅鑰申禁於六年，張一厚申禁於十七年。六年之有禁，而胡都御史璉出；十七年之禁流延，而有浙江巡按楊九澤之疏，乃有朱都御史紈之出。視撫設，而盜愈不已，何也？寇與商同是人也。市通，則寇轉而為商；市禁，則商轉而為寇。始之禁禁商，後之禁禁寇。寇勢盛於嘉靖二十年後。是時居有定處，隱泊宮前澳、南紀澳、雙嶼澳而已。又人有定夥，名酋不上六七。許棟、李光頭就擒，張月湖、蔡末山死，陳思盼為王直所殺，王萬山、陳太公、曹老又皆不聞矣。又況入有定時，登岸擄人，致其巢穴，責令以貲取贖。後乃盤據內地，隨在成居。而惡少繼發，若徐明山者，三十二年前之榫詮約步遨於浙之西東而莫之識也，當夫壬子以前，盜形已具，沿海有司為禁益嚴，內外商物不得潛為出入，內地人素與交識者，因負其貲而不償，夫然後壬子之變作矣。"此言海寇之患，其始由於流官嚴禁海商，其後成於內地奸民負商貲本。

---

① 《籌海圖編》卷 8 下《寇蹤分合始末圖譜》，[明]鄭若曾撰，李致忠點校，第 569—574 頁。

……知府嚴中云："海商原不為盜，然海盜從海商起，何也？許二、王直輩通番渡海，常防劫奪，募島倭之驍悍而善戰者，蓄於舟中，泊於雙嶼、列表。濱海之民以小舟裝載貨物，接濟交易。倭人欺其單弱，殺而奪之。接濟者不敢自往，聚數舟以為衛。其歸也，許二輩遣倭一二十人，持刃送之。倭人還舟，遇船即劫，遇人即殺。至其本國，道中國劫奪之易，遂起各島歆慕之心而入寇之，禍不可遏矣。"此言海商初無糾倭入寇之念，因防他盜，漸至乎此，其後遂即真大受倭患矣。

都督萬表云："向來海上漁船出近洋打魚樵柴，無敢過海通番。近因海禁漸弛，勾引番船，紛然往來海上，各認所主，承攬貨物裝載，或五十艘，或百餘艘，成群合黨，分泊各港。各用三板、草撇、腳船，不可勝計。在於沿海，兼行劫掠，亂斯生矣。自後日本、暹羅諸國，無處不到。又誘帶日本島倭人，借其強悍，以為護翼。徽州許二住雙嶼港，此海上宿寇，最稱強者。後被朱都御史紈遣將官領福兵破其巢穴，焚其舟艦，擒殺殆半，就雙嶼港築截，許二逸去。王直，亦徽州人，原在許二部下管櫃，素有沉機勇略，人多服之，乃領其餘黨，改住烈港，漸次併殺同賊陳思盼、柴德美等船伍，遂至富強。以所部船多，乃令毛海峰、徐碧溪、徐元亮分領之，因而海上番船出入，關無盤阻，而興販之徒，紛錯於蘇、杭，近地人民自有餽時鮮，餽酒米，獻子女者。自陷黄巖，屠霧霪，而其志益驕。其後四散劫掠，不於餘姚，則於觀海，不於樂清，則於瑞安。凡通番之家，則不相犯，人皆競趨之。杭城歇客之家，貪其厚利，任其堆貨，且為之打點護送，如銅錢用以鑄銃，鉛以為彈，硝以為火藥，鐵以製刀槍，皮以製甲，及布帛、絲綿、油布、酒米等物。"此言海寇起於中國邊海奸民違禁取利，初通西番，後及日本，為寇心腹。毛海峰、徐碧溪、徐元亮者，乃其魁首。而許二、王直，又魁中之尤也。殲厥渠魁，非策之至要而功之無上者歟？[①]

---

① 《籌海圖編》卷11上《經略一·敘寇原》，[明]鄭若曾撰，李致忠點校，第672—675頁。鄭氏此文，又見錄于明王鳴鶴《登壇必究》卷39（《續修四庫全書》第961冊，第693頁）。

都御史唐順之題云："禦倭上策,自來無人不言禦之於海,而竟罕有能禦之於海者,何也? 文臣無下海者,則將領畏避潮險,不肯出洋。將領不肯出洋,而責之小校,水卒則亦躲泊近港,不肯遠哨。是以賊惟不來,來則登岸,殘破地方,則陸將重罪而水將旁觀矣。臣竊觀崇明諸沙、舟山諸山,各相連絡,是造物者特設此險,以迂海賊入寇之路,以蔽吳淞江、定海內地港口也。國初設縣置衛,最有深意,而沈家門分哨之制,至今可考。合無春汛緊急時月,蘇松兵備暫駐崇明,寧紹兵備或海道內推擇一人,暫駐舟山,而總兵、副總兵常居海中,嚴督各總分定海面,南北會哨,晝夜揚帆,環轉不絕,其遠哨必至洋山、馬蹟。"此言海中遠哨、近哨。

都御史唐順之又云："國初,防海規畫至為精密。百年以來,海烽久息,人情怠弛,因而墮廢。按國初,海島便近去處,皆設水寨,以據險伺敵。後來將士憚於過海,水寨之名雖在,而皆是海島移置海岸。聞老將言雙嶼、烈港、峿嶼諸島,近時海賊據以為巢者,皆是國初水寨故處。向使我常據之,賊安得而巢之。今宜查出國初海防所在,一一修復。及查沿海衛所原設出哨海船額數,係軍三民七,成造者照數徵價,貼助打造福船之用。"此言水寨、哨船舊制當復。①

浙江六總,浙海諸山,其界有三:黃牛山、馬墓、長塗、冊子、金塘、大樹、蘭秀、劍山、雙嶼、雙塘、六橫、韭山、塘頭等山,界之上也;灘山、滸山、羊山、馬蹟、兩頭洞、漁山、三姑、霍山、徐公、黃澤、大衢、小衢、大佛頭等山,界之中也;花腦、求芝、絡華、彈丸、東庫、陳錢、壁下等山,界之下也。此倭寇必由之道也。海防莫急於舟師,舊制邊海衛所各造戰船,有七百料、五百料、四百料、二百料、尖□之殊。向因賊舟不大,七百料船停造久矣。其餘五百料之類,亦以不便海戰,改造福、清等船。復調發廣東、橫江、鳥尾等船,顧稅蒼沙民船。又有小哨草撇船、軍駕八槳船,裝火器,出奇埋伏,划網船。四參

① 《籌海圖編》卷12上《經略三·禦海洋》,[明] 鄭若曾撰,李致忠點校,第764—765頁。

六總，分哨守各洋港。舊制：參將原設二人，分守浙、東西，後分為四，曰杭嘉湖，曰寧紹，曰台州，曰溫處；把總原係指揮四人，今因地方多事，衛所寫遠，分而為六，曰定海，曰昌國，曰臨觀，曰松海，曰金盤，曰海寧；裁去備倭總督，而各把總以都指揮體統行事，管轄諸衛。……今日之設險，自內達外有三：會哨於陳錢，分哨於馬蹟、羊山、普陀、大衢，為第一重；出沈家門、馬墓港之師，為第二重；總兵督發兵船，為第三重。備至密也。所患者，海氣溟濛，咫尺難辨，風濤欻忽，安危叵測，兼之潮汐有順逆，哨報有難易，奸將往往藉以規避，吾何從而綜核之哉。

自海上用師以來，擊來賊者僅一二見，而要去賊者，不過文其故縱之愆。識者謂宜以擊來賊之賞，優於追去賊之賞，縱來賊之罰，嚴於縱去賊之罰。風汛時月，正副總兵不拘警報有無，而親出海洋，嚴督各把總、指揮勠力用命，以遏海寇於方來，則何邊鄙不寧之有！

福、浙、直海洋，宜交相會哨。蓋浙東地形與福建連壤，浙西地形與蘇松連壤，利害安危，各有輔車相依之勢。故上命浙江巡撫總督浙、直、福，分哨各官，互為聲援，而不許自分彼己，畫地有限，責任相聯。此廟謨之所以為善，而海防之所以為固也。愚考海中山沙，南起舟山，北至崇明，或斷或續，暗沙連伏，易於閣淺，賊舟大者，不能東西亂渡。如遇東北風也，必由下八、陳錢、馬蹟等山以犯浙江，而流突乎蘇、松；如遇正東風也，必由茶山西行，以犯淮、揚，而流突乎常、鎮；如遇正北風也，必由琉球以犯福建，而流突乎溫、台。三途寫遠，瞭望難及，須總兵官撥遊兵把總領哨，千百戶等船往來會哨。以交信票為驗。其在浙江也，南則沈家門兵船哨至福建之烽火門，而與小埕兵船相會；北至馬墓港兵船哨至蘇州洋之羊山，而與竹箔沙兵船相會。其在蘇、松也，南則竹箔沙兵船哨至洋山，而與浙江之馬墓港兵船相會；北則營前沙兵船哨至茶山，而與江北之兵船相會。諸哨絡繹，連如長蛇，群力合併，齊如扛鼎。南北夾擊，彼此不容，豈惟逐寇舶於一時，殆將靖寇患於無窮矣。

閩縣知縣仇俊卿云："國初，沿海相近地方轉相哨報，勢合情聯。承平既久，人多好逸，事機漸疏。即以東南沿海浙、直與各省相近之大概言之，浙之海寧等處，則北與直之金山、崇明等界相接，其蒲門、壯士等所則南與閩之流江、烽火等寨相接。閩之銅山、玄鍾等灣，則又南與廣之柘林寨、蓬萊驛相接。向來各省自分彼此，不相哨報，緩急難備，今欲與各省相近衛寨，轉相會哨，往來絡繹，使萬里海洋無懸料叵測之患。其會哨官軍船隻，須各給字號牌票，以防憸細混雜為姦，并註到銷日期，以杜偷玩。"又云："兵法，地有所必爭，言其險要也。嘗聞海寇往來，其大船常躲匿外洋山島之處，小船時出而為剽掠。在浙，常於南麂山住船，雙嶼港出貨。若東洛、赭山等處，則皆其別道也。在閩，常於走馬溪、舊浯嶼住船，月港出貨。若安海、崇武等處，則皆其游莊也。自浙迤北，則極於瞭角嘴，而屬於直隸；自閩漸南，則灣于南澳，而屬於廣、潮。中間所泊所經之處，可以得其概也。"[1]

◎ 荊川先生文集（唐順之 / 1507—1560）

自乍浦下海至舟山，入舟風惡，四鼓發舟，風恬日霽，波面如鏡。舟人以為海上罕遇。是日，行六百五十餘里。

島夷頻不靜，玉節遠何之。誓清萬里寇，敢憚一身危。

閩卒精風候，吳兒慣水嬉。黃頭紛百隊，白羽颺千旗。

擊鼓靈鼉應，揮戈海若隨。龍驚冬不蟄，鮫畏晝停絲。

昨夜波潮怒，中宵雲霧披。天澄鏡光發，風嫩縠紋滋。

鄒衍瀛洲數，莊生《秋水》詞。乾坤元莽闊，人世自牽羈。

已傍漁山泊，還尋馬跡期。日升看晷轉，途變識針移。

雙嶼厓門險，半洋礁石奇。從來惟賊路，今日有王師。

待獻經營績，三山勒一碑。雙嶼港、半洋礁，皆海中。[2]

---

① 《籌海圖編》卷 12 上《經略三·勤會哨》，[明] 鄭若曾撰，李致忠點校，第 777—780 頁。

② 《荊川先生文集》卷 4，四部叢刊初編縮本，上海商務印書館 1936 年版，第 68 頁。

題為條陳海防經略事。臣前任兵部職方清吏司署郎中事主事，奉命差往浙、直地方視軍情官。嘉靖三十七年十月二十五日，節該欽奉勅書，內開"將來海防一應合行事務，爾有所知見，查照兵部原題，條奏以聞。欽此。欽遵行事"外，嘉靖三十八年四月二十七日，准吏部照會該本部題"奉聖旨：是；唐順之升右通政，著會同胡宗憲經畫兵務。欽此"備照到臣。本年七月二十五日，又節奉勅書，內開："如逸賊奔散，地方稍寧，更宜訓練土著之兵，以免徵調之擾。將來海防一應合行事務，爾有所知見，查照兵部原題，條奏以聞。欽此。欽遵"外，臣兩奉勅書，令臣條奏。臣原籍常州府人也，自待罪編民目擊倭賊之害，海上事情亦頗得其大略而未敢自信也。奉命以來，經歷海洋，跋履行陣，老卒、退校亦徧諮訪，以所聞所見會同督撫胡宗憲等參酌議論。至如臣近奉勅書，訓練土兵，臣已行文各兵備有司，令其著實舉行。又如葺城堡、繕器械等項，係督撫之臣從宜自為者，今皆不敢瑣瑣。謹據所知見，條為九事，以答揚休命之萬一。

復舊制。照得國初防海規功至為精密，百年以來海烽久熄，人情怠玩，因而隳廢。國初，海島便近去處皆設水寨，以據險伺敵，後來將士憚於過海，水寨之名雖在，而皆自海島移置海岸。聞老將言，雙嶼、烈港、峿嶼諸島，近時海賊據以為巢者，皆是國初水寨故處，向使我常據之，賊安得而巢之？今宜查出國初水寨所在，一一修復。及查沿海衛所原設出哨海船額數，系軍三民七，成造者照舊徵價，貼助打造福船之用。此一事與臣所謂禦海洋者相關，舊制之當復者一也。《條陳海防經略事疏》[①]

◎殊域周諮錄（嚴從簡）

先是，王直者，徽州歙縣人，少落魄，有任俠氣。及壯，多智略，善施與，故人樂與之游，一時無賴若葉宗滿、徐惟學即徐碧溪、謝和、方廷助等咸宗之。為間相與謀曰："中國法度森嚴，吾輩動觸禁網，孰與

---

① 《荊川先生文集·外集》卷2《條陳海防經略事疏》，四部叢刊初編縮本，第390—395頁。

至海外逍遙哉？”直因問其母王媼曰：“生兒時，有異兆否？”王媼曰：“生汝之夕，夢大星入懷，旁有峨冠者詫曰：此弧矢星也。已而大雪，草木皆冰。”直獨心喜曰：“天星入懷，非凡胎。草木冰者，兵象也。天將命我以武興乎！”於是，遂起邪謀。嘉靖庚子年，直與葉宗滿等造海舶，置硝黃、絲綿等違禁貨物，抵日本、暹羅、西洋諸國往來貿易，五六年致富不貲。夷人大信服之，稱為“五峰船主”。招集亡命，勾引蕃倭，結巢於寧波霩衢之雙嶼，出沒剽掠，海道騷動。是年，巡按御史楊九澤請設提督以彈壓之，乃命都御史朱紈巡撫兩浙，開軍門于杭。紈乃調福建都指揮盧鏜統率舟師，搗其巢穴，俘斬溺死者數百。直等皆走逸，餘黨遁入福建海中浯嶼。覆命鏜剿平之。紈仍躬督指揮李興發木石以塞雙嶼港，使賊舟不得復入。時海禁久弛，緣海所在悉皆通蕃，細奸則為之牙行，勢豪則為之窩主，皆知其利而不顧其害也。紈嚴申禁令，有犯必戮，不少假貸。然其間亦有一二被刑者未及詳審，或有過誤，杭人口語藉藉，罪及建議、主議群公。紈又以督府新開，綱紀務在振肅，由是官吏亦稱不便，而失利之徒怨謗蜂起。明年，朝廷更議廢置，乃改巡撫為巡視。未幾，紈復解官去，而東南自此多事矣。……觀紈在浙之日，號令嚴明，賞罰必信，規模法制，卓有條緒，是以浯嶼之剿、雙嶼之塞，確然著績。使紈久任，以責其成，則憚服之威，防禦之策，合必井井，而下海者絕跡矣。由是貿易不通，夷人且將乏用，而況王直輩其有不窘困受縛者乎！吾見其或無今日荼毒之慘，勞費之苦也。今乃撤機穽以縱虎，自貽禍患，可勝歎哉！朱紈，蘇州人，清介之士。歸家後，朝廷有詔械係別省舊巡撫朱某者，訛傳建紈，紈伏毒死。[①]

《浙東備倭議》曰：昔我祖宗之制，防邊戍海，樹設周詳。……設總督備倭，以公侯伯領之，巡視海道，以侍郎都御史領之。洪武三十年以後，總督領于都指揮，海道領於憲臬。海上諸山，分別三界：橫牛山、在慈溪縣北大海中，與海鹽縣海洋為界。馬墓、長塗、金塘、冊子、大樹、蘭

秀、劍岱、雙嶼、雙塘、六橫等山為上界；又，灘滸山、三姑、霍山、徐公、黃澤、大小衢等山為中界；花腦、求芝、絡華、彈丸、東庫、陳錢、壁下等山為下界。率皆潮汐所通，倭夷貢寇必由之道也。前哲謂防陸莫先於防海，緣邊衛所置造戰船，以定、臨、觀三衛九屬所計之五百料、上定海港一隻。四百料、二百料尖快等船一百四十有三，量船大小，分給兵杖火器，調撥旗軍駕使，而督領以指揮千百戶。每值風迅，把總統領戰船，分哨于沈家門。初哨以三月三日，二哨以四月中旬，三哨以五月五日。由東南而哨，歷分水礁、石牛港、崎頭洋、孝順洋、烏沙門、橫山洋、雙塘、六橫、雙嶼、青龍洋、亂礁洋抵錢倉而止。每哨抵錢倉所，取到單並各處海物為證。凡韭山、積固、大佛頭、花腦等處為賊舟之所經行者，可一望而盡。……若舟山，故定海治也，四面環海，其中為里者四，為嶼者八十三，五穀之饒，魚鹽之利，可以食數萬之眾，不待取給於外。初以承平無事，止設二所守之，軍卒止二千有奇，而歲久逃亡且大半矣。重以城垣低薄，不足為固，萬一夷且生心，據以為穴，則險阻在彼，非有勁兵良將卒未易以驅除。而彼方挾其利便，四出攻剽，則濱海郡縣容得安枕而臥乎！此今日之所當首以為憂，蓋不止如雙嶼、烈港之為賊窟而已也。……議者又曰：我兵陸戰每退怯，而鮮成功。夫倭奴常敗于水而得志于陸者，非其勇怯有殊也。交兵海上，吾特以戰艦之高大、帆檣之便利，與火器之多取勝耳。總兵俞大猷嘗議：賊或製舟，與吾巨舟等，則未易取勝。故防海尤急於防陸。總兵盧鏜攻破雙嶼，得蕃寇鳥觜銃與火藥方，其傳遂廣。彼登陸，即沉船破金，所以一其志也。[1]

◎嘉靖寧波府志（嘉靖三十九年／1560）

定濱大海，居斥鹵之中，其土瘠而無灌溉之源，故畊者無終歲之給。然瘠土之民嗇而能勤，勞而能思，故其俗甘勤苦、務織作，溫柔敬愛，有無荒之風焉。然利近東海，民資漁罟出沒，衣食之源過於農耕，遂多

---

① 《殊域周諮錄》，[明]嚴從簡撰，余思黎點校，第93—96頁。

重彼輕此，野有蕪土而人便風濤。又其鹽之所鬻，與象相峙，雖煤菹多憂，亦庶幾免於艱食乎？自沈端獻倡道於宋，詩書益衍。明興，張信首魁天下，文學輩出，彬彬髦士，擬跡鄒魯矣。然其地薄，故室無再世之富；其民貧，故鄉鮮綺麗之競；其性弱，故催科易集而甘安於無聰；其習浮，故民易動以訛，而不可質的其時變所趨。亦有捐生觸禁，以謀不貲之利，騁枝葉之詞，興無根之訟。昔人謂巖谷所居，有老死不識城郭者，竟安在哉！

象山重巒雄峙，大海周環。民多剛勁而質朴，利漁鹽，務稼穡，樂於家居而憚於遠出。去家百里，輒有難色，語京師則縮縮喪氣，其常也。有宋南渡，臨安帝都，耆儒名德，乘時自奮，於是彬彬多賢才文學之士矣。其俗質而民易治，事簡而賦易供，宦遊者謂之海東道院，非虛語也。黔白守畎畝，嬉遊不出閭巷，士習悃切，無有欺傲。鄉薦紳與親故，結耆社相往來，不屑為尊貴態，服食菲朴，薄綺縠，珍異不御，婚娶論良賤而不論貧富吉凶，皆稱其家，識者尚之。弘治以降，乃稍稍變矣。民或好爭訟，即破家亡身不顧，村落之民，習官府而耕鑿者，競為屠沽，奢侈佚遊，欺詒陵厲，舊風為之一衰矣。兼以土狹民稠，無雄貨厚蓄，隔海阻山，而泉貨難通。比來海寇頻擾，歲復多侵，而官調私誅，追呼督責，民不聊生。率詭法以逃譴，而幻罔日眾，俗斯愈下矣。①

四明郡治，三面環海，與倭奴對峙。倭奴鄰三韓，而國故名韓中，倭後自惡其名，更號日本，在東南大海中，依山島而居，地方數千里，為畿五：曰山城，曰大和，曰河內，曰和泉，曰攝津。共統五十三郡。為道七：曰東海，有伊賀、伊勢、志麾、尾張、三河、遠江、駿河、伊頭、甲裴、相模、武藏、安房、上總、下總、常陸十五州，共統一百六十郡。曰南海，有伊紀、淡路、河波、讚者、伊豫、伊佐六州，共統四十八郡。曰西海，有築前、築後、豐前、豐後、肥前、肥後、日向、大隅、薩摩九州，共統九十三郡。

---

① 《嘉靖寧波府志》卷4《疆域志》，[明]張時徹纂修，[明]周希哲訂正，可見寧波市地方志編纂委員會整理的《明代寧波府志》，寧波出版社2013年版，第496—499頁。

曰東山，有近江、美濃、飛彈、信濃、上野、下野、陸奧、出羽八州，共統一百二十二郡。曰北陸，有若佐、越前、越後、加賀、能澄、越中、佐渡七州，共統三十郡。曰山陽，有蟠摩、美作、俗前、俗後、俗中、安藝、周防、長門八州，共統六十九郡。曰山陰。有丹波、丹後、俎馬、因幡、伯耆、出雲、石見、隱伎八州，共統五十二郡。為島三：曰伊岐，曰對馬，曰多□。各統二郡，總計三千七百一十二都，四百一十四驛，八十八萬三百二十九課丁。土產白珠、青玉、金銀、銅鐵、碼磌、硫黃、丹土、野馬、山鼠諸物。

大倭王以王為姓，歷世不易，初號天御中主，居日向，築紫宮，其子號大材雲尊，自後皆以尊為號。傳世二十三，至彥漱尊弟四子，號神武天皇，徙大和州□原宮。傳至守平天皇，凡四十一世，自後世次皆不可考。復徙山城國，文武僚吏皆世其官，有德、仁、義、禮、智、信大小十二等，及軍尼、伊足、尼翼諸名，後各道分置刺史。王以天為兄，日為弟，黎明聽政，日出而罷，云："委我弟也。"其誕妄若此。用法率尚嚴急，果於殺戮，或戕剝肢體。其初刻木結繩以紀事，魏晉以後，得《五經》、佛教於中國，於是緇衣、沙門之屬，傳習文字。其俗，男子髡額文身，短衣無袖，以綺裹束衣，肩背處繪染草木花蟲之狀，以別尊卑，履無絢組，以底之長短別貴賤；女子披髮跣足，衣如幃幔，從頭頸貫之。居無城郭，惟國王處以樓觀，其餘富者屋版，貧者覆茅。不識拜起之節，以蹲踞為恭，搓手為悅。分器而食，或用邊豆，性極貪鄙，詭譎好兵，行以刀劍自隨。不知嫁娶，男女相悅，即為夫婦。渡海則令一人齋，戒不擲沐，謂之持衰，不利，輒殺之。

漢武帝滅朝鮮，使譯始通。光武中元六年，奉珍朝賀，賜以印綬。安帝永初元年，來獻生口。靈帝光和間，倭國大亂，無主，有女子卑彌呼，年長不嫁，以鬼道惑眾，因立為王。

魏景初二年，卑彌呼遣大夫難米升、牛利等來貢，詔封卑彌呼親魏王，難米升率善中郎將，牛利率善校尉，假銀印青綬。正始元年，遣使齎詔書、印綬、金帛賜卑彌呼，上表答謝。四年，遣大夫伊耆掖邪狗等來貢，詔拜掖邪狗等率善中郎將，各假印綬。八年，卑彌呼與狗奴國王卑彌弓相攻，狀聞，遣使詔諭之。卑彌呼死，宗女台與嗣立，遣使來獻生口、白珠、雜錦諸物。晉泰始初，台與死，復立男王，修其職貢。安帝時，倭王譖通表江左。

宋武帝永初二年，詔賜譖除授。文帝元嘉二年，譖死，弟珍立，遣使來貢，表求除正，詔除珍安東將軍、倭國王。二十年、二十八年俱來貢，詔封倭王濟如舊制。孝武大明六年，詔封倭王興安東將軍。興死，弟武立，稱爵如故。順帝升明二年，表請報讎高句麗，詔許之。齊建元二年，加武鎮東將軍。梁武帝即位，詔進倭王征東大將軍。

隋文帝開皇二年，倭王多利思比孤遣使來貢。煬帝大業二年，又貢，書稱“日出處天子致書日沒處天子”，帝惡之。三年，復貢，賜倭王冠服。唐太宗貞觀五年，來貢，遣使持節撫之。永徽初，來貢琥珀、碼磠諸物。二年，偕蝦蛦國人來貢蝦蛦人鬢長四尺許，形類蝦，故名。咸亨元年，遣使賀平高麗。永淳元年，遣真人粟田復來，請從諸儒授經，詔許之。四年，遣僧正玄昉來貢。二十四年，遣僧禮五台山學佛法。天寶、大歷、建中、元和、會昌、光啓、後樑龍德間，朝貢不絕。

宋雍熙元年，遣僧大周然來貢銅器，並其國《年代》《職員紀》各一卷。端拱元年，大周然遣弟子喜因奉表獻方物、稱謝。咸平五年，建州海賈遭風，漂至日本，留七年，與其國人滕木吉來貢。景德元年，遣僧寂照來貢。天聖四年十二月，明州言日本國太宰遣人來貢，驗無表文，卻之。熙寧五年，夷僧誠尋渡海，止台州國清寺，願留中國，有司以聞，詔令赴闕，獻銀香爐、木槵子、白琉璃、琥珀、水晶諸物，賜紫方袍，處之開寶寺。元豐元年，僧仲回來貢。乾道、淳熙間，俱來貢。嗣後，有夷舟漂至明州、秀州、定海者，而職貢不入矣。

元世祖至元三年，高麗使人趙彝言日本可通，命兵部侍郎黑的、禮部侍郎殷弘充使，齎書往諭，令其入貢，不達而還。四年，兩遣使，無功。六年，復遣秘書監趙良弼持書往使。八年，高麗王遣通事別將徐稱導送良弼至倭國，與其使彌四郎俱來，宴賜遣之。九年，復遣使，不報。十一年，加經略使忻都高麗軍民總管、洪茶丘等征東元帥，帥舟師征之，敗績而還。十二年，遣使，不報。十四年，遣商人持金來易錢，許之。十七年，殺使臣杜世忠等。十八年，覆命右丞范文虎與忻都、洪茶丘等帥舟師十萬征之，颶風覆于五龍山。至大二年，倭賊寇慶元路，毀郡儀門及天寧寺。終元之世，竟不入貢。

我太祖高皇帝統一寰宇，薄海之外，罔不臣僕，惟倭奴未至。洪武二年，遣使臣趙秩招之，泛海至析木崖，入其國。倭王良懷對使者曰："昔蒙古以戎狄莅華，而以小國視我，使趙姓者詠我以好語，初不知其覘國也。今天子帝華，使亦趙姓，得非蒙古之云仍乎，亦將詠我以好語而襲我耶？"秩曰："今天子聖神文武，明燭八表，生華帝華，非蒙古比；我非蒙古使後。汝若背逆，即殺我，禍不旋踵矣。"王屈服，乃更禮秩，遣夷僧十人隨秩入貢。是年三月，寇蘇州之崇明、太倉，守禦指揮翁德督舟師剿捕，遇於海門之上幫，斬獲甚眾。五月，復寇溫州中界山、永嘉、玉環諸處。五年，太祖謂廷臣曰："東夷固非北胡腹心之患，亦猶蚊蟲警寤，自覺不寧。"與誠意伯劉基等議，其俗尚禪教，宜遣高僧說之歸順，乃選明州天寧寺僧祖闡、南京瓦罐寺僧無逸往使日本，宣諭敕旨，隨遣夷僧來獻馬匹、盔鎧、鎗刀、瑪瑙、硫磺、帖金扇諸物。七年，倭賊至近海，靖海侯吳禎督帥舟師追剿至硫球洋，多所斬獲，俘送京師。十二年，來貢，驗無表文，發雲南、川陝安插。明年，復來貢，人船名籍檄至京師，錫宴遣歸。十五年，使臣歸廷用來貢，備倭指揮林賢交通樞密使胡惟庸，計擒遣還，夷使誣為寇盜，私其貨物，中書省舉奏其罪，流賢日本。十六年六月，夷船一十八隻寇金鄉小濩寨，官兵敵卻之。明年，胡惟庸偽差廬州人李旺充宣使以還林賢，率倭兵四百餘人，與僧如瑤來獻，巨燭中藏火藥兵器，圖謀亂逆，比至，惟庸被誅，朝廷治其逆黨，處賢極刑。夷兵發雲南，守禦降，詔切責倭國君臣，詔曰："曩宋失馭，中土受殃，金元入主二百餘年，移風易俗，華夏腥膻，凡有志君子，孰不興忿？及元將終，英雄鼎峙，聲教紛然。時朕控弦三十萬，礪刃以觀，未幾，命大將軍肆九伐之征，不逾五載，戡定中原。蠢爾東夷，君臣非道，四擾鄰邦，千年浮辭生釁，今年人來，否真實非，疑其然而往問，果較勝負於必然，實籍陳於妄誕。於戲！渺居滄溟，罔知帝賜，傲慢不恭，縱民為非，將必狹乎。故茲詔諭，想互知悉。"仍著訓典曰："日本雖朝實詐，暗通奸臣胡惟庸，謀為不軌，故絕之，命信國公湯和經略沿海，設防備倭，和於東南邊海，悉為展拓城池，增置衛所、巡司、關隘、寨堡、台堠。尤嚴下海通番之禁。"二十六年八月，夷船一隻寇小尖亭。明年二月，夷船九隻，寇小尖亭。三十四年九月，夷船六隻，寇蒲岐所、茅硯山、永東、黃花諸處。

　　成祖文皇帝永樂二年四月，夷船一十一只，寇穿山，百戶馬飛興死之。尋寇蕺、松諸處。是年，上命太監鄭和統督樓船水軍十萬，招諭海外諸番。日本首先納款，擒獻犯邊倭賊二十餘人，倭賊即治以彼國之法，盡蒸殺之。時銅甑猶存，爐灶遺址在蘆頭堰。降敕褒獎曰："爾雖身在外海，實心朝廷，古之東王，未有賢於君者。"給勘合百道，定以十年一貢，船止二隻，人止二百，違例則以寇論。制限進貢方物：馬、鎧、硫黃、貼金扇、牛皮、鎗、盔、蘓木、塗金裝彩屏風、劍、灑金廚子、灑金手箱、灑金木銚角盤、刀、灑金文台、描金粉匣、描金筆匣、水晶數珠、抹金提銅銚、瑪瑠。隨命俞士吉充都御史，齎金印錦誥賜倭王，敕其國鎮山為壽安山，御制碑文勒石其上。四年，平江伯陳瑄督領海運，與倭寇值於沙門島，追至朝鮮洋，盡焚其舟，斬獲無筭。九年以後，貢者僅一再至，而其寇松門、寇沙園諸處者不絕。如十九年，犯遼東之馬雄島，為總兵劉江盡殲於望海堝。是年五月望日，倭賊二千餘人登犯馬雄島，總兵劉江乃犒士秣馬，令百戶姜隆帥壯士焚毀賊舟以斷歸路，指揮徐剛伏兵山下，戒曰："見旗舉炮響則起。"明日，賊逼望海堝下，江披髮當先，執旗麾伏兵，張翼而進，賊奔櫻桃園空堡中，官兵圍之，有欲奮攻者，江弗許，令開西壁縱之，仍分兩翼挾攻，悉擒斬之。及還，諸將請曰："公臨敵安閒，惟飽士馬，披髮沖陣，圍而復縱，何也？"江曰："窮寇遠來，必餓且勞，我以飽逸待之，此為治力。賊陣有似長蛇，我以真武勢壓勝之。雖所以愚士卒之耳目，亦足以壯我軍之氣。賊入堡而縱之，此圍師必闕之法也。"眾皆悅服。捷聞于朝，進江伯爵，將士升賞有差。二十二年，寇象山，縣丞宋真持竿擊賊而死，教諭蔡海罵賊而死。蓋其罔懷帝賜，狡譎不情，固其常也。

宣宗朝，入貢踰額，復增定格例：船（母）[毋]過三隻，人（母）[毋]過三百，刀劍（母）[毋]過三千把。八年，倭王源道義卒，遣使弔祭。十年，嗣王上表謝恩。正統四年五月，夷船四十餘隻，夜入大嵩港，襲破所城，轉寇昌國，亦陷其城。時備倭等官以失機被刑者三十六人，惟爵溪所官兵擒獲賊首一，名畢善慶，誅之。七年，夷船九隻、使人千餘來貢，朝廷責其越例，然以遠人慕化，亦包容之。八年六月，寇海寧、乍浦諸處。十月，復寇壯士所。景泰六年，寇健跳，官軍城守，不得入。天順二年，遣使來貢。成化二年，賊舟偽貢，備倭都指揮張翯帥舟師逐之。十一年，遣使周瑋來貢，敕諭倭王自後宜恪遵宣德中事例。弘治八年，來貢。正德四年，遣使宋素卿來貢，請祀孔子儀制，朝議弗許。素卿者，即鄞人朱縞，其家鬻于夷商湯四五郎，越境亡去，至是充使入貢，重賂逆瑾，蔽覆其事。蓋縞在倭國，偽稱宗室苗裔，傾險取寵，輔庶奪嫡，爭貢要利，而夷夏之釁，遂釀於茲。

聖上龍興，改元嘉靖。明年四月，夷船三隻，譯稱西海道大內誼興國遣使宗設謙道入貢。越數日，夷船一隻、使人百餘，復稱南海道細川高國遣使端佐宋素卿入貢，導至寧波江下時，市舶太監賴恩私素卿重賄，坐之宗設之上，且貢船後至，先與盤發，遂致兩夷仇殺，毒流廛市。宗設之黨追逐素卿，直抵紹興城下，不及，還至餘姚，遂縶寧波衛指揮袁璡，越關而遁。時備倭都指揮劉錦追賊，戰沒於海。定海衛掌印指揮李震與知縣鄭余慶同心濟變，一日數警，而城以無患。賊有漂入朝鮮者，國王李懌擒獲中林望古多羅，械送京師。發浙江按察司與素卿監禁候旨法司勘處者，凡數十次，而夷囚竟死於獄。倭奴自此懼罪逋誅，不敢欵關者十餘歲。十七年五月，夷船三隻、使僧石鼎、周良來貢，求還前所遺貨。法司論以事已經亂，貨應入官，且無從索之。良等沮，不敢言，朝廷復申十年一貢之例，責令送還正德以前勘合，更給新者，遵照入貢。二十三年四月，使僧釋壽光等百五十人來貢，驗無表文，且以非期，卻之。二十六年四月，夷船四隻、使臣周良等四百餘人來貢，仍以非期，發外海嚻山停泊一年，期至，方許入貢。

　　先是，福建繫囚李七、許二等百餘人逸獄，下海勾引番倭，結巢於嚻衢之雙嶼，出沒為患。上命巡撫都御史朱紈調發福建掌印都指揮盧鏜統督舟師搗其巢穴，俘斬溺死者數百。有蟹眉湏黑番、鬼倭奴，俱在獲中。餘黨遁至福建之浯嶼，鏜復剿平之。命指揮李興帥兵發木石塞雙嶼，賊舟不得復入。然窟穴雖除，而東南弗靖。徽、歙奸民王直即王五峰、徐惟學即徐碧溪，先以鹽商折閱，投入賊夥，繼而竄身倭國，招集倭商，聯舟而來，棲泊島嶼，潛與內地奸民交通貿易，而鄞人毛烈即毛海峰質充假子。時廣東海賊陳四□等亦來劫擾，王直用計撦殺，叩關獻捷，乞通互市，官司弗許。壬子二月，直令倭夷突入定海關奪船，福建捕盜王端士帥兵敵卻之。直移泊金塘之烈港，去定海水程數十里，而近亡命之徒，從附日眾。自是夷航遍海，為患孔棘。是年四月，賊攻遊仙寨，百戶秦彪戰死。已而寇溫州，尋破台州黃岩縣，東南震動，巡按御史林應箕告急於朝。朝議設巡撫都御史提督軍務，兼制閩浙，而各設參將，統帥兵眾。于時巡撫都御史王忬命參將湯克寬捕斬賊首鄧老等。六月，賊陷嚻衢城。癸丑四月，賊薄省城，指揮吳懋宣率僧兵禦之於赭山，力戰死之。賊陷昌國城，百戶陳表持兵相拒，斃賊數人，死之。觀海衛指揮張四維追賊於崎頭洋，斬首五十級。夷舟漸至直隸，登劫皆依烈港之賊為窩堵。參將俞大猷以舟師搗之，弗利。賊亦尋遁至別島，鼓扇餘凶，逞其毒螫。是月，賊復攻陷臨山城。六月，賊復寇嘉興，寇海鹽、澉浦、乍浦，寇直隸、上海、吳淞、嘉定、青村、南匯、金山衛，寇蘇州，寇昆山、太倉、崇明，或聚或散，徧于川陸，凡浙直之地，所經村落都市，昔稱人物夥繁、積聚殷富者，蕩為丘墟，而柘林、八團諸處，胥作巢穴矣。時官兵進剿屢衄，參將湯克寬督率邳兵戰于葉謝港，斬首五十餘級。

海道副使李文進、參將俞大猷督率都司劉恩至、指揮張四維、郭傑、百戶鄧城等兵船，追賊於蓮花洋。甲寅二月，參將盧鐘與賊戰于史家浜，盡焚賊舟，斬獲無筭。三月，都司劉恩至、指揮張四維督舟師追賊至三嶽山，斬首二十級。尋與指揮潘亭會兵追剿，生擒三十餘徒。賊由赭山、錢塘至曹娥，涉三江、瀝海、餘姚，直走定海縣之王家團，復有盤據補陀山，焚劫海鹽龍王塘、乍浦長沙灣、嘉興嘉善縣諸處。盧鐘與把總指揮劉隆、潘鼎邀擊于石塾洋，斬首二百餘級。是月，賊攻昆山城，又攻蘇州城，又攻松江城。九月，賊奔蕭山縣，分寇臨山、瀝海、上虞縣，又攻嘉興城。官兵與戰于孟家堰，指揮李元律、千戶薛綱、宋應蘭死之。賊走嘉善縣，參將張淙、張鈇、都司周應禎、指揮王堯相、楊永昌等，分兵追斬各有差。賊徒四十餘，突至百家山，百戶趙軒瑜戰死。賊寇沈家河、智扣山、黃灣諸處，都司周應禎戰死。六月，賊寇至蒲門、壯士所，指揮王希禹率兵追斬四十級。七月，賊舟遁出金山洋，指揮任錦要擊於銅礁，俘斬三十餘級。十月，夷船三隻突入松門關，薄於靈門，台州知府宋治與把總劉堂、太平縣知縣方輅率兵襲焚其舟，擊斬有差。十一月，賊徒二百餘人登自海門港，直趨台州、仙居、新昌、嵊縣，屯于紹興柯橋村。署海道副使陳應魁同俞大猷，率會稽縣典史吳成器，帥兵剿除之。復有賊眾二千餘人焚劫嘉善縣，廣西領兵百戶賴榮華戰死。乙卯四月，賊寇常熟，僉事任環帥湖廣土兵戰卻之。先是，劇賊徐惟學即徐碧溪以其侄海即明山和尚質于大隅州夷，貸銀數萬兩，而惟學竟沒于廣東之南嶴為守備指揮黑孟陽所殺。其後，夷索故所貸於海，令取償於寇掠，至是海乃偕夷酋新五郎，聚舟結黨而來，眾數萬，寇南畿、浙西諸路，至乍浦。巡按御史胡宗憲令人載藥酒誘賊，賊中毒死者過半，餘眾數千擁至王江涇。宗憲督盧鐘與總兵俞大猷統浙直狼、土等兵大戰，悉擒斬之，聚屍三千，封京觀，更名其地為滅倭涇。賊復一支走崇德以向省城，總督尚書張經督兵追擊之，而麻陽土酋保前所殺賊，得獲珍貨，戰乃不力，重以不得地利，大致挫衄，經坐重譴。賊復寇常熟，知縣王鈇與致仕參政錢泮率兵禦之，被害。賊復寇無錫，寇宜興，官兵敵卻之。已復攻圍江陰，連月不解，知縣錢錞死之。賊復寇唐行鎮，遊擊將軍周璠迎敵，死之。別有賊九十三人，自錢倉、白沙灣入奉化仇村，經金峨，突七里店，敵殺寧波衛百戶葉紳，由甬東走定海崇丘鄉，復折而趨鄞江橋，歷小溪、樟村，敵殺寧波衛千戶韓綱。走通明壩，渡曹娥，時御史錢鯨以便道南還，適與之值，遂遇害。已而過蕭山，渡錢塘，入富陽、嚴州，寇徽州之績溪縣。盧鏜先以勁兵出油口溪扼之，賊奔太平府，渡採石江，道南京外郭，京營把總朱襄、蔣升戰死，官兵追捕，殲于蘇州之木瀆。復有賊千餘，由掘泥山登，犯觀海、慈溪、龍山、定海縣諸處。六月，復有賊數千，自柘林走海寧，直抵杭州北關外屯聚劫掠。賊自觀海開洋者，備倭都指揮王沛督帥把總閔溶、張四維、李興等兵船，要擊于霍山洋，悉沖沉之。

先是，巡按御史胡宗憲具奏，遣使諭其國王以彌邊患。是年八月，朝廷以宗憲有才略、可大任，遂進都御史，提督軍務。復與工部侍郎趙文華合奏，申前事，報可。乃令福浙藩司檄宣德意，生員蔣洲、陳可願充市舶提舉以往。

九月，賊徒二百餘人登據舟山之謝浦。復有賊數百，由海門登劫仙居、黃巖，官兵追之，賊奔奉化，走鄞江橋，出四明山，據紹興之龕山。胡宗憲親督盧鏜、處州梁高山等兵擊斬之。十一月，賊眾二千餘乘舟遁出南匯口。復有攻犯溫州、瑞安者，守備都指揮劉隆戰死。隨流劫仙居、龍游，至嵊縣清風嶺，胡宗憲督容美兵，盡殲之。又有福建流賊，由台、溫至寧海，抵奉化之楓嶺，敵殺慈溪縣領兵主簿畢清、義士杜文明，與象山流賊合夥，突過四明山，攻犯上虞，渡蟶浦港，寇蕭山縣，壁于錢清。胡宗憲督兵備副使許東望等，統麻陽土兵進剿，斬首五百餘級，盡擒之。餘孽復由諸暨出東陽、臨海，至太平蒲岐巡檢司，得舟而遁。

丙辰二月，使夷生員陳可願偕毛烈及夷商松柴門、善妙等七百餘人，乘舟進泊于馬墓港，自言直抵倭島，遍諭豐州、馬肥、前平、飛蘭諸島，悉已禁止寇掠。然無稽之語，漫不足信，開市之議，私相許諾，納歀請罪之表未至而福、浙、直隸沿海告警者踵接。據華人自日本來者云，大倭王懦弱不制，諸島各擁強爭據。王直所竄，即西海道，有豐前、豐後、築前、築後、肥前、肥後、薩摩、日向、大隅九州，其所稱，曰前平，曰馬肥，曰飛蘭，曰花腳踏，曰鳥淵，曰太村津。何馬屈沙、他家是、卒之毛兒、沉馬、美美、空居止、通明、巨甲、廟里、日高諸處，皆築肥豐州之地，總轄于豐後州王。大隅州懸隔一海，亦為聽命。山口王居日向、薩摩之間，亦漸並于豐州王矣。九州入大倭王畿甸，越斷港而東，水陸之程邁於旬月，舟行而西，止五六日而已，入我浙、直界矣。天朝頒賜勘合，貯肥後州，亦有貯山陽道周防州者。各道入貢，必納貲請取勘合而行。頻年寇邊，實九州島夷也。時徐海久據柘林，是年二月，將寇南京、浙西諸路，出嘉興至皂林，遇遊擊將軍宗禮，帥驍騎五千人突之，殺賊無算。明日復戰，死之。賊攻圍巡撫阮鶚于桐鄉，窘甚。時胡宗憲新受總督軍務、兵部左侍郎之命，舊兵不滿千人，度其勢未可驅殄，乃用計稍唊賊。至四月下旬，圍始得解。賊乃別遣夷船二十三隻、賊眾二千六百登劫鳴鶴場，夷船八隻、賊眾十餘登劫臨山、三江。越數日，兩賊合攻觀海龍山城，突入慈溪縣治焚劫，慘毒長吏，負印而走。縉紳齒刃死者，則副使王鎔、知府錢渙也。賊出丈亭港，欲窺郡城。盧鐘帥兵乘輕船沿江上下，用鳥嘴銃擊賊。賊疑，退屯海口，後至者則拾其遺貨。是月，賊眾五百餘由福建莆田之廣頭登岸，流劫而西，入據仙居縣。時阮鶚始出桐鄉圍中，胡宗憲行鶚統督，兵備副使許東望、參將盧鐘、台州知府譚綸、指揮伍維統等進剿，盡殲賊于仙居。而宗憲自以身獨當海，乃數遣死士入海營中為反間，令自縛其黨陳東等八十餘人，而海自以身乞降，佯許之，計徵兵且至，乃與工部尚書趙文華密謀進剿，大殲于沈家莊。海遂自溺，得其屍。新五郎帥餘黨乘舟遁至烈港，參將盧鐘要擊之，俘斬三百餘。新五郎與麻葉等因至京師，獻俘告廟，刲屍梟示。

上命儒臣紀頌功德云：賊據定海丘家洋，阮鶚與俞大猷、盧鐘合兵圍守數日，賊甚窘，而我兵不戒，遂夜潰圍。踰桃花嶺，渡李溪，走鄞之西鄉，由元貞橋走奉化、寧海，與官兵戰于台州之兩頭門，把總范指揮死之，遂從寧海走溫州至福建，得舟而遁。謝浦之賊移據吳家山，自秋及冬，屢攻弗克。胡宗憲發桑植麻寮兵三千，檄張四維歲除乘雪夜襲，破其巢，悉斬之。丁巳正月，賊眾數千登自福建之三沙，遍掠沿海至寧德縣，備倭都指揮劉炌死焉。時領兵指揮、千百戶陣亡者二十八人。三月，賊眾復千餘，與三沙賊合搶劫洪塘，焚毀新造戰船一百餘隻。四月，賊寇通州海門縣，突流揚州廟灣港。盧鐺追擊，沖沉其五舟，斬首四十餘級。賊出安東縣，復依船為巢，池河守禦劉顯擊破之，斬首百餘級，餘黨遁去。復有賊舟漂至沈家門，約百餘人。胡宗憲遣朱尚禮誘至定海關，悉斬之。七月，生員蔣洲與倭酋德陽左衛門、善妙、松柴門等五十餘人乘舟進泊舟山，胡宗憲上其事於朝。九月，王直、毛烈、葉碧川等亦偕夷商、水手千餘乘舟進泊岑港，毛烈自詣軍門，乞降求市。胡宗憲令烈還舟候旨，檄俞大猷統督浙直兵船為戰備，檄盧鐺至舟山撫諭，宣佈威德。直進退無據，遂就執。戊午三月，毛烈帥其夷兵與松柴門等合巢于岑港山，四出劫掠，總兵俞大猷統督參將戚繼光、張四維、劉顯、丁僅等兵圍之，久而弗克，賊舟繼自豐州島來者，為烈應援。宗憲督張四維以舟師擊於韭山洋，斬首百有奇。其一支壁于朱家尖，環而攻之，俘獲三百有奇。自是岑港之賊絕援矣。時賊有寇溫州者，其郡致仕僉事王德帥鄉兵禦之，殺賊數人。次日，復領兵出戰，德陷賊伏而死。其他寇楚門，寇台州，寇樂清、臨海、仙居及象山之交縮者，眾至五千人。時惟台州民兵前後俘斬數百而已。六月，岑港之賊毀其故巢，遁于柯梅山，官兵攻圍，至十一月，復乘舟夜遁。張參將追及於鎮下門，沖沉其一舟，斬首二十餘級。烈遁至浯嶼，復移于南麋，轉而東奔。己未三月，倭賊千餘登犯象山金井頭諸處，海道副使譚綸督兵剿之，斬首百餘級。賊流至寧海，與先犯桃渚、海門、黃巖諸賊相合。總督胡宗憲復檄譚綸同參將戚繼光帥兵追剿，賊趨新河所，復奔太平之南灣山，官兵斬首七百餘級。又賊一枝據寧海之石馬林，譚綸同副使劉存德、參將牛天賜，又奉總督之檄剿平之。復有夷船大寇揚州、通泰諸處。四月，夷船二十餘隻、賊徒二千餘人漂至三爿沙，副總兵盧鐘督師帥遊擊楊尚英等兵船，擊斬百三十級，餘孽移據三沙，官兵前後斬獲二十級。七月，遁至江北，復寇廟灣、蒙李諸處，總督胡宗憲、都御史李遂督參將曹克新、都司何本源等兵，悉剿平之。十二月，法司奏讞王直罪逆，遂即誅，梟首定海關東南。

自倭奴構亂，數年之間，供億巨萬不貲，而邊氓之被殃、材官之戰沒者，又莫可勝紀。幸賴元戎運籌、將士勦力，得偷旦夕之安，但生聚未復，兵食未充，而賊之盤據福建者，積歲未解，將來叵測，則將何以待之？

我祖宗之制，于邊海郡縣，經營控制為備，蓋至嚴也。語形勢之遠，起遼海而終瓊崖。考浙之東西，首澉、乍而逮蒲、壯。我郡南達台、溫，北連溟、渤，並海幾六百里起慈溪縣向頭巡檢司，止象山縣石浦巡檢司。置衛者四：曰觀海，曰定海，曰昌國，而寧波衛則附於郡城。衛之隙置所者十：曰龍山，曰穿山，曰霩衢，曰大嵩，曰錢倉，曰爵溪，曰石浦前後所。舟山則懸峙海中，而中中、中左二所在焉。所之隙，置巡檢司一十有九：曰螺峰，曰岑江，曰岱山，曰寶陀四司環置舟山之四面，隸寧波府，曰甬東，曰大嵩隸鄞縣，曰松浦，曰向頭隸慈溪，曰鮚埼，曰塔山隸奉化，曰長山，曰穿山，曰霞嶼，曰管界，曰太平隸定海，曰爵溪，曰陳山，曰石浦，曰趙嶴隸象山，莫不因山塹谷崇其垣墉，陳列兵士以禦非常。復于津陸要衝置為關隘：曰東津，曰西渡，曰桃花，隸鄞縣。國初皆置船防守，後裁革。今復置列兵船，以備倭寇衝突，曰定海關在南薰門外，最為衝要。舊制額：設指揮一員，旗軍五十名，盤詰舟航以防奸細，官哨、戰船亦泊於此。今增協守民兵，福蒼大小戰船，悉為停泊。曰舟山關，舊制額：設官軍盤詰，停泊戰船。今增置福蒼等船防守。曰丈亭關，曰長溪關，曰杜湖關，曰石浦關，凡九；曰湖頭渡寨，今遷塔山巡檢司於此。曰竹頭寨，曰長山寨，曰小浹港隘，曰青嶼隘，曰碶頭隘，曰錢家隘，曰梅山隘，曰慈嶴隘，曰橫山隘，曰螺頭艾，曰碇齒隘，曰小沙隘，曰沈家門水寨，曰路口嶺隘，曰岱山隘，曰大展隘，曰何家纜寨，曰仁義寨，曰赤坎山寨，曰黃沙寨，曰松嶴寨，曰土灣寨，曰南堡寨，曰遊僊寨，凡二十有五，皆屯兵置艦以為防守。其中，若定海關、舟山關、湖頭渡寨、沈家門水寨、遊僊寨、南堡寨、小浹港隘最為要害。自昔至今，尤致嚴焉。定海置烽堠一十三，穿山烽堠十，霩衢烽堠六，大嵩烽堠六，舟山烽堠二十五，觀海烽堠六，龍山烽堠六，昌國烽堠三，石浦烽堠二，錢倉烽堠五，爵溪烽堠四，鹹設旗軍，以瞭望聲息。晝炯夜火，互相接應。若霩衢之三塔山、舟山之朱家尖，蠹崎最高，所望獨遠，故設總台，多撥旗軍，戒嚴尤至。設總督備倭，以公、侯、伯領之。巡視海道，以侍郎、都御史領之。洪武三十年以後，總督領于都指揮，海道領於憲㠉。定、臨、觀三衛設一把總指揮，松、海、昌三衛設一把總指揮，金、盤二衛設一把總指揮，海寧衛設一把總指揮，分方備禦，各有攸司。海上諸山分別三界：黃牛山、在慈溪縣北大海中，與海鹽縣海洋為界。馬墓、長塗、冊子、金塘、大樹、蘭秀、劍山、雙嶼、雙塘、六橫、韭山、壇頭等山為上界，灘山、滸山、羊山、馬跡、雨頭洞、漁山、三姑、霍山、徐公、黃澤、大小衢、大佛頭等山為中界，花惱、求芝、絡華、彈丸、東庫、陳錢、壁下等山為下界，率皆潮汐所通，倭夷貢寇必由之道也。前哲謂防陸莫先於防海，沿邊衛所置造戰船，以定、臨、觀三衛九屬所計之，五百料止定海港一隻、四百料、二百料、尖口等船一百四十有三，昌國衛四屬所四百料等船六十有七。量船大小，分給兵杖火器，調撥旗軍駕使，而督領以指揮千百戶。每值風汛，把總統領定、臨、觀戰船，分哨于沈家門。初哨以三月三日，二哨以四月中旬，三哨以五月五日，由東南而哨，歷分水礁、石牛港、崎頭洋、孝順洋、烏沙門、橫山洋、雙塘、大橫、雙嶼、亂礁洋，抵錢倉而止。每哨抵錢倉所取到單，並各處海物為證驗。凡韭山、積固、大佛頭、花惱等處為賊舟之所徑行者，可一望而盡。

由西北而哨，歷長白、馬墓、龜鱉洋、小春洋、兩頭洞、東西霍抵洋山而止哨至亦取海物為驗。凡大小衢灘、滸山、丁興、馬跡、東庫、陳錢、壁下等處為賊舟之所經行者，可一望而盡，即由此南通於甌越，北涉于江淮，皆以南北兩洋為要會，而南北之哨，則以舟山為根抵。昌國戰船，南哨則抵於松門，北哨則抵大嵩，分哨之期有同于三衛，而與松海哨船，別統於把總，至六月哨畢，臨觀戰船則泊于岑港，定海戰船則泊于黃崎港，昌國戰船則泊于石浦關。海中至大月十二日為彭祖忌，颶風大作，舟必避之。仍用小船巡邏防守，備至密也。今日之倭奴，更不可以春汛期，自三月至五月，為汛期。六七八月，風潮險惡，舟不可行。至十月小陽汛，復可渡海，亦有淳泊海島乘間而至者，故今四時防倭也。而備禦宜益加嚴矣。

皇上軫念元元，震耀神武，命將興師，以誅不庭，舉祖宗之舊章，而振飭恢弘之，設總督直隸福浙軍務大臣及巡撫都御史，命卿佐以督察軍務，督視軍情，三十四年，命工部尚書趙文華督察軍務。三十八年，命右通政唐順之督視軍情。以藩臬分任兵備，調發廣東橫江鳥尾船二百餘艘，改造福清船四百餘隻，停造五百料等船，於軍四民六料銀增給價值，改造福船。雇稅蒼沙民船復數百隻，召募福建、兩廣、邳徐、山東、松潘、保靖、永順、桑直、麻遼、鎮溪、大庫及蒼處等兵不下十萬，敕鎮守總兵駐劄臨山，今改劄定海，責任與巡撫同。協守副總兵駐劄金山，今改劄吳淞，責任與巡撫同。參將分守各府，杭嘉湖一參將，寧紹一參將，台州一參將，溫處一參將，責任與兵備同。把總統轄諸衛，舊制四把總，今分為定海、為昌國、為臨觀、為松海、為金盤、為海寧。六總裁去備倭總督，而各把總俱以都指揮體統行事。復有遊擊、遊兵、統兵等職，以督水陸之兵皆題奉欽依，以都指揮領之，一時任事之臣，非不攄殫謀畫、務底安攘，而豺豕日繁、烽煙未靖者，蓋以蹊徑日開而告急者多，則疲於奔命，庾帑日匱而資用者乏，則窘於設防，糧餉不時而凍餒者眾，則怯于應敵，主兵不實而召募者多，則難於行法，此皆用兵之大患也。試舉目前之事籌之，倭奴入寇，自彼黑水大洋，舟行一二日抵天堂山，復一二日，渡官綠水抵錢壁下，漸經濁水。西北過步州洋亂沙，入臨城口，可犯淮安；入廟灣港，可犯揚州。再越而北，則犯登萊矣。西南過韭山、大佛頭、積固山，入黃華港，可犯溫州；入桃渚、海門、松門諸港，可犯台州；再越而南，則涉閩廣矣。正西過茶山，入瞭角嘴、大江口、涉谷、檳鄉、福山諸港，可犯通、泰、瓜、儀、常、鎮；過馬跡灘、滸羊山，歷崇明、七丫、白茅、劉家河、吳淞、黃浦、白沙灣諸港，可犯蘇、松；過大小衢、徐公石、塔山、馬鞍山、登梁莊、西海口、西嘴頭，可犯嘉、湖；入鱉子門、赭山、錢塘江，則薄于省城；登龕山、烏嘴頭，可犯蕭山縣；過漁山、兩頭洞、三姑山，入蟶浦、三江，可犯紹興、林山、瀝海、三山；過霍山洋、五嶼、烈港、表登、掘泥、烏山、平口，則薄於吾郡之觀海、龍山、慈溪；登丘家洋、官莊、龍頭，則犯定海之西北界；過岱山、長塗、蘭秀山、劍山、登幹□、大小展，則東北一面可入於舟山；過烏沙門、順母塗，登沈家門、謝浦，則東南一面可入於舟山；過大小幹山、十六門、嶨山、盤嶼、登關山、螺頭，則西南一面可入於舟山；過東西肯、長白礁、馬墓港、冊子山、登岑江、碇齒，則西北一面可入於舟山；由舟山之南，經大貓洋入金塘、蛟門，則竟趨於定海城下；過穿鼻港，入黃崎港，則犯穿山；過崎頭洋、雙嶼，入梅山港，則犯霩衢；過青龍洋，入大嵩港，則犯大嵩；由東西廚入湖頭渡，則犯奉化縣及象山縣之東界；過韭山海閘門、亂礁洋，登蒲門，則犯錢倉所；過青門關，登白沙灣、遊僊寨，則犯爵溪、象山之南界；入石浦關，則逼石浦城與昌國衛。宋時嘗於招寶山抵陳錢壁下置十二水鋪，以瞭望聲息，在當時已病海氣溟濛，風雨冥晦，難於接應，今浙直兵船督領于遊兵把總等官，謂宜自春歷夏，及小陽汛期。直隸船北哨至茶山、瞭角嘴、海洋，江北淮揚沿海，復設總參遊兵等官，督領兵船，哨守各洋港。南哨至羊山、馬跡灘、滸衢山等處。蘇松常鎮兵船于遊兵外，又分別枝，哨守各洋港。浙船南哨至鎮下門、南麂、玉環、烏沙門、普陀等山，溫台兵船又分別枝哨守各洋港。北哨則交于直海，寧紹兵船于遊兵外，又分一枝哨守馬跡，一枝哨守兩頭洞，一枝哨守衢山，一枝哨守長塗，一枝哨守普陀。陳錢為浙直交界分路之始，復交相會哨，遠探窮搜，遇有賊舟，即為堵截，馳報內境，俾為預防。復于沈家門列兵船一枝，以一指揮領之，馬墓港列兵船一枝，以一指揮領之，把總則駐劄舟山，兼轄水陸，而總、參、標下各選練精兵三千，以聽徵剿。定海則屯聚重兵，屹為臣鎮，賊或流突中界，則沈家門、馬墓兵船迤北截過長塗、霍山洋、三姑，與浙西兵船為掎角，而吾郡之北境可以無虞，迤南截過普陀、青龍、洋韭山、青門關，與昌國、石浦兵船為掎角，而吾郡之南境可以無虞。賊或流突上界，則總兵官自烈港督發舟師，北截於七里嶼、觀海洋，而參將自臨山洋督兵船為之應援，南截于金塘、大貓洋、崎頭洋，而石浦、梅山港兵船為之應援，則沿海可以無虞。是故今日之海防，會哨于陳錢，分哨于馬跡、羊山、普陀、衢山諸處，為第一重；出沈家門、馬墓之師為第二重；總兵督發兵船為第三重。巨艦雲馳，倭夷之舟航弗與也；火器颼發，倭夷之短兵弗與也。以我之眾，制彼之寡，以我長技，制彼短技。折蛇豕之勢而免內地震驚之虞，斯策之上者也。萬一疏虞而賊得登陸，由掘泥歷烏山、鳴鶴場，踰杜湖嶺入慈溪，由平石歷沈思橋，踰孔家嶺入慈溪，渡丈亭，走車廄、稠嶺寨、石塘灣，涉鄞之西鄉，可達於郡城，則觀海、向頭、松浦之守，不可以不嚴，而慈溪新城之建，實所以扼其沖。由丘家洋越雁門嶺，由官莊越桃花嶺，由龍頭越鳳浦嶺，渡青林、李溪，可達於郡城，則龍山、管界之備與嶺口把截之兵，不可以不嚴。而丘洋、金罍、石牆之築，實所以扼其沖。由定海港可直走寧波，則西渡、東津、梅墟、桃花渡之備，不可以不嚴。而招寶山築城設險，實所以扼其沖。由夏蓋山走梁湖、通明壩，入四明、梁衖，出樟村、小溪、櫟社，可達於郡城，則臨山、瀝海、廟山之防，不可以不嚴。由四門、石堰渡桃江，入樟村，以達於郡城，則三山之防，不可以不嚴。由小浹港循長山橋、鄞山稿、七里店，走甬東，可達於郡城，則港口置兵船防守，港口置鐵發貢重五千者，一座調發福船，二隻蒼船，四隻防守港口，添設本港民八槳船十隻，汛期則巡邏哨探，

眼則容其樵采。與甬東巡司之備，不可以不嚴。由穿山碶頭踰育王嶺，歷
寶幢、盛店，可以走甬東，則穿山、橫港水陸之備，不可以不嚴。由尖
崎踰韓嶺、涉東湖，可以走甬東，則霩衢、大嵩、霞嶼、大平之備，不
可以不嚴。由趙墺、白沙灣走象山，渡黃溪、歷仇村，道陳嶺，入幹坑、
橫溪、桃江，可以走甬東，則錢倉、爵溪諸濱海之備，不可以不嚴。由
昌國、石浦、桃渚、健跳、黃巖、寧海，經鐵場、缸窯、黃溪、青嶺入
奉化，渡蔣家浦，越鄞江橋，達郡城之西南，則缸窯、黃溪口與諸險隘
之防，不可以不嚴進設蒲門、青門、鋸門、金井頭等隘。凡此皆倭寇所經
之故道，為郡城根本之慮，凡在事任者，所當宣猷而致力也。然郡之舟
山，故縣治也，四面環海，其中為裡者四，為墺者八十三，其五穀之饒、
魚鹽之利，可以食數萬之眾，不待取給于外，初以承平無事，止設二所
守之，軍卒不過二千四百有奇，而歲月既久，□亡且太半矣。重以城垣
低薄，不足為固，萬一夷且生心，據以為穴，則險阻在彼，非有勁兵良
將，卒未易以驅除，而彼方挾其利便，四出攻剽，則濱海郡縣，容得安
枕而臥乎？此今日之所當首以為憂，蓋不止如雙嶼、烈港之為賊窟而已
也。夫海防莫急於舟師，合定臨觀昌各港，福蒼官民船可二百艘，八槳
小網船倍之，今復增造福蒼沙船五十只。舊例：船價六分則徵於里甲，
四分則扣于軍儲，以充造作；三年則輕修，六年則重修，九年則折造其
價，扣除於月糧，變賣於釘版，而仍給公帑以佐之。今之造船，給稅又
數倍於昔矣。昔之出海，旗軍食糧八鬥，五鬥安家，三鬥隨行；今之給
餉，水兵者又數倍於昔矣，公私安得不困哉？且昔日之水軍，固皆尺籍
之編伍，未始徵兵於外方也，間有老弱雜揉、傭夫冒充，固可簡而汰也。
自巡撫朱紈過懲前弊，謂土軍積脆不振，乃悉從罷免，專募福清兵船，
用之戍守，用之攻擊，率以忘命剽掠之徒而充敵愾干城之役。于時識者，
已謂前門拒狼、後門進虎，而將來之患，至不可祛除矣。即今分舟而伍，
則詭名以冒糧，一或不遂，即有脫巾之變；奉調而行，則劫掠以飽欲，
一或抗拒，即有殺戮之慘。及其臨陣格賊也，非其生同里閈，則其素所

交通之人也；啖以甘言，嘗以隱語，即倒戈而反走矣，故屢戰而屢北。自兵興以來，以福兵而取勝者，能幾何哉？夫習知其不可而必欲用之，有禦寇之名而無禦寇之實，此誠所謂大舛也。為今之計，漸罷客兵而兼用土著，使久而習其揚帆捩舵之法、戰攻衝擊之技，無不便者，況寧紹之民流亡直隸、投充水兵者，亦不下萬計，彼閩人固能施長技於浙海也，浙人又能施長技於直海也。歸吾浙人而行於浙海，又奚不可哉此言用土人可以省募水兵？議者謂山海有自然之利，捐之民而困可蘇，故屯大榭之田，可以固穿山之守，耕牧金塘，可以裨糧餉之資。近日督察大臣嘗奏請舉行，然田方度而勢豪已為之占籍，果能出力以供稅乎？且其地廣袤，物產無窮，賊屢過而不問者，以其中未有可欲也。既田之，則有可欲矣，能保其不據乎？苟無重兵以守，是委以與敵也，而可為之乎？此言金塘、大榭不必復田。或謂今之水戰，止能要擊去賊，而於來者未能遏其鋒，夫來賊銳而去賊惰，擊惰易而攻銳難，人情所習知也。然擊來賊者，譬之撲火，于方然之始，火滅則棟宇可以無虞；擊去賊者，收燎於既燼之後，此其利害，則有間矣。自海上用師，擊來賊者僅一二見，戊午，參將張四維擒朱家尖之寇。己未，總兵盧鏜殲三爿沙之寇。而要去賊者，亦不過文其縱賊不追之罪耳。今若以擊來賊之賞優於進去賊之賞，以縱來賊之誅嚴於縱去賊之誅，而當事者同心勠力，急如救焚，盡遏海外方來之寇，則邊鄙又何不寧耶？此言水戰以擊來賊為奇功。或謂我兵陸戰，每退怯而鮮成功。夫倭奴常敗于水而得志于陸者，非其勇怯有殊也。交兵海上，吾特以戰艦之高大、帆檣之便利、火器之多取勝耳。至登陸而沉船破釜，所以一其志也，環龜自守，專其力也，顧能飽以饑我，逸以勞我，伏以伺我，佯北以誘我，蓋其以狡獪習兵深入重之窮寇，與吾柔脆之兵相角逐，勝負之數可坐而策也，誠能察彼（已）[己]之情，即以其勝我者而勝彼，握符馭眾者，復以威克厥愛行之，寧不足以殄滅凶頑耶？此言陸戰當以謀勇兼全勝。古之善用兵者，必先明其賞罰，故金帛之錫、茅土之封，非濫捐之也，莊賈之誅、宮嬪之僇，非妄以立威也，以為不如是，無以驅之死地耳。國家著令於敗軍之罰嚴矣，見《兵律飛報》軍情條下。今復奏擬五等賞功之例，曰論首級，凡水陸主客官軍民，快臨陣擒斬有名真倭賊首一名，顙者升授三級，不願升授者，賞銀一百五十兩，獲真倭從賊一名，顙並陣亡者，升授一級，不願者賞銀五十兩，獲漢人脅從賊一名，顙者升授署一級，不願者賞銀二十兩。曰論奇功，如在海洋遇賊，有能要擊沖沉船隻或追逐登山使賊不得登岸，如賊既登岸，有能衝鋒破陣奪其聲勢，或追出境，或逼下船，使地方不致受禍，或所部兵少而擒斬多者，均以奇功論，總督即時具題，巡按作速勘報，超格升賞。曰分信地，守備把總□海防民兵府州縣佐，各有信地，如賊至不能拒守，致賊突入者，固當律以守備不設之罪，若能奮勇鏖戰，獲有首級，功罪相當者，亦許湔贖，若罪小功多者，仍以功論，如賊徒別港，路出境不能□截擒斬，打獲船隻所得貨物，盡行給付，仍照例升賞，至於故縱出入本港，專圖□取賊贓者，聽督撫官參究重治。曰計職任，如武得自守備把總以下，文官自海防民兵同知，以一所領軍兵民勇五百名部下，臨敵擒斬真倭，每五十名顙升一級，十名顙加一級，千名部下每五名顙升署一級，一名顙升寔授一級，各以則例遞升至三級，而止如獲功之前，或以後失事革職者，准妝贖，若總兵副總兵之與巡撫、參將之與兵備，水陸士卒俱聽總領戰守機宜，俱聽調度，除在下有違節制者免究外，俱餘功罪，參將照所屬分論，兵備隨之總副合所屬通論，巡撫隨之，但今經理之切，暫將臨山總兵分理海防，金山副總兵分理陸地，其功罪亦當查照，分別重輕，俱聽總督巡按酌量時勢，究核情實，明白具題。曰處報效，凡有官員舉監生員人等，督領家丁赴軍門隨賊截殺，得獲功次及仗義輸粟者，俱聽軍門及撫按官臨時酌擬奏請，從厚升賞，以為懷忠慕義者之勸，至於耆民統領沙兵或屬把總，或屬府縣官管轄者，所獲功次仍照部不功論擬升賞。必如是而行之，則有功不至於濫賞，有罪不容於倖免，而將士勠力用命矣此言賞罰之令當嚴。昔元日創為海運，而朱清、張瑄擅其功。國初沿其舊制，命總兵等官督領海船運糧至直沽、通州，以達于京師。自河漕既通，而海運遂廢，殊不思河渠有壅塞之患，堰閘有蓄泄之煩？或謂定海沿邊，舊通番泊，宜准閩廣事例開市抽稅，則邊儲可足而外患可弭，殊不知彼狯者，倭非南海諸番全身保貨之比，防嚴禁密猶懼不測，而況可啓之乎。況其挾貲求利者，即非脯肝飲血之徒，而捐性命犯鋒鏑者，必具素無賴藉者也，豈以我之市不市為彼之寇不寇哉。殷監不遠，元事足徵，當商舶未至而絕之為易，貿易既通而一或不得其所，將窮凶以逞，則將何以禦之耶？今之寇邊者，動以千萬計，果能一一而與之市乎？內地之商聞風膽落，果能驅之使市乎？既以市招之，而卒不與市，將何詞以罷遣之乎？倭以百市，兵以千備倭，以千市，兵以萬備，猶恐不足以折其奸謀，我之財力果足以辦此乎？且市非計日限月之可期也，彼之求市無已則然者也。此言番船不可通。或謂蕞爾倭奴，敢仇大邦，天討之所必加宜，大發舟師渡海問罪以永收摧陷廓清之功，古語云"無勤兵於遠"，又云"先王耀德不觀兵"。明太祖之訓曰："四方諸蠻皆限隔海，得其地不足以供給，得其民不足以使令，若自不揣量來擾我邊，則彼為不祥，彼既不為中國患，而我興兵輕伐，亦不祥也，吾恐後世子孫依中國富強，貪一時戰功，無故興兵，致傷人命，是大不可。"此言為慮至深遠矣。昔漢武帝、唐太宗皆雄主也，而卒罷於渡遼之役；元征日本，徒損國威，竟不能桶其一介合，日倭奴不自揣量，冒其不祥之災，我惟備之、殲之、逐之出境而已，孰云渡海之師可易舉哉此言倭不必征！然則倭奴悔禍，或揚帆稱貢而至又將何以處之，昔楊文懿公守陳嘗著《卻貢之議》曰：倭奴狙詐，貪狼時拏丹，載其方物戎器出沒海道而窺視我，得間則張其戎器而肆侵，不得間則陳其方物而稱朝貢，侵凌則卷民財朝貢，則沾國賜，且其所貢刀扇之屬，非時所急，價不滿千而糜國用、敝民生以通其貢者，一則欲得其向化之心，一則欲弭其侵邊之患也，今欲狡計如前所陳，則非向化者矣。是受貢亦侵，不受貢亦侵，況今倭奴最我讎敵，乃於構釁之餘，敢懷其狙詐狼貪之心，而欲售其譎計，其罪不勝誅矣！況可與之通乎？且前此入寇之少，蓋以通番下海勾引鄉導者少也，今茲入寇之多，蓋以通番下海勾引鄉導者多也，乃不嚴禁奸之令而欲開非時入貢之門，是止沸而益之薪也，況倭王微弱，號令已不行于國中，即使通貢果能禁諸島之寇掠乎？且貢倭止數百計，而寇邊者動以千萬計，豈寇邊之賊皆欲貢而不得貢者乎？謂宜頒降明詔申命海道帥臣益嚴守備貢，則卻而驅之出境寇，則草薙而禽彌之，則奸謀狡計破阻不行矣。今之議者曰：招攜以禮，懷遠以德，蓋王政之所不廢也，倭奴好其職貢，已非一日。邇者，朝廷准令遣使移檄徃諭，實屬招來之意，以開其補過之門，但奉使者不能直達倭王以宣佈聖天子威德而徒以私意簡率行之，欺罔觀聽，如其款邊納貢而峻卻之，恐永塞其自新之路而益堅其稔惡之心，東南未知所息肩也。夫如是說者猶治疾之標而未察其本者也。王者，內夏外彝，修之有道，《軍志》亦曰：毋恃其不來，恃吾有以待之，使在我者未修而疎于所時也，則通之適所以招侮絕之，亦足以啓挑釁，此豈安攘之長策哉？通者，台省部寺會疏奏行九事，一曰選武將，二曰任文職，三曰精選練，四曰慎徵調，五曰□軍餉，六曰守要害，七曰明職掌，八曰明賞罰即前所載五條。九曰行撫諭。酌以時議之允協者而兼行之，于以內收順治之功而外樹威嚴之績，如其且貢且寇，反復不情，則用威讓之令文告之詞以卻絕之，是恪遵祖訓義之所以為盡也；如其引慝伏罪，重譯效□，必欲率賓王化以自納於覆載之中，則必質其信使，堅其誓約，敕令禁戢各島，不復犯我邊疆，期以數年為斷，共命不渝，而後如先朝著例容令入貢，此綏來之方仁之所以為至也。是故明徵保定，君子監成憲而行之爾已，是故修治垣隍，慎固城守，一策也；遍立保甲，內寓卒伍，一策也；譏察非常，嚴禁闌出，一策也；綏撫瘡痍，固我根本，一策也；此皆所以治內也。修復塈堡，明烽堠，一策也；繕治器械，查復戰船，一策也；出哨會哨，悉遵舊規，一策也；據險守要，聯絡回應，一策也；此皆所以治外也。至於練主兵，為免調募之擾，足財用而資軍興之需，聚芻糧而給餉以時，嚴賞罰而功罪不掩，設劃樹防，出奇應變，為吾之不可勝以待敵之可勝，則在中外任事之臣，加之意可也。今聖主方隆，唐虞之德，崇舞階之風，又何必規規責效於甲兵之末乎！①

◎嘉靖定海县志（嘉靖四十二年／1563）

定則雄據于東南，兩陜扼江海之咽喉，招寶鞏門庭之鍵閉，東渡海為虎蹲、蛟門、金塘、烈港，又東南為舟山；負北而東，則三姑、三霍、長橫、灘滸、洋山、五虎、馬墓、蘭秀、劍岱、長□、西板、衢山、徐公、馬跡、陳錢、壁下、盡下、八山、浪岡海礁，而西望極目於大江之口，首南則岐頭、三塔，東入海，為大小榭、嚳山、赤坎、順母塗、朱家尖、沈家門、補陀，又南為烏沙門、桃花、梅山、大漠、雙嶼、六橫、白馬礁、海閘門、銅鑼礁，抵錢倉、亂礁，度青門而望極於韭山，皆洪濤之春蕩，潮汐之互經，越此則滄溟萬里，浴日涵天，莫窺涯涘。望宣夷，則南達琉球；循百濟，則北通高麗。倭奴僻在扶桑，蓋島夷卉服，航海貢琛，懷詭釀釁，時或稱亂。我祖宗與列聖，所以飭武而經政通變以趨時者，於邊陲海徼封障林立，戰士雲屯，舟師鱗萃。是故，扼截湖頭渡、青龍洋、孝順洋，可以遏南來之寇；扼截長塗、馬墓港、黿鼊洋、兩頭洞、東西霍，可以遏北至之寇；扼截衢山洋，哨探於陳錢、壁下，可以遏東來之寇。守舟山，則形勢在我；備定海，則藩屏益固。增兵於後霘、大嵩、龍山、管界諸處，而郡之袤延千里，足以聯屬其臂指，而腹心免震慴之虞矣。邇者文武將吏次第經略，而海道副使劉應箕尤為周詳，斯將來海徼所藉以為干城者也。②

定薄海而邑，與倭島為鄰，蓋貢道所經，於入寇最邇，故防患尤切。漢晉而降，代有臣叛。我國朝制馭綏懷之猷，暨文武將吏蕩平俘斬之績，已詳載郡志。茲舉防禦之關於定海者，撮而志之。

昔我祖宗之制，防邊戌海，樹設周詳，郡縣所在，建立衛所。定海

---

① 《嘉靖寧波府志》卷22《海防書》，[明]張時徹纂修，[明]周希哲訂正，可見寧波市地方志編纂委員會整理的《明代寧波府志》，第1678—1757頁。

② 《嘉靖定海縣志》卷1《海圖說》，[明]張時徹等纂修，《中國方志叢書·華中地方第502號》，臺灣成文出版社1983年版，第38—41頁。

衛內轄四所及衛鎮撫,外轄後所、霩衢、大嵩、中中、中左所,旗軍一萬有奇,歲給官軍糧餉十萬餘石,此皆舊額,今軍缺糧減存者止十二三。置巡檢司九,曰螺峰,曰岑江,曰岱山,曰寶陀、四司環置舟山,俱隸寧波府。曰長山、曰穿山、曰霞嶼、曰太平、曰管界,俱隸本縣。莫不因山塹谷,崇其垣墉,陳列兵士,以禦非常。……諸山,分別三界,黃牛山、在慈溪縣北大海中,與海鹽縣海洋為界。馬墓、長塗、金塘、冊子、大樹、蘭秀、劍岱、雙嶼、雙塘、六橫等山為上界,灘滸、洋山、三姑、霍山、徐公、黃澤、大小衢等山為中界,花惱、求芝、絡華、彈丸、東庫、陳錢、壁下等山為下界,率皆潮汐所通,倭夷貢寇必由之道也。……每值風汛,把總統領戰船,分哨於沈家門。初哨以三月三日,二哨以四月中旬,三哨以五月五日。由東南而哨,歷分水礁、石牛港、崎頭洋、孝順洋、烏沙門、橫山洋、雙塘、六橫、雙嶼、青龍洋、亂礁洋,抵錢倉而止。每哨抵錢倉所,取到單並各處海物為證。……若舟山,故縣治也。四面環海,其中為里者四,為(嶼)[嶴]者八十三。五穀之饒、魚鹽之利,可以食數萬之眾,不待取給於外。初,以承平無事,止設二所守之,軍卒止二千有奇,而歲久逃亡且大半矣。重以城垣,低薄不足為固,萬一夷且生心,據以為穴,則險阻在彼,非有勁兵良將,卒未易以驅除。而彼方挾其利便,四出攻剽,則濱海郡縣容得安枕而臥乎?此今日之所當首以為憂,蓋不止如雙嶼、烈港之為賊窟而已也。①

◎萬曆紹興府志(萬曆十五年／1587)

(倭夷)即日本。漢武帝時始通中國,入貢。其後,或貢或否。元世祖時,嘗遣師十萬征之,俱覆沒。皇明洪武初,嘗入貢。十六年,詔絕其貢。永樂後,仍入貢,亦間入寇。正德四年,日本國遣宋素卿入貢。或云素卿乃鄞人朱縞,鬻於夷,在彼國稱我宗室,為人傾險,輔庶奪嫡,遂大有寵。至是,充使來貢,重賄太監劉瑾,蔽覆其事,此禍端也。

---

① 《嘉靖定海縣志》卷7《海防》,[明]張時徹等纂修,第248—261頁。

嘉靖二年四月，定海關夷舡三隻，譯傳西海道大內誼興國遣使宗設謙入貢。[①]越數日，又至夷舡一隻，復稱南海道細川高國遣使入貢，其使即素卿也。導至寧波江下，市舶太監賴恩私素卿重賄，坐之宗設之上。又，貢舡後至，先與盤發。宗設怒，遂相讐，殺宗設黨，追逐素卿過餘姚。知縣丘養浩率民兵禦之，被傷數人。經上虞，莫之敢攖。直抵紹興府城東，閭巷男婦盡驚號。府衛官僚問計于王新建守仁。新建曰："若得殺手數百，可盡擒之。今無一卒，圖擒難矣。但可自固守耳。"月餘不能入。素卿匿於城西之青田湖，宗設求之不獲，退泊於寧波港。指揮袁進邀之，敗績。賊攻定海城，不克，遂出海。備倭都指揮劉錦追擊于海洋，覆敗沒。賊舡揚揚然去，已而，被風漂，一艘於朝鮮。朝鮮王李懌擒其帥中林、望古多羅，[②]械致京師。先是，素卿已下浙江按察司獄，遂下浙江，並勘訊焉。久之，皆死於獄。十九年，閩人李光頭、歙人許棟逸福建獄，入海，引倭結巢於霩衢之雙嶼港，出沒諸番，海上屢驚焉。二十七年，巡視都御史朱公紈遣都指揮盧鐺等搗雙嶼巢。四月，擒李光頭，焚其營房、戰艦。六月，又擒許棟。賊淵藪空焉。而歙人王直收其餘黨為亂。[③]

◎敘嘉靖間倭入東南事（沈一貫/1531—1615）

初，華人黯諸番貨，私與市。嘉清十七、八年，閩人金子老為番舶主，而巢於寧波之雙嶼港。後，閩人李光頭、歙人許棟繼起，負金錢莫償者多，則推豪貴啁於官逐之。番大恨，出沒島嶼，東南之難自此起。二十七年，朱紈撫浙江，兼轄興、福、漳、泉，令都指揮盧鐺搗其巢，俘斬數百，至閩浯嶼。[④]發木石築雙嶼港，誅與賊通者。於是，豪貴嘩

---

① 卞利《胡宗憲傳》（安徽大學出版社 2013 年版，第 75 頁）、宋烜《明代浙江海防研究》（社會科學文獻出版社 2013 年版，第 143 頁）皆將宗設、謙道看作兩人，而據鄭樑生考證，實乃同一人，此從其說。詳參氏著《明史日本傳正補》，臺灣文史哲出版社 1981 年版，第 462 頁。

② 鄭若曾《籌海圖編》（中華書局 2007 年版，第 173 頁）作"李懌擒獲中林、望古、多羅"，鄭樑生《明史日本傳正補》則以為當斷作"李懌擒獲中林、望古多羅"（第 467—468 頁）。此從其說。

③ 《萬曆紹興府志》卷 24，[明]蕭良幹等修，[明]張元忭等纂，《中國方志叢書·華中地方第 520 號》，臺灣成文出版社 1983 年版，第 1821—1823 頁。

④ "至閩浯嶼"前疑脫"餘黨遁入"等文字。

紈而言官乘之，即訊，紈發憤死。當是時，海上寇番耳，倭來少。歙人王直，為許棟司出納，漸行貨於倭，引其人來。而廣東陳思盼方橫於海，直掩殺之。由是，海賊非受直節制者不得行。而直以殺思盼為功，叩關獻捷，求通市。弗許。乃引倭闌定海關，巢於烈港，並海郡邑交聳。①

◎復宋桐岡書（沈一貫/1531—1615）

來教言："倭、虜之市，若天淵；虜市無利，倭市利，宜許。"夫中國之與虜市，非欲之也，誠畏之而以此羈也。今欲與倭市者，得已乎？不得已乎？謂倭強於虜乎？僕以為倭不能及虜之百一，無畏也！中國之利，利在偃兵，何患乎無貨。而況海外貨，非衣食所急，不足為吾重。蕩蕩寰中，何物不有詎資於一小島？彼算及秋毫，安肯以利輸我？彼則利吾貨耳，吾何利於彼而與之市？來教又言："市舶之稅歲幾百萬，自國初迄弘、正間皆然。"此語未真也！市舶，寧波事；而僕，寧波人。未嘗聞向有百萬之利。利至百萬，鉅矣！充何輸？將作何費用？或入內帑，或留外庫，而寂寂未有聞也。但聞倭來，百姓有供給之苦，有送迎之苦；有司有防閑之苦，有調停之苦。市舶太監之徒病民而與有司角，則又苦。倭來，館之城中，與民互易，任其出入，而民不得高枕。官于此者，常不樂，思避去。尚幸其時國家威靈赫然，倭有犯，即一尉一候得撻之，然猶有嘉靖二年之變，殺一都指揮，縛一指揮以去。地方殘破，室廬焚燹，扶老攜幼，逃於山塹，一月而後定。先此楊文懿嘗著書謂："倭貢不可不絕"，家誦之為名言。時不能從，而致此禍。又復不戒，有嘉靖末之禍。今人即不見嘉靖初事，然見嘉靖末時，向使倭不數貢，則彼不知海路之夷險、中國之虛實、武備之修弛吏治之勤窳，彼不能收吾人為嚮導，不見吾厄塞要害、繁富充牣之所，安能鑿空犯濤而為禍？故歷考往牒，自開關來，未有倭亂中國二三十年若嘉靖末之亟者，正以從前無貢；

① 《喙鳴詩文集‧文集》卷12《敘嘉靖間倭入東南事》，[明]沈一貫撰，《四庫禁燬書叢刊》集部第176冊，北京出版社1997年版，第193—194頁。

即貢，未有如此之數，而獨數於今，故禍獨慘於今也。安危所係，豈惟東南？奈何復言市乎？

來教言："王直、明山，俱中國甿隸，勾引海中亡命為擾，而彼國不知。"公尚謂曩之亂，特中國甿隸，而非倭耶？誰則信之？當是時，王直、明山勾引海中亡命及群倭之不逞者為亂，胡制府遣人責其君臣，而彼君臣謝不能制其國人，非不知也！夫不能制其國人，雖善之何益？然則不必市明矣。來教又謂："沿海之民尚思市舶，而長慮卻顧切齒於北之互市。"夫北市利害自當別論，今且言市舶。公言："倭越海而貢，我能制其死命；市稅無算，我可取以養兵。與其弛私通之禁而利歸於民，孰若統之重臣，使市舶之利歸於官。"則所談市舶之利止此矣。僕請竭吻無讓焉。夫欲制倭之死命，當于其未來，不當於其來。引之來而始制之，曷若禁其來而無待於制之為逸？公之意，本畏之，而以為我能制其死命，虛言也！畏之而許，則他日之畏當愈甚，而吾之死命制於彼。持太阿予人，而祈其不割，難矣！僕以為，倭越海而來，不足畏也。即畏之，尤不當引其來而乞其無為害。畏虎狼者，必拒之，毋引之，此易喻也。且吾所以養兵，為備倭也。倭不來，兵庶乎可減。市倭，則兵無減，而且增市倭之費矣。市倭，必設市舶，必置重臣，費更無算矣。且公所謂重臣者為誰？文官耶？武官耶？中官耶？何為無故而添此一漏卮耶！凡此，皆敝鄉之所甚苦。嘉靖前苦重臣，嘉靖後苦倭。故禁海三四十年，而莫言市。執事獨謂"沿海之民尚思市舶之利"，此又虛言。僕，海民也，未之前聞，而聞之自執事始，不亦怪乎？公昔在軍中，真贗互收，經權並用，戰亦可和，亦可不必以一途取捷。即有誤失，人猶相諒。若為國家定萬年之畫，必不可毫釐誤失。

僕又請終言之談於公者，必曰"倭貢市二百年，何今而不可？"此不知時者也。國家所以致嘉靖之禍，正為許倭貢市二百年故也。僕前已陳矣。而今之時，又異於昔。曩倭貢來，海上衛所言之府道，府道言之撫按，輾轉文移，逾一二月而後登涯。比遣酋入京還，寒暑易矣，而後東歸。故常一年在吾土。北邊之市不過一二日去矣。倭之去，非若虜之易也。又曩時法行，文皇帝嘗獲倭，為銅甑烹之，就令倭爨，烹者死，爨者繼，盡百餘倭，而縱其後一人歸言之，其威如此。自倭為難，刈吾人如草，有輕中國心。曩時，倭不為亂，吾民亦不疑倭。自倭為難，吾民仇之次骨，有疑倭心。曩時，倭來，有司得加法，倭亦帖帖服。自倭為難，吾有司不陳兵不見，有不敢輕彼心。此數事不能如舊，則市不行。倭揚揚從海上來，吾之吏卒將信其為貢市、縱之入乎？抑奮擊乎？既入，將館之城中如故事乎？抑置之野外乎？將設兵陳衛，擊柝以守之，盤詰其出入而勿之縱乎？抑慢弛其防如舊時乎？有犯，有司能棰之、楚之如故乎？抑恐激怒啓釁、姑寬假乎？夫必期年然後去，數年之中必有一年，來而不能行吾法。寬假之，縱弛之，勢不能無為亂。即彼不為亂，而吾之民能無疑其為亂？以吾之疑，召彼之疑，疑復生疑，不亂不止。由此言之，無論詐來，即誠來不可受。無論常來，即暫來不可受。時也！有如不信，則僕有一言獻於公。公能從僕，僕不敢復言。必欲許倭市者，請毋市於寧波，而於杭州。有船數艘，眾數千，留一歲所，賓之以禮不以兵，居之以城不以野，日供之不乏，而有司毋以法制聽之市，意滿乃去。方是時，即公能推誠待物、坦然高臥北窗下、嘯傲自若，恐公之兄弟子姪、親戚朋友、鄰里鄉黨未必能一一坦然如公也，又恐部、院、司、道，下至於府、衛、州、縣未必一一坦然如公也。借欲令倭不以船數艘、眾數千市，不以歲月計而以日，地不必腹裡而以海，則有雙嶼港覆轍在，不可行也！強而行之，當有兵衛之防走群，有司將吏日夜焦勞，得罷去乃相慶無事。此孰與陳兵而殺之便？故凡言市者，未嘗深思其本末耳。向時，倭五十三人，橫行勾吳楚越間，至薄南都，莫敢誰何，旬月而後殲之。今縱數千倭入內地，而不設備，此輩皆孝子順孫乎？海上兵邀而擊之，易耳。舍此不擊，挹而登之堂皇闥闥，而兵則守于封鄙之外，倉卒有變，賊為主，兵為客，譬之飲鴆於腹，而索醫於遠，能及乎？策國者毋以僥倖。以僥倖者，假息遊魂無復之之計也。焉有全盛之朝，而以僥倖為長算？聖王制禦夷狄，自有常法。倭來，以兵相見耳！奈何舍此不言，而言可已不已之語。僕素拙，不好辯，以國家安危，不敢不言。幸諦思而慎發，豈直國家之福？亦執事無疆之福！①

◎夜雨別親知（沈一貫 /1531—1615）

積雨暗江蘋，蕭蕭鳴向人。

可憐別時意，全是夢中身。

客榜投雙嶼，漁燈照四鄰。

長懷竹林士，寂寂甕頭春。②

◎策樞·通貨（王文祿 /1532—1605）

商貨之不通者，海寇之所以不息也。海寇之不息者，宜其數犯沿海及浙東西，而循至內訌也。何也？自嘉靖乙酉，傅憲副鑰禁不通商始也。伊昔寧波、廣東、福建各有市舶司，前元則澉浦有宣慰司，錢清、上海皆通海舶。今盡革之，貨販無路，終歲海中為寇，曷能已也？況海外鳳凰山、馬跡潭、雙嶼港久為萑苻之藪，設若攻而破之，舊寇既破，新寇必生。海中之利無涯，諸番奇貨本一利萬，誰肯頓息哉？莫若奏聞於朝，修復舊制，沿海凡可灣泊舡處及造舡出海處，各立市舶司；凡舡出海，紀籍姓名，官給批引，上注舡長若干、闊若干、載貨若干、稅銀若干，隨遇灣泊照驗批引，有貨稅貨，無貨稅舡，不許為寇。若是，則國利其用，民樂其宜，皆嗜利而不復敢為寇矣！不然，歲復一歲，養成巨寇，不為孫恩、盧循之蔓延不已也。是故，不攻而治之，不足以伸朝廷之威；不立法以撫之，亦無以廣朝廷之惠。是以攻之者義也，而有撫以寬之，所以申其仁，則威嚴而不竭；撫之者仁也，而有攻以備之，所以正其義，則惠溥而不私，故必通貨為便也。或曰，"處海寇善矣，胡寇

---

① 《喙鳴詩文集·文集》卷 21《復宋桐岡書》，[明]沈一貫撰，《四庫禁燬書叢刊》集部第 176 冊，第 413—416 頁。

② 《喙鳴詩文集·詩集》卷 8《夜雨別親知》，[明]沈一貫撰，《四庫禁燬書叢刊》集部第 176 冊，第 497 頁。

互市善否乎？"曰："在處之善而已。賈生五餌之術可施也！"因其欲而懷之，修內治而堅臥薪之志，掣庭犨鼓何難哉？[①]

◎ 全浙兵制（侯繼高 /1533—1602）

海外之國，暹羅、占城則對廣東；琉球則對福建；新羅、朝鮮則對山東，近遼陽也。皆臣服而歸化者。惟日本與浙、直相峙，桀驁不馴，為中國患，防禦稱嚴。蓋寧波三面環海，最為扼險。若賊北由兩頭洞、馬墓，歷烈港，南由大茅洋入金塘山，則皆犯定海，而江道深通，一瞬可抵郡城。由崎頭入湖頭渡，則南犯昌國、錢倉，直抵象山。由火熖山、五嶼入龍山港，則犯觀海，直抵慈溪。此所以為沖也。定海門戶，則舟山二所，懸於海中，四圍皆山，山外皆海，頗為深阻，而倭嘗犯之。山之周遭，地場甚廣，可種稼穡，以其近定海而附舟山也。民多趨而蟻聚之，莫得而禁。但有警，皆當驅令入縣，所以寓清野之意。如金塘、蘭秀、劍岱諸山，田多可墾，慎毋開端興利以資盜糧可耳。東南普陀山，又近在舟山之外，往往倭奴假焚香之名登之，實窺我虛實，其巡檢澳釣魚礁、白沙港之兵舩所宜重也。……

青龍左哨

哨總官一員，部領福船二隻，蒼船一隻，漁船一隻，沙船二隻，民唬船三隻，軍唬船二隻，划船二隻，大小戰船共一十三隻。民捕舵兵二百六十四名，軍兵六十九名，共三百三十三名。近于萬曆十九年議增各船民兵內，一號福船一隻三十名，二號福船一隻二十名，蒼船一隻八名，漁船一隻、沙船二隻各四名，民唬船三隻各二名，共增民兵七十六名。軍唬船二隻，各軍二名，共增軍四名。新增一號福船二隻，捕舵兵各七十名；沙船一隻，捕兵二十六名，共增民捕舵兵一百六十六名，軍兵二十四名。新舊兵軍通共六百零三名。汛期，泊跡嶼，東哨溫州嶼，與青龍右哨官兵會哨，仍過洋哨至韭山，與昌國游哨官兵會哨，西哨至湖頭

---

① 《策樞·通貨》，[明] 王文祿撰，中華書局1985年版，第11—13頁。

渡，南哨至大麥坑，過洋與昌國總下乾門哨官兵會哨，北哨至崎頭洋互泥港，與南右哨官兵會哨，遇警並力協剿。

青龍右哨

領哨官一員，部領草撇船一隻，曾艚一隻，漁船三隻，沙船二隻，民唬船一隻，軍唬船二隻，划船二隻，大小戰船共一十二隻。民捕舵兵二百三十八名，軍兵六十四名，共三百零二名。近于萬曆十九年議增各船民兵內，草撇船一隻、曾艚一隻，各八名；漁船三隻、沙船二隻，各四名；民唬船一隻，二名；共增民兵五十名；軍唬船二隻，各軍二名，共增軍四名。新舊兵軍通共三百六十四名。汛期，泊溫州嶼，東哨至茶銃山、海閘門，與南右哨官兵會哨，西哨至大麥坑、跡嶼，青龍左哨官兵會哨，南哨至韭山，與昌國游哨官兵會哨。遇警並力協剿。……

霈衢千戶所所屬

該所於嘉靖三十一年六月倭犯一次。霞嶼巡檢司後有輪港相對，今遷入門浦地方。

三塔瞭望台

盛嶨烽堠，即崎頭洋，因近海起遣，有荒田萬數。

高山烽堠，離城二里，有地名平岩頭，為深水要衝，原設架炮廠，以報聲息，今廢。

觀山烽堠，離城七里，有梅山港，與雙嶼港相對。

太平巡司，去城二十里，地名庫頭隘，居民俱大戶富豪，約有七八百丁，與弓兵守此。彼處雖係海口，而左右烏礁頭、東山相夾，山口易於防守。但人多畏，屢被登犯。

蝦庫烽堠，地名深水埠頭、上王隘，居民三百餘丁，因近海口，賊曾登犯。

梅山烽堠，北與洰泥港相對，離城隔海十里，與烏步隘相對，居民稀少，賊曾登犯。①

嘉靖二十二年

賊首許棟、李光頭引倭巢雙嶼港。

二十七年

四月，朱都御史紈遣都指揮盧鏜、副使魏一恭等平雙嶼巢，李光頭就擒。五月，築雙嶼港。六月，賊首許棟就擒。②

◎松石齋集（趙用賢 /1535—1596）

鄉先達故都御史朱秋崖先生者，自其在繈褓，值父有家難，母居獄，矢節並抱。少長，每聞母教，輒涕泣竟日，以是益奮志淬勵。為諸生，即挺立不群，操行凜凜。眾已服其冰蘗之守，既舉進士，揚歷邊圉。在威茂，有平三溝之功，百蠻震讋。在閩粵，有剿雙嶼之績，兩省輯寧。最後巡視江浙，深懲通番奸黨，所禽滅海上巨寇及內地奸商無慮數十，舉皆動中機宜。至守溫盤、南麂諸洋，走馬溪大捷，一時倭奴掃蕩無遺，幾於平定。而閩浙勢家坐虧番舶之利，乃以飛語中先生，竟以憂憤卒。後數年，而倭難大作。大江以南，閩浙之間，兵燹之慘，近古未有。而東南迄坐，是以虛耗。假令朱先生不死，得行其策，豈有倭夷之變哉？先生死，迨於今二十餘年矣。昔之嗜利者，今知其為釀害；昔之倡異論以搖先生者，今知其為助倭賊以戕根本。蓋自先生甫歿，而公道大明，士論之所共惜者，亦既二十餘年矣。願以時日遷流，忠憤之氣，尚爾抑鬱，子孫單弱，赴愬之舉，用是遲回。今幸聖明在御，褒顯忠良，恩不遺於枯朽，賢公卿在事，追敘勳勞，論畢達於幽隱，此正天意藉是以酬朱先生不朽之功，而雪其久沉之痛者也。況某等生同梓里，耳聞其冤，目見其事，又忍不為先生一暴白其心跡哉？台下總統藩牧，有存亡繼絕之典；維植風教，有旌善表忠之權，是敢敘述先生生平大節，並其

---

① 《全浙兵制》卷1《寧紹區圖說》，[明]侯繼高撰，《四庫全書存目叢書·子部三一》，齊魯書社1997年版，第122、131、137頁。

② 《全浙兵制》卷2《本區倭亂紀》，[明]侯繼高撰，第171頁。

功烈之不可泯者，上塵嚴聽，伏賜俯垂矜쭵，亟示褒揚，不惟死者得以酹庸於既往，而生者皆將樹節於當時，其有補于世道人心非淺鮮矣！[①]

◎國朝獻征錄（焦竑/1541—1620）

世宗朝，甌閩海之賈於舶者，挾島虜以通我奸民，詔故中丞朱公紈治之。朱公嚴於屬守，吏鮮當意願，獨賢紹興守，而紹興守亦慨然與朱公合莢，[②]思盡剔其奸弊。守固以三尺奉朱公，然內調劑之，不使盡聽法，而又不欲以己見德。當事者為中朱公以快諸奸民，因並中紹興守，遷為湖廣按察副使矣。竟用守事罷守，固紹興所稱循吏沈公啟山者也。沈公雖失官，然不失循吏聲，以老壽終，而諸子孫數十人亦多顯者。嗚呼，沈氏之天定哉！沈公字子由，蘇之吳江人，自其誕時，而母吳夢若麟為鴈者，寢生。公弱，而父見背。為諸生時，朗儁有聲。……賈舶之議起，蓋舶客許棟、王直輩挾萬眾雙嶼諸港。郡要縉紳市，陰通之，而持上旨，恫喝公，且授疏稿曰：公第上必，郡受其利，而公得善遷去。公持不可要。薦紳怨之刺骨。公所以調劑朱公，不見德，而與朱公俱中者也。[③]

倭在大海中，縮波而宅，自玄菟、樂浪，迄于徐聞、東莞，所通中國處無慮萬餘里。……王直，歙人，母夢弧矢星入懷而生，少任俠多略，不侵然諾。鄉中有徭役、訟事，常為主辦，諸惡少因倚為囊橐。嘉靖十九年，直奸出禁物，歷市西洋諸國，致富不貲，夷人信服之，皆受成事倚辦於直。直乃招亡命千人，徐海、陳東、葉明為將領，王汝賢、王激為腹心，偽稱徽王。部署官屬，據居薩摩州之松浦津。閩浙蜂起之徒，皆爭往歸附。直推許二為帥，引倭奴窟雙嶼港，浸淫蠶食濱海村聚矣。二十五年，設閩浙巡撫，姑蘇朱紈首被推擇。紈性方諒，往則日夜訓練

---

① 《松石齋集·文集》卷24《同郡致監司諸公》，《四庫禁燬書叢刊》集部第41冊，北京出版社1997年版，第360—361頁。

② 莢，王世貞《弇州史料》後集卷3誤作"策"（《四庫禁燬書叢刊》史部第49冊，北京出版社1997年版，第242頁）。

③ 《國朝獻征錄》卷88《湖廣按察副使沈公啟山傳》，[明]焦竑輯，《續修四庫全書》第530冊，上海古籍出版社2002年版，第45—46頁。

千撤，嘗言“去外夷之盜易，去中國之盜難；去中國之盜易，去中國衣冠之盜難。”上章鐫暴二三貴官家聲勢相依者，咸側目切齒。二十七年四月，紈搗雙嶼，盛集舟師港口，挑之。賊深壘固軍，迨夜風雨，賊逸出，官軍縱火夾攻，斬捕首虜過當，擒二酋，毀賊所建天妃宮及營房、戰艦。餘黨趨浯嶼，柯喬、盧鏜縱舸益前蹙之摧破焉。獨許二逸不得也。紈又親渡海至港，議留屯。眾難其險絕，築寨而還。王直收合許二餘燼，巢烈港。陳思盼亦聚百舫，巢橫港。別夥王舟有舫五十，思盼迎入橫港，約為兄弟，夜半鴆之，奪其船。舟黨不平，潛通於直。而烈港出沒，必經橫港，屢被邀劫，直怒。因思盼生辰，燕樂不備，襲殺之。由是，海上寇悉受直節制。[①]

◎武備志（天啓元年／1621）

霩衢所，濱海，對雙嶼港。先年賊嘗登犯，極為孤險。春汛時月，添撥官兵協守。又該大嵩港兵船往來巡哨。梅山港。東至崎頭大洋，南至雙嶼港，俱約半潮。雙嶼港先年為賊巢，今填塞矣。西至大嵩港，計一潮。北五里至三塔烽堠，最為險要。今撥大嵩港兵船及本所軍船哨守。大嵩所。東連霩衢，南接錢倉，以大嵩港舟師為命。大嵩港。對峙韭山，直沖外海。先年，賊由此犯所城，突慈磎地方，極為險要。今撥戰船巡哨。[②]

◎本朝分省人物考（過庭訓）

朱紈，字子純，號秋厓，長洲人。父昂，文學掌故，罷歸。母施，生紈甫三日，異母兄冠欲取紈戕之，且將圖施。母施以百死全之。紈舉正德庚辰進士，守開州，為軌賦平其徭，時利賴焉。……進都御史撫贛。以閩浙被海郡，奸人數與夷市，以私其利，積與之通，至豪奪殺掠，咸

---

① 《國朝獻征錄》卷 220《日本志》，[明] 焦竑撰，《續修四庫全書》第 531 冊，上海古籍出版社 2002 年版，第 750—752 頁。
② 《武備志》卷 215《沿海設備》，[明] 茅元儀輯，《四庫禁燬書叢刊》子部第 26 冊，北京出版社 1997 年版，第 399 頁。

為之嚮導，而奸又藉朝貴以為之中庇。紈廉得其狀，義不避難，即力疏請，先治其內賊，乃敢任捕倭。上從之。遂理根排治，窮竟其奸，旁側目者，百方挫沮未得，卒能督兵以平閩同安寇。忽有言貢者在浙，意叵測。即又馳至，納之館，以待命。持構者方導之為變，造詭語。紈鎮以靜，使不敢發。益督閩將盧鏜由海中趨雙嶼等隘，合浙兵進，與賊遇，疾力戰，縱火張天，斬獲甚夥。又連戰敗之，迫賊入嶼，挑之不出，乘夜突圍逸。夷其巢，燔烈之，並燔艘二十七。又一巨艘來駐沙中，縱追鋒，舸益前蹙之，摧破焉。獲者、溺者、斬首愈眾，兵勢遂振。銅山、青嶼、南荒等島穴賊，皆望風遁。紈又親躡其蹤於閩海中。至雙嶼議留屯，眾難其險絕，稍為築塞而還。閩人嫉其且將為己不利，有所論。時，汀漳失囚逸於海，透入于江，諸方繹騷。又奉詔，改巡視。益督諸將追賊，下溫、盤諸出沒所，大克。又處賊侵衢，亦平之。浙以無患。而素與賊連者，愈憾百端，壞敗其功。下亦且偃蹇，不受命。紈誓以死圖劾自辨折，蹇蹇不已。明年春，命督將鏜、按察柯喬於閩，皆出洋中，跡賊至詔安之靈宮澳，合諸軍設覆山上，下千舸具進，賊徒兵伏敗之，趨船者疾力麈之，覆溺殺者甚眾。擒夷王三人，白番十有六，黑番四十六，皆獰惡異狀可駭。賊首貴等一百十二人斬級，三十餘他資械等稱是。皆五澳宿賊驍黠者，並殲焉。及夷之貴王、妻妾，咸無噍類。漳人大恐，有盡室浮海者。捷聞，則與連者無所釋憾，反疏言其擅殺作威。紈罷，而諸出死力殺賊者，皆召令對薄譴責之矣。按使者楊元澤，亦以奏上得罪與並謫。紈竟死於家。[1]

◎天啓慈溪縣志（天啓四年／1624）

嘉靖十九年，福建繫囚李七、許二等百餘人逸獄下海，同徽歙奸民

① 《本朝分省人物考》卷22《朱紈》，[明]過庭訓撰，《續修四庫全書》第533冊，上海古籍出版社2002年版，第455—456頁。《本朝分省人物考》首刊於天啓二年（1622）。該文又見錄于清人徐開任所編《明名臣言行錄》卷59（《續修四庫全書》第521冊，上海古籍出版社2002年版，第354—356頁），但文字略有訛誤，茲不贅錄。

王直即王五峰、徐惟學即徐碧溪、葉宗滿、謝和、方廷助等勾引番倭，結巢於霩衢之雙嶼，窺犯浙、直，出沒為患。時海內承平已二百年，民不見兵革，猝聞寇至，遠近竄匿；冒鋒鏑，填溝壑死者不可勝記。巡視都御史朱紈，調發福建都指揮盧鏜統督舟師，搗其巢穴，俘斬溺死者數百。有蟹[①]眉須黑番鬼、倭奴[②]，俱在獲中。餘黨遁至福建之浯嶼。三十一年二月，王直令倭夷[③]突入定海關，移金塘之烈港，亡命之徒從附日眾。自是，倭船遍海為患。三十五年四月，賊將寇南京，圍巡撫浙江都御史阮鄂於桐鄉，窘甚。時，胡宗憲新受總督軍務兵部左侍郎之命，用計啗賊，圍解。賊乃別遣夷[④]船二十三艘，領眾千六百，發劫鳴鶴場。又夷船八艘，賊眾千餘，登劫臨山、三江。越數日，兩賊合攻觀海、龍山城，突入慈溪縣治。時，縣原無城郭，知縣柳東伯負印而走。乃四月十一日也。十八日，又至；五月一日，又至；五日，又至。殺鄉官副使王鎔、知府錢煥。慈溪主簿畢清，以督兵禦賊死。南湖部長杜文明、杜槐父子，俱以抗賊鏖戰死。義勇魏鏡，背負縣令，力鬥殺賊而死。鄉兵吳德四、德六兄弟，操鋤奮刃，砍渠魁而死。焚掠士民、子女、財帛，極其慘毒。從丈亭港出，欲窺寧波府城。盧鏜帥兵，乘輕舟沿江上下，隨賊嚮往，用鳥嘴銃擊之，賊退屯海口。先是，工部侍郎趙文華以督察軍務覆命，至是，進工部尚書，奉敕提督軍務，許以便宜行事，統領大軍至。時，胡宗憲日與徐海對壘，數遣死士入海營中反間，海果縛其黨陳東等八十餘人乞降。宗憲計徵兵且至，佯許之。及文華至，遂與定謀進剿，大殲賊于沈家莊。徐海溺死，獲其屍，梟示。辛五郎帥餘黨乘舟遁至烈港，宗憲約文華，復縱兵要擊之，俘斬三百餘。辛五郎與葉麻等囚至京師，獻俘告廟，銼屍梟示。餘賊由丘家洋夜遁，宗憲督麻陽兵乘雪

① “蟹”，《雍正慈溪縣志》作“解”，《天啓慈溪縣志》模糊不清，兹據《嘉靖浙江通志》《嘉靖寧波府志》補入。

② “奴”，《雍正慈溪縣志》誤作“酋”，此從《天啓慈溪縣志》。

③ “夷”，《雍正慈溪縣志》誤作“酋”，此從《天啓慈溪縣志》。

④ “夷”，《雍正慈溪縣志》誤作“賊”，此從《天啓慈溪縣志》。

夜襲破其巢，悉斬之。三十六年，倭夷來求貢，朝命弗許，遣之不去。三十七年春，王直等復偕夷商、水手千餘，乘舟進泊岑港，聲言欲詣軍門乞降。然而五旬不至，宗憲乃使生員蔣洲、陳可願誘諭之。直乃遣其養子王㵘來見，仍遣之還。十一月，王直乃桀然請軍門，遂執之，下按察司獄。上疏得旨，誅直於市，梟示海濱，妻子給散功臣之家為奴。①

◎天啓海鹽縣圖經（天啓四年／1624）

至明興，倭警果大作，故時沿海戍兵以防佗寇者，惟防倭亟矣。倭，亦名日本，其國西南至海，東北大山。地分五畿、七道、三島。即班固書所云"會稽海外有東鯷人"者是也。其人魁頭、斷發、跣足、輕生好殺，多狡謀，喜為盜賊。漢唐來通貢中國，未聞入犯。後至宋，沿海開市舶，徑道益通。元人承之，奸闌出入者寔多，勾引廣，於是患始興。澉、乍市舶事，詳前《食貨篇》。先是，元至大中，有倭泊慶元，焚掠釁釁兆矣，見《元兵志》。而國家初平，海內所殲滅群雄方若張皆在海上，故部黨逋誅不能出者，則竄而之海島，糾群倭入寇掠，以故警之發乃在開國時。《高皇實錄》載：洪武二年，倭犯山東淮安；明年，犯浙東、福建。其五年，寇我澉浦，殺略人民。而長老亦言，洪武四年，有海民沈保童用竹筏載倭登掠海鹽事。縣首被倭患如此。《倭國事略》曰：日本，山城居中為國都；其西南為五島，入中國必由五島而来，隨風之所向以行。東北風猛，則由薩摩，或由五島至大小琉球，而視風之變遷，北多，則犯廣東；東多，則犯福建；若正東風猛，則必由五島歷天堂官渡水。而視風之變遷，東北多，則至烏沙門，分綜或過韭山、海閘門，而犯溫州；或由舟山之南，而犯定海，犯象山、奉化，犯昌國，犯台州；正東風，則至李西皋、壁下、陳錢，分綜或由洋山之南，而犯臨觀，犯錢塘；或出洋山之北，而犯青南，犯太倉；或過南沙，而入大江。若在大洋，而風歇東南也，則犯淮楊，犯登萊。若在五島

① 《天啓慈溪縣志》卷15《倭奴創亂紀》，[明]姚宗文纂修，《中國方志叢書·華中地方490》，第831—833頁。《天啓慈溪縣志》所錄《倭奴創亂紀》字跡漶漫難辨，而《雍正慈溪縣志》卷14（楊正筍修，馮鴻模纂，《中國方志叢書·華中地方191》，第863—865頁）則有幾處誤字，茲據兩書合校。

開洋，而南風方猛，則趨遼陽，趨天津。按：洋山，即羊山；青南者，青村、南匯也。本縣在青南、錢塘之間，故犯此二處者，往往流突而至，而羊山尤為我之衝要云。往日本針經：太倉港開船，用單乙針，一更，船平吳松江。用單乙針及乙卯針，一更，平寶山，到南匯嘴。用乙辰針，出港口，打水六七丈，沙泥地，是正路，三更，見茶山。自此用坤申及丁未針，行三更，船直至大小七山，灘山①在東北邊。灘山②下水深七八托，用單丁針及丁午針，三更，船至霍山。霍山用單午針，至西後門。西後門用巽巳針，三更，船至茅山。茅山用辰巳針，取廟州門，船從門下行過，取升羅嶼。升羅嶼用丁未針，經崎頭山，出雙嶼港。雙嶼港，用丙午針，三更，船至孝順洋及亂礁洋。亂礁洋，水深八九托，取九山以行。九山，用單卯針，二十七更過洋，至日本港口。又有從烏沙門開洋，七日即到日本。若陳錢山至日本，用艮針。更者，每一晝夜分為十更，以焚香枝數為度，以木片投海中，人從船面行，驗風迅緩，定更多寡，可知船至某山洋界也。③

初，國家仿宋元遺制，開市舶寧波。嘉靖之二年，因是有宋素卿、宗設之鬨，既而革舶司，禁番船往來。顧不能盡如禁，率泊近鄽，私與內豪市。內豪更狡，積漸賒負弗償，諸奸商益讐憤，起為賊，勾倭人，沿海寇犯不休。朝廷為設巡撫及總制大臣，兼轄浙、直、福督剿，若朱公紈、王公忬、張公經、李公天寵，及胡公宗憲，先後來蒞師，而衛所軍不堪用，則募民為兵用之，兵制因大變。都督萬表云：向來海上漁船出近洋打魚樵柴，無敢過海通番。④

初，（王）直於嘉靖十九年走廣東，通番致富後投許棟，於雙嶼領哨船隨貢使至日本交易。棟破，改屯列表，叩關求開市，不得。三十一年，始挾群倭分艅寇浙東。明年，都御史王忬遣參將俞大猷破列表，走泊馬跡潭。因分掠浙東、南直。其攻海鹽、陷乍浦，皆直黨所為也。尋

---

① 原作"灘出"，顯係"灘山"之訛，茲逕改。
② 原作"難山"，顯係"灘山"之誤，茲逕改。
③《海鹽縣圖經》卷7《戌海篇》，[明]樊維城、胡震亨等纂修，《中國方志叢書·華中地方589》，台灣成文出版社1983年版，第596—599頁。
④《海鹽縣圖經》卷7《戌海篇》，[明]樊維城、胡震亨等纂修，第617頁。

還日本，造巨艦，聯舫大可容二千人；上為城，樓櫓四門，馳馬往來。屯薩摩州之松浦津，自稱徽王。自此，坐遣徒黨入寇，不自來矣。總督胡公用生員蔣洲、陳可願使倭，說而招之。先是，直母、妻及子繫獄金華，胡公釋而厚待之。而直故貪商，以市舶不通激為盜。至是，復以開市請。洲等佯許焉。三十六年，遂聽撫來投。詔斬于省城市曹，而倭寇之患始絕。[①]

◎閩書·島夷志（何喬遠/1557—1630）

日本，古倭國，在東海中。縮波而宅，自玄菟、樂浪，底于徐聞、東莞。所通中國處，無慮萬餘里。其地東高西下，勢若蜻蜓，古亦曰蜻蜓國也。國君居山城，以王為姓，以尊為號。徐福齎五百童男女入海，為秦始皇求仙，無所得，懼不敢歸，避居焉，今其裔也。所統五州七道三島，為郡五百有奇，皆依水，嶼大者不過中國一村落而已。戶可七萬餘，課丁八十八萬三千有奇。而攝摩、伊勢、若佐、博多，其民相衿，以賈積貨或百萬。和泉一州，鼎食擊鐘，謠俗有中國之風也。薩摩之鸚哥里，其民備禮重為邪。獨伊紀之頭陀僧三千八百房，頗羯羠嗜殺。而薩摩、肥後、長門三州之人，最喜入寇諸州郡，統于山口、豐後、出雲三軍門。三軍門相揄剽，國分為三，而總屬山城君。以後豐後獨強，國人服之愈於山城。其朝貢始末，具載前史。元時，世祖遣黑的、趙良弼等諭之，不至。使將將十萬兵往征，風覆其舟於蛇海，終元世不相通也。高帝即位，方國珍、張士誠既誅服，諸豪亡命，往往糾島夷入寇山東傍海諸郡。帝以即位之二年，使行人楊載諭其國王良懷，賜之璽書，曰："上帝好生而惡不仁。我中國自趙宋失馭，北夷據之，凡百有心，莫不興憤。辛卯以來，中原擾擾，爾時來寇山東，乘胡衰耳。朕本中國舊家，恥前王之辱，師旅掃蕩垂二十年，遂膺正統。間者山東來奏，倭兵數寇海邊，生離人妻子，損害物命。故修書特報，兼諭越海之由。詔書到日，

---

① 《海鹽縣圖經》卷7《戍海篇》，[明] 樊維城、胡震亨等纂修，第 630—631 頁。

臣則奉表來庭，不則修兵自固。如必為寇，朕當命舟師揚航捕絕島徒，直抵王都，生縛而歸，用代天道，以伐不仁。惟王圖之。"良懷得之，不至，復寇山東，轉掠溫、台、明州傍海民，遂寇福建沿海郡。上復使萊州同知趙秩責讓之。良懷遣其臣僧祖來隨秩奉表稱臣。上賜文綺帛若僧衣，遣僧仲猷、克勤等八人護送還國，賜良懷明曆、雜繒。是為洪武四年。然其人時時剽掠海濱不絕，官軍乏舟，不能追擊。五年，命浙江、福建瀕海諸衛造海艘。德慶侯廖永忠請增造多櫓快舡，來則大船蕩之，快舡逐之。上曰："善"。居久之，丞相胡惟庸得罪懼誅，欲借倭人為不軌。惟庸已敗，又久之，事覺。上追怒，於是名日本曰倭，下詔切責其君臣，暴其過惡天下，著《祖訓》絕之。而命信國公和、江夏侯德興經略海上郡。成祖即位，國王名道義者，獲擾邊魁醜以獻，蒸之海上。上嘉之。四年，以俞士吉為都御史，齎賜之龜鈕金印，誥命封為日本國王，名其國之山曰壽安鎮國，上親制文勒碑其上。遂給勘合百道，令十年一貢，貢道由寧波，船無過二隻，人無過二百。然倭狡易叛，亦復時時寇略東北邊，顧其時我方招徠海外諸夷，頗得齎給互市。倭國入貢，亦時踰額。宣德初，復增例船三隻、人三百。是倭往往載方物、戎器行海上，為詐欺，得間則張其戎器，不得則陳其方物，無所不得利。至其小小抄盜，或不絕，其主良不知也。要以利，給齎互市，其貢常先期至。至正統中，乃入桃渚，犯大嵩，海濱人絕苦。於是，朝廷命重帥恒鎮要地以備之，按堵者且十餘年。成化二年，復詐來稱貢，遂破大嵩諸處。十一年，復使貢。及歸，閩帥用金鼓送之，出海隨以炮銃擊其舟，多沉者。正德中，鄞人朱縞變姓名為宋素卿，亡入其國。國王源義澄悅之，遣入貢。素卿與其故族人耳目為奸利，厚賂閹瑾，得賜飛魚服以歸。嘉靖二年，其西海道大內誼興國遣僧宗設入貢。居數日，素卿復為南海道海川高國所遣，與僧瑞佐以來，皆止寧波江下。故事，番使止寧波有宴，先至者居上。素卿賄市舶太監，義先閱貢，宴之，坐上坐。宗設眾不平，攻瑞佐，殺之，追逐素卿抵紹興城下。素卿竄入慈溪，縱火大掠。指揮劉錦與戰，死，遂蹂躪寧紹間。九年，國王源義晴復附琉球使來言，為素卿乞宥罪，並請復修貢獻。是時，夏言為兵科給事中，言："夷人仇殺之禍，皆起市舶。"禮部請罷之，而日本貢使絕矣。十八年，復以修貢請，許之，期以十年，人無過百，船元過三。然諸夷嗜中國貨物，至者率遷延不去。貢若人數，又恒不如約。是時，市舶既罷，貨主商家商率為奸利，虛值轉鬻，負其責不啻千萬，索急，則投貴官家。夷人候久不得，頗構難，有所殺傷。貴官家輒出危言撼當事者，兵之使去，而先陰泄之以為德。如是者久，夷人大恨，言："挾國王貲而來，不得直，曷歸報？"因盤據島中，並海不逞之民，若生計困迫者，糾引而歸之，時時寇沿海諸郡矣。朝議置大臣兼巡浙福海道，詔以巡撫南贛、汀、漳都御史朱紈為之，是為二十五年。紈至，則嚴勾連主藏禁，犯者戮，無少假，上章鐍暴二三貴官家。浙人口語藉藉，罪及建議主議之臣。而歙人王直者，少任俠多略，一時惡少若葉宗滿、徐惟學、陳東、王汝賢、王激等樂與遊，而激為直義子。直奸出禁物，歷市西洋諸國，致富不貲。夷人信服之，貨至，一主直為儈。紈禁既嚴，諸奸商藉是益負，倭競責直。直無所出，招亡命千人逃入海，推許二者為帥，引倭結巢霸衢之雙嶼港。閩、浙蜂起之徒益附之，浸淫蠶食，海上聚保矣。紈居浙二年，盛集舟師雙嶼，挑之不出。會夜風雨，將逸去，紈火攻之，多所斬捕。更令福建都指揮盧鏜搗之，俘斬溺死者數百人，餘黨遁入福建之浯嶼。紈帥鏜剿平之，躬督兵眾填塞港口，令不得復入。當鏜破雙嶼時，許二逸，不得。王直收合其餘眾，更泊他嶼。而廣東有海賊陳四盼者，自為一黨，直計殺之，扣關獻捷，以求關市。官司弗許，賜米百石而已。直大訴，投米海中，益入盜。此時有滿剌加夷者，故商漳州之月港，漳民畏紈屬禁，不敢與通，捕逐之。夷人憤起格鬥，漳人擒焉。紈語鏜及海道副使柯喬，無論夷首從若我民，悉殺之。殲其九十六人，謬言於朝：佛郎機夷行劫至漳界，官軍追擊於走馬溪上，擒得者。紈以屬禁為浙中二三貴官家所不樂。先是，言官業請改巡撫為巡視，以輕紈權，以消浙人觖望之意。至是，御史九德劾紈專擅濫殺。詔罷紈，下鋐、喬吏，遣都給事汝楨即訊。訊報，則滿剌加夷來市，非佛郎機行劫者，專擅濫殺誠如御史言。詔鋐、喬論死，繫獄；逮紈至京師訊之。紈驚，仰藥自盡。從此，當事者以紈為戒。三十一年，朝廷以王忬提督軍務，巡視福、浙，許便宜從事；以俞大猷、湯克寬為分守參將。其明年春，破其寇溫倭。閏三月，大猷入烈港，火賊營。王直突圍去，更集餘黨，掠嘉定劉家河，楊帆西。六合知縣董邦政迫及於吳淞，直值采陶港賊與合，遂復大糾入寇。羽書狎至浙東、西及蘇、松、淮北諸郡。直更造巨船連舫，柵木為樓櫓，入倭據薩摩洲之松浦津，偽稱徽王，部署宗滿、惟學、東為將領，汝賢、激為腹心，而三十六之夷皆其指使矣。倭賊勇而贛，每戰赤體舞刀前，不復別生死，大率狡悍善設伏，能以寡擊眾。而內地久寧，目不見寇，遇輒靡潰，沿海諸郡僅僅保孤城。賊往來聚散，如入無人之境。是年，陷福建之嵊嶼所矣。此時，忬請添設海防副總兵，總督金山等處，以克寬為之，出盧鋐為福建備倭都指揮。詔如忬言。復改忬為巡撫。其明年正月，倭攻嘉定，圍上海，陷嘉善，犯海寧，大掠蘇州，轉掠崇德。上命南京兵部尚書張經不妨原務，兼右副都御史，總督南直隸、浙江、山東、兩廣、福建等處。會大同患虜，上復用忬大同，而以李天寵代。是時，倭大擾江南，而經故總督兩廣有歲，為諸蠻夷所信服，奏調田、東蘭諸州狼土兵及承順、保靖二土司兵備前行。所調兵未至，經持重未即戰，而朝廷遣工部侍郎趙文華出視師，劾經養寇玩賊，逮死西市，是為嘉靖三十四年。先是，徐惟學者貨夷人金，以其侄子海為質。惟學死，夷求海金，令取償於寇掠。海乃偕辛五郎聚舟結黨，入南畿、浙西諸路。是時，應天巡撫都御史為南京戶部右侍郎楊宜，而天寵以怠廢黜，代之者胡宗憲也。此時，倭大猖獗江以南，其冬，復有一百餘人犯福建莆田縣鎮海、鎮東等衛，泉州指揮童乾震所與戰死於海口者也。蓋閩中犯倭自此始。先是，賊未寇，輒謬詭曰：某島某倭東南人。久知王直叛，而不知寇來皆直所坐遣。是歲，朝廷立賞格，有擒斬王直者封伯爵，賞萬金。於是，遣生員蔣洲、陳可願充市舶提舉，入海說王直。而是時，徐海已擁薩摩洲夷入寇浙中，戰敗於崇德。宗憲復使人賄誘之。海念欲歸，恐諸酋疑怨。宗憲使擇便地自營，竟行間賊黨中，復殺海。其年，獻俘京師。此時，文華復以總督尚書視師至，上則加文華少保。宗憲以兵部右侍郎兼僉都御史，上則擢宗憲右都御史兼兵部右侍郎云。又一年，宗憲計誘王直，擒之。上加宗憲太子太保云。直雖已擒，然其餘黨毛烈知無所歸，尚據舟山，阻岑港，巢柯梅，連犯吳越，首尾巢閩中七八歲，聞所破滅城十餘，掠子女財物不可勝計。官吏軍民戰及俘死不下數十萬，轉漕軍食橫賞賜、乾沒入橐中者費以巨萬，而東南膏髓竭矣。[①]

◎花當閣叢談（徐復祚/1560—1630？）

余家海上，至今父老猶能談倭事，每色變云。然其言徵之于史，多不合。其謂撐東南半壁天者，胡公也；次則趙，又次則任；若張、若阮、若王，十不能一二知。何歟？豈胡、趙兩公之智足以罔上而愚下歟？非村老所敢言也。尚有中丞朱秋崖者，吳縣人，名紈，字子仁，以都御史撫閩浙。初，海上市舶既罷，番貨至，奸商為政，多負其責，不償，索之急，則投貴官家。番人候久不得食，頗出沒為盜。貴官家欲其亟去，輒以危言撼官府兵之，番人含怨積怒，而並海不逞之徒，迫於貪酷，計畫無俚，則相糾引入番。於是王直、徐海之徒縱橫海上矣。朝廷憂之，紈首被推擇，時嘉靖二十五年也。公往，則日夜訓練幹撠，嘗言："去外夷之盜易，去中國之盜難；去中國之盜易，去中國衣冠之盜難。"上章鑱暴二三貴官家聲勢相依者，鹹側目切齒。二十七年四月，公搗倭雙嶼，縱火攻斬，捕首虜過當，擒二酋，毀賊營房、巨艦。餘黨趨浯嶼，公前蹙之，夷大敗，悉遁。公又親渡海，至港，議留屯，眾難其險。公不顧，竟築寨而還。賊首王直收合餘燼，復入寇。公督柯喬跡賊至靈官澳，千

① 《閩書》卷 146《島夷志》，[明]何喬遠撰，福建人民出版社 1995 年版，第 4353—4357 頁。又，何喬遠《名山藏·王亨記》關於雙嶼港的記載（北京大學出版社 1993 年版，第 8 冊，第 6022—6024 頁）與此相同，茲不贅錄。

舸並進，賊覆溺死者甚眾。擒夷王三人，真倭百餘人，皆獰惡異狀。漳人日走往聚觀，諸俘偶語藉藉。公益排根窮治，豪右惡之於朝，遣都給事中杜汝楨即訊，言所斬獲乃滿剌加國人，非真倭也。竟以擅殺去紱。會王聯詽奏，參政朱鴻漸被逮，公疑以為逮己，飲鴆死。其死也，身無一簪，家無儋石，子孫貧甚，至今人共惜之，然莫有雪其冤者。

馮元成先生常曰："朱公勇於為義，譚及政事有蠹蝕，若饑寒著其肢腹，不更不已，即大豪敱敱不顧也。卒被胥原之譖，畢命沒齒，然其志顯矣！其功不沒矣！使當時不去公，則江南且如覆盂，惡至恬楘薪而溟海波哉？"里中父老言："公十年中丞，田不畝辟，家無鬥儲，是固衣冠之盜所為甘心也。"世道日非，邪黨傷正，可歎恨者獨此哉！ ①

◎公槐集（姚希孟/1574—1636）

甫生遘家難，其生母坐蓐，中毒不死，甫三日，就邑禁。異母兄奪其哺，生母賴巾網糊口，百有十日而脫。家教諄嚴，以底于成。登進士，知開州，恤里甲，均戶役。擢南職方，革協守之橫。參議江西定安福，均糧之藉，剖東鄉、安仁割圖之訟。備兵四川，平番寨，處糧餉。右轄山東，奪守涉之議。左轄廣東，開府南贛，皆平政刮垢。最後撫浙江，兼福建海道。時，以海寇猖獗，創建此官。而詰奸除寇，有力家所最忌。雖平同安山寇，至寧波撫倭夷六百餘人，襲破雙嶼賊巢，又破賊于溫、盤、南麂諸洋，又平處州礦賊，又破佛郎及黑白喇噠諸番賊，斬其渠魁，浙閩悉定，而怨讟日甚，謗書屢上聞，遂褫職候勘。於邑仰藥而死，嘗作俟命詞曰："糾邪定亂，不負天子；功成身退，不負君子。吉凶禍福，命而已矣。命如之何？丹心青史。"至今若有待云。擬謚襄介甲冑有勞，執一不遷，又擬襄毅甲冑有勞，致果殺敵。②

① 《花當閣叢談》，[明]徐復祚撰，中華書局1991年版，第214—215頁。
② 《公槐集》卷5，[明]姚希孟撰，《四庫禁燬書叢刊》集部第178冊，北京出版社1997年版，第382—383頁。

◎西園聞見錄（張萱 /1553—1636 或 1557—1644）

國初，浙江沿海設把總四，皆有大戰艦，而惟海寧不設，何也？予嘗至定海，登眺而默識之。其外為寧波洋，與蘇州相對，僅數百里。浙之東為寧、紹，西為嘉興，而杭獨處於西底，乃腹內地，未為海也。海上戰艦聞警即出，把截賊，豈能直搗乎？且海寧沙淺，無可泊，故在設備外戶，而堂奧自安矣。竊考浙江諸山，其界有三。黃牛山、馬墓、長塗、摺子、金塘、大榭、蘭秀、劍山、雙嶼、雙塘、六塘、韭山、塘頭等山，界之上也。灘山、濟山、羊山、馬跡、兩頭洞、漁山、三始、霍山、徐公、黃澤、大小江、大佛頭等山，界之中也。花腦、求芝、絡華、彈丸、東庫、陳錢、壁下等山，界之下也。此倭寇必由之道。[①]

◎皇明馭倭錄（王士騏 / 萬曆十九年進士）

按：都御史朱紈潔廉任怨，誠吾郡之巨擘。第走馬溪之役，畢竟為盧鏜所誤，一時斬決悉皆滿剌伽國之商舶，與閩中自來接濟諸人，非寇也。陳御史九德之效疏、杜紹事汝積之招擬，鑿鑿可證，豈書阿私閩人乎？國史謂，紈張惶大過。又謂，功過未明，尚非曲筆。他書謂，閩中貴臣相卬紈不休，而陰迫之死。則多影響之談，而不察於事理者矣。紈謂："去海中之盜易，去中國之盜難；去中國之盜易，去中國衣冠之盜難。"其言得無少過乎？以吳人而為閩人辨，敢自附於直筆。

《籌海圖編》紀浙江倭變云：嘉靖十九年，賊首李光頭、許棟引倭聚雙嶼港為巢。二十七年四月，都御史朱公紈遣都指揮盧鏜、副使魏恭等搗雙嶼港賊巢，平之。賊首李光頭就擒。今按，《實錄》云：紈奏海夷佛郎機國人行劫至漳州界，官軍迎擊之於走馬溪，生擒得賊首李光頭等九十六人。一李光頭也，紈謂擒於閩之走馬溪，而《籌海圖編》以為擒於浙之雙嶼港；紈謂佛郎機國人行劫，而《籌海圖編》直以為倭黨。

---

① 《西園聞見錄》卷 57《海防前》，[明]張萱撰，《續修四庫全書》第 1169 冊，上海古籍出版社 2002 年版，第 405 頁。全書共計 107 卷，上起洪武，下迄萬曆，分為內編、外編、雜編，前有天啓七年（1627）張萱自序。

以柯喬為魏恭，借閩事為浙事，事在嘉靖二十七年，耳目較近而謬悠。若此野史可信乎？至於杜給事之行勘，而所謂佛郎機國者，實則滿剌伽國之番人。然則在紕之疏，已自失其真矣。鐙等之擬死，亦自有以取之，似非勘官之故入也。①

◎國朝武功紀勝通考（顏季亨）

倭在東海中，古稱倭奴，漢魏以（奉）[來]，已通中國。其地度與會稽、臨海相望。元初，許其貢市，乃至四明，沿海而來。與中國貿易，不滿所欲，輒燔毀城郭，抄掠居民，為害最大。世祖乃使趙良弼招之，不至。遣范文虎將兵十萬往征之，至五龍山，颶風大作，舟盡覆焉。於是，終元之世，不通中國矣。國初，洪武二年，倭素出沒海島中，侵擾吳地，殺掠過當。……王直，歙人，任俠多略，常出禁物市西洋，諸國夷人信之。直既習於海，以其徽人、姓王，人稱徽王。因部領其黨，據薩摩州之松浦津，而為閩浙逋逃藪。是時，徐海者，少為杭州虎跑寺僧，代署其叔徐碧之眾，雄海上，潛稱天差平海大將軍，而其黨陳東輔之。又倭奴惟薩摩人，最喜寇，遂引之入雙嶼港，吞食濱海村聚。顧直不欲負叛逆名，多詫言夷寇，偷而陰主其事。天子以連歲倭變劇，吳越之禍日亟，遂復大猷浙鎮守。而大猷言：“防江必先防海，水兵急於陸兵。彼倭奴長陸戰，令樓船高大，集萬銃其上，倭船遇之，輒摧壓焦爛，固我兵所長也。善戰者，毋以短擊長，而以長制短。且海戰無他法，在知風候、齊號令，以大舟勝小，以多勝寡耳。”②

◎條處海防事宜仰祈速賜施行疏（王忬）

嚴會哨以靖海氛。臣訪得番徒海寇往來行劫，須乘風候。南風汛，則由廣而閩、而浙、而直達江洋；北風汛，則由浙而閩、而廣、而或趨

① 《皇明馭倭錄》卷5，[明]王士騏撰，《北京圖書館古籍珍本叢刊》第10冊，書目文獻出版社1990年版，第57頁。
② 《國朝武功紀勝通考》卷7《征海倭案》，[明]顏季亨撰，《四庫禁燬書叢刊》史部第70冊，北京出版社1997年版，第252、255頁。

番國。在廣，則東莞、涵頭、浪北、麻蟻嶼，以至潮州之南澳；在閩，則走馬溪、古雷、大擔、舊浯嶼、海門、浯州、金門、崇武、湄州、舊南日、海壇、慈澳、官塘、白犬、北茭、三沙、呂磕、俞山、官澳；在浙，則東洛、南麂、鳳凰、泥澳、大小門、東西二擔、九山、雙嶼、大麥坑、烈港、瀝標、兩頭洞、金塘、普陀，以至蘇松丁興、馬跡等處，皆賊巢也。祖宗之制，分佈兵船，會哨夾擊，我有首尾相應之勢，賊有項背受敵之虞，以故不敢盤踞。邇因水寨虛設，會哨不行，而賊始無忌憚矣。臣於閩浙海境，量調兵船哨守，漸修舊制，賊或潛遁。但恐南聚廣潮，北突蘇松，出沒外洋，流毒未已；或有以鄰為壑之議，合無行下該部，移文兩廣軍門、南直隸巡撫操江衙門，嚴督將領，一體哨探逐捕。賊既失巢，終當散滅。[①]

◎皇明象胥錄（茅瑞徵）

　　初，方國珍、張士誠分據溫、台、寧、紹諸郡並瀕海，及已降滅，而餘黨通海上，輒糾島倭入寇。以故，洪武中瀕海州郡數中倭。高皇帝業增置戍守，又命南雄侯趙庸招集疍戶、漁丁之族，自淮、浙暨閩、廣幾萬人，悉藉為兵。於是，海上群惡少皆仰給縣官，而方、張餘黨亦以次老死，瀕海因得息肩。永樂西洋之役，華人習知海外饒有琛怪，既生豔慕，而貢夷往來益習我海道曲折，糾引蔓附，剽寇復起。至是，以科臣言，並罷市舶，而利孔反為奸商所竊。每番舶至，以虛詞餂取，轉展賒負，絕不償直，久乃投豪貴家。豪貴家侵牟，視奸商逾甚。番人坐索，動以危言，撼當路驅逐。又先期漏語，使逸，以示德，陰握全利。其後，番人聞而飲恨，盤據海洋，必劫有其貲蓄乃已。而亡命不逞、強有力者，復入海聚眾為舶主，行賈閩浙，以財役屬勇悍。倭闌入互市，乘機剽掠。如許棟、王直、徐海，實繁有徒。海上因之多事，焚劫寧台幾無寧歲矣。

----

　　① 《明經世文編》卷283，[明]陳子龍編，第四冊，第2995—2996頁。王忬，字民應，太倉人，登嘉靖二十年進士。三十一年出撫山東，甫三月，以浙江倭寇亟，受命提督軍務，先後上方略十二事。《明史》卷204有傳。

二十六年，始設浙江巡撫都御史兼領興福漳泉治兵捕賊，以朱紈為之。紈清勁，果于任事，日夜詰兵，嚴糾察，根株通海窟穴，遂搗雙嶼，擒巨酋許棟，因上章鑴暴二三渠魁，侵豪貴。諸豪屏息切齒。亡何，諷台省奏改紈為巡視，竟以專殺奪官，並下紈同事海道副使柯喬、都指揮盧鐘于理詿。紈飲藥自殺，兼弛海禁。而東南瀕海寇益恣，無敢呵者。[①]

◎寶日堂初集（張鼐）

自兩倭使爭坐相攻殺而市舶罷，奸商得主番貨而負其責，又投貴官家扼番人。番人盤踞不去，間為盜。乃貴官家又令官兵逐之。番人怨，而並海不逞之徒如王直、徐海者，得借橫海上矣。王直，歙人，任俠多略，常出禁物市西洋諸國，夷人信之。直既習於海，以其徽人、姓王，人稱徽王。因部署其黨，據薩摩州之松浦津，而為閩浙逋逃藪。是時，徐海者，少為杭州虎跑寺僧，代領其叔徐碧漢之眾，雄海上，潛稱天差平海大將軍，而其黨陳東輔之。又倭奴惟薩摩人最喜寇，遂引之入雙嶼港，吞食濱海村聚矣。當是時，直不欲負叛逆名，顧托言夷寇，偷而陰主其事。閩浙巡撫朱公紈督兵剿雙嶼，據險築寨而還。而直收餘燼，巢烈港，並殺海賊陳思盼，勢益大。而海上寇悉受直節制。且獻殺思盼功，求市，官弗許，而盜海邊益甚。紈竟督兵，出大洋剿之，幾擒直。而閩地豪右與賊比蜚書，謗紈擅殺。紈遂仰藥死。而官司畏舶主豪右，莫禁矣。至嘉靖癸丑，而俞大猷搗烈港，直大敗，以火箭突圍去。而餘黨徐海、陳東遂各擁部下萬人破乍浦，據為穴，又結巢於松之柘林。[②]

---

① 《皇明象胥錄》卷2《日本》，[明]茅瑞徵撰，《四庫禁燬書叢刊》史部第10冊，北京出版社1997年版，第579—580頁。

② 《寶日堂初集》卷24《紀殲渠》，[明]張鼐撰，《四庫禁燬書叢刊》集部第76冊，北京出版社1997年版，第637頁。

（二）清代

◎擬山園選集（王鐸 / 1592—1652）

人即夙哲老齒，弗能迎刃。如禁海賊質人勒贖，選篙者為兵，守汛雙嶼。地方制猾，騁申八議鈐盜，飭七巡司撥千戶，擒薙甚多，煌煌經濟，豈他少年者可望肩臂耶？他如造洋城門、延壽橋堤，蘇楓亭驛之罷，種種方略，皆出足下，瘁心嗟嗟。使仕者盡如足下，何憂曠土不墾，凶獷不縛，天下多頹風哉？僕始知英雄奇佹不盡屬夙哲老齒，必謂老成始深練，真迂儒酸餡語也！①

汪直，號五峰，徽州人。自少落魄任俠。母夢大星入懷，傍有峨冠者詫曰："此弧矢星也。"既旦，大雪，草木皆冰，遂生。既壯，饒智略，性喜施，以故，一時惡少若葉宗滿、徐惟學、謝和、方廷助等皆與遊。直因懷異志，謂其黨曰："中國法度森嚴，動輒觸禁，孰於海外乎逍遙哉？"退而詢其母："生兒時有異兆否？"母告之夢。直喜曰："天將命我以武勝乎？"遂萌邪謀。國初，海禁少解，有一二家從廣東、福建地方買賣，陸往舡回，潛泊關外，或賄把關官及投托鄉官，得以小舡黈夜進貨屬。承平之日，封守弗慎，奸人遂緣為利，各結艨，推雄強者一人為舡頭，或五十只，或一百隻，成群分黨，占泊各港，紛然往來海上，入日本、暹邏諸國行貨，遂誘帶日本各島貧倭，藉其強悍為羽翼，亦有糾合富貴倭奴出本附搭買賣，公為雄長。先是，徽人許二住雙嶼，號海寇最強。又有陳思盼住橫港，與二相倚。直投二部下，管櫃。直沈機有勇略，人服之。未幾，巡撫福建朱都御史遣都司盧鏜領兵擊許二，遂破其巢穴，焚其舟艦，擒斬殆盡。將雙嶼港築截。許二遁去，餘黨因推直為主，住瀝港。特陳思盼聲壓直，直心恚之。適一王舡卒領番舡二十只，思盼邀為一夥。思盼因而謀殺王舡主，遂奪其舡。其黨不平，潛與直通，

---

① 《擬山園選集》卷55《答世培》，[清] 王鐸撰，《四庫禁燬書叢刊》集部第88冊，北京出版社1997年版，第54頁。

欲害思盼。直乘機潛約慈溪貫通番柴德美，發家丁數百人助己。又佯報寧波府及海道衙門，發官兵若干。乃伺思盼生日，為酒不設備，遂內外夾擊，殺思盼，擒其侄陳四並賊數十人赴官。餘黨悉歸直。又有一二新發番舡，俱請直旗號。是時，朱①都御史差義官吳美幹取福清舡，亦一半從直，勢益張，海上遂無二賊矣。或曰：特因其隙而用賊攻賊，亦兵家之常，未為失策。然養成直之孽者，此舉也。直以所部舡多，乃令鄞縣人毛海峰、徐碧溪、徐元亮、葉宗滿等分領，裝載硝黃、絲綿違禁諸物，抵日本、暹邏、西洋諸國互市，又四散海上劫掠。番舡入關無盤阻，公然紛錯蘇杭之境。凡五六年間，致富不貲。夷人信服，皆稱為"五峰舡主"。直又招聚亡命徐海、陳東、葉明等為之收領，傾貲勾引倭門多郎、次郎、四助、四郎等為之部落。又有從子汪汝賢、義子汪滶為之腹心。威望大著，人共奔走之。或饋時鮮，或饋酒米，或獻子女，甚至邊衛官有投以紅袍玉帶者。是時，有把總張四維，因與柴德美交厚，得達直，遂拜伏叩頭，甘為臣僕。法禁蕩然無餘矣！直欲示威諸夷，會五島夷為亂，直素憾之，欲藉以報。遂請于海防將官出兵剿滅之，且宣言："我有功朝廷，希重賞。"時，將官與之米百石，直詬曰："我何以此為哉！"投海中去，且怨之，遂頻侵盜內地。嘗以扁舟泊列表岸，參將俞大猷率舟師數千圍之。直以火箭迎戰，大猷敗績。直益驕，遂易官軍。乃更造巨艦聯舫，方一百二十步，容二千人，以木為城，為樓櫓四門，其上可馳馬往來。遂據薩摩洲之松蒲津，號曰"京"，自稱徽王。部署官屬，控制要害，凡三十六島之夷俱從指揮。時，夷漢兵十餘道，流劫海濱。②

◎讀史方輿紀要（顧祖禹 /1631—1692）

舟山。縣③東北二百里海中。一名觀山，在昌國故城南，狀如覆舟。

---

① "朱"原本誤作"米"字，朱都御史即朱紈，詳參萬表《玩鹿亭稿》卷5。
② 《擬山園選集》卷162，[清]王鐸撰，《四庫禁燬書叢刊》集部第88冊，第398—399頁。
③ 此所謂"縣"，乃指明代的定海縣（今寧波市鎮海區）。

嘉靖四十二年降海賊汪直於此。其相接為關山，圓峰聳矗，為昌國城內案，上有烽堠。稍北為鎮鼇山。山自北來，蜿蜒南走，舊翁山縣治據其麓，今舟山所城內山也。又東三十里曰翁洲山，亦曰翁山，相傳以葛仙翁隱此而名。又有雙髻山，峰巒雙聳，俗謂昌國之鎮山。志云：昌國城東七里有青雷頭山，高二里，與城西五里曉峰山對峙。青雷頭東南海中又有石衕門山，數峰崛起，潮汐環流，亦名十六門山。今皆謂之舟山。《防險說》："舟山群山環峙，海港四通，為設險之處。"旁有馬秦山。又有芙蓉洲，四環皆海，懸若洲島。官民多植芙蓉，因名。又有鼓吹山，在山之陰。有戰洋，相傳徐偃王逃至此，其拒戰處也。山巔平坦，容數百人。吳萊云："昌國東南海中有桃花山，為絕勝處。"又有東霍山，徐市駐舟處也。轉而北為蓬萊山，屹立千丈，旁有紫霞洞。又石門山，亦在昌國東海中。並峙有黃公山，山南為塔嶺山。邑志：昌國東北海中曰蘭山、秀山、劍山、岱山、玉峰等山，東南海中曰雙嶼、雙塘、六橫等山，皆倭寇出沒所經也。[①]

　　霩衢守禦千戶所。定海縣東南百二十里，西去府城百八十里，洪武二十一年建。城週三里，所濱海孤懸，其東南為梅山港。東至崎頭大洋，南至雙嶼港，俱約五十里。西至大嵩港，約百里。北五里為三塔峰，最險要。嘉靖十九年，倭黨李光頭巢於雙嶼港。二十七年搗平之，因築塞港口，以空淵藪。[②]

◎明史·朱紈傳（萬斯同 /1638—1702）

　　朱紈，字子純，長洲人。正德末進士，除景州知州。嘉靖初，調開州，遷南京刑部員外郎。歷四川副使，與副總兵何卿共平深溝諸砦番賊。五遷至廣東左布政使。二十五年，擢右副都御史，巡撫南贛。明年七月，倭寇起，改撫浙江及福建濱海諸府。先是，倭舶至閩、浙互市，諸大姓

---

　　① 《讀史方輿紀要》，[清] 顧祖禹撰，賀次君、施和金點校，中華書局 2005 年版，第 9 冊，第 4255 頁。

　　② 《讀史方輿紀要》，[清] 顧祖禹撰，賀次君、施和金點校，第 9 冊，第 4265 頁。

及商賈多負其直，倭糧匱，出沒為盜。諸大姓危言脅將吏捕逐之，兵且出，又洩師期，為好語令去，期他日至，並償其直。他日再至，則負直如初。倭大怨恨，而內地奸民復誘煽為亂，遂焚掠州縣。紈首嚴通番之禁，犯者必置重典，海濱始肅。其年十一月，漳州覆鼎山賊剽劫同安、漳平、詔安諸縣，紈督參將吳鵬、僉事徐燦平之。又明年三月，紈至寧波，撫島倭六百餘人，悉受約束。別賊據雙嶼島，紈檄福建都指揮盧鏜以輕舟直趨海門衛，與浙兵夾擊，破之。賊失其巢，遁入海中者尚千二百餘艘。紈復督諸將連戰，皆捷。事聞，賜銀幣。至七月，而革巡撫之議起。初，紈以閩、浙勢家多庇賊，憤甚，嘗上疏言："去外國盜易，去中國盜難，去中國衣冠之盜尤難！"於是，閩、浙士大夫家與為怨。御史周亮，閩人也，疏言："紈本浙江巡撫，所兼轄者福建海防耳。今乃事事遙制，諸司往來奔命，大為民擾。"給事中葉鏜亦言非便。吏部請改為巡視，以殺其權。紈益憤。十月，紈力疾督兵追賊于溫、盤、南麂諸洋，至十二月大破之。還，平處州礦賊。二十八年春，疏言："去歲日本使周良等入貢至寧決，有投匿名書，稱天子命都御史起兵誅日本使者，可先發，夜以兵殺都御史。推官張德熹知之，不以告臣。臣嘗斬賊渠張珠。珠，德熹叔也。憾臣。凡閩賊被戮者，德熹皆殮之。御史亮奏革臣巡撫者，又德熹鄉人。疑德熹構其事。且臣整頓海防，稍有次第，而亮欲侵削臣權，謂一御史按之有餘，致屬吏不用命。願陛下察臣先後奏詞，窮詰德熹等黨賊倡亂詐傳詔旨、煽惑夷情狀，明正典刑。"奏入，命按臣會三司勘問。而諸勢家在朝者，益不悅。既而，又陳"明國是、正憲體、定紀綱、扼要害、除禍本、重斷決"六事，語益憤激。中朝士大夫先入閩、浙人言，亦有不悅紈者矣。其年三月，佛郎機國人行劫至詔安，紈督師迎擊於走馬溪，禽其渠李光頭等九十六人。紈恐為變，檄副使柯喬及都指揮鏜悉戮之，以大捷聞，且言："閩賊蟠結已深，成禽之後奸究切齒，變且不測，臣謹以便宜行誅"，語復侵諸大姓。部議請下按臣核實。而御史陳九德，受諸勢家風旨，劾紈不俟奏請、專擅殺戮事。下兵部及法司，皆言紈不得無罪，請遣科臣按治。遂命兵科都給事中杜汝禎往，而罷紈職聽勘。紈聞，慷慨流涕曰："吾貧且病，又負氣，不任對簿。縱天子不欲死我，閩浙之人必殺我。我死，自決之，不須人也。"乃制壙志，作俟命詞，仰藥死。紈性清強峭深，勇於任事，不恤人怨，故及於禍。至明年，汝禎與按臣陳宗夔勘上，言："此賊乃滿剌加人，歲招沿海無賴奸民往來海中販鬻，無僭號流劫事；前年復至漳州月港、浯澳諸處，守臣受其賂遺，縱之潛泊，使內地奸徒交通無忌，及事機彰露，乃始狼狽追逐，致賊拒捕殺人；其後，賊已就擒，又不分首從，擅自行誅；紈既身負大罪，反騰疏告捷；而喬、鐙復相與佐之，罪當首論；其冒功參政汪大受等，宜以次論；罰而謫配其脅從者。"兵部及法司覆如其言。詔逮紈至京訊問，而紈已前死，乃論喬、鐙二人重辟，大受等奪俸提問有差。紈在事三載，號為有功，徒為讒訕者所擠，而勘官務深入不恤國典，致勞臣受禍，朝野為之太息。自紈死，罷巡視大臣不設，中外搖手不敢言海禁事。其後海寇大作，毒東南者十餘年人，由是莫不思紈。[1]

◎日本貢市入寇始末擬稿（姜宸英／1628—1700）

自漢武帝滅朝鮮，倭驛使始通者三十許國。至建武二年，奉貢朝賀，使人自稱大夫，倭國之極南界也。安帝永初元年，復入貢。魏時朝獻者一，入貢者二。至晉，前後貢使以六。至隋開皇三年，遣使詣闕。大業時，亦一。至唐興，貢獻益數。天寶十二年，以新羅道梗，始改貢道由明州。其後使者仍由新羅。考宋端拱元年，倭僧奝然遣弟子表謝，有曰："望落日而西行，十萬里之波濤難盡。"倭開洋至寧波纔五日耳，不得云十萬里，此由新羅之徵也。至乾道九年，始附明州，綱首以方物貢。及元至元八年，則復隨高麗使入朝。自此，元數招諭之，不報，遂至兩用

---

[1] 《明史》卷295《朱紈傳》，[清]萬斯同纂，《續修四庫全書》第329冊，上海古籍出版社2002年版，第214—216頁。沙孟海《僧孚日錄》1921年6月5日條云："伏跗室主人出示萬季野《明史》及李杲堂《漢語》《南朝語》之稿本。李書未刊；萬書未全，與今本《明史》對校，字句亦大同小異。"詳參《沙孟海全集·日記卷》，洪廷彥主編，西泠印社出版社2010年版，第154頁。

兵其地，一航不返，而貢使亦絕矣。蓋自漢魏至元二千餘年間，倭未嘗一窺中國，至元末，方、張竊據旁海郡縣，敗後，豪傑多逸出航海。

明洪武初元，稍稍因緣寇竊。議者謂："使是時中國潛為邊備，而聽其自去來於海上不問，一如宋元以前時，亦不至為大患。"乃二年遣同知趙秩賜璽書，盛誇以天子威德，且責其自擅不臣。其王初欲殺秩，繼而復禮秩，遣僧隨之入貢。然使未至而寇掠溫州矣。是年，有詔浙江、福建造海舟防倭。秋，遣行人楊載齎書往。五年，遣僧祖闡往。倭亦屢貢，寇不常。其貢也，或無表文。詔旨詰責其使，至付三邊安插，亦隨謝隨寇。十三年，始詔絕日本之貢，以僧如瑤來獻巨燭，中藏火藥具，與故丞相胡惟庸有謀，故因發如瑤雲南守禦，而著為祖訓，絕其往來。以其僻在一隅，不足以興兵致討云。於是起信國於鳳陽，出江夏於閩嶠，設城建堡，冠蓋交於海上，終太祖世，不復言貢事矣。

永樂二年，命太監鄭和從兵下西洋。日本先納款，獻犯邊倭二十餘人，即命治以其國之法，縛置甑中蒸死。帝嘉其誠，遣通政使趙居任厚賜之。又給勘合百道，令十年一貢，每貢毋過二百人，船毋過二隻，限其貢物。若人船逾數，夾帶刀鎗，並以寇論。尋命都御史俞士吉錫王印綬，勅封為日本王，詔名其國之鎮山曰壽安鎮國山，上親製文勒石賜之。然倭入寇，益不悛。九年，寇盤石。十年，寇松門、金鄉、平陽。十七年，寇王家山島，都督劉江破之於望海堝。自是不敢窺遼東，而侵掠浙江益甚。蓋西洋之役，雖號為伸威海外，而華人炫於外國珍寶瑰麗，倭使來中國，奸闌出入，主客相糾，以故寇盜滋起。而倭貢道，自此一由寧波，久之益習知其島嶼曲折，則吳越之間蠢然騷動，固其宜也。蓋倭之得以為患我中國，一由於明高帝之通使，再成於成祖之許貢。而成祖以好大喜功之心，置高皇之約束於不用，其禍延及於數傳之後，塗毒生靈，幾半天下，亦云慘矣。

當洪武時，以貢舶之來眾，設三市舶司於福建、廣東、浙江，聽與民間交易，而官收其利。廣以西洋，福以琉球，浙以日本，然獨日本之使號為難御。其來也，往往包藏禍心，變起不測。成化初，忽至寧波，守臣以聞。鄞人尚書楊守陳貽書主客，力言不可以為："倭賊僻在海島，其俗狙詐狠貪。洪武間，嘗來而不恪，朝廷既正其罪，絕不與通，著之為訓。至永樂初，復許貢。於是往來數數，知我國中之虛實，山川之險易。時載其方物戎器，出沒海道而窺伺我，得間則張其戎器而肆侵陵，不得間則陳其方物而稱朝貢。侵陵則掠民財，朝貢則叨國賜。間有得有不得，而利無不得，其計之狡如是。至宣德末，來不得間，乃復稱貢，而朝廷不知，詔至京師，燕賞豐渥，稛載而歸，則已中其計矣。正統中，來而得間，乃入桃渚，犯大嵩，燔倉庾，焚廬舍。賊殺蒸庶，積骸流血如陵谷。縛嬰兒於柱，沃之沸湯，視其啼號，以為笑樂。剖孕婦之腹，賭決男女以飲酒，荒滛穢惡，至不忍言。吾民之少壯，與其粟帛，席捲而歸巢穴，城野蕭條，過者隕涕。於是朝廷下備倭之詔，命重師守要地，增城堡，謹斥堠，大修戰艦，合浙東諸衛之軍分番防備，而兵威振於海表，約七八年，邊氓安堵。茲者復來窺伺，我軍懷宿憤，幸其自來送死，皆瞋目礪刃，欲寢食其皮肉。彼不得間，乃復稱貢，而當事復從其請以達於朝，是將復中其計矣。今朝廷未納其貢，而吾郡先罹其害。芟民稼穡為之舍館，浚民膏腴為之飲食，勞民筋力為之役使防衛。晝號而夕呼，十徵而九斂，雖雞犬不得寧焉。而彼且縱肆無道，強市物貨，調謔婦女。貂璫不之制，藩憲不之問，郡縣莫敢誰何，民既讙然驚懼矣。若復詔至京師，則所過之民，其有不讙然如吾郡者乎？矧山東郡縣，當河決歲凶之餘，其民已不堪命，益不可使之讙然也。且其所貢刀扇之屬，非時所急，價不滿千，而所為糜國用，蠹民生而過厚之者，一則欲得其向化之心，一則欲彌其侵邊之患也。今其狡計如前，則非向化明矣。受其貢亦侵，不受其貢亦侵，無可疑者。昔西旅貢獒，召公猶致戒於君；越裳獻白雉，周公猶謙讓不敢受。漢通康居、罽賓，隋通高昌、伊吾，皆不免乎君子之議。況倭乃我仇敵，而於搆釁之餘，敢復逞其狙詐以嘗我，其罪不勝誅矣，況可與之通乎？然名為效貢，既入我境而遂誅之，亦不可。

竊以為宜降明詔，數其不恭之罪，示以不殺之仁，歸其貢物而驅之出境。申命海道帥臣，益嚴守備，俟其復來，則草薙而禽獮之，俾無噍類。若是則奸謀沮息，威信並行，東南數千里得安枕矣。"守陳言不用，至嘉靖二年而有宗設之事。

故事：番貢至，閱貨宴席，並以至時先後為序。時倭主源義植失權，諸道爭貢，大內藝興遣宗設，細川高遣僧瑞佐及宋素卿，先後至寧波。素卿潛饋市舶太監寶賄以萬計，因令先閱瑞佐貨，宴又令坐宗設上。宗設怒，於坐間起與瑞佐相忿殺。太監以素卿故，助瑞佐兵殺都指揮劉錦，大掠旁海鄉鎮。素卿下獄論死，宗設、瑞佐皆釋還。給事中夏言奏："禍起於市舶。"禮部遂請罷市舶司。市舶既廢，番舶無所容，乃之南灣互市，期四月終至，去以五月，不論貨之盡與不盡也。於是凶黨搆煽，私市益盛，不可止。會有佛郎機船載貨泊浯嶼，漳、泉人爭往貿易。總督都御史朱紈獲通販者九十餘人，悉斬之。一切貨賄不得潛為出入。內地商販因負貲不償，積逋至千萬金，豪家貴官為之擁護利。倭亟返，輒以危言撼官府，令出兵驅之去，而蜚語中紈，使得罪死。倭商大恨，不肯歸，徜徉海上，未幾而變作矣。

時主事唐樞建議，以為宜復互市，曰："市通則寇轉而為商，市禁則商轉而為寇。"通政唐順之曰："舶之為利也，譬如礦然。封閉礦洞，驅逐礦徒，是為上策。度不能閉，則國收其利權而操之自上，是為中策。不閉不收，利孔洩漏，以資奸萌，嘯聚其間，斯無策矣。今海賊據浯嶼、南嶼諸島，公擅番舶之利，而中土百姓交通接濟，殺之而不能止，則利權之在也。宜備考國朝設立市舶之意，毋洩利孔，使奸人得乘其便。"又疏請許貢，以為朝廷能止其入貢之路，不能止其入寇之路。尚書鄭曉論之曰："洪武初，設市舶司於太倉，名黃渡市舶司。尋以近京師，改設於福建、浙江、廣東。七年，又罷復設。所以通華裔之情，遷有無之貨，收徵稅之利，減戍守之費，又以禁海賈而抑奸商也。當倭亂之時，因夏言疏罷市舶，而不知所當罷者，市舶內臣，非市舶也。若必欲繩以舊制十年一貢之期而後許之，彼國服飾器用多資於中國，有不容一日缺者，安能坐待十年一貢之期，而限以三船所載之數哉？彼既不容不資於我，而利重之處，人自趨之，以禁民之交通，難矣。"此皆言市舶之必不可罷也，然猶未揆其本末而論之。

夫浙江市舶，專為日本而設。其來時許帶方物，官設牙儈，與民貿易，謂之互市。是有貢舶，即有互市。非入貢，即不許其互市，明矣。貢之期以十年，則必十年一至，而後可謂之貢。今止言市舶當開，不論其是期非期，是貢非貢，是釐貢與互市為二也，將不必俟貢而常可以互市矣。此政前日之所以召亂者也，可乎哉？且貢舶者，王法之所許，市舶之所司也。海商者，王法之所不許，非市舶之所得司者也。日本原無商舶。所謂商舶，乃西洋貢使載貨至廣東之私鬻，官稅而市之民。既而欲避抽稅，省陸運，閩人導之改泊海倉、月港，浙人又導之改泊雙嶼。每歲以六月來，望冬而去。嘉靖三年，歲凶，雙嶼貨擁，而日本貢使適至，海商遂販貨於倭，倩其兵以自防，官司禁之弗得。西洋船仍回私嶼，東洋船徧布海岸，而向之商舶悉變而為寇舶矣。然倭人有貧有富，富者與福人潛通，改聚南灣，亂後尚然，雖驅之寇，不欲也。此無待於市舶之開，而其互市未嘗不通者也。貧者剽掠為生，每歲入犯，雖令其互市，彼固無貲也，亦不欲也。故不知者謂倭患之起，由市舶之罷，而其實不然。夫貢者，其國主之所遣，有定期，有金葉勘合表文為驗。使其來也以時，其驗也無偽，中國未嘗不許也。貢未嘗不許，則市舶未嘗不通，何開之有？使其來無定時，驗無佐證，乃假入貢之名為入寇之計，雖欲許，得乎？貢不可許，市舶獨可得而開哉？

自嘉靖末年，海患既平，貢使亦絕，以至於今，不聞其國之服食器用有缺，而必取資於中國也，亦不聞倭之日為患於中國如前也，三者之言猶未盡矣。雖然，有貢則商舶宜禁，貢絕則商舶者適所以為中國利也，未見其害也。初自宋素卿煽亂之後，十八年，金子老、李光頭始作難，勾西番，掠浙、閩。至二十二年，許棟住霩衢之雙嶼港，為朱紈所逐。其下王直改住烈港，并殺同賊陳思盼、柴德美等，遂至富強。以所部船多，乃令毛海峰、徐惟學、徐元亮分領之，因而從附日眾。倭船徧海為患，興販之徒紛錯於蘇杭。内地潛居其中國者，亦不下數千家。為之謀主，挾以入寇，自此致亂，而通番之禁愈嚴。然近海之民以海為命，故海不收者謂之海荒。自禁之行也，西至暹羅、占城，東至琉球、蘇祿，皆不得以駕帆通賈，而邊海之民日困。以故私販日益多，而國計亦愈絀。至萬曆二年，浙江巡撫龐尚鵬奏請開海禁，謂："私販日本一節，百法難防。不如因其勢而利導之，弛其禁而重其稅。又嚴其勾引之罪，譏其違禁之物。如此，則賦歸於國，奸弊不生。然日本欲求貢市，斷不可許。蓋過洋自我而往，貢市自彼而來。自彼而來，則必有不測之變；自我而往，則操縱在我，而彼亦得資中國以自給之利。二者利害，蓋大不同也。"

先是，隆慶初年，福建巡撫涂澤民請開海禁，准販東西二洋。萬曆初，巡撫劉堯海請舶稅充餉，歲以六千兩為額。於時凡販東西洋，雞籠、淡水諸番及廣東高、雷州、北港諸處商漁船給引，名曰引稅。自四年溢額至一萬兩，其後驟增至二萬九千餘兩。然則海民趨利之情，與商舶通塞之利病，可睹矣。顧尚嚴於日本之禁，其刊行海稅禁約一十七事。一禁壓冬，以為過洋之船，以東北風去，西南風回，雖緩亦不過夏。唯自倭還者，必候九十月間風汛。又日本無貨，止贏金銀。凡船至九十月回，無貨者必從日本來，縱有給引，仍坐之。又以呂宋地所出少，所用止金銀，商船多空回。故稅販呂宋者，每船別追銀百五十兩，謂之加增。商人多折閱破產，及犯壓冬禁不得歸，流寓長子孫者以數萬計。同安奸人張嶷者，謬奏海中有機易山，地產金，可得成金無算。詔遣内臣勘視。呂宋聞之大恐，以中國將略取其地，流人為内應，於是盡坑殺漳、泉之在國者二萬人。事聞，張嶷以欺罔首禍，實極刑。巡撫因招諭私通及壓冬者，罪悉宥免。而私販日本之禁稍疏矣。

萬曆末，以東事告急。啟、禎之際，劉香老、李魁奇、鄭芝龍等為

盗外洋，重申海禁。然芝龍兄弟既撫後，通洋致富，賂遺權貴，海上建
閫者卒用此牟利，由此私販雖日多，而國家竟不得其利云。大抵私販有
二：有中國之私販，有日本之私販。中國之私販，齎貨至彼，必勾引倭
徒，緣貢為名，而乘吾之不備，鹵掠人民，互分其利。許二、王直、葉
宗滿之輩是已。日本酋長為眾所尊者曰天文。彼中故事，每遇閏年，則
諸島富家各輸資於天文，請得勘合入貢，實則貿遷有無以侔厚利，利勢
在上，天文所欲者。後因奸民通販，加之假稱名號者竊錄勘合，私通酋
長，遂至往來無稽，而天文之利權下移矣。故私販者，中國之所惡，而
亦日本之所不樂也。然以中國之奸民，與日本互為糾結，其遺患於中國
也滋甚，而皆起於進貢之途不絕。貢端絕，則日本之販舶不至；日本之
販舶不至，則我內地勾引接濟之奸，不能挾倭以為重。如此，雖有高檣
大柁群聚而輩往者，不過將其絲素、書畫、什物之類，以往返漁利而已，
於我固無損也。況設之市評以收取其稅，如萬曆之於東西洋者，其有裨
於國用，又有甚利者哉！□□臣愚，故以明之貽患，不在於私販之有無，
而在於通貢之一失。明太祖既誤之於前，而成祖復甚之於後。然貢既已
絕，而猶欲禁商使不得行，是何異懲羹而吹虀？有見其患而無見於其利
也。國家初患，海孽未平，撤界而守，禁及採捕。康熙二十三年，克臺
灣，各省督撫臣先後上言，宜弛航海之禁，以紓民力。於是詔許出洋，
官收其稅，民情踴躍爭奮。自近洋諸島國以及日本諸道，無所不至。四
榷關之設，異於市舶之設，上操其利權，譏其貨物，而下不得以為纖芥
之害。中國主其出入，而島人潛處帖伏而不敢動。比年以來，報課日足，
比之唐宋則利倍之，比之於明則絕其隱患，此所謂不寶遠物而遠人格者，
與夫疲敝百姓以逞志於荒服之外者，異矣！或者設為萬一之慮，得無有
私挾，彼人窺伺中國，假稱朝貢，希為互市者乎？此端一開，召釁不難
矣。誠嚴詔守土之臣，時禁闌出之條，絕勾引之萌，杜生事之漸，重禁
溢額以勸來者。皇上又垂誡萬世，無得受其貢獻如今日，使倭之片帆不
復西指，視中國如天上焉。而吾民日取其有而轉輸之，於以仰佐縣官之

急，充戍守之用，而私以自寬其民力於耕商之所不及，是則上饒而下給之道，奠安萬世之良策矣。臣故備述原委，附於海防之後，亦以明設險者之在此不在彼也。[①]

◎海防總論擬稿（姜宸英／ 1628—1700 ）

國家混一區宇，聲教覃被，訖於無垠。唯是東南縮波而州者千餘里，一二狂孽，弄兵島嶼，烽煙時接，吳越間至不得安枕而寢。皇帝御宇之十八載，神謀潛運，削平反側。從疆吏請，以次用兵於臺灣。樓船直指，縶組待命，厥角稽首恐後，遂略定其地。天子乃按輿圖，置一府三縣，設之官府綏戢之，易鱗介為衣裳。於是依島之國，為我邊界，海隅出日，罔不率俾。皇哉，振古無前之偉烈！雖《詩》《書》所載，何以加茲？

先是，海寇鄭成功盤踞金門、廈門間，尋奪臺灣居之，遊艅入犯，飄忽南北，軍吏苦於奔命。康熙初，廷議以為徙民內地，寇無所掠食，勢將自困。遂悉徙粵、閩、江、浙、山東鎮戍之在界外者，賊計果絀，降者接踵。二年，立定界樁，連歲遣官巡閱邊海諸郡縣。八年，有詔，稍展界縱民，得採捕近海。十三年，成功子經乘閩叛，洊居漳、泉。王師收閩，寇遁，疆臣再修邊備，而海壇、金、廈復置戍兵矣。十九年六月，福建督撫臣議處投誠之眾，奏請給還民界外田地，以無主者俾之耕種。且曰：“方今海外要地，已設提督、總兵大臣鎮守，是官兵在外而投誠在內，計可萬全無慮。”詔許之，閩界始稍稍開復。二十三年五月，克臺灣。十月，兵部議請各省開界，得旨，江南、浙江、福建、廣東沿海田地可給民耕種，諸要地防守事宜，其擇大臣往視焉。乃以工部侍郎金世鑑、都御史呀思哈往江南、浙江，吏部侍郎杜臻、內閣學士石柱往福建、廣東。上面諭遣之，許以便宜設防守，事竣奏聞。世鑑等往會督撫巡視，遂盡復所棄地與民，各就地險易撥置戍兵，疏上報可。自是沿

[①] 《姜宸英集》，杜廣學輯校，人民文學出版社 2018 年版，第 408—415 頁。此文又被收錄于賀長齡所編《清經世文編》卷 83，廣陵書社 2011 年版，第 2 冊，第 260—261 頁。

海內徙衛所巡司、墩臺烽堠、寨堡關隘，皆改設於外，略如明初之制。民內有耕桑之樂，外有魚鹽之資。商舶交於四省，遍於占城、暹羅、眞臘、滿刺加、浡泥、荷蘭、呂宋、日本、蘇祿、琉球諸國。乃設榷關四於廣東澳門、福建漳州府、浙江寧波府、江南雲台山，置吏以蒞之。使泉貨流通，則奸萌自息，此上策也。而諸番緩耳雕腳之倫、貫領橫裙之眾，莫不鞮譯款貢，叩關蒲伏，請命下吏。凡藏山隱谷方物，璆寶可效之珍，畢至闕下，輸積於內府。於是恩貸之詔日下，德澤汪濊，氂倪歡悅，喜見太平，可謂極一時之盛。然而帆檣接於內地，則盜賊生心；互市通於外國，則狡焉思逞。此前代已事，始未嘗不警誡，而後稍弛防，患輒中之。宜皇上之惓惓南顧，慮此至重也。

始明太祖吳元年，用浙江行省平章李文忠言，調兵戍海鹽、海寧各州縣。洪武二年，命參政朱亮祖副平章廖永忠取廣東，遂命亮祖鎮守，建置衛所。七年，詔以靖海侯吳楨為總兵，都督僉事于顯副之，領江陰、廣洋、橫海水軍四衛舟師，出海巡哨。所統京衛及太倉、杭州、溫、台、明、福建漳、泉、廣東潮州諸衛官軍，悉聽節制，事權專而責亦綦重矣。十七年，起信國公湯和於家，使巡視浙江、福建沿海城池。和至浙，則建議北起乍浦，南汔浦門，縈迴二千里，設九衛，築五十九城，及諸所巡司，民丁四調，一為戍兵。是年，江夏侯周德興亦築福建海上十六城，置巡司四十有五，按籍練民兵十餘萬，戍並海衛。二十七年，敕都督僉事商暠巡視兩浙城隍，簡閱軍士，又命魏國公徐輝祖、安陸侯吳傑練兵海上。時廣東都指揮同知花茂上言，請徙廣屬逋逃蜑戶為兵，增設依山、碣石等二十四衛所城池，於要害山口、海汊立堡，撥軍戍守。詔從之，而命傑董其役。故閩、廣、江、浙一切海上阨隘城堡，傑、德興、和所建設為多。

蓋是時，中國數被倭寇。二年，寇山東並海郡縣，又寇淮安。三年，寇山東，遂轉掠浙閩。自後南北並受其患。太祖深憂之，先後設衛所屯軍，所轄於衛，衛轄於都司，而總屬之五府。其卒伍之設，每百戶所，旗軍一百一十有二；千戶所，一千一百二十。衛列五所，及衛鎮撫軍，凡五千五百有奇。各衛屯田軍，率十分，其七守城，三屯種。屯軍一人，賦田二十畝，而官徵其什之一。軍屯錯列，分堠而守，自粵抵遼，延袤八千五百餘里，烽火相望。而並海以南迫近倭，故其戰守備尤密云。廣東瀕海之府八，其六府分為三路。東路惠、潮，接壤閩疆，商舶通番所必經也。左挈惠、潮，右連高、雷、廉，而為中路者廣州。倭寇衝突，莫甚於東路，而中路次之，西路高、雷、廉又次之。高、雷、廉，西洋貢道之所從入也。守廣者以三路為扼要。福建設水寨五，在漳州曰銅山，泉州曰浯嶼，興化曰南日山，福州曰小埕，福寧州曰烽火門，皆控制於海中。浙江立沈家門水寨，兩浙衛所戰艦協哨。南哨至玉環、烏沙，北哨至馬蹟、洋山，而歸重於舟山、定海。江南之邊海在蘇、松，松有海塘而無海口，其要在陸，金山衛為之衝。蘇州之沿海多港口者，各設水兵堵禦，而崇明為賊所必經地，故兩處皆設重兵鎮之。至狼福山與圖山、三江相呼應，又為南北海防第一門戶。江北之戰，水陸兼用，登、萊三營連絡，曰登州，曰文登，曰即墨。其外島嶼環抱，迤邐以及遼陽，而金、復、海、蓋、旅順各衛，星羅碁布，足嚴守望，此其大凡也。

自成化後，訖嘉靖初，倭警寢息者五十餘年。邊備廢弛，衛所屯田，並兼豪右，軍戶亡耗，不復勾補。水寨移於海港，墩堡棄為荊榛，哨船毀壞不修。而奸民逸囚，漁人蜑戶，咸伺隙思釁，勾引山城失職之貢使，嘯聚稱王，騷然蠢動。一旦鋒突四起，武夫喪氣，抱首鼠竄。賊無亡矢折刃之衄，蹂躪徧於江南，城野蕭條，白骨填路矣。然後謀臣猛將，分道出鎮，增兵設屯，人人扼腕而談戰守。起壬子至癸亥，首尾十餘年，中國始得安息，此寖失祖訓之故也。

善乎總制胡宗憲之言曰：“夫謂之海防者，則必宜防之於海，猶江防者必防之於江。國初，每衛各造大青及風尖、八槳等船百餘隻，更番出洋哨守，海外諸島皆有烽墩可泊。後弛其令，列船港次，浙東於定海，浙西於乍浦，蘇州于吳淞江及劉家河。夫乍浦灘塗淺閣，無所避風。吳淞江口及劉家河出海紆迴，又非防海要地。故議欲分番乍浦之船以守海上洋山，蘇松之船以守馬蹟，定海之船以守大衢，則三山鼎峙，哨守相聯，可拒來寇。而又其外陳錢諸島久為賊衝，三路之要宜以總兵屯泊其地，每於風汛時協軍巡哨，使不得越島深入，則內地可以安堵。”總兵俞大猷亦曰：“倭自彼島入寇，遇正東風，經茶山入江，以犯直隸，則江內正兵之船可以禦之。遇東北風，必由下八山、陳錢、清水、馬蹟、蒲罌、丁興、長途、衢山、洋山、普陀、馬墓等罌經過，然後北犯金陵，西南犯浙江。請於浙江共設樓船、蒼船數百隻，分伏諸島，往來巡探攻捕，名之曰遊兵，而遠遏之於大洋之外。”議者多是之。或謂海棲經月，必有颶風，巉崖複礁，廉屬侔劍戟，不可下碇。癸丑，俞大猷圍王直於馬蹟，蛟龍驚，砲起，幾致覆沒，師旋賊逸。乙卯秋，浙直會兵大衢、殿前，邀賊歸路，暴風雨大作，飄舟以萬計，是邀擊海上之難也。蓋倭從南來，晝行夜止，依山棲宿。始至必泊陳錢，次馬蹟，次大衢，次殿前、洋山，若驛傳然，可逆數知也。然海波無際，賊覘知諸山有備，東西南北何所不適？嘗聞海中長年云：“避颶風者，舍山泊，泛大洋，多得全。”逆知死地不避，寇知豈出其下哉？故必依此四山，嚴會哨應援之令，潛師伺敵，發無不中。此與設官屯駐顯示之標者，利害相去懸甚。

右通政唐順之疏曰：“臣竊觀崇明諸沙、舟山諸山，各相連絡，是造物者特設此險，以迂賊入寇之路，蔽吳淞江、定海港口，國家設縣置衛者以此，而沈家門分哨之制，至今可考。今宜於春汛時，用兵備數員蹔駐崇明、舟山，而總兵以下，分海面南北會哨，晝夜揚帆，環轉不絕，其遠哨必至馬蹟而止。”副使譚綸甚善其說，而謂：“陳錢、馬蹟諸山在內海之外，止可出哨，不能設守。蓋海戰之弊有四：萬里風濤，不可端倪，白日陰霾，咫尺難辨，一也；官有常汛，使賊預知趨避，二也；孤懸島中，難於聲援，三也；將士利於無人，掩功諱敗，四也。昔江夏侯五水寨舊址設在大洋，後人以應援不便，移其三於海岸，致寇無門庭之限。”議者謂宜復如舊制。或謂復之不便，而信國經營浙海，棄下八山不守，謹置汛於沈家門，人卒便之。非江夏之先見不逮信國，浙閩之勢異故也。然賊自五島、開洋諸山，曠遠蕭條無居人，得採捕小民嚮導以來近岸，常無覺者。自嘉靖乙卯後，禦洋之法立，哨探嚴緊，官得預備，則籓籬之守，其法終不可廢。故必哨賊於遠洋，而不常厥居；擊賊於內洋，而不使近岸，斯策之最善者。而當時之議，亦卒未有能易此者也。

初，日本之犯中國，山東寧海、成山諸衛，數被其毒。及嘉靖之亂，首犯福建以及浙、直，而延蔓於淮、揚，獨山東竟未嘗被兵，何也？蓋明起南方，大兵所聚，北地置戍猶少，故寇時躪入，然東南猶不免焉。迨防守既密，南北少事，承平日久，士卒生長南方，風土脆弱，兼之衛所軍部眾不多，兵力散渙。而瀛渤之間，風氣堅悍如故。寇來獲少，所失亡多，所以日夕垂涎江南北。或比壤一日而破數縣，又或千里同時而殘諸郡。其時召客兵，募土著，徵調煩苦，民力大竭，必待督撫重臣前後彈壓而後定。

本朝創業，撒都指揮千百戶之兵，而概統於將軍、提督、總鎮，分領於城守、協鎮以下，大者宿兵累萬，次亦數千。各城保守要害，清野以困跳踉之賊。如是者三十餘年，而卒制其命。賊不能以流劫郡縣，生民不至大困者，兵力出於一故也。

時勢不同，代各異制，考之于古，三代以前尚矣。秦命南海尉任囂築瀧口，漢陽嘉中亦詔緣海益屯兵，備盜賊。至晉咸和間，趙將劉徵帥眾數千，浮海抄東南諸縣，殺南沙都尉許儒。南沙，今常熟縣地。尋寇婁縣、武進，郗鑒擊卻之。此自北而南，寇道之始通，而海上自此漸以多故。及晉末運，恩、循、道覆相繼倡亂，始入會稽、上虞，終於廣州、始興，又寇道自浙入廣之始也。時謝琰以會稽守督五郡軍事，率徐州文武戍海浦。今自龕山而東，至閩風、石堰、鳴鶴、松浦、蟹浦、定海皆其地。劉裕戍句章，吳國內史袁崧築滬瀆壘。後裕與盧循相持潯陽，潛遣水軍從海道襲其番禺，則其戰守皆在吳越之間。史記恩曾一走郁洲，今臨朐縣東北有郁洲山，而未嘗逸出為民害。然則防海之亟於江南舊矣，顧其制不槩見。考宋時嘗於明州招寶山抵陳錢壁下，置十二水鋪以瞭望聲息。然宋終始未嘗罷倭患也。至有明之世，建置詳矣。謹次明自洪武以來所設官立軍以防海外、海港、海岸事宜，各省會哨海界，及日本朝貢、入寇、互市始末，然後備列今制，別為篇如左。

嗚呼！強弱因乎時也，盛衰本乎治也。明太祖不勤遠略，來則撫之，貳則絕之。選將、練兵、修備，日如寇至，故不庭之國再世來王，後人反是，卒以召亂。今皇上端拱穆清之上，闇昧幽阻，罔弗耀以光明。以故天威所震，陸讋水慄，猶數諭邊吏，慎固封守，毋敢邀功生事。疆場之臣，亦朝夕討訓以稱上德意。今坐享太平，視所經略，若纖悉過計，一旦有事，舉而措之，成法具在。始知創制者之用意深遠，不可測量，而以遺萬世子孫之久安長治者，豈其微哉？臣所撰次，依海道所經，自廣東西路始，福建、浙江、江南、登萊、天津衛、遼陽以次及之，又括海南北所經各省郡縣，自為一卷。其沿海山沙、寇艅入犯分合，日本輿地皆有圖。[①]

◎雍正寧波府志（雍正十一年／1733）

兩浙濱海之郡六，寧為要；寧濱海之邑六，定為最要。定邑懸峙海中，去郡城二百六十里而近。凡海舶之自浙而蘇、而揚、而登萊、而天津、遼海者，必經由定邑，而取道乎蛟門。是定者，全浙之咽喉，亦即東南諸省之咽喉，關係非止一郡也。考前明遺事，洪武十七年廢昌國縣即今定海為衛；二十年，衛徙象山東門，置中中、中左二所戍其地。然是時，明祖方以日本叛服為憂，特命信國公湯和經營沿海，周行要害，于海濱置衛四、所十，所之隙置巡檢司一十九，津陸要衝，皆置關隘，因山塹谷，屯兵列艦，以戒不虞，而以舟山即今定海、定海即今鎮海二關、湖頭渡、沈家門、游仙、南堡四寨、小淶一隘為最要，防範尤嚴。沿海置烽堠，設總台于舟山之朱家尖、霩衢之三塔山，以利遠望。衛設

---

① 《姜宸英集》卷，杜廣學輯校，人民文學出版社 2018 年版，第 402—408 頁。

把總,指揮所設千、百戶。關隘烽墩皆置旗軍,而以勳臣領備倭,總督、侍郎、都御史充巡視海道。分海上山為三界,汛期則定、臨、觀三把總,各領五百料、四百料等戰船,分哨沈家門。初哨以三月三日,再哨以四月中旬,三哨以五月五日。由東南哨,則歷分水礁、石牛港、崎頭洋、孝順洋、烏沙門、橫山洋、雙塘、六橫、雙嶼、亂礁抵錢倉,凡韮山、大佛頭、積固、花腦諸處,賊船所經,可一望而盡。由西北哨,則長白、馬墓、䰀鬞洋、小春洋、東西霍抵羊山,凡大小衢灘、滸山、丁興、馬跡、東庫、陳錢、壁下諸處,賊船所經,可一望而盡。昌國船則南抵松門,北抵大嵩,哨期同三衛,事畢,各船皆泊近港,仍用小船,不時巡邏。計其時海濱六百里,城寨之固,關隘之嚴,官屬兵衛之眾盛,哨期汛守之分明,星羅棋置,蟻聚雲屯,戈船號火,照耀鯨波,鼇背間,亦屹然重鎮哉!然不宿重兵於海外而徒事哨巡,不駐劄於懸海之舟山而徒防諸沿海,此所以防愈密而力愈分也。又況永樂以後,狃習承平,武備日馳,軍官世職,多未經戰陣,而衛所之旗軍,日就銷亡,又何怪王值勾倭一入,而沿海諸郡邑,皆被其蹂躪也哉!自倭患孔棘,徵兵調餉,騷動宇內,東南兵燹遺黎,困於供億者累年。賴胡宗憲雄才專閫,盧鏜、俞大猷、戚繼光、湯克寬諸人,分任偏裨,摧鋒陷陣,渠魁漸次授首。然毛烈之據岑港者,復糾倭流突,毒遍寧、台、溫三郡又二年,僅然後定。向使舟山一衛有重兵彈壓,則倭來,可以乘其未集,倭退,可以擊其惰歸,內洋外洋,在在皆沉舟斬級之地,亦何至任其登陸劫掠,始為之倉皇失措耶?嘉靖季年,監於前事,始設浙直總兵駐定海,而於舟山特設參將,統定、臨、觀、紹及昌國水陸二營,終明世,遂鮮倭患,則亦海口之重鎮,有以遙稅其魄也![①]

---

① 《雍正寧波府志》卷15《兵制·海防》,[清]曹秉仁修,[清]萬經纂,《中國地方志集成·浙江府縣志輯30》,上海書店1993年版,第582—588頁。

◎雍正浙江通志（雍正十三年／ 1735 ）[1]

《定海縣志》：定海縣境，舊志所載，當時以海面遼闊不可道里計，故就潮候約言之。今之縣境則異是，東自沈家門至塘頭嘴、普陀大小洛伽、朱家尖、樹枚洋嶼、梁橫、葫蘆、白沙，南自龜山至大小渠山、小貓、六橫、暇岐，西自大樹、金塘至野鴨中釣、外釣、冊子菜花、刁柯魚龍蘭山、太平搗杵，北自灌門至笑杯官山、秀山、長白龜鱉、岱山、峙中、雙合、東墾、西墾、燕窩，東南自十六門一名石術門至大小干拗山、桃花山、順母塗、登埠、馬蟻點燈、馬秦，西南自竹山至鴨蛋、盤嶼、螺頭洋、螺蟹嶼、寡婦礁、摘箬、大貓、穿鼻，西北自里釣至馬目、瓜連、菰茨、五嶼、桃花女，東北自釣門至螺門蘭山、青黃肚、栲鱉、竹嶼、東西嶽、長塗、劍山、五爪湖、朴頭王山、擎山，俱內洋地。若東之浪岡、福山北之大小衢山、羕蓬寨子、爛東瓜，西北之大小漁山、魚腥腦，東北之香爐花瓶、青幫廟子湖、鼠狼湖、東西寨、黃星、三星、霜子、菜花、環山，則皆外洋也。其南內洋至六橫，與鎮海縣接界。西內洋至金塘，與鎮海縣蛟門山接界。北外洋而上為羊山、徐公山，則江浙連界。若西南之梅山、青龍港、穿鼻港、旗頭洋，則屬鎮海縣。東西雙嶼、牛門、青門、旦門、鎖門、澹水門、洞下門、道人龍洞、亂礁鞍子、大目牛欄、珠山、韭山、石浦、孝順洋，則皆屬象山縣。西北內洋之遊山、七里墅、虎蹲、招寶、蛟門固屬鎮海縣，而外洋之東西霍、七姊妹亦附鎮海縣。黃盤則為江南省金山衛對出，灘、澔二山在羊山西北者，俱屬江南省汛。惟乍浦屬嘉興府之平湖縣，東北外洋至浪岡，猶江浙聯界，而花腦、洛華、梳頭、馬跡、裘子、壁下、東庫、大小盤、陳錢、李四，則專屬江南省汛地。此又界限之不可不辨者也。[2]

① 此志自清雍正九年（1731）开局编纂，先後四任浙江总督主其事，历时五年至雍正十三年（1735）成书。乾隆元年（1736），总督嵇曾筠具表进呈朝廷，《四库全书》据此原刊本予以收录。

② 《清雍正朝浙江通志 2》，[清]嵇曾筠等修，[清]傅王露等纂，中华书局 2001 年版，第245 頁。

◎乾隆江南通志（乾隆元年／ 1736）①

朱紈，字子純，長洲人。正德辛巳進士。嘉靖中，歷四川按察副使，平深溝諸砦番，累遷右副都御史，撫贛。尋，倭寇起，改撫浙、閩。賊據雙嶼島，遣將擊破之。又督兵追敗賊于溫、盤、南麂諸洋。還，平處州礦賊。會佛郎機國人行劫至詔安，紈擊擒其渠魁，悉戮之。御史劾專殺，罷職聽勘。仰藥死。紈在事三年，屢殲巨寇。人多惜之。②

◎明史·朱紈傳（張廷玉 /1672—1755）

朱紈，字子純，長洲人。正德十六年進士。除景州知州，調開州。嘉靖初，遷南京刑部員外郎。歷四川兵備副使。與副總兵何卿共平深溝諸砦番。五遷至廣東左布政使。二十五年擢右副都御史，巡撫南、贛。明年七月，倭寇起改提督浙、閩海防軍務，巡撫浙江。

初，明祖定制，片板不許入海。承平久，奸民闌出入，勾倭人及佛郎機諸國入互市。閩人李光頭、歙人許棟踞寧波之雙嶼為之主，司其質契。勢家護持之，漳、泉為多，或與通婚姻。假濟渡為名，造雙桅大船，運載違禁物，將吏不敢詰也。或負其直，棟等即誘之攻剽。負直者脅將吏捕逐之，泄師期令去，期他日償。他日至，負如初。倭大怨恨，益與棟等合。而浙、閩海防久隳，戰船、哨船十存一二，漳、泉巡檢司弓兵舊額二千五百餘，僅存千人。倭剽掠輒得志，益無所忌，來者接踵。

紈巡海道，采僉事項高及士民言，謂不革渡船則海道不可清，不嚴保甲則海防不可復，上疏具列其狀。於是革渡船，嚴保甲，搜捕奸民。閩人資衣食於海，驟失重利，雖士大夫家亦不便，也欲沮壞之。紈討平覆鼎山賊。明年將進攻雙嶼，使副使柯喬、都指揮黎秀分駐漳、泉、福寧，遏賊奔逸，使都司盧鏜將福清兵由海門進。而日本貢使周良違舊約，

---

① 雍正七年（1729）署兩江总督尹继善等奉诏重修，九年（1731）十月于江宁开局，至乾隆元年（1736）十月两江总督赵宏恩任上始成，次年刊刻，是为乾隆本。

② 《江南通志》卷 151，[清]趙宏恩等修，[清]黃之雋等纂，影印文淵閣《四庫全書》第 511 冊，台灣商務印書館 1982 年版，第 388 頁。

以六百人先期至。紈奉詔便宜處分。度不可卻，乃要良自請，後不為例。錄其船，延良入寧波賓館。奸民投書激變，紈防範密，計不得行。夏四月，鎧遇賊於九山洋，俘日本國人稽天，許棟亦就擒。棟黨汪直等收餘眾遁，鎧築塞雙嶼而還。番舶後至者不得入，分泊南麂、礁門、青山、下八諸島。

勢家既失利，則宣言被擒者皆良民，非賊黨，用搖惑人心。又挾制有司，以脅從被擄予輕比，重者引強盜拒捕律。紈上疏曰："今海禁分明，不知何由被擄，何由脅從。若以入番導寇為強盜，海洋敵對為拒捕，臣之愚暗，實所未解。"遂以便宜行戮。

紈執法既堅，勢家皆懼。貢使周良安插已定，閩人林懋和為主客司，宣言宜發回其使。紈以中國制馭諸番，宜守大信，疏爭之強。且曰："去外國盜易，去中國盜難。去中國瀕海之盜猶易，去中國衣冠之盜尤難。"閩、浙人益恨之，竟勒周良還泊海嶼，以俟貢期。吏部用御史閩人周亮及給事中葉鎧言，奏改紈巡視，以殺其權。紈憤，又明年春上疏言："臣整頓海防，稍有次第，亮欲侵削臣權，致屬吏不肯用命。"既又陳明國是、正憲體、定紀綱、扼要害、除禍本、重斷決六事，語多憤激。中朝士大夫先入浙、閩人言，亦有不悅紈者矣。

紈前討溫、盤、南麂諸賊，連戰三月，大破之，還平處州礦盜。其年三月，佛郎機國人行劫至詔安。紈擊擒其渠李光頭等九十六人，復以便宜戮之。具狀聞，語復侵諸勢家。御史陳九德遂劾紈擅殺，落紈職，命兵科都給事杜汝禎按問。紈聞之，慷慨流涕曰："吾貧且病，又負氣，不任對簿。縱天子不欲死我，閩、浙人必殺我。吾死，自決之，不須人也。"製壙志，作俟命詞，仰藥死。二十九年，給事汝禎、巡按御史陳宗夔還，稱奸民鬻販拒捕，無僭號流劫事，坐紈擅殺。詔逮紈，紈已前死。柯喬、盧鏜等並論重辟。

紈清強峭直，勇於任事。欲為國家杜亂源，乃為勢家構陷，朝野太息。自紈死，罷巡視大臣不設，中外搖手不敢言海禁事。浙中衛所四十一，戰船四百三十九，尺籍盡耗。紲招福清捕盜船四十餘，分佈海道，在台州海門衞者十有四，為黃巖外障。副使丁湛盡散遣之，撤備弛禁。未幾，海寇大作，毒東南者十餘年。①

◎乾隆震澤縣志（乾隆十一年／1746）

沈啟，字子由，北門人。父經，字惟彰，宏治初為醫學訓科，有幹才厚德，本都穆撰《墓誌》。嘉靖十七年進士，授南京工部營繕司主事。……三十二年，以紹興守事罷歸。啟守紹興時，浙撫朱紈嚴禁海舶。舶賈許棟、王直輩挾萬眾雙嶼諸港，郡要紳利互市，陰與通。以啟能得朱紈歡，欲為解之，持美遷為餌。啟不聽，建海禁四議，再建八議，上當事。及是紈被重劾，並中啟，罷之。後十餘年，舶禍遂大作。啟博覽群籍，練達政體，有經濟才。既歸田，築室仙人山，以著述自娛。久之，卒，年七十八。所著有《南廠志》《南船記》《牧越議略》《吳江水考》《杜律七言注》《江村詩稿》等書。②

◎乾隆象山縣志（乾隆二十三年／1758）

建文三年，邑始有倭夷之患。至嘉靖間，倭患大劇。倭夷者，日本之舊名也，惡其名，更號日本。自漢武時通中國，朝貢不常。元至大二年，寇慶元路，寧之倭患自此始。明洪武二年，遣使臣趙秩招之，隨秩入貢。然是年，寇崇明、太倉，後與胡惟庸逆謀，詔切責倭國君臣。自是，建文三年犯象之錢倉，登劫湯罋、潘家礁，殺千戶易紹宗。永樂二年，命大監鄭和招諭日本，因納款獻犯邊倭二十餘人。邑人俞士吉除都御史，賚金印、錦誥賜倭王，勒其國鎮山為壽安山，御制碑文，立石其上。後來，貢僅一再至，而入寇不絕書。二十年壬寅，陷象山縣，殺縣

---

① 《明史》卷 205《朱紈傳》，[清]張廷玉纂，中華書局 1974 年版，第 5403—5405 頁。《明史》是我國歷史上官修史書中編纂時間最長的一部。如果從順治二年（1645）開設明史館起，到乾隆四年（1739）正式由史官向皇帝進呈，前後歷時九十四年。假如從康熙十八年（1679）正式組織班子編纂編寫起至呈稿止，為時也有整整六十年之久。

② 《震澤縣志》卷 15《名臣一》，[清]陳和志修，[清]倪師孟等纂，《中國方志叢書·華中地方第 20 號》，台灣成文出版社 1970 年版，第 621—624 頁。

丞宋寅、教諭蔡海。餘賊寇錢倉，戍卒錢公伏執梃奮擊，殺賊二人，得
鐵帚一。正統四年，倭犯爵溪，官軍擊退之。七年，倭寇四十餘舟夜襲
破大嵩城，轉寇昌國衛，衛所等官以失律被刑者三十六人。惟爵溪所官
兵擒賊酋一人畢善德，誅之。于此，沿海居民屢遭倭患，至嘉靖間而流
毒殆不可言。初，閩人李光頭、徽人許棟越獄入海，勾引倭奴，並黨王
直、徐惟學等，分艅剽掠。嘉靖十九年，結巢於霩衢之雙嶼港。二十五
年，漳賊劫石浦，擄備倭把總白濬、巡檢湯英，沿海焚劫殆盡。邑令蔣
三才團父子鄉兵禦之。明年，劫西山王村，王維憲妻邱氏持木棍擊賊，
被殺。又明年，復犯境。凱撒民阮氏斬賊首二人，得藤牌二、吹筒二今
製吹筒始此。迨巡撫朱紈遣福建指揮盧鏜擊賊，獲李光頭，指揮李興發
木石塞雙嶼港，毀其所建營房、戰艦，許棟亦為吳川所擒，勢稍衰。①

　　為防海者籌，曰：寧郡為江浙咽喉，定海為郡城門戶，海中大小衢
山為定海之藩籬，則防定海而象山可無備與？是大不然！象山，定邑上
游也。其輔車、唇齒之勢。有不得畸輕重者。象山外洋韭山，直對日本，
倭奴入寇，遇東南風，則從韭山入昌石，寇象山；遇東北風，則從南五
山入海門，寇黃岩。故韭山者，外洋之要衝，番舶閩舡所必經，象海第
一門戶也。……石浦者，象邑之蔽；而諸門，又石浦之蔽也。與石浦聯
絡于東南，曰爵溪所；于東北，曰錢倉所。二所海道相去二十里云。爵
溪去海一里又二里，曰少牛門，又五里曰白沙灣，又五里為鋸門，有龍
湫、龍薈云，五龍聚於此。《萬氏家傳》稱，指揮萬文夜巡海，望鋸門二炬
大若箕，謂賊船至，不知為龍也。挽勁弩射之，眇其一，指揮溺焉。明初，置
汛於此洞。前有小山曰珠山，五里曰小睦山，山以外曰大睦山，洋有礁
曰牛洋礁。小牛門之東北，為大牛門山，十里曰青門山，龍窟其中。下
有羊子礁，又有牛軛山。東五里為鞍子頭山，北屬定標，南為昌石，韭

　　① 《乾隆象山縣志》卷6《經制志三·海防》，[清]史鳴皋修，[清]姜炳璋等纂，《中國方
志叢書·華中地方第476號》，台灣成文出版社1983年版，第449—451頁。《乾隆象山縣志》此文，
後又見錄于《道光象山縣志》卷6、《乾隆鄞縣志》卷6、《光緒鎮海縣志》卷12等。

山在其東。爵溪至韭山，蓋水程一百里云。錢倉去海三里，前有道人港，有礁曰金地閾，西為莆門，門以內有三礁，有茅灣、公嶼、蝦籠門、白岩等山，去老岸率二三里。金閾之外曰雞母礁，稍南曰亂礁洋，閩人呼為棋盤洋。十里，至東殊山。又十里，至西殊山。又西行三十餘里，為黃牛礁。又十里，為鄞之大嵩港。《浙江通志》：錢倉至大嵩港約百里。南為塗茨烽墩，外接竿門、莆門等處。西北至壺頭渡，為大嵩所界，乃昌國之藩籬，與大嵩相犄角者也。《名勝志》："大嵩有壺頭關，後移置象山之湖頭渡"，《輿程記》云"鄞、奉、象之要口也"。由東殊山北過孝順洋，為白馬礁，有港曰雙嶼港，五里至佛肚山，又五里為汀齒山，其東北為桃花、六橫，為朱家尖、白馬礁，四十里為溫州嶼，又十里為青龍港，皆定海汛，港之前有小山三，曰三山嶼，係鄞縣汛，港口有分水礁，內為梅山港，港口有管山台；又西北十里為霈衢所。由道人港出白鶴門，為大洋。洋有四礁，礁外有將軍帽山，有椀子礁，約百里至韭山云。韭山無遠不屆。[①]

　　唐、宋、元之制，象山無所謂海防，其略已具於軍政矣。明之海防，皆湯信國所籌也。……蓋明之海防，先以衛所，官軍皆世襲，病在不練。不練，則無用。繼以召募，官軍皆烏合，病在不戢。不戢，則殘民。法外立法，弊中生弊，而海氛終於不靖。當時《籌海》諸書以馬日、雙嶼、韭山諸處為上界；羊山、馬跡諸處為中界；花腦、陳錢諸處為下界。巡船所至，則曰南洋、東西殊可避一面風，道人港甚淺。青門、里旦門可避西北風，然止利小船。大睦山，忌軟浪。外洋澳地可寄碇，不可久泊，收入石浦方無恙。[②]

　　◎乾隆溫州府志（乾隆二十五年／1760）

　　東甌襟帶大海，與倭島對峙。明洪武二年，遣使臣趙秩泛海至析木

　　① 《乾隆象山縣志》卷6《經制志三·海防》所錄《海防考一》，[清] 史鳴皋修，[清] 姜炳璋等纂，第464—470頁。
　　② 《乾隆象山縣志》卷6《經制志三·海防》所錄《海防考二》，[清] 史鳴皋修，[清] 姜炳璋等纂，第472—474頁。

崖，入其國。倭王良懷遣彝僧十人隨秩入貢。是年三月，寇蘇州。五月，
復寇溫州中界山、玉環諸處。五年，明祖謂其俗尚禪，乃遣高僧祖闡往
宣諭，隨遣彝僧來獻方物。七年，寇近海。十六年，寇金鄉小鎮。永樂
二年，寇穿山。成祖命太監鄭和統舟師招諭海外，日本首先納款。九年
後入貢，僅一再至。而其寇松門、寇沙園諸處者不絕。宣、正、成、宏
間，節次來貢。嗣以爭貢要刉釀釁。嘉靖二年，彝使宗設自寧波抵紹興
城下。時溫州衛指揮劉錦督舟師追賊戰歿於海。二十六年，福建繫囚百
餘逸獄下海，勾引倭船，巢於霩衢之雙嶼，出沒為患。朝命巡撫朱紈調
福建舟師搗其巢穴，俘斬溺死數百。時，浙江海禁甚嚴，奸民王五峰等
竄身倭國，勾引彝商，超納亡命。自是，番船逼海為患。三十一年，寇
溫州、台州，直薄省城，東南震動。①

◎廿二史劄記（趙翼 /1727—1814）

明祖定制，片板不許入海。承平日久，奸民勾倭人及佛郎機諸國，
私來互市。閩人李光頭，歙人許棟，踞寧波之雙嶼，為之主，勢家又護
持之。或負其直，棟等即誘之攻剽。負直者脅將吏捕之，故泄師期令去，
期他日償。他日負如初，倭大怨，益剽掠。朱紈為浙撫，訪知其弊，乃
革渡船，嚴保甲，一切禁絕私市。閩人驟失重利，雖士大夫亦不便也，
騰謗於朝，嗾御史劾紈落職。時紈已遣盧鏜擊擒光頭、棟等，築寨雙嶼，
以絕倭屯泊之路，他海口亦設備矣。會被劾，遂自經死。紈死而沿海備
盡弛，棟之黨汪直遂勾倭肆毒《明史·朱紈傳》。按鄭曉《今言》謂，國
初設官市舶，正以通華夷之情，行者獲倍蓰之利，居者得牙儈之息，故
常相安。後因禁絕海市，遂使勢豪得專其利，始則欺官府而通海賊，繼
又藉官府以欺海賊，並其貨價乾沒之，以至於亂。郎瑛《七修類稿》亦
謂，汪直私通番舶，往來寧波有日矣。自朱紈嚴海禁，直不得逞，招日

① 《乾隆溫州府志》卷 8《兵制·溫州衛》，[清] 李琬修，[清] 齊召南纂，《中國地方志集成·浙江府縣志輯 58》，上海書店 1993 年版，第 97 頁。

本倭叩關索負，突入定海劫掠云。鄭曉、郎瑛皆嘉靖時人，其所記勢家私與市易，負直不償，致啓寇亂，實屬釀禍之由。然明祖初制，片板不許入海，而曉謂國初設官市舶，相安已久，迨禁絕海市，而勢豪得射利致變。瑛並謂紱嚴海禁，汪直遂始入寇，是竟謂倭亂由海禁所致矣。此猶是閩、浙人騰謗之語，曉等亦隨而附和，眾口一詞，不復加察也。海番互市固不必禁絕，然當定一貿易之所，若閩、浙各海口俱聽其交易，則沿海州縣處處為所熟悉，一旦有事，豈能盡防耶。①

◎嘉慶山陰縣志（嘉慶八年／1803）

倭夷即日本，漢武帝時始通中國。元世祖時，嘗遣師十萬征之，俱覆沒。明初，嘗入貢，已詔絕之。永樂後，仍入貢，亦間入寇。正德四年，遣宋素卿入貢。或云：素卿乃鄞人朱縞，鬻于夷，冒稱明宗室，為人傾險，輔庶奪嫡，遂有寵。至是，充使來，重賄太監劉瑾，蔽覆其事，此禍端也。嘉靖二年四月，定海關夷船三隻，譯傳西海道大內誼興國遣使宗設謙入貢。越數日，又至夷船一隻，稱南海道細川高國遣使入貢，其使即素卿也。導至寧波江下，市舶太監賴恩私素卿重賄，坐之宗設之上。又貢船後至，先與盤發。宗設怒，遂相讎殺。宗設黨追逐素卿，過餘姚。知縣邱養浩率民兵禦之，被傷數人。由上虞直抵紹興府城東，閭巷驚怖。官府問計于王新建守仁，新建曰：“若得殺手數百，可盡擒之。今無一卒，但可固守耳。”月餘不能入。素卿匿於城西青田湖，宗設求之不獲，退泊寧波港。指揮袁進邀擊之，敗績。賊攻定海城，不克，遂出海。備倭都指揮劉錦追擊于海洋，覆敗沒。賊船揚揚然去，已而被風漂，一艘於朝鮮。朝鮮王李懌擒其帥中林、望古多羅，械至京師。先是，素卿已下浙江按察使獄，乃並下浙江勘訊，久之，皆瘐死。十九年，閩人李光頭、歙人許棟逸福建獄，入海引倭，結巢於霧衢之雙嶼港，出沒

---

① 《廿二史劄記校證》（訂補本）卷34 “嘉靖中倭寇之亂” 條，[清] 趙翼著，王樹民校證，中華書局 1984 年版，第 788—789 頁。

諸番，海上屢警。二十七年，巡視都御史朱紈遣都指揮盧鐺等搗雙嶼，擒李光頭，焚其營艦，並擒許棟。而歙人汪直收其餘黨為亂。案：汪直，《府志》悉改稱王直，未詳所據。三十一年，叩定海關求市，不許，遂移巢烈港。官兵襲之，移馬跡潭。三十二年四月，賊蕭顯自平湖來，參將湯克寬邀擊於鱉子門，破之。是月，賊陷臨山衛，參將俞大猷破之。①

◎讀史兵略續編（胡林翼 /1812—1861）

初，明祖定制，片板不許入海。承平久，奸民闌出入，勾倭人及佛郎機諸國入互市。閩人李光頭、歙人許棟踞寧波之雙嶼，為之主，司其質契，勢家護持之。漳、泉為多，或與通婚姻，假濟渡為名，造雙桅大船，運載違禁物，將吏不敢詰也。或負其直，棟等即誘之攻剽。負直者脅將吏捕逐之，泄師期令去，期他日償。他日至，負如初。倭大怨恨，益與棟等合。而浙、閩海防久隳，戰船、哨船十存一二。漳、泉巡檢司弓兵舊額二千五百餘，僅存千人。倭剽掠輒得志，益無所忌，來者接踵。紈巡海道，采僉事項高及士民言，謂不革渡船則海道不可清，不嚴保甲則海防不可復。上疏具列其狀。於是革渡船，嚴保甲，搜捕奸民。閩人資衣食於海，驟失重利，雖士大夫家亦不便也，欲沮壞之。紈討平覆鼎山賊。明年，將進攻雙嶼。使副使柯喬、都指揮黎秀分駐漳、泉、福、寧，遏賊奔逸；使都司盧鐺將福清兵由海門進。而日本貢使周良違舊約，以六百人先期至。紈奉詔便宜處分。度不可卻，乃要良自請"後不為例"。錄其船，延良入寧波賓館。奸民投書激變。紈防範密，計不得行雙嶼，在寧波東南海中。紈，朱紈也。②

◎嘉慶松江府志（嘉慶二十三年 / 1818）

世宗嘉靖三十一年壬子，倭寇浙東。其夏，轉掠至寶山。百戶宗元

---

① 《嘉慶山陰縣志》卷22，[清]徐元梅等修，[清]朱文翰等輯，《中國方志叢書·華中地方第581號》，臺灣成文出版社1983年版，第904—905頁。

② 《讀史兵略續編》卷9，[清]胡林翼撰，《續修四庫全書》第969冊，上海古籍出版社2002年版，第78頁。

爵、馮舉戰死。賊據楊氏居，掠數日乃去。郭志。《金山衛》劉志云：是時，倭寇皆薩摩州人，而導之者徽人王直、杭州虎跑寺僧徐海也。初，閩、廣與海外互市，有兩倭使爭坐相攻殺，遂罷市舶司，而奸商得主番貨，負其直，則倚貴官家抯之。番人不能歸，頗為盜，貴官則使官兵逐捕，故番人怨，而直與海藉以逞。直故貿易禁物，為諸島所信，因據薩摩之松浦津，為逋逃藪。知薩摩人喜為寇，遂引入雙嶼港，蠶食海濱。徐海代領其叔徐碧溪之眾，雄海上，自稱天差平等大將軍，而陳東輔之。浙江巡撫朱紈帥師破雙嶼，追擊之南麂諸洋，幾擒直。而閩、浙豪右以賊平則失外府，劾紈殘橫專殺。紈不勝憤，仰藥死。自後，無敢言海禁事。居數年，而寇亂大作，東南魚爛矣。直之黨有王汝賢、葉宗滿。海之黨又有蕭顯、葉麻、辛五郎云。[①]

◎明紀（陳鶴／同治十年刻本）

初，太祖定制，片板不許入海。承平久，奸民闌出，句倭人及佛郎機諸國入互市。閩人李光頭、歙人許棟踞寧波之雙嶼為之主，司其質契，勢家護持之，漳、泉為多，或與通婚姻，假濟渡為名，造雙桅大船，運載違禁物，將吏不敢詰也。或負其直，棟等即誘之攻剽。負直者脅將吏捕逐之，泄師期令去，期他日償。他日至，負如初。倭大怨恨，益與棟等合。而浙、閩海防久墮，戰船、哨船十存一二，漳、泉巡檢司弓兵舊額二千五百餘，僅存千人。倭剽掠輒得志，益無所忌，來者接踵。巡按浙江御史楊九澤言：“寧、紹、溫、台皆濱海，界連福建福、興、漳、泉諸郡，有倭寇患，雖設衛所城池及巡海副使、備倭都指揮，但海寇出沒無常，兩地官弁不相統攝，制馭為難。請如往例，特遣巡視重臣，盡統濱海諸郡，庶事權歸一，威令易行。”廷臣稱善。乃改南贛巡撫都御史朱紈於浙江，兼提督福建漳、泉、建、寧五府軍務。……朱紈巡海道，采僉事項高及士民言，謂：“不革渡船則海道不可清，不嚴保甲則海防不可復。”上疏具列其狀。於是革渡船、嚴保甲、搜捕奸民。閩人資衣食

---

① 《嘉慶松江府志》卷35《武備志·兵事》，[清]宋如林修，[清]孫星衍、莫晉纂，《中國地方志集成·上海府縣志輯1》，上海書店出版社2010年版，第731頁。

於海，驟失重利，雖士大夫家亦不便也，欲沮壞之。會日本使周良等以舟四人六百待明年貢期，守臣沮之，以風為解。紈乃以便宜，要良自請後不為例。錄其船，延良入寧波賓館。十一月，事聞，閩人林懋和為主客司，宣言先期非制，且人船越額，宜敕守臣勒回。詔從其議。良等不肯去。紈亦以"中國制馭諸番宜守大信"疏爭之強，且曰："去外國盜易，去中國盜難；去中國瀕海之盜猶易，去中國衣冠之盜尤難。"閩、浙人益恨之。奸民投書激變，紈防範密，計不得行。……海禁既嚴，佛郎機人無所獲利，整眾犯漳州之月港、浯嶼，副使柯喬等禦卻之。……乙亥，倭犯寧波、台州大肆殺掠，二郡將吏並獲罪。……朱紈討平覆鼎山賊，將進攻雙嶼，使柯喬及都指揮黎秀分駐漳、泉、福、寧，遏賊奔逸，都指揮使盧鏜將福清兵由海門進。夏四月，遇賊於九山洋，俘日本國人稽天，許棟亦就禽。棟黨汪直等收餘眾遁。鏜築寨雙嶼而還。番舶後至者不得入，分泊南麂、礁門、青山、下八諸島。勢家既失利，宣言被禽者皆良民、非賊黨，又挾制有司，以脅從被擄予輕比，重者引強盜拒捕律。紈上疏曰："今海禁分明，不知何由被擄，何由脅從。若以入番導寇為強盜，海洋敵對為拒捕，臣之愚暗，實所未解。"遂以便宜行戮。……周良復求貢，朱紈以聞。禮部言："日本貢期及人船數雖違制，第表辭恭順，若概加拒絕，則航海之勞可憫；若猥務含容，則宗設、素卿之事可鑒。宜敕紈起送五十人，余留嘉賓館，量加犒賞，諭令歸國。"報可。秋七月，巡按浙江御史周亮上疏詆紈，請改巡撫為巡視，以殺其權。其黨在朝者左右之，竟如其請。亮亦閩人也。……朱紈討溫、盤、南麂諸賊，連戰三月，大破之。還平處州礦盜。……朱紈言："臣整頓海防稍有次第，周亮欲侵削臣權，致屬吏不肯用命。"既又陳明國是、正憲體、定紀綱、扼要害、除禍本、重斷決六事，語多憤激，中朝士大夫先入閩浙人言，亦有不悅紈者矣。……佛郎機國人行劫至詔安，朱紈督官軍迎擊於走馬溪，禽賊首李光頭等九十六人，復以便宜戮之，具狀聞。因言"長澳諸大俠林恭等句引夷舟作亂，而巨奸闌通射利，因為鄉導，蹢我海濱，宜

431

正典刑。"部覆不允。夏四月，御史陳九德劾紈擅殺，詔落紈職，遣給事中杜汝禎往按問。紈聞之，慷慨流涕曰："吾貧且病，又負氣，不任對簿。縱天子不欲殺我，閩浙人必殺我。吾死，自決之，不須人也。"製壙志，作絕命詞，仰藥死。紈清強峭直，勇於任事，欲為國家杜亂源，乃為勢家構陷，朝野太息。自紈死，罷巡視大臣不設，中外搖手，不敢言海禁事。浙中衛所四十一，戰船四百三十九，尺籍盡耗。紈招福清捕盜船四十餘，分佈海道，在台州海門衛者十有四，為黃岩外障，副使丁湛盡散遣之，撤備弛禁。未幾，海寇大作，荼毒東南者十餘年。[①]

◎同治贛縣志（同治十一年／1872）

朱紈，字子純，南直長洲人。正德辛巳進士。嘉靖二十五年，官都御史，撫贛，上言："去外盜易，去中國盜難；去中國群盜易，去中國衣冠盜難。"廉得濱海奸人與蠻市交通渠魁姓名，及貴臣為之中庇者，具以狀聞，捕獲九十餘人，立決之。豪貴皆重足立。督閩將盧鏜出海，趨雙嶼等臨，與賊遇，力戰，縱火漲天，斬獲甚夥。窮追入嶼，賊夜突圍逸。夷其巢。駕追風舸益前蹙之，所燔艘二十七，兵勢大振。銅山、青嶼、南荒等賊皆望風遁。議留屯雙嶼，眾難其險絕，稍為築塞而還。而素與賊連者，愈憾百端壞敗其功。紈屢辯折。明年，改命巡撫浙閩等處海道地方。出洋捕賊，屢著奇績。終為憾者所劾，以譴罷歸。其沒也，家無擔石之儲。參《分省人物考》《明紀事本末》。

張尚瑗曰："秋厓戰功盡瘁閩海，而官則虔台也。故著之陽明擒濠，亦在撫虔之時。舊志並書茲不及者。陽明烈炳日星，婦豎皆能言之，洴澼絖數端，已盈簡牒。著秋厓搜洋之績，以表微，且志感也。爾時島夷內侵，吳越糜爛。竭廟堂之力，以事海鏖，而疆宇奸猾，方藉以居奇。藪利忠智強力之臣，批根引繩反為所中。王忬、張經，或罷或去，事權牽

---

① 《明紀》卷33，[清]陳鶴纂，《四庫未收書輯刊》第6輯，第6冊，北京出版社1997年版，第505—509頁。

制，群賢殄瘁，豈獨一朱紈也哉！"①

◎同治麗水縣志（同治十三年／1874）

盧鏜，汝寧衛人。嘉靖時，由世蔭歷福建都指揮僉事，為都御史朱紈所任。紈自殺，鏜亦論死。尋赦免案：鏜繫閩獄四年。以故官備倭福建，遷都指揮，擊賊嘉興，敗責戴罪，尋擢參將，分守浙東濱海諸郡。與副將大猷大破賊王江涇，旋督保靖土兵及蜀將陳正元兵，擊賊張莊，焚其壘，追擊之後港，為賊所敗。賊出沒台州外海，都指揮王沛敗之大陳山。賊登山，官軍焚其舟。鏜會剿，禽其酋林碧川等，案：《定海縣志》：禽林碧川係孫宏軾。餘倭盡滅。別賊掠諸縣，指揮閔溶等敗死。鏜奪職戴罪，旋以薦擢協守江浙副總兵。賊陷仙居，趨台州，鏜破之彭溪。乃與胡宗憲共謀滅徐海。宗憲招汪直，鏜亦說日本使善妙，令禽直。直與日本貳，卒伏誅。倭犯江北，鏜馳援，破之。又敗北洋倭二十餘艘。賊斂舟三沙，復流劫江北，巡撫李遂劾鏜縱賊。鏜已擢都督僉事，為江南、浙江總兵官奪職視事，以通政唐順之薦，復職如初。尋以誅汪直功進都督同知。倭復犯浙東，水陸十餘戰，斬首千四百有奇。總督宗憲以蕩平聞，鏜復增俸賚金。鏜擢用由宗憲，宗憲敗，給事中邱橓劾鏜八罪，逮治，免歸。鏜有將略，倭難初興，諸將悉望風潰敗，獨鏜與湯克寬敢戰，名亞俞、戚云。《明史·俞大猷傳》。案：鏜五世祖寶汝，寧府信陽州羅山縣人，於元至正二十四年歸附明祖，授平陽衛世襲千戶。寶孫英，永樂九年調處州衛世襲千戶。自此，世為處州衛人。崇禎元年，鏜曾孫聞禮保充承襲，冊檔猶在，世次甚明。史以為汝寧衛人，誤著其祖貫耳。鏜字子鳴，終始禦倭，勞績甚著。史傳所云，僅具崖略，以互見他傳故也。

盧相，鏜子。鏜禦倭數十年，相未始不在行間，勞險之事，率以委相。相聞命即行，蛟窟鯨波無少疑憚。王江涇之捷，時稱軍興戰功第一，相實為先鋒。鏜統烏尾船剿賊仙居，相復為先鋒，克其城。徐海之敗也，

① 《贛縣志》卷27《職官志·名宦》，[清]黃德溥等修，[清]褚景昕等纂，《中國方志叢書·華中地方第282號》，台灣成文出版社1975年版，第811—812頁。

大隅島主弟辛五郎遁烈港海洋，鎧遣相邀擊，生擒之，獻俘京師。摘敘王江涇功，授處州衛指揮僉事。先是，鎧躡賊九山洋，擒其酋哈眉須、滿咖喇、稽天等，並獲其鳥銃，機械精利。令相窮究其術，至是，遂留神機營，教習諸軍。功成，升浙江都指揮僉事，守衛儀真。汪直既誅，其黨毛烈、李華山突至石浦八排門，聲言復仇，瀕海震恐。鎧檄相督兵攻沈其船，俘其妻妾，溺死者無算。旋計前後斬級功，授浙江都指揮以終。案：相孫聞禮保送存襲冊檔頗著相績，而《明史》不詳，故掇其大略書之。檔中書鎧事，與史互有詳略，而一無相庾者，知相事非虛美也。[1]

◎光緒海鹽縣志（光緒二年／1876）

嘉靖三十五年正月，賊首徐海擁眾數萬，與拓林賊陳東合，分兵掠諸郡。總督胡宗憲遣兵分屯平湖、海鹽間，相為掎角。指揮徐行健截守北王橋。四月初六日，遇賊力戰，死之。已而，宗憲計捈賊酋王直、葉麻、陳東等，大兵攻柘林賊巢，破之。徐海窘迫自殺，餘黨悉平。《圖經》載都督萬表云："向來海上漁船出近洋打魚樵柴，無敢過海通番。近因海禁漸弛，勾引番船，紛然往來海上，各認所主，承攬貨物裝載，或五十艘，或百餘艘，或群合黨，分泊各港。又各用三板、草撇、腳船，不可勝計。在於沿海，兼行劫掠，亂斯生矣。自後日本、暹羅諸國，無處不到。又誘帶日本島倭人，借其強悍，以為護翼。徽州許二住雙嶼港，最稱強者。後被朱都御史遣將官領福兵破其巢穴，焚其舟艦，擒殺殆半，就雙嶼港築截，許二逸去。王直，亦徽州人，原在許二部管櫃，素有沉機勇略，人多服之，乃領其餘黨，改住烈港，漸次並殺同賊陳思盼、柴德美等船伍，遂致富強。以所部船多，乃令毛海峰、徐碧溪、徐元亮分領之。因而海上番舶出入關無盤阻，而興販之徒紛錯于蘇杭。近地之民自有饋時鮮、饋酒米、獻子女者。自陷黃岩、霩䃥，而其志益驕。其後四散劫掠，各通番之家則不相犯。人皆競趨之。杭城歇客之家，貪其厚利，任其堆貨，且為之打點護送，如銅錢用以鑄銃，鉛以為彈，硝以為火藥，鐵以製刀，皮以製甲，及布帛、絲綿、油麻、酒米等物，無不齎送接濟，而內地之人無非

---

① 《麗水縣志》卷11《人物》，[清]彭潤章纂修，《中國方志叢書·華中地方第186號》，台灣成文出版社1975年版，第776—783頁。

倭黨矣！" ①

◎光緒青浦縣志（光緒五年／1879）

嘉靖三十一年，倭寇浙東，轉掠至寶山吳淞所，百戶馮犖、隊長屈倫率所部禦之，殺賊一人。墮水，賊眾持刀奮鬭，二人俱被害。巡江百戶宗元爵繼至，與賊戰，亦被害。賊據楊氏故宅，居數日，沿入縣境，擄漁船乃去。金山衛劉《志》云：倭寇皆薩摩州人，而導之者，徽人王直、杭虎跑寺僧徐海也。初，閩、廣與海外互市，適兩倭使爭坐，相攻殺，遂罷市舶司。而奸商得主番貨，負其直，則倚貴官家扼之。番人不能歸，頗多為盜。貴官則使官兵逐捕，故番人怨。而直與海藉以逞。直故貿易禁物，為諸島所信，因據薩摩之松浦津，為逋逃藪。知薩摩人喜為寇，遂引入雙嶼港，蠶食海濱。徐海代領其叔徐碧溪之眾，雄視海上，自稱天差平等大將軍，有陳東、蕭顯等輔之。浙撫朱紈帥師破雙嶼，追擊之南麂諸洋，幾擒直。而閩、浙豪右以賊平則失外府，劾紈殘橫專殺。紈憤，仰藥死。自後無敢言海禁事。數年，倭寇大作，東南糜爛，遂成大患。直黨有王汝賢、葉宗[滿]。海黨有葉麻、辛五郎。②

◎光緒川沙廳志（光緒五年／1879）

三十一年閏四月，倭犯嘉定，破南匯所，北掠過川沙境。同知任環、守備解明道敗之於吳淞口。倭寇皆薩摩州人，而導之者徽人汪直、杭州虎跑寺僧徐海也。初閩、廣與海外互市，奸商得主番貨，負其直，則倚貴官扼之。番人為盜，則貴官使官兵逐捕之。故番人怨。而直與海藉以逞。直據薩摩之松浦律，引寇入雙嶼港，蠶食海濱。海領其叔徐碧溪之眾，自稱天差平海大將軍，而陳東、蕭顯、葉麻等輔之。浙江巡撫朱紈帥師破雙嶼，追擊于南麂諸洋，幾擒直。而閩浙豪右以寇平則失外府，劾紈殘橫專殺。紈憤仰藥死。已而寇亂大

---

① 《海鹽縣志》卷12《武備考·歷代兵事》引《崔嘉祥紀事》，[清] 王彬修，[清] 徐用儀纂，《中國方志叢書·華中地方第207號》，台灣成文出版社1975年版，第1260—1261頁。

② 《光緒青浦縣志》卷10《兵防·歷代兵事》，[清] 陳其元等修，[清] 熊其英等纂，《中國方志叢書·華中地方第16號》，台灣成文出版社1970年版，第746—747頁。此處所引《金山衛》劉志的文字，又可見於《同治上海縣志》卷11《兵防》附錄《歷代兵事》，[清] 應寶時修、俞樾纂，《中國方志叢書·華中地方第14號》，台灣成文出版社1975版，第789—790頁。

作，東南糜爛，遂成大患。①

◎光緒鎮海縣志（光緒五年／1879）

舟山之朱家尖，蠢峙最高，所望獨遠，故設總台，多撥旗軍，戒嚴尤至。設總督備倭，以公侯伯領之，巡視海道以侍郎都御史領之。海上諸山，分別三界：黃牛、馬墓、長塗、金塘、冊子、大榭、蘭秀、劍岱、雙嶼、雙塘、六橫等山為上界；灘滸、洋山、三姑、霍山、徐公、黃澤、大小衢等山為中界；花腦、求芝、絡華、彈丸、東庫、陳錢、壁下等山為下界。率皆潮汐所通，倭夷貢寇必由之道也。前哲謂防陸莫先於防海，沿邊衛所置造戰船，以定、臨、觀三衛九屬所計之五百料、四百料、二百料尖快等船一百四十有三，量船大小，分給兵仗火器，調撥旗軍駕使，而督領以指揮千百戶。每值風汛，把總統領戰船分哨于沈家門。初哨以三月三日，二哨以四月中旬，三哨以五月五日。由東南而哨，歷分水礁、石牛港、崎頭洋、孝順洋、烏沙門、橫山洋、雙塘、六橫、雙嶼、青龍洋、亂礁洋，抵錢倉而止。凡韭山、積固、大佛頭、花腦等處，為賊舟之所經行者，可一望而盡。②

◎光緒平湖縣志（光緒十二年／1886）

海外諸國，惟倭最桀悍，性黠好殺。明初，方、張逋黨在海中，往往糾島人入寇，太祖遣使諭之，其王上書，語多不遜，遂絕之。置衛所戍守，海防大飭。永樂後稍通貢，然亦屢作不靖。自四明革互市之司，《明史》：浙江設市舶提舉司，以中官主之，駐寧波。海舶至，則平其直，制馭之權在上。及嘉靖中，撤市舶，而瀕海奸人遂操其利。初，猶商主之。及嚴通番之禁，遂移之貴官家。負其直者愈甚，索之急則以危言嚇之。或又以好言紿之，謂我終不負若直。倭喪資，不得返，已大恨。而大奸若汪直、徐海、陳

　　① 《光緒川沙廳志》卷 6《兵防志·兵事》，[清]陳方瀛修，[清]俞樾纂，《中國方志叢書·華中地方第 174 號》，台灣成文出版社 1975 年版，第 354 頁。
　　② 《光緒鎮海縣志》卷 12《海防》，[清]于萬川修，[清]俞樾纂，《續修四庫全書》第 707冊，上海古籍出版社 2002 年版，第 225 頁。

東、麻葉葦素窟其中，以內地不得逞，悉逸海島，為主謀。倭聽指揮，誘之入寇。海中巨盜遂襲倭服飾、旗號，並分艘掠內地。大抵真倭十之三，假倭十之七。三江斷舟楫之路，《明史》：明制，片板不許入海。承平久，奸民闌出入，勾倭互市。歙人許棟踞雙嶼為之主，司其質契，勢家護持之。假濟渡為名，造雙桅大船，運載違禁物，將吏不敢詰也。或負其直，棟等即誘之攻劫。而海防久隳，戰哨船十存一二。掠輒得志，益無所忌，來者益眾。嘉靖二十六年，巡撫朱紈采士民言，上疏請革渡船。從之。於是私通溢出，與亡命逋播者誘致侵掠，而鯨波數揚，氛塵四起矣。《全邊記略》：倭夷入犯，隨風所之。東北風猛，則由薩摩或由五島至大小琉球，而視風之變遷。北多則犯廣東，東多則犯福建，正東風猛則由五島歷天堂、官渡。而視風之變遷，東北多則至烏沙門，分綜或過韮山、海閘門而犯溫州；或由舟山之南，而犯定海、象山、奉化、昌國、台州。正東風多，則至李西礜、壁下、陳錢，分綜或由洋山之南而犯臨、觀、錢塘；或由洋山之北，而犯青、南、太倉；或由南沙而入大江，則犯瓜、儀、常、鎮；或由大洋而風歘東南，則犯淮、揚、登、萊。若在五島開洋，而南風方猛，則犯遼陽、天津。按程《志》云：洋山，即羊山；青、南者，青村、南匯也。乍浦在青、南、錢塘之間，故犯此二處者，往往流突而至，而羊山尤為邑境之衝要云。其為湖患，則自正統七年七月寇乍浦始。按《九山志》：永樂丙申，倭寇乍浦。丁酉六月，登金家灣。癸卯五月，登梁莊。均在析邑前。明年五月，登金家灣。六月，再寇。百戶徐榮率官軍路德等戰歿。成化十五年，復寇。嘉靖三年五月，復犯（據《九山志》補）。二十四年，倭四十餘突至包家埭。明年夏，漳寇及崇明寇犯金家灣，軍士陳馬兒等死之。越二年十月，又掠包家埭。此皆倭賊蹢乍之小者。至三十二年，而禍遂劇。初，許棟據雙嶼，巡撫朱紈遣都司盧鏜將福清兵攻其巢。棟就禽，餘黨歸汪直，改據列表，一作瀝表，亦稱烈港。巡撫王忬遣參將俞大猷破之，走泊馬跡潭，煽諸倭大舉入寇。倭法嚴，人皆致死。[1]

---

① 《光緒平湖縣志》卷5《武備·前明倭變》，[清]彭潤章修，[清]葉廉鍔纂，《中國方志叢書·華中地方第189號》，台灣成文出版社1975年版，第567—569頁。

437

◎光緒桐鄉縣志（光緒十三年／1887）

按：明代倭寇之亂，早萌于太祖。洪武二年，即侵掠江蘇之崇明，為官軍擊退。嗣後，屢犯海疆。左丞相胡惟庸之謀逆，亦與潛通。故築沿海五十九城，皆為備倭而設。成祖永樂元年，日本國王遣使入貢，自後叛服靡常，而貢市之通不絕。至十七年，倭寇遼東，總督劉江大破之於望海堝。後始斂跡。英宗正統四年，倭寇浙東，焚劫甚慘。世宗嘉靖二年，倭諸道爭貢，鬨於寧波，遂罷市舶司。而奸商由是攘利，結怨於倭，沿海奸民附之。至嘉靖中葉，而寇氛大肆。倭皆大隅、薩摩二島人，而導之者歙人汪直、新安人徐海也。海曾為杭州虎跑寺僧，後隨其叔惟學及汪直往嶺南市貨物，到日本貿易，折閱計窮，惟學因質海於倭主，貸貲易貨，並勾引島夷入寇嶺南，為指揮使黑孟陽所殺。倭主責海償貲，海約內掠以償。遂代領其叔之眾，自稱天差平海大將軍。汪直據五島，稱老船主。直之黨有王汝賢、葉宗海。海之黨有陳東、蕭顯、麻葉、辛五郎，又有毛海峰、彭老生，皆巨魁也。自二十八年秋起，沿海肆擾，浙江則結寨普陀山，入犯寧波、定海、慈溪、象山、台州、黃岩、嚴州、淳安、紹興、會稽、上虞等郡縣。浙西則據乍浦為巢，入犯嘉興、海鹽、平湖、崇德、桐鄉、於潛、昌化諸郡縣，塘西、新市、橫塘、雙林、菱湖、烏鎮、皂林、澉浦等鎮，直逼杭州。崇德竟為所陷，桐鄉、平湖、澉浦則圍而未破。江南則據川沙、柘林為巢，入犯崇明、上海、南匯、松江、華亭、太倉、嘉定、金山、寶山、昆山、常熟、江陰、無錫、宜興、溧陽、溧水各府州縣衛，及閘港、石浦、周浦等鎮，進逼蘇州，掠及滸市關，出入太湖，木瀆、橫鎮皆被其害。又由秣陵關進逼南都。江北則入犯淮安、通州、如皋、海門、興化各府廳州縣，呂四、余東、余西諸場，狼山、利河諸鎮。又由長江上竄徽境，流劫歙縣、南陵、太平、鳳岡、安德、夾岡諸處。所至淫掠屠戮，荼毒不堪。文武官吏以戰守死難者，不計其數。雖遇防剿兵將時有斬獲，而東擊西竄，此滅彼起，幾於不可收拾。先有浙撫朱紈破之於寧波雙嶼港，幾擒汪直，且為嚴海禁、捕通番，倭患稍紓。旋以專殺被劾，飲藥死。後有浙撫王忬檄各屬無城者皆築城備倭，又破其普陀山之寨，倭亦稍稍斂跡。[1]

◎光緒上虞縣志（光緒十七年／1891）

嘉靖三十二年，歙人汪直萬曆《府志》作王直勾諸倭大舉入寇，連艦數百，蔽海而至。濱海數千里，同時告警。先是。李光頭、許棟逸福建獄，入海，引倭結巢於霩衢之雙嶼港，分綜剽劫。二十七年，巡視都御史朱紈遣都指揮盧鏜等部署兵船，入港奮擊，賊酋李光頭、許棟皆就擒。朱紈親率官兵，築寨港口，焚其營房、戰艦，賊淵藪空焉。惟汪直收其餘黨，復肆猖獗。三十年，倭寇烏盆。案：烏盆隄在縣五都，去夏蓋山僅五里。明年，陷臨山。二事本明謝讜《蓋山亭碑》，詳《古跡》。至是，賊益熾。冬十二月，林碧川率眾寇瀝海所城，千戶張應奎，百戶王守正、張永俱死之。三十三年正月，蕭顯自松江入浙，至海鹽，參將盧鏜率兵追擊，賊由赭山遁走，歷曹娥、瀝海、餘姚。九月，林碧川、沈南山等率眾，自楊哥入掠浙東及瀝海、上虞。三十四年四月，淞浦賊自錢倉白沙灣抄掠寧海，趨樟村，遂至邑東門外，燒居民房屋，渡江。冬十月，倭自樂清登岸，流劫奉化、餘姚、上虞，至嵊縣乃殲之。時，賊不滿二百人，所經過處，殺戮無算。十一月，淞浦賊復自溫州登海，歷奉化，犯餘姚，南行入四明山。地險巇，官軍數戰不能勝。會盧鏜軍至，與戰於斤嶺，于梁衕，賊少卻走邑西龔家畈，復至東門外。時，同知屈某適率河南毛葫蘆兵駐虞，迎戰於花園畈。甫一合，官兵敗北。賊由北門外渡江去，橫屍遍野慘酷不可言。案：舊志，淞浦賊兩寇虞，一作三十四年六月，一作三十五年正月，與府志稍異。三十五年八月，盧鏜擊賊于夏蓋山、三江、海洋，大破之，俘斬甚眾。明年十一月，汪直款定海關，求互市。初，軍門大臣以直為亂，收其母妻及子，下金華獄。巡撫胡宗憲與直同

---

① 《光緒桐鄉縣志》卷 20《雜類志·兵事》，[清] 嚴辰等纂修，《中國方志叢書·華中地方第 77 號》，台灣成文出版社 1970 年版，第 734—735 頁。

鄉里，乃出之，給以美衣食，奉之為餌。會朝廷遣寧波庠生蔣洲、陳可願宣諭日本國王，宗憲因密諭令招徠汪直。洲等諭宗憲指，直果來。宗憲溫語慰之，疏其罪狀上請。三十八年十二月得旨，斬於杭州市，自是越中鮮倭患。[1]

◎光緒餘姚縣志（光緒二十五年／1899）

嘉靖三十一年壬子，倭夷叩定海關，犯內地。餘邑被患方滋，海氓徐經十，持梃踏其二帥。倭夷即日本，漢武帝時始通使中國。明正德四年，日本道使宋素卿入貢，重賄太監劉瑾，禍由此伏。素卿者，乃鄞人朱縞，鬻於夷，為人傾險，遂大有寵。嘉靖二年，日本復入貢，使者即素卿也。又賄太監賴恩，恩上素卿座，同使宗設謙怒，自相殺，倭滋怨。十九年，閩人李光頭、歙人許棟逸囹圄入海，引倭結巢霸衢之雙嶼港，出沒屢警。二十七年，都指揮盧鏜滅之，淵藪一空。而歙人王直收餘黨，揭竿為亂，以是復熾云云。[2]

◎光緒慈溪縣志（光緒二十五年／1899）

張四維，字昌國，號玉泉。先世有張羽者，合肥人，洪武二年以開國功授指揮僉事，世職，至其祖輔，調觀海衛。父恩，字克成，讀書勵行，有膂力，善射。四維幼習練海務，凡島嶼險要、戰守機宜，與夫軍官利病，灼見纖悉。始襲職，遂選出海。時，官軍久羈糧餉，嗷然待哺。四維力請于當道以時給之，人服其初政。繼考軍政陸路，掌衛事，首言衛所之害起于刁惡，成於積胥，擇其尤者一二人懲以法，眾惡斂跡。衛城東北山有礦，人恒爭之，盜傷甚眾。四維設法禁之，軍民帖然。嘉靖甲寅，把總臨山、觀海二衛。平石地方，有通番強盜余秉十八等騷亂海洋，四維率兵擒斬之，所獲器服贓物率以頒軍士。丙辰，倭大至，諸將皆莫措手足。四維曰："觀海者，東南雄鎮，而兩浙之咽喉也。若賊越此

---

① 《光緒上虞縣志》卷35下《武備志》，[清]唐煦春等修，[清]朱士黻等纂，《中國方志叢書·華中地方第63號》，台灣成文出版社1970年版，第708—709頁。

② 《光緒餘姚縣志》卷12《兵制》，[清]周炳麟修，[清]邵友濂、孫德祖纂，《中國地方志集成·浙江府縣志輯36》，上海書店1993年版，第489頁。

以入杭，禍滋蔓矣。吾輩但當憑藉國威，蕩平丑類，俾不得越平石寸步
為兩浙憂，不爾而與共戴天者，非夫也！"時，漁戶吳宗二十四等有船
十餘艘，出入海島，以樵采為生，慮邊患者每抑之。四維建議給牌，令
其往探，以故海寇消息無不預知，所向無敵。歷剿雙嶼港、橫大洋、穿
山洋，皆克捷。搗金塘、雙礁皆破之。解健跳圍，遂平金齒門。戰韭山、
積穀洋，捷。戰三嶽山洋、大陳山，又捷。要擊石林遁寇於太倉洋面，
殄滅無遺。雪夜入舟山邵嶴，破山寨，蕩平之。會擒辛五郎，斬獲餘黨
三百餘人，王直降其黨，在海上死守待援，有新來賊眾泊小姑道頭，四
維用奇兵，且戰且逐，至烏沙門外洋。賊走朱家尖，再奔沈家門，與滃
港賊合。四維督兵，四面追逐，賊大潰。乘勝直抵其巢穴，焚殺殆盡。
王直之黨遂無噍類。三四年間身經數百戰，手斬數千級，積年遁寇一旦
殄滅，衛人藉以更生，浙省亦因以安枕。由衛指揮使累升杭嘉湖參將，
衛人為建生祠。據范欽撰《生祠碑記》①

---

① 《光緒慈溪縣志》卷 23《名宦傳》，[清] 楊泰亨修，[清] 馮可鏞纂，《中國地方志集
成·浙江府縣志輯 35》，上海書店 1993 年版，第 483—484 頁。

參考文獻

《寶日堂初集》，[明] 張鼐撰，《四庫禁燬書叢刊》集部第 76 冊，北京出版社，1997 年。

《本朝分省人物考》，[明] 過庭訓撰，《續修四庫全書》第 533 冊，上海古籍出版社，2002 年。

《策樞》，[明] 王文祿撰，中華書局，1985 年。

《籌海圖編》，[明] 鄭若曾撰，李致忠點校，中華書局，2007 年。

《崇禎長編》，台灣"中央研究院"歷史語言研究所校印，1962 年。

《出使英法義比四國日記》，[清] 薛福成撰，《續修四庫全書》第 579 冊，上海古籍出版社，2002 年。

《出使日記續刻》，[清] 薛福成撰，《續修四庫全書》第 579 冊，上海古籍出版社，2002 年。

《讀史方輿紀要》，[清] 顧祖禹撰，賀次君、施和金點校，中華書局，2005 年。

《讀史兵略續編》，[清] 胡林翼撰，《續修四庫全書》第 969 冊，上海古籍出版社，2002 年。

《定海廳志》，[清] 史致訓、黃以周等編纂，柳和勇、詹亞園校點，上海古籍出版社，2011 年。

《國朝獻征錄》，[明] 焦竑輯，《續修四庫全書》第 530 冊，上海古籍出版社，2002 年。

《公槐集》，[明]姚希孟撰，《四庫禁燬書叢刊》集部第 178 冊，北京出版社，1997 年。

《國朝武功紀勝通考》，[明]顏季亨撰，《四庫禁燬書叢刊》史部第 70 冊，北京出版社，1997 年。

《國榷》，[清]談遷撰，中華書局，1958 年。

《贛縣志》，[清]黃德溥等修，[清]褚景昕等纂，《中國方志叢書·華中地方第 282 號》，台灣成文出版社，1975 年。

《光緒青浦縣志》，[清]陳其元等修，[清]熊其英等纂，《中國方志叢書·華中地方第 16 號》，台灣成文出版社，1970 年。

《光緒川沙廳志》，[清]陳方瀛修，[清]俞樾纂，《中國方志叢書·華中地方第 174 號》，台灣成文出版社，1975 年。

《光緒鎮海縣志》，[清]于萬川修，[清]俞樾纂，《續修四庫全書》第 707 冊，上海古籍出版社，2002 年。

《光緒平湖縣志》，[清]彭潤章修，[清]葉廉鍔纂，《中國方志叢書·華中地方第 189 號》，台灣成文出版社，1975 年。

《光緒桐鄉縣志》，[清]嚴辰等纂修，《中國方志叢書·華中地方第 77 號》，台灣成文出版社，1970 年。

《光緒上虞縣志》，[清]唐煦春等修，[清]朱士黻等纂，《中國方志叢書·華中地方第 63 號》，台灣成文出版社，1970 年。

《光緒南匯縣志》，[清]金福曾等修，[清]張文虎等纂，《中國方志叢書·華中地方第 42 號》，台灣成文出版社，1970 年。

《光緒餘姚縣志》，[清]周炳麟修，[清]邵友濂、孫德祖纂，《中國地方志集成·浙江府縣志輯 36》，上海書店，1993 年。

《光緒慈溪縣志》，[清]楊泰亨修，[清]馮可鏞纂，《中國地方志集成·浙江府縣志輯 35》，上海書店，1993 年。

《喙鳴詩文集》，[明]沈一貫撰，《四庫禁燬書叢刊》集部第 176 冊，北京出版社，1997 年。

《花當閣叢談》，[明]徐復祚撰，中華書局，1991年。

《皇明馭倭錄》，[明]王士騏撰，《北京圖書館古籍珍本叢刊》第10冊，書目文獻出版社，1990年。

《皇明象胥錄》，[明]茅瑞徵撰，《四庫禁燬書叢刊》史部第10冊，北京出版社，1997年。

《海鹽縣圖經》，[明]樊維城、胡震亨等纂修，《中國方志叢書·華中地方第589號》，台灣成文出版社，1983年。

《海鹽縣志》，[清]王彬修，[清]徐用儀纂，《中國方志叢書·華中地方第207號》，台灣成文出版社，1975年。

《胡宗憲傳》，卞利著，安徽大學出版社，2013年。

《敬止錄（點校本）》，[明]高宇泰著，沈建國點校，寧波出版社，2019年。

《荊川先生文集》，[明]唐順之撰，四部叢刊初編縮本，上海商務印書館，1936年。

《嘉靖倭亂備抄》，佚名撰，《續修四庫全書》第434冊，上海古籍出版社，2002年。

《嘉靖浙江通志》，[明]胡宗憲修，薛應旂纂，中華書局，2001年。

《嘉靖定海縣志》，[明]張時徹等纂修，《中國方志叢書·華中地方第502號》，臺灣成文出版社，1983年。

《江南經略》，[明]鄭若曾著，傅正、宋澤宇、李朝雲點校，黃山書社，2017年。

《姜宸英文集》，[清]姜宸英撰，陳雪軍、孫欣點校，浙江大學出版社，2015年。

《江南通志》，[清]趙宏恩等修，[清]黃之雋等纂，影印文淵閣《四庫全書》第511冊，台灣商務印書館，1982年。

《嘉慶山陰縣志》，[清]徐元梅等修，[清]朱文翰等輯，《中國方志叢書·華中地方第581號》，台灣成文出版社，1983年。

《嘉慶松江府志》，[清]宋如林修，[清]孫星衍、莫晉纂，《中國地方志集成·上海府縣志輯1》，上海書店出版社，2010年。

《麗水縣志》，[清]彭潤章纂修，《中國方志叢書·華中地方第186號》，台灣成文出版社，1975年。

《明實錄》，台灣"中央研究院"歷史語言研究所校印，1962年。

《明經世文編》，[明]陳子龍等選輯，中華書局，1962年。

《名山藏》，[明]何喬遠撰，北京大學出版社，1993年。

《閩書》，[明]何喬遠撰，福建人民出版社，1995年。

《全浙兵制》，[明]侯繼高撰，《四庫全書存目叢書·子部三一》，齐鲁书社，1997年。

《明名臣言行錄》，[清]徐開任輯，《續修四庫全書》第521冊，上海古籍出版社，2002年。

《明文海》，[清]黃宗羲編，影印文淵閣《四庫全書》第1456冊，台灣商務印書館，1982年。

《明史》，[清]萬斯同纂，《續修四庫全書》第329冊，上海古籍出版社，2002年。

《明紀》，[清]陳鶴纂，《四庫未收書輯刊》第6輯，第6冊，北京出版社，1997年。

《明史》，[清]張廷玉等撰，中華書局，1974年。

《明通鑒》，[清]夏燮撰，《續修四庫全書》第365冊，上海古籍出版社，2002年。

《明史日本傳正補》，鄭樑生著，臺灣文史哲出版社，1981年。

《明代寧波府志》，寧波市地方志編纂委員會整理，寧波出版社，2013年。

《明代浙江海防研究》，宋烜著，社會科學文獻出版社，2013年。

《擬山園選集》，[清]王鐸撰，《四庫禁燬書叢刊》集部第88冊，北京出版社，1997年。

《廿二史劄記校證》（訂補本），[清]趙翼著，王樹民校證，中華書局，1984 年。

《甔餘雜集》，[明]朱紈撰，《四庫全書存目叢書·集部七八》，齐鲁书社，1997 年。

《七修類稿》，[明]郎瑛撰，上海書店出版社，2021 年。

《清雍正朝浙江通志 2》，[清]嵇曾筠等修，[清]傅王露等纂，中華書局，2001 年。

《乾隆象山縣志》，[清]史鳴皋修，[清]姜炳璋等纂，《中國方志叢書·華中地方第 476 號》，台灣成文出版社，1983 年。

《乾隆溫州府志》，[清]李琬修，[清]齊召南纂，《中國地方志集成·浙江府縣志輯 58》，上海書店，1993 年。

《清經世文編》，[清]賀長齡編，廣陵書社，2011 年。

《清史稿》，趙爾巽等撰，中華書局，1977 年。

《清實錄》，中華書局，1985—1987 年。

《松石齋集》，[明]趙用賢撰，《四庫禁燬書叢刊》集部第 41 冊，北京出版社，1997 年。

《殊域周諮錄》，[明]嚴從簡撰，余思黎點校，中華書局，1993 年。

《沙孟海全集·日記卷》，洪廷彥主編，西泠印社出版社，2010 年。

《天啓舟山志》，[明]何汝賓輯，《中國方志叢書·華中地方第 499 號》，台灣成文出版社，1983 年。

《天啓慈溪縣志》，[明]姚宗文纂修，《中國方志叢書·華中地方第 490 號》，台灣成文出版社，1983 年。

《玩鹿亭稿》，[明]萬表撰，《原國立北平圖書館甲庫善本叢書》第 759 冊，國家圖書館，2013 年。

《武備志》，[明]茅元儀輯，《四庫禁燬書叢刊》子部第 26 冊，北京出版社，1997 年。

《吳都文粹續集》，[明]錢谷撰，影印文淵閣《四庫全書》第 1386

冊，台灣商務印書館，1982年。

《萬曆紹興府志》，[明]蕭良幹等修，[明]張元忭等纂，《中國方志叢書·華中地方第520號》，臺灣成文出版社，1983年。

《西園聞見錄》，[明]張萱撰，《續修四庫全書》第1169冊，上海古籍出版社，2002年。

《霞浦縣志》，[民國]羅汝澤等修，[民國]徐友梧纂，《中國方志叢書·華中地方第102號》，臺灣成文出版社，1967年。

《宣統政紀》，《清實錄》附，中華書局，1987年。

《雍正寧波府志》，[清]曹秉仁修，[清]萬經纂，《中國地方志集成·浙江府縣志輯30》，上海書店，1993年。

《御定通鑒綱目三編》，[清]張廷玉等纂，影印文淵閣《四庫全書》第340冊，台灣商務印書館，1982年。

《御批歷代通鑒輯覽》，[清]傅恒纂，影印文淵閣《四庫全書》第339冊，台灣商務印書館，1982年。

《芝園定集》，[明]張時徹撰，《四庫全書存目叢書·集部八二》，齊魯書社，1997年。

《正氣堂集》，[明]俞大猷撰，《四庫未收書輯刊》第5輯，第20冊，北京出版社，2000年。

《鄭開陽雜著》，[明]鄭若曾撰，影印文淵閣《四庫全書》第584冊，台灣商務印書館，1982年。

《字觸補》，[清]桑靈直撰，《四庫未收書輯刊》第6輯，第18冊，北京出版社，2000年。

《震澤縣志》，[清]陳和志修，[清]倪師孟等纂，《中國方志叢書·華中地方第20號》，台灣成文出版社，1970年。

跋

　　由原寧波師範學院歷史學科发展而来的寧波大學歷史學系，在 1994年 8 月獨立成系後不久，便随着三校（原寧波大學、原寧波師範學院、原浙江水產學院寧波分院）聯合辦學进程的不斷深入，被成建制地併入寧波大學文學院（現已整編爲人文與傳媒學院）。二十七年來，歷史學系在全體教職員工的共同努力下取得了長足的进步，不但業已擁有歷史學、方志學、歷史教育、人文教育等本科專業和中國史一級學科碩士點，且其綜合實力在全國高校歷史系 2021 年度排名中並列第 38 位。

　　我歷史學系向來高度重視"歷史原典"教育，既開設了"歷史要籍介紹與選讀""名志選讀"等本科層次的專業基礎課和"中國文化史文獻研讀""中國社會經濟史文獻研讀"等碩士研究生層次的必修課，又大力倡導在崗教師自編教材；《明清時期寧波海洋文獻研讀》在被列爲"寧波大學研究生教材建設項目"之前，就是專爲"中國海洋史文獻研讀"這門研究生專業基礎課編寫的講義。

　　《明清時期寧波海洋文獻研讀》雖皆取材於明清兩代的實錄、正史、別史、方志、文集、筆記等各類傳世典籍，但我們在編錄過程中也曾嘗試加以整理，並爲此確立了類似於"凡例"的若干約定：①對於這些來源不同、風格迥異的史料，既區分爲政治、經濟、文化三大類，同時又據其時間先後加以排列。至於人物傳記、綜述、評論等時序不明的史料，則皆歸入文徵類（書中仍有部分史料系時無法精確到"日"，但因比較重要，故標以"某年某月某日之前"，分別置於政治、經濟、文化類。這其中的"某日"，就是當月或當年的最後那天）；②其所引用的傳世文獻，除《明史》《清史稿》《籌海圖編》等書外，餘皆未經整理，今則一律予以標點，並在摘錄時，不但註明每條史料的出處，而且統一使用公元紀年方式；③出於完整敘述明初浙東歷史的需要，《明清時期寧波海洋文獻研讀》的敘事上限，將前推至元末；④明清以來，寧波的行政區域時有盈縮，例如餘姚、寧海原本分別隸屬於紹興府、台州府，而當年所領有的定海縣，今則自立為舟山市。《明清時期寧波海洋文獻研讀》的史料收集範圍，不但涵蓋鄞州區、海曙區、鎮海區、北侖區、江北區、奉化區、慈溪市、餘姚市、象山縣、寧海縣和舟山市，而且包含其間寧波人在寧波區域以外的重要事跡。

　　本書承蒙寧波大學研究生院之錯愛，被列入研究生教材建設項目並獲全額出版資助，近來又得王萬盈教授作序謬獎，更是增色良多。期待《明清時期寧波海洋文獻研讀》付梓刊行後，能得到更多專家學者的認可。

唐燮軍

識於寧波大學人文學院

2021 年 7 月 18 日